1945 年以来的世界城市设计

城 市 规 划 经 典 译 丛

1945 年以来的世界城市设计

Urban Design Since 1945
A Global Perspective

［美］ 戴维·格雷厄姆·沙恩 著
边兰春 唐 燕 等译

中国建筑工业出版社

著作权合同登记图字：01-2012-0763号

图书在版编目（CIP）数据

1945年以来的世界城市设计/（美）戴维·格雷厄姆·沙恩著；
边兰春　唐燕等译.—北京：中国建筑工业出版社，2016.12
（城市规划经典译丛）
ISBN 978-7-112-20146-4

Ⅰ.①1…　Ⅱ.①戴…②边…③唐…　Ⅲ.①城市规划—建
筑设计—建筑史—世界—现代　Ⅳ.①TU984-091

中国版本图书馆CIP数据核字（2016）第296093号

Urban Design Since 1945—A Global Perspective/David Grahame Shane-9780470515259

本书经英国John Wiley & Sons Ltd. 出版公司正式授权翻译、出版

责任编辑：董苏华
责任校对：焦　乐　张　颖

城市规划经典译丛
1945年以来的世界城市设计
[美] 戴维·格雷厄姆·沙恩　著
边兰春　唐　燕　等译

＊

中国建筑工业出版社出版、发行（北京海淀三里河路9号）
各地新华书店、建筑书店经销
北京京点图文设计有限公司制版
北京中科印刷有限公司印刷

＊

开本：787×1092毫米　1/16　印张：25½　字数：454千字
2017年6月第一版　2017年6月第一次印刷
定价：**99.00**元
ISBN 978-7-112-20146-4
　　　　　（29481）

目　录

第五部分

本书献给我的妻子 Regina Wichham，我们的孩子 Ben、Rachael 和 Michael；也谨以本书献给我的妈妈 Irene Shane-Diederichsen 和她丈夫 Jürgen Diederichsen。

致谢

我要感谢约翰·威利父子有限责任公司（John Wiley & Sons Ltd）的编辑海伦·卡斯尔（Helen Castle），她在四年之前问我："你还有没有其他要出的书？"在我提议的书名上，海伦增加了副标题——"基于全球视野"（in a global perspective），从而改变了这部著作。

我还要感谢库珀联盟学院（Cooper Union）的汤尼·韦德勒院长（Dean Tony Vidler），他几乎是在同一个时间段，建议我在开设的"城镇规划"课程中融入全球视野，并给予我很多的支持和鼓励。正是这两项建议共同推动了目前这本以本科生为对象的著作的问世。

早期的慷慨支持来自由塞拉·赫德（Sarah Herder）领导的芝加哥格拉汉姆基金会（Graham Foundation of Chicago），这给予了我莫大的鼓励。与我的朋友——来自墨尔本皇家理工大学（RMIT Melbourne）的创新型教授莱昂·范·斯海克（Leon van Schaik）的交谈和通信，帮助我形成了这本书的全球维度。我也很感谢持续支持了我很多年的朋友柯林·福尼尔（Colin Fournier）教授，他执教了伦敦大学巴特利学院（UCL Bartlett）的城市设计课程。

在整个过程中，我从两个最好的"读者"的评价中受益匪浅：来自纽约的新设计学院（New School for Design）的布莱恩·麦格拉斯（Brian McGrath）和维多利亚·马歇尔（Victoria Marshall）教授。他们对这个项目提供了稳定的支持和持续的评价，更不用提他们对本书的无穷修改所持有的耐心，帮助我完成了一个又一个章节。特别感谢麦格拉斯教授，他丰富了我对于亚洲巨型城市特别是曼谷的知识。

格拉汉姆基金会的早期支持，使我可以成就这样一本拥有大量彩页和无数插图的著作——从储备照片一直到重新专门绘制的分析图和剖面。非常感谢照片的编辑凯若琳·埃勒拜（Caroline Ellerby），因为她对于图片的来源和组织不仅态度严谨且充满干劲和活力。

我要对遍及世界的许多教授朋友们一并致谢，他们在图片上给我以帮助，提供场地建议，并对章节提出意见。这份朋友清单是庞大的，但是如果离开由这些慷慨的朋友们构成的网络，这本书不可能拥有现在它所具有的广度。

格拉汉姆基金会的资助也使我能够雇用很多优秀的助手来帮我创作这本著作。谢谢帮我揭开工作序幕的玛莎·潘特勒耶娃（Masha Panteleyeva），以及见证我完成最后工作的安吉·罕萨柯尔（Angie Hunsaker）。安吉的智慧和精细让最后的任务，在几乎绝望的时候能够奇迹般地按时完成。

此外，感谢格拉汉姆基金会允许我和年轻的建筑师尤里·惠格曼（Uri Wegman）——我最稳固的伙伴，一起共事。我们不停地画呀画呀，把平面和剖面重新绘制，直到认为实现了一定程度上的清晰表达。我深深感激他的耐心、坚持、技术以及远见。

我要谢谢在伦敦和牛津的威利团队（Wiley team）——和海伦·卡斯尔一起工作的卡莱尔·勒斯曼（Calver Lezama）和米里亚姆·斯威夫特（Miriam Swift），他们有效地将努力变成了成果。

最后，我必须感谢支持我的家人，我的妻子雷吉纳·维克汉姆（Regina Wickham），我们的孩子本、蕾切尔、迈克尔（Ben、Rachael 和 Michael）。我一次又一次地依傍着他们的肩头进行创作，在他们的支持下度过了作者在困顿中所经受的精彩和焦虑。我是一个幸运的人，我深深感谢我家人的支持和温暖。

城市废墟中的圣保罗大教堂，伦敦，英国（摄于 1945 年）
伦敦与柏林和东京一样，在第二次世界大战中受到了重创。随着美国和苏联崛起成为世界大国，并在冷战中代替了以往的帝国体系，上述城市由此面临着不确定的未来（照片源自 Keystone/Stringer/Getty Images）

导论

第二次世界大战之后，城市设计作为一项独立的专业活动在欧洲和美国崛起。帕特里克·阿伯克龙比（Patrick Abercrombie）和约翰·亨利·福尚（John Henry Forshaw）在他们 1943 年合著的《伦敦郡规划》（County of London Plan）一书中首次使用了"城市设计"这个词组，用以描述纳粹闪电战（the Blitz）后的伦敦重建。[1]这个新词组在一定程度上回应了战争对城市的破坏，同时也体现了汽车主导型城市规划的必要性（截至 1950 年，大伦敦地区已经拥有超过 32.4 万辆汽车，这一数字超过了意大利全部的汽车数量总和）。[2]城市设计领域的定义得到了一系列国际会议和英国建筑师以及新城规划师的支持和帮助，例如费德里克·吉伯德（Federick Gibberd）在他的《城镇规划》（Town Design）（1953 年首次出版，1959 年再版）中提出了一份出色的指南，为早期这一领域的定义提供了参考。[3]

阿伯克龙比不仅是一个杰出的英国城市规划师，曾与吉伯德等建筑师合作，他还看到了对这个跨越两个学科的新领域的需求。1945 年，城市规划师们开展大尺度的规划工作，对城市现状进行调查和分析，再基于艺术风格、田园城市或是现代主义等理论（将城市生活的各种功能划分为独立的区域）提出问题的解决方案。通常，建筑师解决的是单一建筑层面上的问题。但也一直都有建筑师参与到大尺度的设计中，凯文·林奇称它们为"城市设计"（city designs），比如他们对罗马或华盛顿进行的巴洛克式的规划，或是西班牙殖民城市中的标准格网规划（拥有中央广场，周围分布着教堂、市政厅、市场、监狱和行刑场）。[4]这些设计部分程度上形成了欧洲传统的城市设计，在当时还没有技术名词来描述它，不过在对意大利文艺复兴建筑的文字论述中已有所体现，如塞巴斯蒂亚诺·塞利奥（Sebastiano Serlio）的《建筑五书》，该书于 1530—1540 年代出版于威尼斯，介绍了一点透视的发展。[5]这项欧洲传统被 19 世纪的巴黎美术学院继承，形成了该学科的相对完善的标准，同时与建筑师对他们自己所做的评价形成抗衡。虽然巴洛克以及艺术式的规划规模很大，而且也对景观有所考虑，但在 1700 年，没有一座欧洲城市的人口超过 100 万，在规模上都远远小于古代罗马的城市。

到 1945 年为止，世界上容纳城市人口最多的大城市（联合国估算这一数字低于全球 3 亿人的 30%）聚集于欧洲，美国的几个大城市如纽约和芝加哥则拥有 500 万—700 万人口。亚洲的城市如北京，在几个世纪以来都是世界上最大的城市，在这一时期仍保持着 100 万左右的人口，而东京在 1945 年已缩减为 400 万。[6]18 到 19 世纪期间，欧洲的大都市通过工业革命和世界各地的殖民贸易迅速成长。例如，伦敦的商人在

1802 年为加勒比海地区的糖贸易建造了西印度码头，以及 1806 年为了亚洲地区的茶贸易建造了东印度码头。[7]到了 1945 年，伦敦的这些港区和大部分的城市中心商业区都沦为了废墟。欧洲和亚洲流亡着数以百万计的难民，其中部分受到联合国善后救济总署（UNRRA）的救助，在这期间，二战的战胜国联盟在 1945 年的雅尔塔会议上开始重新建立其在全球范围内的影响力。[8]另外两个帝国的首都柏林和东京遭受了重大打击，人们不得不暂时居住在市中心的棚户区；莫斯科和许多苏维埃的城市也没有逃脱类似的困境。[9]

10

　　欧洲的建筑师幻想着要控制每一个大都市中心，以及帝国系统的附庸城市、殖民统治的首都、港口以及遍布全世界的主要内陆城镇。在当时的帝国时代背景下，城市设计是一个以艺术为核心的宏伟构想，或是公园里的现代主义之塔，其本质是被建筑大师一人控制的自上而下的设计过程。例如，英国建筑师埃德温·勒琴斯（Edwin Lutyens）和赫伯特·贝克（Herbert Baker）在 1920 年代为印度设计并建造了基于艺术性和田园城市思想的新殖民首都（1931 年完工），而在 1930 年代—1940 年代，勒·柯布西耶设计了依赖汽车交通的法国殖民港口城市阿尔及尔（Algiers）（这个构想式的设计之后影响了他在印度昌迪加尔所做的城市设计，见第 4 章）。与这些帝国城市不同的是，容纳 800 万人口的现代大都市典型代表纽约，在纽约城市专员和之后"公路沙皇"罗伯特·摩西（Robert Moses）的治理之下，以紧凑的洛克菲勒中心作为其城市设计的范式（见第 3 章）。

　　到了 20 世纪末叶，这种场景已经发生了彻底的变化。1945 年，世界上的大多数人口仍旧生活在农耕地区。根据联合国的估算，截至 2007 年已有超过半数的世界人口居住在城市里，共计约 30 亿人，其中三分之一居住在城市的非正式定居点。城市人口居住的位置也发生了变化，纽约–纽瓦克（NewYork-Newark）城市群仍处于排名前三的位置，然而没有一个欧洲的帝国大都市位居前十名。城市发展的重心已开始向亚洲偏移，其中包含了孟买、上海和雅加达等，这使得许多相对穷困和收入中等的城市得以进入之前提到的排名当中。[10]

　　城市的形态也发生了变化。与 1945 年紧凑而富有的大都市不同，2005 年出版的《特大城市》（megacity）中描述了广袤领土中的正规和非正规的发展区域、中央商务区的公园和绿地、市场和集市、密集的独立用地和开放空间、农田和休闲公园等，高速通信系统和基础设施综合系统将这些要素联系起来。没有一个人能够想象和设计出这样一个庞杂的系统，更不用提建筑师了。东京作为亚洲最大和最为富足的特大城市拥有 3200 万居民，许多其他城市在尺度上虽可与之匹敌，但财力和技术资源都不及东京。

本书围绕四个主题展开，研究内容贯穿了自1945年到2010年的时间范围。按照大都市、大都市带、碎片大都市和特大城市的顺序，在每一部分中对这些主题进行单独介绍。这个顺序并不是以时间为依据，在同一时间段甚至同一个城市中，现代城市的创造者们可以采用其中的任何一个主题，或者对它们进行整合。每个主题部分都由两个章节构成，第1个章节用一些例子和图片概括叙述了各主题的相关理论；第2个章节是带插图的案例研究，通常是实际建造的例子，但也有一些诸如设计竞赛这种未能建造的理论型项目。例如，在"大都市"这一部分中，第1个章节描述了1945年之后相互争鸣的理论观点及其对大都市地区城市设计的影响，而第2个章节将介绍一些实际建造的设计方案，那些在最近60年的不同时期采用了大都市模型的方案。每个部分的第2个章节都会包含一个和异托邦（heterotopic）相关的内容，例如世博会或是奥运会，这些内容表征了某些特殊时间段内城市设计思想的变化。

下一章（即第1章）将进一步叙述在近60年中，通过使用独立用地（enclave）、链接空间（armature）、异托邦等基本城市要素，不同阶段中不同的城市创造者是如何参与到新城市模型的建立过程中的。城市设计在从大都市到特大城市转变的过程中，起到了复杂的转型作用，上面提及的三个城市要素形成了随后章节所讨论的问题的基础。

注释

注意：参见本书结尾处"作者提醒：尾注和维基百科"。

1　Patrick Abercrombie and John Henry Forshaw, *County of London Plan*, Macmillan & Co (London), 1943.

2　For a history of urban design as a fragmentary practice, see: Urban Design Group, http://www.udg.org.uk/?document_id=468 (accessed 27 September 2009). For statistics on European automobiles, see: Tony Judt, *Postwar: A History of Europe Since 1945*, Penguin (New York), 2006, p 342 (available on Google Books).

3　Frederick Gibberd, *Town Design*, Architectural Press (London), 1953, revised 1959.

4　For a general history of city design, see: Kevin Lynch, *A Theory of Good City Form*, MIT Press (Cambridge, MA), 1981, pp 73–79.

5　For an English translation of Serlio, see: Sebastiano Serlio, *The Five Books of Architecture*, Dover (New York), 1982.

6　For UN statistics of world population 1950–2003, see p 13 of 'World Urbanization Prospects: The 2003 Revision', http://www.un.org/esa/population/publications/wup2003/WUP2003Report. pdf (accessed 27 September 2009).

7　For London Docks history, see: http://www.portcities.org.uk/london/ (accessed 27 September 2009).

8　For refugees and UNRRA, see Judt, *Postwar*, pp 28–32.

9　For European war damage including that in Berlin, ibid pp 13–18. For Tokyo, see: Tokyo Metropolitan Government, *A Hundred Years of Tokyo City Planning*, TMG Municipal Library No 28 (Tokyo), 1994, pp 44–48.

10　See UN diagrams in: 'UN-HABITAT Secretary General's Visit to Kibera, Nairobi, 30–31 January, 2007', UN-HABITAT website, http://www.unhabitat.org/downloads/docs/Press_SG_visit_ Kibera07/SG%205.pdf (accessed 27 September 2009).

第一部分

第1章

城市设计——概述

过去 60 年间，让人震惊的全球工业化造成了巨大的贫富差距，作为工业化副产品的城市化进程也在紧锣密鼓地进行。工业化进程依靠石油为原料，无论城市还是农村，富有或者贫穷，人们的生活都被依赖于石油的小型发动机所改变。随着 21 世纪的来临，全球变暖和人为导致的气候变化等，让这种简单依靠石油所付出的代价日渐清晰起来。这些变化威胁着许多建设在河口之上的亚洲新兴城市（也同样威胁着欧洲和美国的城市）。

美国是这场石油革命的主导者，由于石油含量丰富和价格低廉，他们采用了粗放的使用方式，而政府对石油公司的间接支持导致了这种状况的恶化。百货商场、图书馆、教堂、电影院和餐馆等城市要素被转移到战后兴建的郊区购物带中，例如洛杉矶的威尔希尔（Wilshire）大道。在这里，店主们将他们的商铺重新设置在被停车场包围的独栋大楼中（见第 5 章）。其结果就是比起对手来，美国的石油使用更加低效，其人均能源消耗量直到今天仍为世界平均水平的 10 倍。[1] 类似早期的石油生产高潮期，纽约世贸中心的"9·11"恐怖袭击造成了能源价格的飞涨，使一些石油生产商获得巨额利润，他们将这笔钱投资于中东地区、拉丁美洲、俄罗斯及其之前的"卫星国家"。在这些地区，石油价格还未上涨，基于小汽车的美国早期城市形态仍在不断扩张。然而长远来看，其他大多数石油消费者都将面临价格高涨的威胁，人们不再喜欢遥远的郊区，这将对他们的生活方式和衰退的城市带来改变。不过，这给富有创造性的城市设计师带来了重新构想城市生活模式的机会，或许可以向亚洲城市学习——这些城市的人均能源消费只占美国的 1/30。

本书描述了全球性的转型与变革，强调了建筑师、城市设计师、规划师和他们不断变化的客户——中央政府、地方政府、社区、非政府组织（NGOs）、开发商和世界机构——的重要作用。"全球/世界视野"意味着传统的欧洲中心模式不复存在，新的城市角色参与进来。君主城市向国际特大都市的转型过程，不可避免地涉及许多来自欧洲和美国的城市设计师们的创新，他们借用二战后初期积累的财富进行了大量实验。美国购物中心设计师维克多·格伦（Victor Gruen）在 1950 年代拓展了区域性购物中心至关重要的特征：先进的室内设计、双层楼、配置空调系统等，成为此后购物中心的全球性准则（见第 6 章）。[2]

13　　　书中许多内容都关乎于对这些城市创新的应用，首先用在帝国殖民系统中，然后植入新兴的独立国家中，最后应用在基于全球企业的分散的全球化经济中，并借此对亚洲、非洲、拉丁美洲、欧洲和中东地区进行探索。例如，格伦在 1960 年代规划了伊朗石油富足的城市德黑兰的扩张。[3] 这种创新表现出一种双向性的特质，既包含了现代主义准则的快速转化，也涉及它们与当地文化和气候的融合。20 世纪末期，欧洲和美洲的大都市从他们原来的殖民地那里引进了新的城市创新点，例如伦佐·皮亚诺（Renzo Piano）2000 年在伦敦桥做的碎片大厦（Shard）。这是一个典型的香港式的多功能混合塔楼，它有一个垂直的、底部的城市商业中心连接到火车站，地面下则连接到伦敦地铁站（见第 8 章）。

　　伴随着全球城市人口的中心从欧洲向亚洲的转移以及欧洲城市人口占全球城市人口比例的减少，印度和中国作为城市巨人迅速崛起，他们具有非常不同的城市设计策略。广义上来说，中国体现出一种对罗伯特·摩西（Robert Moses）的全新超大尺度的现代主义大都市模型的欣赏，这种都市充满巨型街区、塔楼、超级高速公路和集中式规划。印度没有相同程度的自上而下的协调性或国家对土地所有权的掌控，他们形成的是一种更加多样、缓慢、自下而上的发展模式，拥有更多自发建设的城区，例如孟买的达拉维（Dharavi）。印度政府主要投资于模式非常混合的、国家规划下的基础设施，但中国政府投资的范围更广。两个国家在三分之一的国民涌向城市之时都面临着巨大的城市设计难题。[4]

　　此外，1960 年代和 1970 年代的石油廉价而供应充足，这时期在美国、加拿大、拉丁美洲建设的城市面临着资源价格将会上涨的危机，这威胁着他们分散化的空间建设逻辑，这种逻辑导致了公共运输的低效。曾经辉煌的欧洲大都市也有相同的危机，他们也在巨大的地域中扩张，好似亚洲特大城市的缩影——巨大的城市化"蓝香蕉"地区在欧盟国家中延伸，从伦敦穿过荷兰和德国直至米兰。生态策略诞生于美国，但不久便夭折了，欧洲人则成为生态策略的先行者，他们试图向亚洲城市的低碳足迹进行学习。欧洲人在斯德哥尔摩和伦敦引进了新加坡城市中心地区的道路交通拥挤收费等思想，与此同时，欧洲设计师也为亚洲的特大城市提供了未来生态模型（例如中国上海城外的东滩生态城，见第 10 章）。

全球城市创建者、模式和模型

为了把欧洲大都市向亚洲特大城市转型的故事讲好，本书主要聚焦于这期间的一些主题，它们犹如巨幅挂毯中串联的丝线。第一个主题是城市创建者——人民、团体、协会以及他们的信仰构筑了城市。除了貌似缺乏控制的城市扩张外，即便是看上去最随意的城市也充满了城市创建者的规划与组织。城市看起来混乱而拥挤，其实质是众多个体城市创建者依照利益最大化进行决策和改造的结果。这些行为可能会造成很多始料未及的后果，特别是如果它们被大规模地重复。城市创建者不仅需要通过合作来建设城市，还需要借助合作来维护、重建、修缮和转变城市。城市是人们共同生活的地方，为此它需要组织和技能来管理地方社区及大城市的事务。[5]

随着城市的生长，这种对城市组织与管理的需求演化为第二个主题"控制论"（cybernetics），即城市模型和自组织。控制论是通过分类传递和反馈机制来管理信息流的一种艺术和科学，包括计算机在内。控制论让 20 世纪的城市创建者们能够获得超乎以往的更多信息，促使他们在 1960 年代充满复杂性的城市中探寻一种自组织的迭代模式以及新兴的概念模型。这些模型起初只是在经济模型、社会趋势和交通流上被大量地应用实践，但是到了 1990 年代，诸如 Director（1987）的计算机动画程序和 Form Z（1991）的 3D 程序的出现，使得城市设计师可以对城市物质形态进行建模，并对城市复杂的反馈机制进行持续的三维研究。控制城市面貌的传统城市准则可以输入到 3D 模型中，这样在小片城市地区开始建设之前，城市设计师可以为其制定规划要求并建立虚拟模型。在 2000 年时，城市设计师就可通过个人电脑渲染出复杂的城市场景，也可以找到看似随意的城市聚合体生成中的重复模式，如拉丁美洲贫民窟的自建住宅。[6]

城市转型故事中的第三条线索是这样一个观点：城市创建者利用有限的城市要素构建他们的模型和城市。在特定的时间和场合中，城市创建者通过组织城市要素来建立城市模型，以帮助其工作。城市创建者建设城市所采用的三个关键要素——独立用地、链接和异托邦将在下一章中深入阐述。[7]独立用地指一个多少带有边界的空间，例如农村的一片土地，用围墙包围的一片城市建设用地，被建筑围绕的中心广场等。洛克菲勒中心就是纽约城内部拥有单一所有权和独特建筑外观的独立用地，类似的独立用地还有位于北京心脏位置的紫禁城。而链接是一种线性的空间组织工具，例如街道或公路，它们串联起了依顺序编号的房子和出口。城市创建者经常将链接当作通往独立用地的途径，它可以穿越一个独立用地或将两个吸引点连接起来。1853 年至 1870 年，奥斯曼男爵（Baron Haussmann）在巴黎规划中，运用了诸如圣

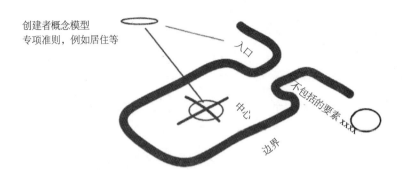

创建者概念模型
专项准则，例如居住等

入口

不包括的要素 xxx

中心

边界

单中心独立用地
创建者建立起一种概念模型，它提供了控制独立用地的专项准则自我中心系统，反馈再次加强中心

创建者概念模型：互相间隔的两极，双极法则控制了 A、B 两极之间的空间的分类和排序

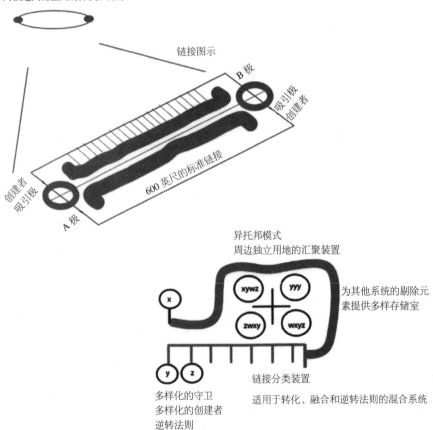

链接图示

B 极

吸引极
创建者

创建者
吸引极

A 极

600 英尺的标准链接

异托邦模式
周边独立用地的汇聚装置

为其他系统的剔除元素提供多样存储室

链接分类装置

适用于转化、融合和逆转法则的混合系统

多样化的守卫
多样化的创建者
逆转法则

城市图示
图解三种城市要素
（图示源自 David Grahame Shane，2009）

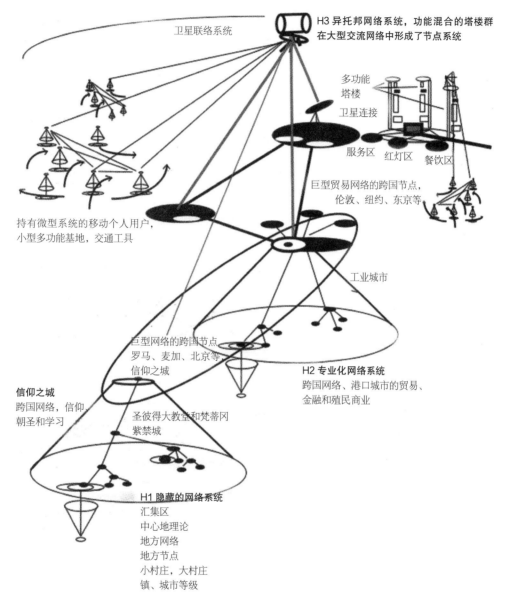

H3 异托邦网络系统，功能混合的塔楼群在大型交流网络中形成了节点系统

卫星联络系统

多功能塔楼

卫星连接

服务区　红灯区　餐饮区

巨型贸易网络的跨国节点，伦敦、纽约、东京等

持有微型系统的移动个人用户，小型多功能基地，交通工具

工业城市

巨型网络的跨国节点罗马、麦加、北京等信仰之城

H2 专业化网络系统
跨国网络、港口城市的贸易、金融和殖民商业

信仰之城
跨国网络，信仰朝圣和学习

圣彼得大教堂和梵蒂冈紫禁城

H1 隐藏的网络系统
汇集区
中心地理论
地方网络
地方节点
小村庄，大村庄
镇、城市等级

城市图示

城市由独立用地、链接和异托邦这些基本的组织单元所构成。城市创建者将这些城市要素整合到不同的城市系统中。图示展示了在一片城市领地中，三种城市系统同时分层运作的情况。第一个系统有强大的单一中心，第二个系统将其扩展为一个新建卫星城，而第三个系统是叠加前两者之上的多中心城市——移动的城市创建者可以在此进行实时沟通（图示源自 David Grahame Shane，2009）

日耳曼（Saint-Germain）和圣米歇尔（Saint-Michel）林荫大道这样的街道链接，它们穿越旧城南端直达现代化的巴黎新区，营建出一种环路与放射线相结合的交通体系，将外围腹地和公园联系进来。最后，异托邦是指一类特别的城市要素，是具有多样化的内部细分的一种独立用地，可以在同一时间、同一地点承载相互冲突的城市活动（通常表现在剖面上）。它是城市实验和改革的重要场所，它调和着冲突的城市活动，其包容变革的能力为城市整体的稳定性作出了贡献。这个术语来自法国哲学家米歇尔·福柯（Michel Foucault）的著作，在下一章中将详细验证。福柯利用监狱、医院、诊所、修道院、法院和门诊所等"分离型"异托邦要素来隔离生病而无法工作、不再适应城市生活的人，从而加速了城市向现代化的转变，使高效的工业化社会得以实现。[8]

17

而第四个线索则是城市创建者反思工作、重组要素、转变模型来适应地方环境和时代需求的能力。这种反思、适应、讨论和转变的能力，对持续创造新的城市形态以及合理利用已有城市形态来说至关重要。过去 60 年间，人类世界发生了翻天覆地的变化。欧洲在全球建立起来的大帝国瓦解成为独立的国家，它们被 1945 年至 1991 年冷战中的两大强权（超级大国苏联和美国）所左右。在此期间，美国和苏联的城市模型具有特权地位。苏联城市模型聚焦于位于帝国中心的"大都市"（metropolis），它被原本为小型殖民地的卫星国和卫星城所包围。美国模型的重点为大都市带（magelopolis）——一种线形的城市网络，最初由铁路和海岸线进行连接，在 1960 年代发展成为由高速公路和大规模小汽车加以联系的网络城市。欧洲人和他们衰退的帝国横跨了两种模式，在福利国家安全保障网络的基础上创造出一种新的混合体，但这种混合模式慢慢地染上了诸多美国特色，如小汽车的大规模私有化、商业传媒、广告和超级市场中的大宗消费商品等。日本和"亚洲猛虎"（中国周边沿太平洋的一些小国如泰国，和殖民城市如中国香港等）创造了一种迥异的综合模式——"碎片大都市"（fragmented metropolis），它拥有更强大和更集权化的政府。拉丁美洲的国家创造了他们独有的、拥有尚未被工业化的非正式住宅区的城市模型，在充斥着贫民窟（favelas）的大都市中，移民者可以尽其可能地建造属于自己的住宅。基于充足的廉价石油供应，美国的城市模型在 1991 年脱颖而出，但这种模型在生态、金融、社会方面的真实代价不断显露，使其当前面临着广泛质疑，相比之下，亚洲的"特大城市"（magecities）则上升成为另一种可替代的途径。

本书围绕着大都市、大都市带、碎片大都市和特大城市这四种模型展开。正如导论所述，每一种模型都会通过各部分中的两章加以阐述，前一章阐述这种模型的细节特征，后一章提供说明性范例和案例研究。上述简短的全球概览说明了城市创建者们在互相观望，为建立最好的模型和最佳的城市而展开竞争，他们创造了新的混合模型来服务于各自所处的环境。随着全球金融机构取代国际援助机构和国家政府，成为城市建设的重要资金来源后，这种城市间的竞争更加白热化。本书讲述了这四种模型在过去 60 年间是如何交织在一起的，揭示了当不同城市创建者成为主导时它们之间的相互作用，整个论述一直延续到 2008 年经济危机方才结束 [八国集团成员国（G8 States）挽救了整个系统，同时也改变了规则]。

大都市模型

第一个模型是"大都市"，它很古老，隶属于源远流长的帝国系统。一系列君主制城市和文化的出现，标示着 11000 年前的人类迁徙，他们从中非大裂谷和杰里科（Jericho）地区迁移至尼罗河和幼发拉底河间的月牙形肥沃地带，形成了农业聚居点，并逐渐向亚洲、欧洲和美洲扩散。[9] 大都市系统中往往存在一个位居首位的母城，包围它的是蜘蛛网般分布的城镇和村庄从农业腹地一直延伸至君国首都。在结构高度等级化的北京城，紫禁城在独立用地中又包含另一层独立用地，加上城市的轴线链接，这种组织方式是古老大都市城市设计的范本。几个世纪中，北京一直是城市中的佼佼者，拥有超过 100 万的民众。城市生活的每一个细节都被秩序化，大部分中国人是以农业为生、与土地紧密相连的农民，他们只有通过一系列复杂的科举考试才能改变自己的生活和命运。这种充满皇权意味的等级制城市格网与社会和官僚组织体系相适应，直到 1949 年新中国成立才结束。[10]

1945 年，世界大部分城市人口居住在欧洲各大首都中，例如柏林、布鲁塞尔、伦敦、马德里、巴黎、罗马、维也纳，它们也是 19 世纪世界帝国的都城（亚洲的日本也是如此）。这些帝国拥有以燃煤为基础的工业，使它们共同以一种全新的城市规模运转。这种尺度下的城市在工厂和大宗购买的社会组织方式基础上，发展出更先进的沟通模式和交通联系。无论是欧洲国家的君主还是拥有世界殖民体系的君王，都对都城的转型产生了一种宏大浮夸的想法。他们心目中的大都市有着独具艺术风格的轴线直达宫殿、网络状的城市林荫大道，以及紧密联系港口和船只的铁路。19世纪时，伦敦是世界上最大的城市，拥有 700 万人口。但与巴黎相比，它保持着一种组织无序的、破碎化的大都市状态。巴黎的奥斯曼环路和放射状现代林荫大道网络为后世的几代人提供了理想的大都市模型范本。

两次极具破坏性的战争结束后，大片集中营，炸弹袭击下的人群，燃烧弹袭击后的城市，使得 1945 年的欧洲丧失了优越的文化和城市设计上的领先地位。据估计，当时世界上有大约 2000 万欧洲难民（包括集中营幸存者和无家可归的人），亚洲的抗日战争等动乱又产生 2000 万难民。[11] 伦敦、柏林和东京的大部分地区成为废墟，更不用说广岛、长崎和俄罗斯许多城市在战争中被彻底摧毁。莫斯科继续采用了 1930 年代中期苏维埃政府理想中的都市模型——法国艺术风格的都市模型与斯大林方案的融合。这个方案充满了线性的工业化城市和新镇，使之成为城市创新的中心，俄罗斯农民可以在那里转化为现代苏维埃工人。这种城市设计和国家中心规划的目的是通过快速工业化来赶超欧洲。建筑师和规划师在这种自上而下、集中管理的模式中起着重要的作用。

19   大都市的成功建设激励着苏联将其模式输出到了横跨中欧的许多附庸国家中，及他们的盟国中国，甚至非洲、印度和古巴也逐渐开始采用这种模式。斯大林的大都市模型不仅有环路和放射性道路系统、绿色隔离带中的卫星新城，也包含了纽约 1920 年代到 1930 年代间的摩天大楼模型。美国在 1916 年建筑退界导则（setback law）的引导下产生了"婚礼蛋糕"（wedding-cake）状的摩天大楼，它也出现在莫斯科、

奥斯曼男爵，勒德吕·罗林（Ledru-Rollin）大道，巴黎，法国，1860 年（摄于 1990 年代）
比起混乱无序的伦敦，秩序井然的巴黎更能表现出 19 世纪中的理想大都市的形象。它拥有充满公共纪念碑的君主制都城、延展的城市链接和广场，能够举行规模盛大的军事阅兵活动。奥斯曼的景观建筑师简－查尔斯·阿尔法（Jean-Charles Alphad）充分设计了这条街的每一个角落，从植物层次和铺地表面到铸铁的街道设施和树种的选择（照片源自 David Grahame Shane）

德米特里·车楚林（Dmitry Chechulin），Kotelnicheskaya Embankment 摩天大楼，莫斯科，俄罗斯（摄于 1952 年）

1945 年以后，莫斯科表现出一种与资本主义和个人贫穷无关的大都市状态。1930 年代的斯大林方案建造了城市的环形 – 放射线模式，增加了绿带和新镇。斯大林在城中心规划了巨大的列宁纪念碑和许多"婚礼蛋糕"状的摩天大楼，它们坐落于北部环形道路的重要节点上或环形道路内部。克里姆林宫还设有高级公寓（照片源自 Dmitry Azovtsev，http：//fotki.azovtsev.com）

现代化大都市：纽约，美国

1945 年，纽约市中心呈现出一种现代化、商业化的大都市面貌。当时的城市设计师热衷于用摩天大楼来集中体现这座城市。中国的香港和上海及世界上其他商业城市也复制了这种模式，一些城市创造了缩微的曼哈顿摩天大楼地区，如巴黎的拉德方斯（1958）（照片源自 Henry Groskinsky / Time & Life Pictures/Getty Images）

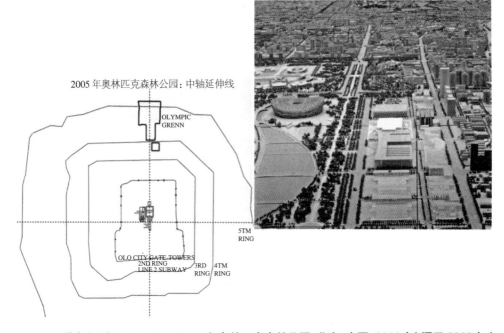

2005 年奥林匹克森林公园：中轴延伸线

OLYMPIC
GRENN

5TM
RING

OLO CITY GATE TOWERS
2ND RING
LINE 2 SUBWAY
3RD
RING
4TM
RING

SASAKI 联合公司(Sasaki Associates)，奥林匹克森林公园，北京，中国，2008 年(摄于 2008 年)
北京奥林匹克森林公园位于北京紫禁城的南北向轴线上，标志着大都市模型在当代城市中的持续性力量。现代设
计师努力创造都市轴线，希望能够匹敌勒·柯布西耶在印度昌迪加尔的设计以及奥古斯特·佩雷（ Auguste Perret ）
于 1958 年在法国勒阿弗尔（ Le Havre ）的设计（照片和平面图源自 David Grahame Shane，2008 ）

华沙甚至北京的天际线上。这些巨大的异托邦结构包含了生活区、办公、旅馆、餐饮、
娱乐设施、影院、剧院和商店，如同整个城市的缩影。

　　1945 年的纽约是许多欧洲人心目中现代大都市的代表。勒·柯布西耶在《当教
堂是白色的》（ When the Cathedrals Were White，1947 ）中认为纽约的摩天大楼过于密
集，然而，现代建筑师和评论家西格弗里德·吉迪恩在《空间、时代和建筑》（ Space,
Time and Architecture，1941 ）中则指出洛克菲勒中心提供了社区中心的典范。[12] 对欧
洲和亚洲的许多城市设计师来说，一个结合了罗伯特·摩西的公园、绿道系统和公共
住宅街区的摩天大楼城市，代表着脱离了君主制时期城市链接和宫殿独立用地的现
代美国大都市模型。在这里，重复的、碎片化的摩天大楼中心、内城更新和卫星新城，
在无论私人还是公共主导的规划下，都能创造出一种强大的、重复的分形系统（见
第 21 页 ）。

　　大都市梦想被证明强大而具有适应性。公路连接了城市中心的摩天大楼群，
这取代了君主制时期的林荫大道，但中心商务区（CBD）仍在城市的中心占据统

治地位。1950年代，巴黎延伸了从卢浮宫到凯旋门的东西方向的轴线，连接了拉德方斯（La Defense）摩天大楼地区。1950年代勒·柯布西耶在昌迪加尔和1960年奥斯卡·尼迈耶为巴西利亚做的设计，都表明了君主制艺术风格的延续，它包含了现代主义风格的巨大轴线和宽敞的宫殿。建筑师对权利进行着视觉构想，然而附近居住着建筑工人的棚户区却逐渐演变成为未经规划、非正式的自治地区。2008年，北京奥运规划显示了它对大都市理想和中轴线的坚持。奥林匹克主场馆群建设在紫禁城的北部，是中轴线向现代北京都市的延伸，城市具有环路和放射性道路，连接着周边地区和卫星城。

大都市带

第二种模型是大都市带，这是一种基于新的分散系统和石油等能源来源的城市形态，它突破了大都市的限制，没有单一的城市中心。法国地理学家简·戈特曼（Jean Gottmann）在他的《大都市带：美国东北海岸线上的城市化》（Megalopolis：The Urbanized Northeastern Seaboard of the Unite States，1961）一书中使用了"大都市带"一词。[13]他所指的是一个尺度巨大、从波士顿到华盛顿间的含有3200万人口的城市聚合体。戈特曼对一系列城市进行了分析，由于汽车的普及，这些处于转型阶段的城市正从老的城市中心向更广阔的郊区蔓延，但是并没有实现德维特·D·艾森豪威尔（Dwight D. Eisenhower）提出的具有有限可达性、多条马车道和巨大分级立交（grade separated interchange）（始于1956年）的防护高速系统。戈特曼的大都市带包含大片覆盖山脊和盆地的森林，以及供城市所用的农业用地、水源，还有铁轨和电力基础设施。虽然戈特曼仍然梦想着规划师和工程师能够掌控大都市带，但美国东海岸走廊地区的管理涉及了数以千计的政府组织，有些是自上而下的（在大都市中），但大多数是自下而上，依据联邦法规的地方差异性来制定当地法规。

数学家阿兰·图灵（Alan Turing）在1952年预测，大都市的两侧可能出现与之抗衡的卫星城，形成一种具有三个中心、线性的环形系统。[14]与此类似，由中心生长出的线性链接亦是著名希腊规划师康斯坦丁诺斯·道萨迪亚斯（Constantinos Doxiadis）所提的"一般性大都市"（ecumenopolis）的构成基础。[15]这种全球城市包含了所有类型的人类聚居区，包括非正式区域，例如拉丁美洲的贫民窟（此时，在欧洲的雅典和罗马也有棚户区）。为模拟这种新的城市，道萨迪亚斯率先采用先进的电脑和数学技术来预测世界城市人口的增长。他对全球人口增长的预估为在温哥华召开的联合国人居署（UN-HABITAT）第一次会议（1976）奠定了基础。这个会议

23

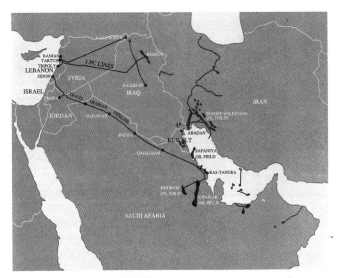

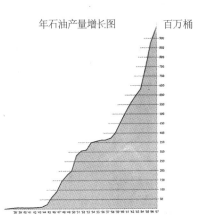

年石油产量增长图　　百万桶

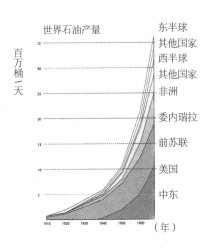

世界石油产量

百万桶／天

中东地区石油的装载和生产，1945—1967 年

第二次世界大战以后，中东地区石油产量激增，为欧洲和亚洲的重建提供了动力。沙特阿拉伯国家石油公司（Saudi Aramco）建造了命运多舛的横贯阿拉伯的管道系统（Tapline）来供应欧洲之需，它从拉斯坦努拉（Ras Tanura）冶炼厂（世界最大）通到黎巴嫩。石油代替了煤炭，成为现代大都市带的主要能源，使得汽车与远程通信网络（电话、无线电、电视）发生了深刻的变革（图表源自 Uri Wegman 和 David Grahame Shane，原图来自 Aramco，《The Tap Line》，1968；照片源自 Bettmann/Corbis）

标明了政府主导下的大都市向在非正式聚居区中具有自下而上的非政府组织的大都市的转变（见第9章）。

　　1970年代，就像纽约曾成为理想的大都市形态一样，东京成为大都市带的典范。东京在经历了第二次世界大战的战火，以及低密度、绿色、半乡村式的政府城市规划之后，建筑师和城市设计师开始追求一种更高密度的城市建设。1960年举办的"1947年广岛市和平纪念公园"方案竞赛中，获胜者畅想了基于巨大A形框架的新型巨型居住结构，坐落在东京湾上空延伸的高速公路网格之上。同时，这座城市沿着铁路扩张，在广阔的地域上采用了基于抗震标准的小尺度建设，并在每一个火车站周边都体现出细微的地方差异。随后，为迎接1964年的东京奥运会，东京中心建造的高速公路系统横亘于高空18米（60英尺）处，成为被首尔、台北、曼谷学习借鉴的亚洲模式。沙特阿拉伯和中东地区的石油储备为这种亚洲式增长提供了动力，正如以色列规划师在1960年代创造的现代而紧缩的大都市国家。

　　槙文彦是日本新陈代谢派的成员，区别于涵盖景观的小尺度"组团形式"和上述大尺度建设，他提出通过链接城乡铁路枢纽（1960）对东京的新宿进行大幅干预。[16] 1968年的东京城市规划在内城环形铁路线上规划了包括新宿在内的五个副中心，

丹下健三，东京湾方案，日本，1960年

简·戈特曼在1961年提到，东京在二战后的朝鲜战争期间快速发展成为亚洲第一个大都市带。由于周边山脉以及珍贵的水稻种植区的限制，东京的城市建设用地十分缺乏。为了解决这个问题，在"1947年广岛市和平纪念公园"的设计中，丹下健三提议在东京湾上方的高架高速公路上方建造一个巨大的全新的A形框架巨型结构[照片源自川澄建筑摄影办公室（Kawasumi architectural photograph office）]

以及一条向外延伸的绿带、沿着通向大阪的高速子弹头新干线分布的新城。[17] 不久之后，丹下健三在新宿规划了一个巨大的城市综合体（1975）。戈特曼开始继续研究亚洲（即东京 – 大阪廊道）和欧洲（即莱茵 – 鲁尔区的工业廊道）如星群般的大都市带。[18]

1960 年代，对城市设计师来说，考虑尺度大到可以匹配大都市带的新型城市节点，创造巨型建筑物似乎是大势所趋。在伦敦，一群年轻建筑师组成的建筑电讯组（Archigram group）在 1960 年代构想了未来主义的特大城市；与此同时，在法国的图卢兹 – 勒米拉尔（Toulouse-Le Mirail）新城，为航天产业的工人建造的住宅新城也体现出巨大的体量（Georges Candilis 和 Shadrach Woods，1968）。HOK 在石油富足的得克萨斯州休斯敦规划了商业街式的商业中心，这也是一座巨型构筑物，它是第一座拥有办公楼和旅馆的巨型商业建筑（1967）。新加坡在这种巨型发展中是亚洲的佼佼者（见第 5 章）。保罗·鲁道夫（Paul Rudolph）设计了一个巨大的、未实际建成的 A 形框架结构的办公居住综合体，覆盖在罗伯特·摩西在纽约建设的通向世界贸易中心（WTC）并穿过 SoHo 历史地区的高速公路（Minoru Yamasaki，1968）之上。雷纳·班纳姆（Reyner Banham）在《巨型结构：近代城市的未来》（Megastructure：Urban Futures of the Recent Past，1976）的封面上展示了这个设计。[19]

高速公路服务于燃油驱动的汽车和卡车，在这种系统下，大都市的线性形态可以便捷地联系机场和集装箱码头，以促进国际贸易的发展。廉价而充足的石油供应推动了跨国企业和国际贸易的发展。古老的乡村和自下而上的规定作为小小的城市补丁，很容易融入大尺度的高速公路网络中，英国米尔顿凯恩斯新城的建造 Mark Ⅲ（1967）就是这样的例子。雷纳·班纳姆在他的《洛杉矶：四个生态法则的建筑》（Los Angeles：The Architecture of Four Ecologies，1971）中描述了没有经过规划、自上而下结合自下而上的理想型大都市带。[20] 罗伯特·文丘里、丹尼斯·斯科特·布朗和斯蒂文·依泽诺（Robert Venturi，Denise Scott Brown 和 Steven Izenour）的团队在《向拉斯韦加斯学习》（Learning from Las Vegas，1972）中阐述了基于机动车通道的延展链接的设计及其具有的巨大的标识。[21] 班纳姆强调了洛杉矶高速公路工程师们自上而下的逻辑，他们在成比例地缩放这种链接，将之应用于高速公路、支路和林荫大道，并允许地方自下而上地自由参与。这创造出一种"独立用地的艺术"，有利于在商业中心、主题公园和自然廊道中创造步行环境。这种系统的灵活性也使规划师得以保护公园和绿带中的自然景观，同时可对中心商务区、居住区和工业园做出规划，例如位于中国香港外围的第一个特别经济区深圳（SEZ，1990）。这个系统的问题是大都市带有时会反抗这种控制：其发展尺度、控制的速度和分散的广度，意味着没有人会整体地去思考建成环境，以及为此付出的生态环境和人类的代价。

碎片大都市

第三种模式是碎片大都市，它是结合了大都市对补丁小城市自上而下的控制以及大都市带的巨型网络结构。它传承了蔓延的大都市带所具有的小尺度、地方化的灵活性，也为城市村庄提供地方性的建筑和城市设计控制。乔纳森·班尼特（Jonathan Barnett）在他的《破裂的大都市》（The Fractured Metropolis，1996）一书中阐述了这种城市设计情况。[22] 班尼特的大都市能够健康发展，秉承历史并形成一种碎片化的状态。班尼特的描述源自他的经验。这种城市设计模型出现于大都市政府由于居民向都市蔓延区迁移而逐渐失去经济税收基础之时。例如，纽约在1975年几乎破产（它受当地教师工会的津贴资助而得救）。[23] 第二次世界大战以后，纽约的人们迁移到郊区，例如莱维敦（Levittown），在那里，廉价、崭新、大量生产的房屋很容易获得，并且归来的士兵还有GI（国际绿色和平组织）贷款的帮助，这使得大都市失去了部分人口和收入来源。

城市设计团队中，班尼特是主导用碎片大都市模型来解决纽约问题的一员。这个团队改造了纽约城的"特别地区"，这个地区是1916年为已形成的华尔街摩天大楼区而划定的。纽约城市规划部门的城市设计部门在1970年代早期扩展了这种方式，起草了特别地区法规来保护中国城、小意大利地区，以及百老汇戏剧中心、市中心的第五大道步行街。亚历山大·库珀（Alexander Cooper，团队的另一个成员）和斯坦顿·埃克斯塔特（Stanton Eckstut）在1978年炮台公园城（Battery Park City，位于纽约曼哈顿南端——译者注）竞赛的获胜方案中，也将市中心的街道网格融入新发展中，并且引入了城市设计导则，强化了1916年的传统街墙线和退线准则。西萨·佩里（Cesar Pelli）设计了世界金融中心（WFC，1985—1988），这是一个全新的居住独立用地中的商业与办公塔楼的综合体。炮台公园城的城市设计导则提取了1916年纽约片区法规里的精华，并将之现代化来创造一个具有吸引力的醒目街景，这种景观与旧城有着明确的差异，使得回归的郊区居民能够在新的异质环境中感觉舒适。

碎片大都市城市设计模型还具有灵活性优势，使得当地的城市创建者们的反馈意见能够被城市的村庄社区所采纳，比如中国城；在伦敦、巴黎、纽约和东京的大都市地区，还能吸纳反抗大都市基础设施建设的各种协会的意见。《美国大城市的死与

26

26 碎片大都市
库珀－埃克斯塔特联合事务所
炮台公园城，纽约，美国，1978 年
当萎缩的大都市的金融变得更加紧张，城市设计师发现他们可以创造特别地区，他们可以在这种破碎的小城市中控制城市的形象，并为特殊的社区重新创造传统街区系统。这张照片展示了库珀－埃克斯塔特联合事务所为纽约炮台公园城设计的新城中城里的居住与商业（1978），设计方案开拓了这种方法（平面图源自 Cooper，Robertson & Partners；照片源自 David Grahame Shane）

生》（The Death and Life of Great American Cities，1961）的作者简·雅各布斯加入到了反对罗伯特·摩西的战斗中。[24] 雅各布斯认为摩西的巨型高速公路是为郊区开车人服务的，对旧城来说是种破坏。她支持格林威治（Greenwich）村在反对高速公路中
27 采取的小尺度、自下而上的街道链接策略。在巴黎、布鲁塞尔、伦敦、旧金山和东京，诸如高速公路和机场等大型基础设施工程，因地方抗议活动而受阻或延期。1964 年的哥本哈根，城市政府开始对中心历史区进行步行化改造，并逐渐发展到整个中心区。在纽约或伦敦，一些特别的区划地区，如 1970 年代考文特花园（Covent Garden）宣布的历史街区等，也起到了阻止开发的保护作用。中东战争和欧佩克（OPEC）禁运令导致石油供应中断，从而影响了大都市地区，正如它当初带给都市繁荣和兴盛一样。玛格丽特·撒切尔（Margaret Thatcher）和里根总统执政的 1980 年代，石油的兴盛、煤矿的关闭、铁路的建设、罢工和通货膨胀，都促进了欧洲和美国的城市那锈迹斑斑的工业地区的萎缩。亚洲四小龙（中国香港、新加坡、韩国和中国台湾）的兴起，

哥本哈根市中心，丹麦（摄于 1990 年代）

从 1960 年代开始，哥本哈根城市议会在之后的 20 年间创造了一个大型的步行、非机动交通区域，提供了崭新的街道表面、标识牌，以及现代化的室外家具、照明和安保措施。公共交通和投资策略与这种步行环境相得益彰，并且在周边的街区中建造了学生住宅、老人公寓等住房（照片源自 David Grahame Shane）

从回收非洲、拉丁美洲和中东的石油中获利，并促使世界人口和工业重新分布。[25] 1980 年代亚洲城市的扩张超过了拉丁美洲的城市。[26]

伦敦成为 1980 年代碎片大都市的代表，当时的英国首相玛格丽特·撒切尔掌管了民主选举产生的大伦敦议会（GLC），她主张应赋予合法选举出的地方政府更多权力，也废除了对衰败的帝国时期伦敦东区造船厂的种种规划控制（取而代之的是其他地方的深水集装箱码头）。17—18 世纪，伦敦形成了长期的碎片化发展传统，即开发大尺度、单一所有权的独立用地，它被约翰·萨默森（John Summerson）在《伦敦格鲁吉亚》（Georgian London，1945）中称为"大地产"。[27] 这种系统在 19 世纪延伸到了伦敦东区的工业区，该地大型码头公司成为伦敦西区"大地产"的主人，控制着严格限制地区的巨大城市地域 [在伦敦东区，通常被 12 米（40 英尺）高的围墙所包围]。100 年后，在严格控制的城市实验区中，美国的特别街区（American Special District）系统被引入，这是开发商的梦想。撒切尔夫人为金丝雀码头项目（1988—1991）邀请了开发纽约世界金融中心（WFC）的开发商参与，金丝雀码头是一个巨大的、拥有街道链接以联系办公塔楼（如洛克菲勒中心）的城市碎片区。尽管金丝雀的开发商最终破产了，但是这种在中心引入新跨国公司的管理型办公部门以取代帝国权力的做法获得了成功。这种金融企业往往会迁移到大都市中被再度利用的帝国码头、水边和火车站附近等地区，在那里他们可以成为主导的、全球性的城市创建者。

28

欧洲其他国家也遵从这种碎片大都市模型，涌现出巨大的城市片区，例如雷姆·库哈斯和 OMA 法国里尔的方案（Eeralille，1991—1994），还有伦佐·皮亚诺在柏林的波茨坦广场（Potsdamer Platz）（1990 年代中期）。世界金融中心所包含的办公塔楼和商业综合体形成了全球性的标志，并在东京、新加坡、孟买、香港、上海和北京等地被快速复制。2000 年，这些巨大的城市碎片转化成为交通导向的发展模式（TODs），例如香港国际金融中心二期工程（IFC2），坐落在火车线路上的商场、塔楼和旅馆综合体与机场直接相连（2003）。在东京，新宿地区的商业节点永远和铁路线紧密联系在一起。其他案例还包括为"欧洲之星"线路在铁路上方重建的柏林中央火车站项目（2006），在伦敦圣潘克拉斯（St Pancras，2008）、旧金山跨海湾站点的综合体方案中也有类似的做法。这些巨型方案表现出一种在高度破碎之下的都市理想回归，也预示着未来更高的能源消耗。英国在竞标 2012 年奥运会时也沿用了这一传统模式，将奥运场馆分布在城市几个碎片 / 独立用地上，尤其是围绕着伦敦东区的巨型东斯特拉特福德（Stratford East）商场和塔楼综合体，一些场地位于"欧洲之星"新高速轨道站场之上（见第 8 章）。

城市设计理论家，如柯林·罗（Colin Rowe）和弗瑞德·科特（Fred Koetter）在他们的《拼贴城市》（Collage City，1978）中预言了大都市和大都市带的崩盘，验证了城市碎片——将一些历史性、一些现代化、一些后现代化要素相结合的逻辑，并契合了城市创建者的梦想，如迪士尼（1954）。[28]1980 年代和 1990 年代，美国新城市主义运动在巨大的郊区细分中发扬了这种破碎化的方式做法，来作为一些边缘的、有围墙社区等历史居住区兴旺的一部分。然而柯林·罗和科特强调了这种系统中的政治性维度，如自由和选择，他们对调整这些碎片的方式持保留意见。在《分形城市》（Fnactal Cities，1996）中，迈克尔·贝蒂和保罗·朗利（Michael Batty，Paul Longley）强调了城市创建者如何利用城市设计碎片的几何形态为城市设计重复性模式，这种模式不会出现第二次，尤其在定义明确的城市独立用地中。[29]但他们也展示了链接如何拥有自己的分叉图案、树木结构和分层，在单一中心、双中心和多中心城市中将独立用地连接起来。他们在伦敦大学的同事，比尔·希利尔（Bill Hillier）在更小的尺度上展示了步行人流如何创造城市碎片间的网络，这展示在他的《空间是机器》（Space is the Machine，1996）一书中。[30]

特大城市 / 特大城市地区

如碎片大都市一样，最后的一种模式，特大城市，重新结合了大都市和大都市带的要素。1997 年在鹿特丹，在首次关于特大城市的演讲中（特大城市创始委员会及协会的周年庆典），英国城市规划师彼得·霍尔（Peter Hall）认同了1970年代城市规划师詹尼斯·帕尔曼（Janice Perlman）在其博士在读期间对里约的贫民区的研究（出版于1976年），以及同时提出的"特大城市"（megacity）一词。[31]帕尔曼为了创立特大城市项目而离开了学术界，为拉丁美洲城市的非正式住宅产权而战，而这些占到住宅总量60%的房屋却不具有官方认可的产权。[32]帕尔曼强调了官员们忽视的一些东西，这在他们的规划之外确实存在于城市空间之中。如同约翰·特纳于1976年在联合国人居署中提到的一样，帕尔曼强调了环绕着设计师的"秩序岛屿"海域，构成特大城市和它周边地区的不仅仅是传统意义上的城市空间，还包含被忽视的城市碎片中的空间。[33]1990年代，联合国接受了"特大城市"这一术语，将其标准定为拥有800万人口的城市，之后扩大到拥有1000万人口的城市，到2005年时又变更为2000万，以明确在温哥华召开的联合国人居署第三次会议（2006）上提出的尺度变化。当时世界上大约有30座特大城市，大多数在亚洲，居住着8%的世界城市人口。[34]

但是特大城市模型的演变不只存在尺度上的飞跃，也包含了关于城市法则的改变。曾经被忽视的城市创建者和空间被纳入考虑范畴。苏格兰先驱生态学者帕特里克·格迪斯在《进化中的城市》（Cities in Evolution, 1915）一书中将地形归为城市要素，强调了山脉、荒野和河谷，以及连接陆地和海洋的分水岭的山谷断面。[35]这些村庄中的空间，它们的坡度和水系的流向也会对城市的形态造成影响，这些要素不仅提供了食物和水源，也提供了聚居区的场地，还有污水处理系统和对城市外部空间的联系。在第二次世界大战期间，许多城市采取了特殊的战时分配制度来应对战争时期的需求，市民们种植他们自己日常所需的蔬菜（例如伦敦、阿姆斯特丹和哥本哈根）。应急住房、贫民窟和难民营经常设置在这些被忽略的空间以及村庄之间的空间中。之后，巴克敏斯特·富勒（Buckminster Fuller）和约翰·麦克海尔（John McHale）在他们的《世界资源库存和世界博弈》（World Resources Inventory and World Game, 1969）一书中关注到了"地球飞船"（Spaceship Earth），即世界资源和人口的不均衡分布，他们发现这导致可持续发展几乎不可能实现。[36]1990年代的加拿大温哥华，这座在1976年举办了联合国人居署第一次会议的城市，成为一个生态城市的引领者，它也成就了《我们生态的足迹：减少人类对地球的影响》（Our Ecological Footprint: Reducing Human Impact on the Earth, 1996）一书的作者威廉·里斯（William Rees）。[37]

英国二战后的城市设计师沿袭了格迪斯的理论，例如费德里克·吉伯德（Frederick Gibberd）在他的《城镇设计》（Town Design, 1953）一书中提出的"空间形体"概念，对设计建筑间的空间作出了贡献。[38]吉伯德将这个概念应用到了一个花园村庄中，它通向哈罗新城的中心（1947）。后来，伊恩·麦克哈格（Ian McHarg）在《设计结合自然》

（Design with Nature，1969）中进一步提升了格迪斯的山水和大地景观包容城市的思想，用电脑为城市地区做分层地图，标识出有价值的生态区域和农场，为确定建设发展用地做基础。[39] 中间空间在美国 1990 年代景观城市主义运动变得重要起来，因为它将这种地图手段应用在萎缩城市、棕色土地、工业和废弃用地等问题的处理上。

30 詹姆斯·康奈尔（James Corner）和菲尔德景观设计事务所（Field Operations）在斯塔滕岛（Staten）的弗莱士河公园（Freshkills）设计竞赛中获胜（2001），这座岛依据麦克哈格的分层系统而建，这种方法为棕地向娱乐用地的转化提供了长期可行的调整框架。纵观整个世界，城市设计师和景观都市主义者开始将滨水的工业区、被掩盖的溪流、大都市的旧飞机场和钢铁厂转换成公园独立用地和链接空间，例如首尔的清溪川公园（2005）。

当今的特大城市多位于那些在中等收入及以下的、与工业国家相比具有大量人口和较低人均能源消耗的国家。城市设计师对 20 世纪后半叶去殖民化的拉丁美洲、亚洲和非洲形成的国家级非正式城市视而不见，这些城市主要由涌入城市的农民构成。这些巨大城市中的贫民窟有时建设在绿带、公园等公共用地上 [例如委内瑞拉的加拉加斯]，或建设在农业用地上，或者在河岸、沼泽地或危险的洪水冲积平原（例如孟买的达拉维），这往往与土地所有者（他们私下收取租金）的灰色利益相关（例如哥伦比亚的波哥大）。在 1970 年代和 1980 年代，世界银行开展了"地区和服务"项目的实验，它将自建者的活动融入正式的经济中，获得了一些成功（这些地区开始出现中产化的萌生趋势）。1990 年代，富有争议的秘鲁经济学家埃尔南多·德索托（Hernando de Soto）主张为了实现平等参与的目标，将土地所有权分给非法居民，这个政策正在里约热内卢、圣保罗和曼谷等多处进行实验。[40]

哥伦比亚的波哥大在两任改革派市长的带领下成为低能耗特大城市模型的典范，它根据一个注重较低生态代价的蓝图来发展，于 1980 年代在相对富裕的城市库里蒂巴（巴西东南部城市——译者注）的帮助下改造了贫民窟和巴士线路。在波哥大，城市设计师吸取了勒·柯布西耶和 J·L·泽特（J. L. Sert）早期方案中的优点，于 1990 年代创造了一个连接了市中心步行空间、快速巴士线路和当地社区的线性链接空间，这主要由公园道路构成，社区拥有更高级的供水系统、医院和学校（配有互联网），公园中还留有私有花园用地。

依托互联网，部分社会组织建立了思想交流和实践的视觉网络平台，例如棚屋 / 贫民窟居民国际组织（SDI）和世界社会论坛（WSF）。反全球化组织 WSF 旨在反对自上而下的达沃斯世界经济论坛，以及为自下而上的方式提供发展的力量。它为非政府组织提供了网络平台，使小型、当地的自发社区能够彼此相互学习，也吸引了如诺

区间（Transmilenio）巴士，波哥大，哥伦比亚，2000 年（摄于 2000 年）

跟随着巴西的库里蒂巴的脚步，两个市长在 1990 年代将饮用水送到偏远的外围自建居住区，他们通过绿道、公园和花园来连接这些地区，并配以学校和图书馆。这张照片显示了区间（也译作"穿越千禧年"）地区的巴士路径，从外围的贫民窟通过绿道与老城中心的步行区相连（照片源自 Aaron Naparstek）

姆·乔姆斯基（Noam Chomsky）这样的学者、语言学家和政治活动家，如世界银行在巴西阿雷格里港（Porto Alegre）召开的年度国际会议（2001—2005）中的前首席经济师约瑟夫·斯蒂格利茨（Joseph Stiglitz）。[41] 在亚洲、非洲和拉丁美洲，城市设计师学习如何与居民就贫民窟的自发组织系统进行沟通，他们也通过使用远程微型传感系统，如谷歌地球和手持 GPS 机器，来确定这些地区的位置。在温哥华的联合国人居署第三次会议上（2006），国际环境和发展机构（IIED）的成员，来自伦敦的戴维·萨特思韦特（David Satterthwaite）记录道，特大城市只承载了世界上 8% 的城市人口。他把这看成一种希望，因为非政府组织和当地政府更有可能在 100 万人口左右的小城市中改善城市居住条件，这些地方的居民参与和反馈的过程会更加有效。对由农业地带包围的小城市来说获得食物是比较容易的。在非洲和亚洲，一半以上的人口仍然居住在农业聚集区中，现在通过手机等设备与城市的设施相联系。[42]

　　基于与意大利的卫星城威尼托区的相似分析，保拉·维佳诺（Paola Viganò）

在她的《城市要素》(La Città Elementare, 1999)一书中提出了"逆转城市"(reverse city)这一概念化的假设,她将城市要素之间的空间作为城市设计的主题,这种思想来自贝尔纳多·塞基(Bernardo Secchi)早期的区域研究。他强调了景观的生态特征。[43] 塞基和维佳诺在亚洲的特大城市中强调了高产的农业景观镶嵌在蔓延的城市地区中的轮廓,他们将这种现象描述为积极的、有价值的力量,这种"逆转城市"的法则应该被应用在整体设计中。其他欧洲的理论家,如雷姆·库哈斯在《小、中、大、特大》(S, M, L, XL, 1995)和《蔓延之后》(Xaveer De Geyter, 2002)中追求的那样,面对特大城市向农村地区的蔓延,而他们的朋友 MVRDV 则在《特大城市 / 数据化城市》(1999)一书中记录了 2000 万以上人口的特大城市的全球性涌现。[44] 德国莱茵 – 鲁尔区廊道(1999)的 IBA 风景公园的设计者托马斯·西弗茨(Thomas Sieverts)在他的著作《没有城市的城市》(Cities without Cities, 1997;英文版,2003)中提出了一种新的半城市、半乡村的城市形态,即"城市内与城市间"。[45]

32

　　这些理论家们都来自富裕的欧洲国家,他们善于处理与一些低收入国家具有相似情况的混合化景观,例如印度尼西亚的城乡过渡区及曼谷的城市边缘区,那里的农业地区和城市空间以一种奇异的方式混合。一些美国理论家直面这样的现实,他们追求一种更新的城乡结合区,这种结合区拥有一种有机的、可以再一次反哺城市的都市农业 [例如纽约的帕森设计学院的布莱恩·麦格拉斯和维多利亚·马歇尔为巴尔的摩生态系统研究(Baltimore Ecosystem Study,BES,2006)所作的工作]。[46] 一种更为典型的应对大都市地区的模型是迪克森·邓普米尔(Dickson Dupommier)提出的奇特的"空中农场"绿色摩天大楼,该模型意图在城市中心种植作物;而在作为"慢食物运动"发源地的意大利,卡洛·彼得里尼(Carlo Petrini)等设计师设想了"慢城运动"(Cittaslow)、"慢城市"(Slow City)的新概念——在城市内部的空地中生产人们所需的食物。

小结:城市群岛

　　这四种城市模型是过去 60 年间城市发展进程的组成部分,每一种模型主导了 15 年左右的时间。第二次世界大战以后的一段时期,人们利用大都市模型进行城市重建,这种重建建立在欧洲君主制崩溃的基础上。冷战期间,出现了苏联和美国为两极的新世界格局,在美国使用石油取代煤炭的背景下发展了大都市带模型,并在 1960 年后将这种模型传播到欧洲和亚洲,这段时期被历史学家埃里克·霍布斯鲍姆(Eric Hobsbawm)称作"黄金时代",并一直延续到 1970 年代才结束。[47] 然而,这种系统

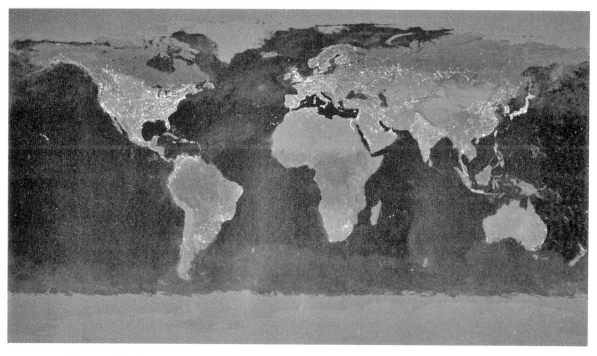

美国国家海洋大气局（NOAA）的地球城市夜景图（摄于 2009 年）（见彩图 1） 33
依靠地球轨道卫星上的远程传感设备，人们在过去的 60 年间创造了观察全球城市变革的可视化的技术。1945 年，
一张等尺度下的图像能够清晰地显示莫斯科、纽约、芝加哥及一些重要的美国城市在夜间的俯视景象 [照片源自
美国航天局（NASA）]

在石油逐渐缺乏的情况下变得不再稳定，促使了破碎大都市模型的兴起。城市碎片
空间因为跨国企业的资助，使得破碎的大城市模型变得更加稳定。在世纪之交，国
家化系统达到了它的极限，并在 2008 年遭遇了国际金融危机，此时全球的城市人口
向中低收入的亚洲的特大城市转移。

　　尽管这种时序发展过程看起来很有吸引力，本书所强调的是所有模型（大都市、
大都市带、碎片化大都市、特大城市）都是城市相互分离又紧密联系的发展过程。
它们在大多数城市中都出现过，形成了有内在联系的碎片网络，具有共生的关系。
我们可以将这种城市碎片看作"城市群岛"，即"城市岛屿"的聚集，"碎片、岛屿"
分割或连接了它们之间特权化的"海洋"。阿姆斯特丹、曼谷、香港、斯德哥尔摩、
东京、威尼斯这样的大城市都是字面意义上的城市群岛，是建设起来的小型岛屿，
然而，这种模型已经开始向非沿海地区延伸。在城市群岛中，所有模型的碎片如繁
星点点，而无数人能够在差异之下生活在一起，给我们的星球和未来带来了希望。

注释

注意：参见本书结尾处"作者提醒：尾注和维基百科"。

1 On US and global oil use, see: Paul Roberts, *The End of Oil: On the Edge of A Perilous New World*, Houghton Mifflin (New York), 2004, p 15.

2 For malls, see: Victor Gruen, *The Heart of Our Cities: The Urban Crisis – Diagnosis and Cure*, Simon & Schuster (New York), 1964.

3 On Tehran master plan, see: Wouter Vanstiphout, 'The Saddest City in the World: Tehran and the legacy of an American dream of modern town planning', 2 March 2006, http://www.thenewtown.nl/article.php?id_article=71 (accessed 1 April 2010); and: Jeffrey M Hardwick, *Mall Maker: Victor Gruen, Architect of an American Dream*, University of Pennsylvania (Philadelphia), 2004, pp 220–223.

4 For global population shift, see UN diagrams in: 'UN-HABITAT Secretary General's Visit to Kibera, Nairobi, 30–31 January, 2007', UN-HABITAT website, http://www.unhabitat.org/downloads/docs/Press_SG_visit_Kibera07/SG%205.pdf (accessed 27 September 2009).

5 On cellular automata cities, see: Juval Portugali, *Self-Organisation and the City*, Springer-Verlag (Berlin), 2000, pp 65–8 (available online at Google Books).

6 Brian McGrath, *Digital Modelling for Urban Design*, John Wiley & Sons (London), 2008, p 19.

7 For enclave, armature and heterotopia, see: DG Shane, *Recombinant Urbanism: Conceptual Modeling in Architecture, Urban Design and City Theory*, Wiley-Academy (Chichester), 2005.

8 See Michel Foucault, 'Of Other Spaces', in Catherine David and Jean-Francois Chevrier (eds), *Documenta X: The Book*, Hatje Cantz (Kassel), 1997, p 262, also available at http://foucault.info/documents/heteroTopia/foucault.heteroTopia.en.html (accessed 29 September 2009).

9 For early migrations, see: Alan Weisman, *The World Without Us*, Thomas Dunne Books St Martin's Press (New York), 2007, pp 48–49.

10 On Beijing history, see: Stephen G Haw, *Beijing – A Concise History*, Routledge (London; New York), 2006; also: http://en.wikipedia.org/wiki/Beijing (accessed 28 March 2010).

11 Tony Judt, *Postwar: A History of Europe Since 1945*, Penguin (New York), 2006, p 17.

12 Le Corbusier had argued that New York skyscrapers were too close together in *When the Cathedrals Were White* (1947), but the Rockefeller Center provided the model 'community centre' for the modern architect and critic Sigfried Giedion in *Space, Time and Architecture* (1941).

13 Jean Gottmann, *Megalopolis: The Urbanized Northeastern Seaboard of the United States*, Twentieth Century Fund (New York), 1961.

14 On Turing, see: Paul Krugman, *The Self-Organizing Economy*, Blackwell (Oxford), 1996, pp 22–29, 48–49.

15 Constantinos Doxiadis, *Architecture In Transition*, Oxford University Press (New York), 1963.

16 Fumihiko Maki, 'Some Thoughts on Collective Form', in Gyorgy Kepes (ed), *Structure in Art and Science*, George Braziller (New York), 1965, pp 116–127.

17 For the 1968 Tokyo City Plan, see: *Tokyo Metropolitan Government, A Hundred Years of Tokyo City Planning*, TMG Municipal Library No 28 (Tokyo), 1994, pp 56 and 74.

18 For Gottmann on Tokyo, see: Jean Gottmann and Robert A. Harper (eds), *Since the Metropolis: The Urban Writings of Jean Gottmann*, Institute of Governmental Studies, University of California (Berkeley, CA), 1990, p 19.

19 Reyner Banham, *Megastructure: Urban Futures of the Recent Past*, Thames & Hudson (London), 1976.

20 Reyner Banham, *Los Angeles: The Architecture of Four Ecologies*, Harper & Row (New York), 1971.

21 Robert Venturi, Denise Scott Brown and Steven Izenour, *Learning from Las Vegas: The Forgotten Symbolism of Architectural Form*, MIT Press (Cambridge, MA), 1972.

22 Jonathan Barnett, *The Fractured Metropolis: Improving The New City, Restoring The Old City, Reshaping The Region*, HarperCollins (New York), 1996.

23   On New York City near bankruptcy in 1975, see: Ralph Blumenthal, 'Recalling New York at the Brink of Bankruptcy', *The New York Times*, 5 December 2002, http://www.nytimes.com/2002/12/05/nyregion/recalling-new-york-at-the-brink-of-bankruptcy.html?pagewanted=1 (accessed 15 February 2010).

24   Jane Jacobs, *The Death and Life of Great American Cities*, Vintage Books (New York), 1961.

25   For oil profits, see: Peter, R Odell, *Oil and World Power: A Geographical Interpretation*, Penguin (Harmondsworth), 1970, pp 65–94.

26   For UN population figures, see: 'World Urbanization Prospects: The 2003 Revision', http://www.un.org/esa/population/publications/wup2003/WUP2003Report.pdf (accessed 27 September 2009)

27   John Summerson, *Georgian London*, Pleiades Books (London), 1945.

28   Colin Rowe and Fred Koetter, *Collage City*, MIT Press (Cambridge, MA), 1978.

29   For fractal patterns, see: Michael Batty and Paul Longley, *Fractal Cities: A Geometry of Form and Function*, Academic Press (San Diego, CA), 1996, pp 10–57.

30   For connections between fragments, see: Bill Hillier, *Space is the Machine*, Cambridge University Press (Cambridge), 1996, pp 149–182.

31   For Peter Hall, see 1997 lecture in archive at: Megacities Foundation website, http://www.megacities.nl/ (accessed 27 September 2009). For Perlman's PhD thesis, see: Janice Perlman, *The Myth of Marginality: Urban Politics and Poverty in Rio de Janeiro*, University of California Press (Berkeley, CA), 1976.

32   For Janice Perlman and megacities, see: Mega-Cities Project website, http://www.megacitiesproject.org/ (accessed 27 September 2009).

33   See: John FC Turner, *Housing by People: Towards Autonomy in Building Environments*, Pantheon Books (New York), 1977.

34   For global urban population, see: United Nations Human Settlements Programme (UN-HABITAT), *The State of the World's Cities 2006/7*, Earthscan (London), 2006, pp 4–12.

35   Sir Patrick Geddes, *Cities in Evolution: An Introduction to the Town Planning Movement and to the Study of Cities*, Williams & Norgate (London), 1915.

36   Buckminster Fuller and John McHale's *World Resources Inventory* and *World Game*, Southern Illinois University (Carbondale, IL) 1969.

37   William Rees and Mathis Wackernagel, *Our Ecological Footprint: Reducing Human Impact on the Earth*, New Society Publishers (Gabriola Island, BC), 1996.

38   Frederick Gibberd, *Town Design*, Architectural Press (London), 1953, revised 1959.

39   Ian McHarg, *Design with Nature*, published for the American Museum of Natural History (Garden City, NY), 1969.

40   See: Hernando de Soto, *The Other Path: The Invisible Revolution in the Third World*, HarperCollins (New York), 1989.

41   For SDI and WSF, see: David Satterthwaite, 'The Scale of Urban Change Worldwide 1950–2000 and its Underpinnings', International Institute for Environment and Development (IIED) Human Settlements Programme Discussion Paper, Urban Change 1 (London), 2005, pp 19–23.

42   For cellphones and the city, see: Brian McGrath and DG Shane (eds), *Sensing the 21st-Century City – Close-up and Remote*, Architectural Design, vol 75, issue 6, November/December 2005, pp 4–7, 26–49.

43   Paola Viganò, *La Città Elementare*, Skira (Milan; Geneva), 1999.

44   Rem Koolhaas and Bruce Mao, *S,M,L,XL: Office for Metropolitan Architecture*, Monacelli Press (New York), 1995; Xaveer De Geyter (ed), *After-Sprawl: Research for the Contemporary City*, NAi (Rotterdam) and Kunstcentrum deSingel (Antwerp), 2002; MVRDV, *Metacity/Datatown*, 010 Publishers (Rotterdam), 1999.

45   Thomas Sieverts, *Cities Without Cities: An Interpretation of the Zwischenstadt*, Spon Press (London; New York), 2003 (original work published 1997).

46   See: Brian McGrath and Victoria Marshall, 'Operationalising Patch Dynamics', in Michael Spens (ed), *Landscape Architecture*, Architectural Design, vol 77, issue 2, March/April 2007, pp 52–59.

47   Eric Hobsbawm, *The Age of Extremes: The History of the World, 1914–1991*, Vintage Books (New York), 1996.

第 2 章

图解城市设计要素

　　在过去的 60 年间，城市中的各类要素是城市设计师的规划重点。设计洛克菲勒中心的城市设计师在纽约的城市网格中嵌套入城市链接空间和城市独立用地。在统一标准的立面背后，隐藏着多样的功能和参与者，这种巨型街区通过步行街与溜冰场相连。隐藏的要素有许多种：地下的停车场独立用地、下沉溜冰场独立用地、商业拱廊、通向地铁和卡车的通道。在 GE 大楼（前身是 RCA）的地面层设有公共大堂和公共屋顶活动空间，彩虹屋餐馆和酒吧，周边的建筑也设有屋顶花园。这种巨型街区包含的是一种视觉上的异托邦，拥有电影院、播音室，后来还加入了电视台和为观众设置的城市广播音乐大厅。[1]

　　20 世纪末期，亚洲城市中的巨型节点空间继承了异托邦的传统，将多种城市要素聚集到一种具有相对可渗透性的独立用地中。在这种情况下，城市创建者将所有复杂的功能设置在一个紧凑的、垂直的商业链接空间中，该类空间中包含有餐饮业、电影院和与独立用地相连的室内前厅，并且将活动空间延伸到塔楼和屋顶花园上。东京、香港和曼谷都有案例来体现这种包含了精巧链接的综合性异托邦独立用地，且在这些案例中公用空间内多设有电梯以连接垂直交通。对曼谷来说，这些形式的产生是渐进的，不像其他一些地区，如香港新城从一开始就有意通过明确的规划来实现这一构想。

　　在本章中，作者将详细阐述过去 60 年间三种城市要素——独立用地、链接和异托邦的进化过程。城市创建者将这些城市要素结合到城市的生态环境中，随着城市生态环境的变化，对于城市要素的设计方法也不断变化。和洛克菲勒中心的设计师相比，香港的市民管理者创造了巨大的交通枢纽和商业综合体，二者显示出巨大的差异。例如，拥有屋顶花园、电影院、餐饮和塔楼的香港九龙中心火车站及其周边的巨型街区（见第 11 章）。

　　城市创建者创造了城市机构组成的网络，这可以帮助组织和完善这座城市，创造市生态体系。在这里，城市生态体系意味着一种稳定的、不随时间变化的，并能够引领城市的配置关系，它在人们的相互关系、物质流和思想中都发挥着作用。参与者可能会开始偏爱其中某种关系，如独立用地，一段时间之后，他们则会转向喜欢另外一种，如链接周边的新生态体系组织关系。参与者将异托邦作为这些变化的试验田。异托邦主义者在城市生态体系和组织系统的转化中起到了重要的作用。

城市要素的早期定义

在之前的叙述中，独立用地、链接和异托邦被简略描绘成城市创建者在生态体系设计中的组织工具。独立用地是由具有一个或多个入口的边界限定的空间，它具有一个明确的中心，例如北京的紫禁城和洛克菲勒中心。二者都作为一个组织工具，独立用地被用作为一个汇聚点来集中人群、物质或某类特定城市创建者的视线，而这些参与者决定了独立用地的空间、边界和内容。有意控制的分层系统和自上而下的指令结构超越了主导参与者的管理范围，这些参与者在独立用地中孵化了更多新的独立用地，也创造了新的空间类型和空间感受。在独立用地中孕育新的独立用地的方式可以扩展到整个城市。皇权统治下的北京即是如此，紫禁城是它的焦点。当城市创建者关注到城市中的流动过程时，他们改变了独立用地的作用，使之成为系统中一个静止的基准点，为人群、货物和服务提供短暂停留的场所，包括例如供旅馆、仓库、储藏院落、码头和集装箱等使用的空间。后来，独立用地变成了承载城市视觉感受的容器，同时也是一种用来辨别道路、吸引点和城市不同地区间差异的方式，如同凯文·林奇在《城市意象》（The Image of the City，1961）[2] 中提到的一样。

而链接则是一种线性的、用以存储和分类的空间。它可以被看作一种拥有线性序列的装置，这种线性逻辑组织着空间和时间。链接也有等级之分，具有树状的分级结构，如同河流入海口或高速公路出口。城市步行链接的设计标准在几个世纪中逐渐形成。例如 5 分钟步行可达的、200 米（600 英尺）左右长的空间就被看作一种基本单元，在古希腊、古罗马、中世纪城镇、曼哈顿格网和现代购物中心设计中均被采用。链接还为步行人群服务，延伸的链接则是交通系统的一部分，包括横穿城市的大尺度链接，如河流和高速公路。与之相对的是紧缩型的链接，其表现为链接之间相互堆叠或是呈螺旋式地相互置于对方之上，多具有 3 层结构，例如，600 米（1900 英尺）尺度的空间可以包含一个 200 米（600 英尺）尺度的小空间。购物中心的设计师在设计中便往往采用这种紧凑的方式，古罗马的图拉真市场、古代国际贸易通道也采用了相同的紧缩原则，在连接欧亚的丝绸之路沿线上的许多集市中也可以看到这种空间处理手法。[3]

城市创建者和设计师常采用异托邦来融合独立用地和链接这两种空间类型，创造出具有特殊优势、适应性和可变性的综合体。法国哲学家米歇尔·福柯对异托邦持有特殊的偏爱，在 1960 年代就将这一术语介绍给了建筑师。他认为其可以将现代主义融入传统社会。这个过程并没有依赖现代科技,而是一直被不同等级系统中的风俗、民俗和宗教信仰所控制。福柯特别强调,异托邦是城市生态体系的缩微模型,是城市中的一个小城市。参与者往往在异托邦中遵循一些重要的法则。如果城市是混乱的,参与者便在异托邦中寻求秩序、平静和控制。而异托邦的另一特征是其参与者的多样性,每类参与者都有自己的空间和法则,但却均在异托邦的范围之内。异托邦与意图实现单一功能的现代独立用地相反,如一个单一功能的商业公园。多样的参与者在异托邦内相互作用,尝试并试验新的组合方式,而并不会对整个城市的生态体系产生干扰。[4]

福柯描述了那些为社会寻求现代科技基础的城市创建者对"分离型异托邦"(heterotopias of deviance)的创造。这类人群不遵从现代社会的规则,而被打上记号并归为异类,并被重新改造和教育。由于他们不受压迫的天性,福柯将这类人所处的处于转型或压力之中的早期状态或系统,称为"危机型异托邦"(heterotopias of crisis)[5]。人们可以自愿去留而不受惩罚或侮辱。在分离型异托邦中,一些城市创建者如精神病院的医生和监狱管理员设置了严格的法规,并惩罚越轨者,将人们囚禁,直到他们到达服务期限或被认为已经治愈。18世纪的社会理论家杰里米·边沁(Jeremy Bentham)设计了一种圆形监狱(Panopticon)。狱警能够隐藏在中心看到所有牢房,它标志着异托邦的分离(另一种分离型异托邦是星形监狱,狱警在中心节点上)。[6]

福柯还阐述了第三种"幻象型异托邦"(heterotopias of illusion),它们具有快速变化的法则和规律,同时也与时尚和美学密切相关,它们颠覆了所有分离型异托邦正在应用的法则。然而,虽然他在分类中列出了许多重要的城市组成要素,如购物长廊、商场、博物馆、剧院、电影院和妓院,但这些娱乐和消费的场所却并没有引起福柯过多的兴趣。

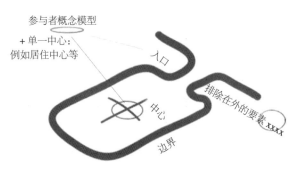

三种城市要素:独立用地、链接和异托邦
城市创建者在城市中用这三种城市要素来建造都市生态体系,将城市空间按照他们的需求来塑造(图示源自 David Grahame Shane,2009)

单一中心独立用地
参与者建立了一种独立用地的概念模型,它由单一法则控制自我中心系统,反馈再次加强中心

城市设计生态与模型

城市创建者总是利用城市生态体系的模型来指导他们的工作。上一章对大都市、大都市带、碎片大都市和特大城市这四种模型进行了阐述，它们均具有悠久的历史。2001 年，青年规划师组织国际城市与区域规划师协会（ISOCARP）基于英国建筑师塞德里克·普赖斯（Cedric Price）在《1982 年特别行动项目》（Taskforce Project of 1982）中使用的"三种早餐模型"——煮蛋（archi-città）、煎蛋（cine-città）和炒蛋（tele-città）[7]，对这种传统进行了更新。

青年规划师组织将"煮蛋"称为"archi-città"，这是因为在领主和牧师统治的封建城市中，建筑师由于能建造坚固的石材建筑，而在城市建设中发挥了巨大的作用。这种城市是一个有坚硬外壳（即城墙）的独立用地。在城墙内部，木制或黏土制的农民和商人的房屋构成了城市肌理，形成蛋白。大地主的城堡或教堂（包括地牢）形成了城市中心，即蛋黄。在塞德里克·普赖斯的煎蛋模型中，商人、银行家和工程师等城市创建者在煮蛋范围外修建了公路、运河和铁路，创造了线性链接和轴线，在城墙外形成了一个边缘不规则的星形图案。这种"煎蛋"的中心是一块充满高密度摩天大楼的独立用地，就像煎蛋蛋黄上的泡泡一样。青年规划师称这种城市模型为"cine-città"，因为它的扩张过程中具有线性的特征。电影院作为一种新的大众传媒被发明出来，它进一步塑造了变革过程中的城市形态。最后，城市创建者用郊区消解了城市边界，形成"炒蛋"模型，它被青年规划师称为"tele-città"，即通过电子网络将城市紧密联系。这种城市图示由一个散布在郊区的碎片系统构成，具有一个中心或双中心，亦或是无中心，形成城市群岛或碎片化大都市。[8]

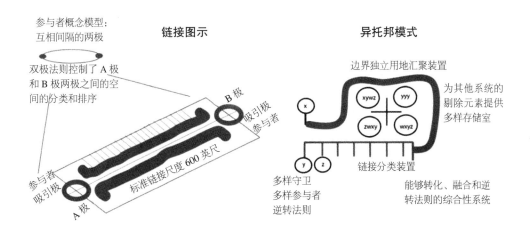

在本书中，三种城市生态体系或配套关系被重新命名，同时添加了第四种模型或称为"城市设计生态体系"。"煮蛋"代表古代皇帝的君主制首都，是大都市。1945 年，"煮蛋"模型与工业城市要素相结合，建立起了世界范围内的欧洲殖民帝国的统治。与之相对的是，纽约则呈现出了一种较为纯粹的现代商业和工业都市的面貌，高耸的摩天大楼彰显了企业的权力。"煎蛋"则是现代大都市带，线性城市沿海岸线、平原或河谷延伸。这些城市起初被铁路相连，后来由高速公路和汽车相连。由于具有很强的联系性，"炒蛋"可以代表碎片大都市，象征了受自动化时代中大都市带的冲击下，旧有大都市中心的瓦解，以及在密度上具有差异性的大都市带上新中心的形成。[9]

此外，瑞士城市设计师弗兰兹·奥斯瓦尔德（Franz Oswald）提出第四类：意式烘蛋，一个在肌理中包含体块和空隙的煎蛋卷，比如大都市带在大尺度地域上的拓展。[10]由于它巨大的尺度和发展潜力，意式烘蛋在本书中被称作特大城市（megacity）或超级城市（metacity）。它包含了农业的发展，较强的流动性和现代化的沟通系统。这四种模型或都市关系的生态体系都表现在今天的城市碎片中，通过相互作用形成动态的拼贴城市。这样所带来的结果就是，城市随着时间变化和转化，形成非线性的形态；而规划的作用有时会带来始料未及的变化，又或者是没有变化。

  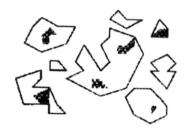

archi-città	cine-città	tele-città
乡村包围的城市	中心 + 聚合物	城乡一体化
农业的生产	工业生产	信息生产
体力劳作	机械运动	光速传播
封建统治	民主政府	空间发展管理者……？
建筑师	物质空间规划师	……知识 + 信息 / 机场
地方尺度	区域 / 国家尺度	信息基础设施……？
建筑、林荫大道方案	土地利用、基础设施规划	策略 / 行动……？

城市设计生态体系模型
城市创建者将三种城市元素——独立用地、链接和异托邦结合起来，形成不同的城市模型。青年规划师组织（ISOCARP）在 2001 年时将城市分为"煮蛋"（archi-città）、"煎蛋"（cine-città）、"炒蛋"（tele-città）（示意图源自 courtesy of ISOCARP, 2009）

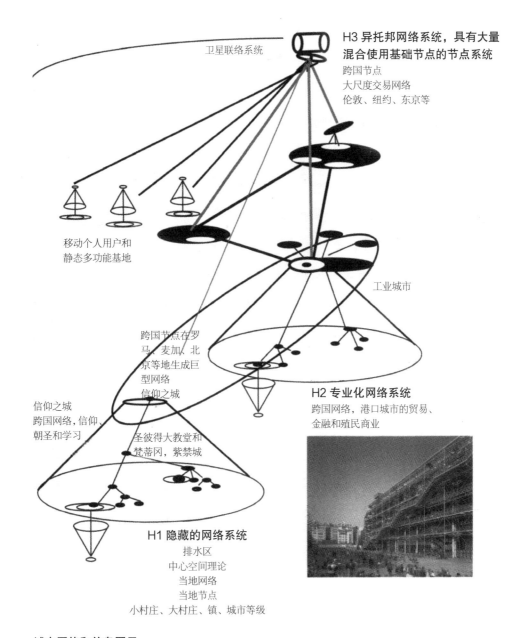

H3 异托邦网络系统，具有大量混合使用基础节点的节点系统
跨国节点
大尺度交易网络
伦敦、纽约、东京等

卫星联络系统

移动个人用户和
静态多功能基地

工业城市

跨国节点在罗
马、麦加、北
京等地生成巨
型网络
信仰之城

H2 专业化网络系统
跨国网络，港口城市的贸易、
金融和殖民商业

信仰之城
跨国网络，信仰、
朝圣和学习

圣彼得大教堂和
梵蒂冈，紫禁城

H1 隐藏的网络系统
排水区
中心空间理论
当地网络
当地节点
小村庄、大村庄、镇、城市等级

城市网络和信息图示

图示展示了构成城市的三组互相依赖的城市创建者和城市模型，创造了一个复杂的、分层的、交互的系统。理查德·罗杰斯和伦佐·皮亚诺设计的蓬皮杜中心（Pompidoll centre，1971—1977）以法国总统的名字命名，作为异托邦的艺术画廊安排在巴黎的中心地区，促进了周边地区的转变（图示源自 David Grahame Shane，2005）

42

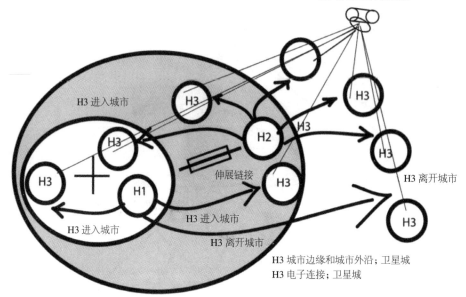

H3 电子连接；卫星城

H3 进入城市

H3

H2

H3

H3

H3

H3 进入城市

H1

H3 进入城市

H3

H3 离开城市

H3 离开城市

H3 城市边缘和城市外沿；卫星城
H3 电子连接；卫星城

H2 工业城市和卫星城的二元

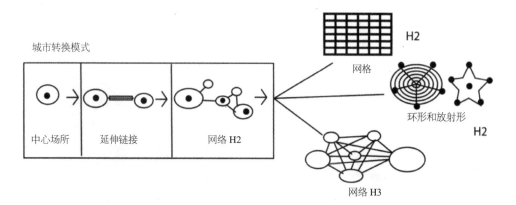

城市转换模式

中心场所　延伸链接　网络 H2

网格　H2

环形和放射形　H2

网络 H3

异托邦系统图示

现代城市创建者往往向城市边缘迁移，去寻找更适合活动的开敞空间，在富有创造力的异托邦中定居。此图示与这种外向型移动相一致，为城市提供了崭新的社会机构，设置在中心和边缘。此图示展示了医院、监狱等 19 世纪的创新机构和 20 世纪的新镇是如何向城市外部移动，后来又是如何在城市扩张中融入城市的（图示源自 David Grahame Shane，2005）

1945 年以来独立用地的演变

　　城市在过去 60 年间不断变化。曾经的欧洲君主制都城集中了所有的财富、设计方法和创新力量，以纽约为典型代表的城市则体现出商业大都市的面貌。广场轴线链接在欧洲大都市形成了宏大的景象，为军事阅兵提供了最佳场所；规范化的街道格网布局则产生于纽约这样的城市，城市街区独立用地中充满摩天大楼。占据了几个街区的洛克菲勒中心是一个城市缩微模型，高耸入云的摩天大楼前设置了缩微的街道和广场，它代表了未来链接、独立用地和摩天大楼在相邻街区内的结合。2010 年时，美国大都市模型获得成功。同时亚洲的城市设计师则相互比拼设计更高的摩天大楼和更大的商业中心，街区被扩大为巨型街区，塔楼内包含了商务、居住和旅馆等等功能。街道被多层的商业中心包围，并配置了公共交通、快速列车和轻轨，且与商业裙楼相连，参见曼谷或香港的案例（见第 10 章）。

　　1945 年，在欧洲或美国的大都市模型中，衍生出一种高密度城市中心和集约式城市发展模式。城市被绿带和商品种植农业地带包围，它们为城市提供了食物供给。此时，两个最大的城市——伦敦和纽约已经发展到拥有大约 700 万人口。[11] 水渠链接远方的山脉引入水源，储蓄在独立用地中的蓄水池里；街道链接下暗藏着污水管通向污水处理厂所在的独立用地，然后注入大海；铁路链接为城市中心和码头服务，并向郊区伸展。工业活动和燃煤取暖往往会污染城市环境，所以传统工业独立用地被置于城市的下风下水方向，在北半球城市中常位于城市的东边。来自世界各地的食物和资源涌入大都市的仓库，促进了国际化贸易网络的建立。

　　大都市包含了一系列功能上专业化的独立用地，是传统城市活动的进一步细化分类。[12] 一些独立用地用于展示和消费，例如大型商场、商业走廊、旅馆、戏剧院、博物馆和美术馆。其他的则用于商业、金融、保险、海运、股票市场和法院等用途。另外，工业产品的存储用地占据了码头和铁路链接附近的河岸。一些隐藏的独立用地则是贫民窟、红灯区和有组织犯罪的窝点，挤满了贫穷的少数民族人群和同性恋者。街区系统的连续性掩盖了他们之间的差异，使得许多独立用地看起来是一致的。然而，这些地区繁重的警务工作暴露了这些差异。街区黑帮联合了外来移民，聚集在这样的街区，变相拉大了地区的差异。在美国南部的南非裔种族隔离地区便是如此。

　　1920 年代，现代主义芝加哥学派社会学家欧内斯特·伯吉斯（Ernest Burgess）和罗伯特·帕克（Robert Park）认为，系统中的独立用地相互联系形成了一个生态体系，一系列空间和关系形成了城市的"新陈代谢"[13]。贫民窟中的穷苦人民只有不懈努力，才能搬迁到周边郊区，得到更高的社会地位，并追求财富，以及更好的教育和社会形象，如同逆流而上的鱼群。这一发展过程中的每一步都包含了一个不同类型的城市邻里，都对应一种独特的社会和经济碎片，所处的不同物质空间形态显示了个人的经济地位。在城市中心的贫民窟碎片中居住着穷困的外来移民，他们居住在没有电梯的破败的廉租房中；而周边的碎片化空间中则充满了出租的房屋，在那里一家一户的郊区住宅标志着家庭升入中产阶级，住房条件也得到明显改善，然后是城市边缘地区的百万富翁的豪宅和地产。现代建筑师改变了这种生态法则，他们提议将城市中心以外的中产家庭郊区住宅，向有公共场地的超级街区独立用地中的板楼或塔楼进行转移。现代规划师也提议在田园城市中设置包含办公、工厂、商业或娱乐等功能明确的城市独立用地。

亚洲特大城市中独立用地的生态环境，例如在曼谷、北京、上海或珠江三角洲这样的城市中，其生态环境比起芝加哥学派的简单模型来说要显得更为复杂。城市移民向郊区工厂的迁移和向城市中心贫民窟移动的倾向是相同的。大都市带将大都市发展为一个拥有大量郊区用地的新型城市设计生态体系，同时也创造了一个广阔的城市领域，这其中包含了许多不同种类的居住碎片独立用地。一个支撑服务性的道路网格将这些新的独立用地融入巨型尺度的街区模式框架中。这种新的生态性碎片伴有购物中心独立用地和服务带，还有加油站、维修站、快餐店和药店，这些功能一般都存在于小型建筑物中。在美国的大都市带模型中，新型的城市支撑设施，例如石油存储、卡车物流仓库、下水道系统、垃圾处理泵和其他意想不到的独立用地填满了住房之间的廉价独立用地，污染了湿地和泄洪的河谷。城市创建者后来又加建了商务中心，这里充满了摩天大楼、巨型商场和大型机构学校，使这片地区成为这个生态系统中的高密度城市碎片，从而形成了带有巨型独立用地的碎片大都市。亚洲的特大城市是一种更加延伸的城市领域，包含了城市碎片的所有生态要素，也包含了使传统城市农业生产融入碎片的空间。廉价的大众联系网络和个人移动设备在很大程度上扩大了城市的领域，解放了溪流和村落，使得设计者能够把工作集中在城市公园带中的水源和独立用地上（见第 11 章"结论"）。

小型
微观
院落 / 联排住宅

中型
城市村庄
城市街区

大型
超级
现代超级街区

城市街区

独立用地中的
独立用地

带有学校的邻里单元
独立用地中的独立用地

带有学校的邻里单元

独立用地中的独立用地

大碎片
超级街区

郊区居住
独立用地

办公工业
独立用地

商业独立
用地

特大 = 非常大

特大街区 1km×1km

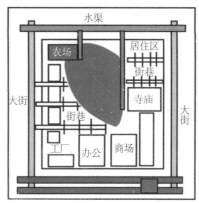

城乡过渡区
多功能碎片

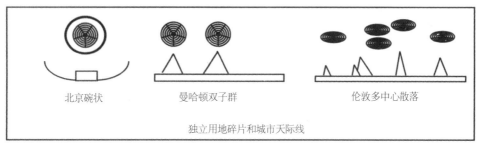

独立用地碎片和城市天际线

北京碗状

曼哈顿双子群

伦敦多中心散落

独立用地、街区、邻里、单元、超级街区、特大街区和城市天际线的图示（见彩图 2）
（图示源自 David Grahame Shane，2010）

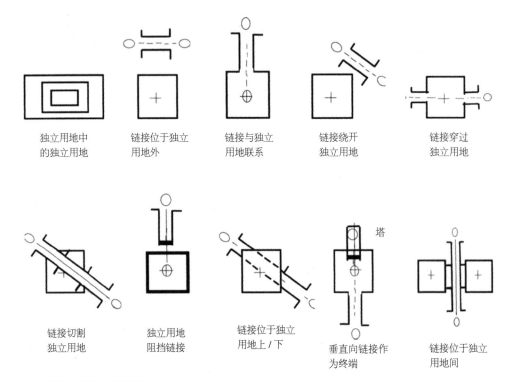

独立用地中   链接位于独立   链接与独立   链接绕开   链接穿过
的独立用地   用地外   用地联系   独立用地   独立用地

链接切割   独立用地   链接位于独立   垂直向链接作   链接位于独立
独立用地   阻挡链接   用地上／下   为终端   用地间

独立用地和链接组合图示
（图示源自 David Grahame Shane，2005）

水边亭和溪流系统独立用地

天安门广场
独立用地

胡同历史肌理
保护区独立用地
院落和小巷

紫禁城独立用地

长安街路径链接

北京城市模型中位于中心位置的紫禁城独立用地，北京规划展览馆，北京，中国（摄于 2009 年）
（照片源自 David Grahame Shane）

48

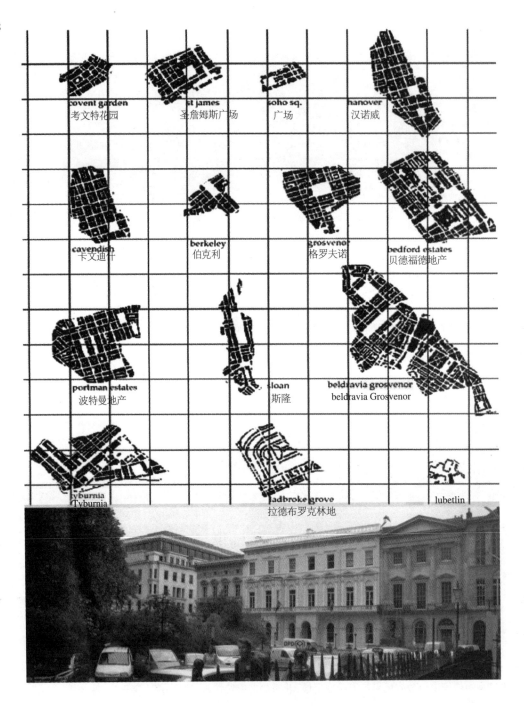

covent garden
考文特花园

st james
圣詹姆斯广场

soho sq.
广场

hanover
汉诺威

cavendish
卡文迪什

berkeley
伯克利

grosvenor
格罗夫诺

bedford estates
贝德福德地产

portman estates
波特曼地产

sloan
斯隆

beldravia grosvenor
beldravia Grosvenor

tyburnia
Tyburnia

ladbroke grove
拉德布罗克林地

lubetlin
lubetlin

伦敦的房地产和圣詹姆斯广场独立用地图，伦
敦，英国（摄于 2009 年）（绘图见彩图 3）
［图片源自 David Grahame Shane，1971（绘图见彩图 3）；
照片源自 David Grahame Shane］

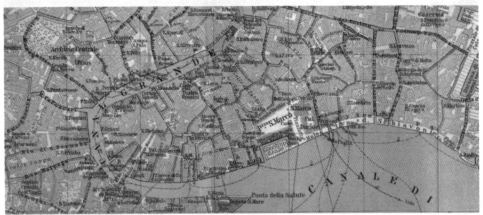

圣马可广场独立用地，威尼斯，意大利——夜晚、白天、地图和远景（摄于2009年）
前页（照片源自David Grahame Shane，地图源自David Grahame Shane）

Kohn Pedesen Fox 事务所，置地广场（The Landmark Shopping Mall）中庭改建，香港中心独立用地，香港，中国，2002—2006年（原始结构建于1983年）（摄于2009年）
上图（照片源自David Grahame Shane）

1945 年以来链接的演变

与广场和独立用地一样，街道和链接为城市设计者服务了数个世纪。在 1945 年，当时的苏维埃式城市设计师和与他们具有相同艺术风格的同僚们都深深地信奉：链接这种线性组织是架构城市的基本工具。斯大林对莫斯科的规划和毛泽东对北京的规划，都通过一张由宽阔林荫道形成的蜘蛛网来联系城市的各个扩张部分。纽约和伦敦的规划师和建筑师有他们自己的考虑，其设计思想基本都是源自奥斯曼在 19 世纪为巴黎做的君主制规划以及它的环形 – 放射性道路系统系统。这些道路不是横穿现有村庄，就是在村庄边缘经过，建立起了一个道路等级系统，同时创造出为当地人和远距离交通设计的避让路口。奥斯曼规范了这些链接空间上的建筑，它们的尺度、宽度和退线，也包含它们的植物配置和街道装饰。高速公路作为延伸的链接在大都市带被引入，打破了这种清晰的系统和大都市等级体系。

对于小村庄街道和小巷的设计是那些反对现代设计的人们的主要关注点，例如英国建筑评论家和设计师戈登·库伦（Gordon Cullen）、美国作家和社会活动家、美国的文脉主义和新都市主义设计师简·雅各布斯。有些地方街道可能是死胡同，例如在中东的伊斯兰城市或欧洲中世纪城市（或战后棒棒糖状的郊区细分）。地方街道可能也会穿过街区，连接周边的干道。北京和上海有许多街区内的小街道从一条边通向另一条边。在曼谷，这些小巷结束在尽端路上（cul-de-sacs），被称作"soi"，形成了一种小的中心绿地，边缘是高耸的塔楼地区。一些村庄街道由于历史保护活动得以保留，在 20 世纪末期，街道和小巷设计也成为高密度的巨型商业中心以及复杂化分区的娱乐场所建设的先决条件，它们迎合了郊区的访客需求。随着大都市带和特大城市的扩张，许多老城中心和村庄的街道和小巷转化为新的娱乐和休闲场所。这样的例子包括都柏林在 1990 年代圣殿区和教堂广场附近的微型街区，这里的改造做得十分考究，还有北京在 2000 年将部分胡同重新定位为步行商业地段。[14]

传统村庄的主街道和"高街"（high streets）是由商人创造的自组织系统，旨在为城市居民服务。1945 年的时候，一些现代主义者如勒·柯布西耶将街道视为一个充满了障碍和危险的地方，因为当时的大都市正在被汽车交通所淹没。勒·柯布西耶倡导在市中心建立高架道路作为汽车交通的链接空间，在理论上将地面作为公共用地留给行人。在昌迪加尔的实践和许多其他倡议中，勒·柯布西耶在剖面中将车行交通置于步行交通下方。其他现代法国建筑师，例如勒阿弗尔（Le Havre）城的奥古斯特·佩雷（见第 4 章）则试图将街道现代化，拓展了奥斯曼的理论，在剖面上将车行交通置于下层。"十人小组"（Team X）的建筑师建议将人行交通上移一个层次到步行路和桥上，例如 1957 年英国建筑师埃里森（Alison）和彼得·史密森（Peter Smithson）做的柏林首都竞赛方案（见第 3 章）。英国城镇规划师柯林·布坎南（Colin Buchanan）在 1960 年代也支持将这些想法应用到伦敦市中心，这影响了香港中心区上环步行系统的规划（见第 10 章）。[15] 布坎南同时认为地铁将会成为比高速公路更好的交通方式，这个想法在香港得到了验证。在许多历史性城市中，城市活动家如简·雅各布斯等则反对高速公路和上层步行方案。

哥本哈根在 1960 年代步行化活动的成功使得欧洲许多城市建立了去车行化的链接，商场的发展在这些地方有严格的规定。美国和亚洲的城市中，拥有高速公路和私有汽车道路的延伸链接激增，使得行人穿过 40 米（120 英尺）宽的道路变得非常困难。1990 年代拉斯韦加斯的全空调电梯和过街天桥的发展提供了一种昂贵的解决方案。许多条件较差的地下通道是一种更普遍，却不太成功的解决方法。1950 年代，美国的城市创建者将城市所有功能移动到沿链接延伸的孤立的建筑中。低层或高层建筑物以这种方式沿高速公路发展，形成了连接各类大体量商场、百货和塔楼的线性通道，此后低层高建筑在特大街区中不断发展（如拉斯韦加斯、休斯敦、曼谷和北京）。

在大都市带中有一种连续延伸的、紧凑的链接。城市的扩张需要新的沿高速公路的延伸链接来作为通道，同时，需要在商业中心中组织紧凑的链接，来为社会活动和商业振兴重新寻找新的郊区化经验。立法影响了美国商场的金融环境，这意味着开发商能够在每五年中建造新的更豪华的商场，之前的则会被淘汰。在这个过程中，城市设计师压缩了商业中心的链接，使其成为一个复杂的、立体的分层空间，这些商业中心可以被布置或被分割为有玻璃围合的独立用地"商业街"。这种结构在郊区发展，当城市创建者试图在城市中心创造新的吸引点时，它们也融入了城市的核心，比如 1980 年代纽约的世界金融中心（见第 7 章）。

一些城市设计师，如维克多·格伦（Victor Gruen）、威尔顿·贝克特（Welton Becket）和贝聿铭（IM Pei）在郊区商业中心的发展中起到了重要作用。随后，一些美国公司例如琼·捷得（Jon Jerde）事务所采用了前卫的复杂室内和室外剖面，他们从解构主义者的实验 [如扎哈·哈迪德在香港重建的山顶项目（Peak Project）（见第 7 章）] 中得到启发。购物中心设计师试图将他们的室内链接建造得更街道化，从而建立新的设计准则，这些也给了重建炮台公园城（1978，见第 7 章）的城市设计师以灵感。

到了 2000 年代，一个相似的室内 – 室外链接的相互作用启发了曼谷的商场所有者们，他们把商场的室内变为室外，来与高架的轻轨相连接（见第 10 章）。同时，拉斯韦加斯的赌城老板们则将他们的设计逆转，在小路上引入了城市要素，并将停车场置于街区之后。这种相互作用的复杂性与香港的中环截然不同，那里城市政府插入了一个抬高的、有顶的电梯系统，直通到山坡上街道廊道的开敞链接中，彻底改变了邻里单元的特征。电梯旁的街角在这个改造下突然焕发出生机和活力，开发商开始致力于开发这些沿着惊人的、优美的、剖面化链接分布的银色大厦（见第 11 章"结论"）。

54　　　　　　　　　　　　链接剖面位置和设计

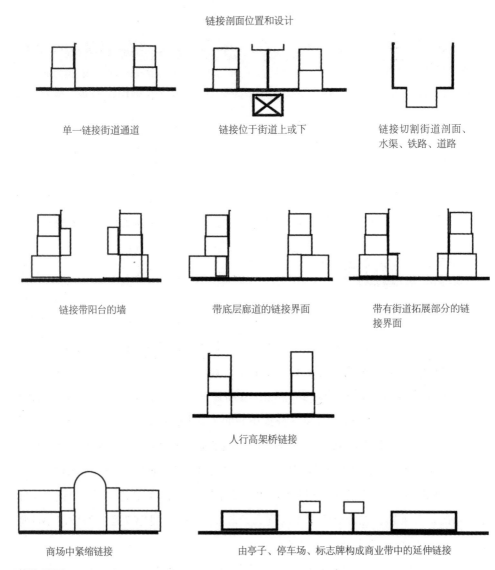

单一链接街道通道　　　　链接位于街道上或下　　　　链接切割街道剖面、水渠、铁路、道路

链接带阳台的墙　　　　带底层廊道的链接界面　　　　带有街道拓展部分的链接界面

人行高架桥链接

商场中紧缩链接　　　　由亭子、停车场、标志牌构成商业带中的延伸链接

链接剖面
（图示源自 David Grahame Shane，2009）

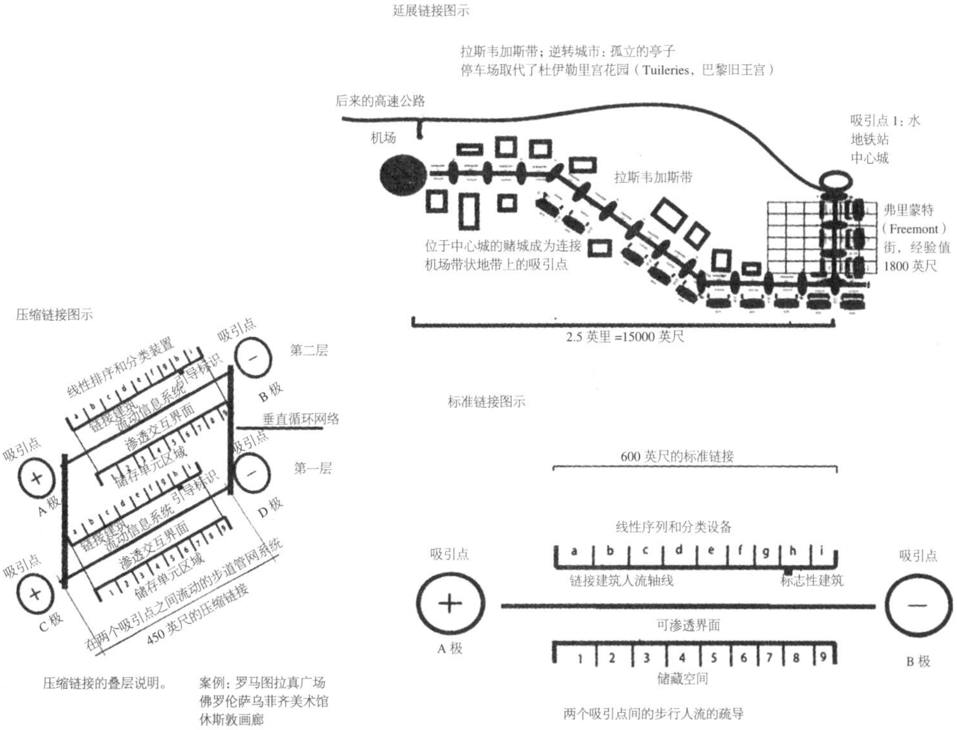

延展链接图示

拉斯韦加斯带；逆转城市：孤立的亭子
停车场取代了杜伊勒里宫花园（Tuileries，巴黎旧王宫）

后来的高速公路

机场

吸引点1：水
地铁站
中心城

拉斯韦加斯带

弗里蒙特
（Freemont）
街，经验值
1800 英尺

位于中心城的赌城成为连接
机场带状地带上的吸引点

2.5 英里 =15000 英尺

压缩链接图示

吸引点

第二层

线性排序和分类装置

链接建筑

流动信息系统引导标识

渗透交互界面

储存单元区域

B 极

垂直循环网络

吸引点

A 极

第一层

吸引点

链接建筑

流动信息系统引导标识

渗透交互界面

储存单元区域

D 极

吸引点

C 极

在两个吸引点之间流动的步道管网系统

450 英尺的压缩链接

压缩链接的叠层说明。

案例：罗马图拉真广场
佛罗伦萨乌菲齐美术馆
休斯敦画廊

标准链接图示

600 英尺的标准链接

线性序列和分类设备

吸引点

A 极

| a | b | c | d | e | f | g | h | i |

链接建筑人流轴线

标志性建筑

吸引点

B 极

可渗透界面

| 1 | 2 | 3 | 4 | 5 | 6 | 7 | 8 | 9 |

储藏空间

两个吸引点间的步行人流的疏导

延展链接和紧缩链接图示和乔治·瓦萨里（Giorgio Vasari）的乌菲齐博物馆链接，佛罗伦萨，意大利，1566 年（摄于 1990 年代）

（图示源自 David Grahame Shane，2005；照片源自 David Grahame Shane）

延展和紧密的道路水系链接，威尼斯，意大利（摄于 2009 年）
注：铁路和高速公路穿过环礁湖（照片源自 David Grahame Shane）

上两图，机动车延伸链接，洛杉矶，美国（摄于 2008 年）
下图，多层高速公路，台北，中国台湾（摄于 2009 年）
（照片源自 David Grahame Shane）

机动车延伸链接和步行紧缩链接，洛杉矶，美国（摄于 2008 年）
（照片源自 David Grahame Shane）

60 本页，西班牙的高铁延伸链接；对面页，亚洲的多功能商业用房街道链接，使得自行
车和汽车出行都十分便捷（摄于 2008 年）
（照片源自 David Grahame Shane）

62

高速列车链接和步行链接

兰布拉斯大街（Las Ramblas）和巴基洛内塔（Barceloneta）海湾的步行链接，巴塞罗那（摄于 2007 年）

上图和中图（照片 @David Grahame Shane）

中国台湾的子弹头列车（摄于 2009 年）

下图（照片 @David Grahame Shane）

詹姆斯·康奈尔和菲尔德景观设计事务所的高线公园（High Line Park）步行链接，
纽约（摄于 2009 年）
上图和中图（照片源自 David Grahame Shane）

中国台湾城乡接合部的滨海平原景观（有工厂、居住、渔业和水稻田）（摄于 2009 年）
下图（照片源自 David Grahame Shane）

64

步行链接

左图，紧缩链接在全景廊街中显示，巴黎，法国（1819 年）；

右图，伊顿（Eaton）购物中心，多伦多，加拿大；

对面页上图，带有高空人行天桥系统的延伸链接，香港，中国；

对面页下图，轻轨，曼谷，泰国

（照片源自 David Grahame Shane）

65

1945 年以来异托邦的演变

法国哲学家米歇尔·福柯在 1960 年代撰写关于异托邦的著作时，设想三种不同的基本分类方式创造了"异托邦都市"（heterotopology）[16] 这一概念：隐藏在平常之中、社区之中的危机型异托邦，它帮助人们成长、离开和改变；在旧城以外的分离独立用地中的分离型异托邦，它使人们做好了对现代主义法则的进一步应用的准备；还有幻象型异托邦，它与飞逝的视觉世界相适应，快速变化并能巧妙处理信息，因此代表着自由。尽管福柯在他的专著中谈到信息系统、信息流、比特和字节将会成为促进城市变化的潜在动力，但他并没有阐述过多，因为电脑和信息技术在那时才刚刚兴起。福柯在他的分析中排除了纳粹的死亡集中营，因为他的异托邦旨在改变人们的生活，而并不是为了它的市民来规划死亡和掠夺他们的财产。[17]

福柯的三种分类形成了一种有效的基础，可以用表格记录 1945 以来异托邦的发展。他的第一种模型，危机型异托邦，帮助人们不断在城市过渡期中躲避城市危机和灾难。福柯提到应为快到青春期的男孩建设受教育的场所，还应在少数民族聚集地准备专门为女性经期服务的小屋，以及寄宿学校、兵营、假日婚礼场所、汽车旅馆、中世纪救济院和医院，为学生和移民服务的旅社，养老院和疗养院等社会性机构。这种模式有可能会演变为贫民窟和非正式居住区，人们可以自由迁入来利用城市生活带来的福利。这些地区在官方的地图上没有表示，但它们在城市中的存在又是如此明显，与中世纪贫民救济院的"隐藏在平常中"的特点相符合。这也是为什么他们有别于充满压制的难民营和收容所。这种收容救助的特性使得该类型的地区可能发展为一种大型的非正式居住区的系统模式。一些非政府组织和自下而上的自发性组织，有时可以借助政府和国际的力量来寻求发展，如 1950 年代在拉丁美洲的石油繁荣，延续到了 1960 年代委内瑞拉的加拉斯加和其他时期孟买的达拉维（见第 10 章）。

与此同时，危机型异托邦还出现在北半球正在萎缩中的城市里，城市设计师在自愿的基础上提升了对住房设施和老龄化人口的关注度，这一点有别于政府支持营建的设施。这种异托邦的核心特征是他们的自发性、集体性和合作性，其创造了一个帮助人们免于判刑和处罚的空间。人们可以自由离开，也可以在时机成熟时再回来。这种空间是一种更广泛意义上的社会进程的一部分，以适应社区内独立个人和环境的变化。宗教组织和慈善机构经常资助城市避难所，包括无家可归者避难所、食品室、受伤害妇女、妓女和走失儿童、孤儿和流浪人的家，如 1970 年代和 1980 年代接收艾滋病病人的健康中心和诊所。在过去，这些组织中有许多是大都市中的一个机构，这些机构在城市周边为特殊人群提供住房。这些建筑在被使用的同时，一些机构转化为一种分布更广泛的系统来满足人们的需求，例如为孤儿找寄养的家庭，为无家可归者派送住房担保人，这样他们就不用住在收容所中。通过这样一些更广泛的服务来预防新的流离失所，为处在这些情况下的人们提供更好的信息来源。

纵观过去 60 年，战争、饥饿、自然灾害和经济政治的不断失策催生了新的难民营和临时性城市。这在加沙、索韦托等一些城市中成了永久居住区，而其他一些如香港的九龙寨城（Walled City）则面临难免被拆除的命运。这样的居住区与石油富裕城市周边分布的贫民窟的情况是相似的，如拉丁美洲的加拉加斯，非洲的拉各斯和印度尼西亚的雅加达。数百万人口在毫无专业人士协助的情况下参与到这项巨大的城市设计实验中。戴维·萨特思韦特描述道，姗姗来迟的专业意见聚焦于空间的升级过程和现代化设施的植入，带来了福柯提到的国家公共机构名单上的异托邦，例如学校、图书馆、医院、体育俱乐部、公园和排水系统（见第 9 章）。[18]

近几年来，那些被忽视的、没有在地图上标注的自建型异托邦居住区在尺度上迅速扩大，孟买的达拉维便是如此，它们被麦克·戴维斯（Mike Davis）称作"巨型贫民窟"（见第 10 章）。这种居住区甚至存在于经过规划的新镇中，如中国深圳的城中村。联合国预计在 2010 年，全球 30 亿城市人口有三分之一将居住在棚户区中，这意味中这些异托邦、临时的构筑物还会容纳 10 亿人口。在一些城市中，这种自建的城市扩张区域已经接近城市总面积 50% 的临界点，这意味着它们已经成为一种新的模式，而不再是少数现象。[19]

自 1930 年代大萧条以来，现代政府为市民创造了安全网络，福柯许多研究的关注点也从危机型异托邦逐渐向分离型异托邦转变。福柯的研究聚焦于 19 世纪现代政府的出现和其执行强制性职能的机构，尤其是 1960 年代欧洲国家成立的大型社会福利系统，可与赫鲁晓夫时期苏联的社会福利体系相比较。欧洲国家迅速地为市民们建设了新的学校、大学、大型社会住宅、医院、收容所、诊所和其他福利设施，这段时间被埃里克·霍布斯鲍姆（Eric Hovsbawm）称作"黄金时代"。[20]当欧洲的国家失去了他们在全球的帝国统治地位时，他们的政府就将资源向国内集中，通过实现现代化并加快发展已有设施，来教育和服务于战后的婴儿潮，将他们培养成为成年市民。[21]建筑师重新设计了大学、学校、医院和监狱，城市规划师将新城作为解决居住危机的良药。

现在我们来做一个简洁的回顾，来详细地检验福柯提出的异托邦中的一个杰出实例：瑞典的斯德哥尔摩城郊的魏林比（Vällingby）新城，它被后代城市规划师不断效仿。魏林比新城由斯文·马克利乌斯（Sven Markelius）规划，是峡湾地区与哈瑟尔比（Hässelby）海滩间新地铁线路上的一个站点城市。[22]列车的出站口面向一个中

斯文·马克利乌斯，魏林比新城，斯德哥尔摩，瑞典，1952 年（摄于 2003 年）
瑞典的福利性国家政府建设了异托邦新镇，在第二次世界大战之后推动了瑞典社会的现代化和城市化。魏林比新城中心包括了一个电影院、一个文化区域和紧邻地铁站的居住塔楼（照片源自 David Grahame Shane，平面图经 David Grahame Shane 允许使用）

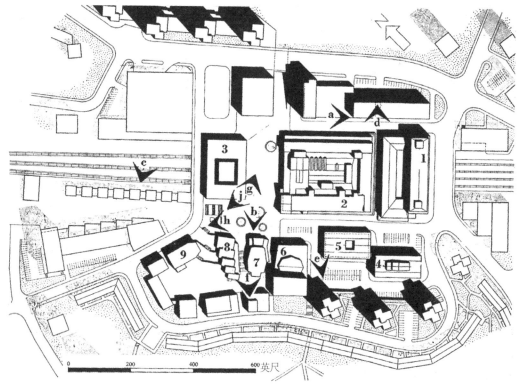

心广场，购物综合体坐落在两旁，向着车站和一个剧院的方向分别形成了第三条和第四条通向山坡的道路。公交车和出租车的等候区在车站的另一边，在那里还有一

个教堂建筑。主要的商业步行链接在铁路轨道和围合庭院上方的平台之上，从站点背后通向市中心。一个小型的商业街支路通向独立的餐厅和旁边的剧院。在这些低层房屋背后，在山坡上更高的地方，从那里的塔楼可以俯视中心广场。新镇中心是由建筑师斯文·巴克斯托姆（Sven Backstrom）和列夫·雷尼亚斯（Leif Reinius）设计的，它成为现代商业设计的典范，曾受到来自美国的商业设计师的赞赏，例如维克多·格伦就曾经来到这里寻求灵感。最终的建设成果的标准非常高，使这些来自美国的参观者深受触动，这其中就有来自旧金山的景观建筑师劳伦斯·哈普林（Lawrence Halprin）。哈普林设计了旧金山吉尔拉德利（Ghirardelli）广场（1962），是"节日购物中心"方面的设计先驱，他将传统的城市中心转化为商业综合体，并在郊区购物中心的销售逻辑和步行交通模式的基础之上建立了商业综合体设计的基本理念。在他的笔记本中，他叙述了他对于魏林比新城建设质量的惊讶。[23] 他特别喜欢多样化风格的协调设计。他用草图绘制了台阶式的山坡上的公司、景观节点和喷泉，甚至照明设备。他喜欢埃里克·格莱姆（Erik Glemme）所做的圆形和漩涡型的铺地图案。他从这其中学习了宝贵的一课：与第一代商场的功利性相比，街道家具和质量对城市设计师来说更加重要。他将这一思想应用在第二代美国的"节日购物中心"中。

同时，福柯也反对严格的规则和非理性，功利性的标准化生产迫使欧洲国家机构经历了快速的再城市化过程。魏林比新城则代表了欧洲福利政府能给予的最好结果。但福柯也意识到，无论多么痛苦，这段道路是现代生活不可回避的前奏。许多国家机构在 1960 年代后期开始发生巨大的转变。一方面源自左翼政客对他们刻板规范的批判，一方面源自右翼政客对高消费的抱怨，他们希望相对抑制政府力量，并缩减税额。这种对异托邦的双重批判能够摧毁一个城市。例如，在纽约，无家可归的人口在 1980 年代达到了 7 万人，政府关闭了精神病院和避难所来降低花销，却没有提供替代的空间来给这些特殊人群服务。加上可卡因的流入，就导致了街道安全系统的崩溃，吸毒者手持枪支进行抢劫，盗窃汽车现象泛滥（城市的危难症状，在拉丁美洲、亚洲和非洲许多城市中仍旧流行）。[24]

失去了源自郊区和大都市带的人口和税收之后，纽约政府最终被迫重构了它的经济结构，并为城市提供了安全网络，投资警队，实行严格的枪支管理法规，发展"特别区域"来鼓励城市中的重建，并为企业免除税收。以严格著称的洛克菲勒禁毒法也是这些措施的一部分，它包含了新建新型的巨大监狱系统，大量来自纽约城的青年人（基本上为非裔美国人）因犯罪被送往此处，每年要消耗城市百万美元的资金 [如

劳拉·库尔干（Laura Kurgan）和她在布鲁克林"百万美元街区"研究中的搭档记录的那样]，相比之下将年轻人送入哈佛大学更加低廉。[25]

纽约城在 1980 年代的历史充分验证了异托邦对一个城市的影响，以及它们在处理变化时所扮演的角色。里根到撒切尔政权的失败，使得社会福利和公共财产的私有化都有所降低，如交通系统，从而带来了异托邦中更深刻的变革。私人承包商运行着许多公共设施，如监狱、医院和铁路，他们的目标从服务转向营利。从一个苏维埃世界的影响下与严格的中央集权控制中出现的国家的角度来说，这似乎是一种改善。从欧洲萎缩城市的角度看，这种服务和资源的减少则表现为医院关怀、铁路服务、退休基金、公共住宅和邮政服务的缺失。

在这段时期中引入的崭新的通信技术也改变了基本服务传送的方式，以及异托邦在福利国家服务供给中的角色。[26] 随着电视、个人电脑的普及，大学开始使用电视广播技术，如英国的开放大学，弥补了传统教育方式的不足。2007 年以后，维基百科可以在联网的智能手机上使用，这使得信息的传输更为广泛。监狱可以被家庭居留和使用卫星定位脚环监控的定位系统代替。医生发明了新的微创技术，使病人离开医院，成为门诊病人，他们可以在家自行护理，并同时处在医生的看护之下，这也可以通过手机设备实现。在特殊的场合，遥感设备可以检测一个在家的病人的心跳，通过卫星与医生沟通。新药使医生可以治愈精神病人，他们曾经由于抑郁或暴力行为被关在收容所，现在他们可以重新回到家中和社区中。住宅协会代替了住房地产为无家可归者提供担保人，并协助他们在城市中寻找住房，以及为那些处在过渡期的人们、出狱者和精神病机构中的人员提供空间。在一个可怕的且颇具讽刺的局面中，监狱成为一个美国电视中收视率最高的"现实节目"的主角，正如学校和医院是早期郊区肥皂剧的主体一样。

当欧洲国家纷纷摒弃了原有的君主制度后，该时期的城市设计师则致力于将殖民时期基础设施向新用途转型，例如旧港区、水边、废弃铁路站、铁路调车场、旧仓储区、棚户区、马厩、批发市场、营房、医院、监狱和垃圾堆。例如克里斯蒂安（Christiania），一个废弃的军事基地成为 1970 年代时哥本哈根的嬉皮士们的大本营，这表现出一种异托邦的转型（见第 4 章）。伦敦北部的卡姆登市场（Camden Market）提供了另一个案例，废弃的运河河谷、铁路街区和仓库合并成为一个青年中心，有夜店、街道商业、二手书和服装销售、古董跳蚤市场、饭店、酒吧，还有在新建筑中出现的高档餐厅。在 1980 年代，大伦敦市议会（GLC）将考文特花园、伦敦中心旧果蔬市场改造成"节日市场"。2007 年，香港建筑和城市双年展将废弃的殖民时期警察中心，包括里面的牢房改造成为临时美术馆。[27]

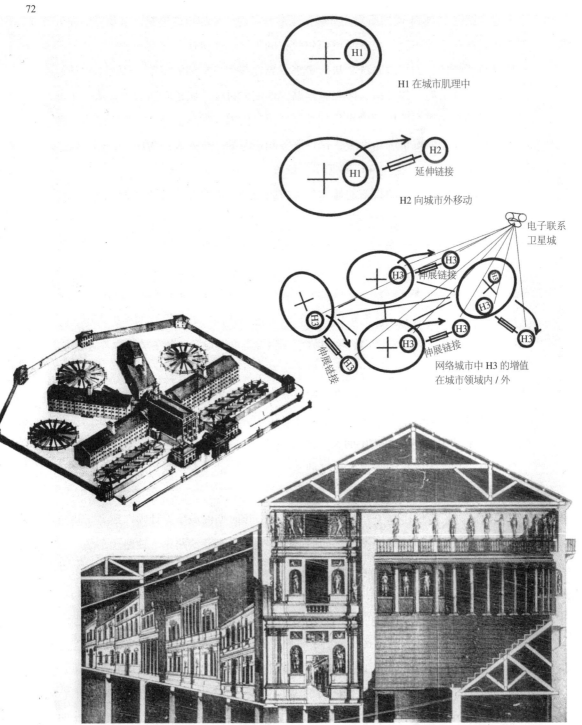

H1 在城市肌理中

延伸链接

H2 向城市外移动

电子联系
卫星城

伸展链接

伸展链接

伸展链接

网络城市中 H3 的增值
在城市领域内 / 外

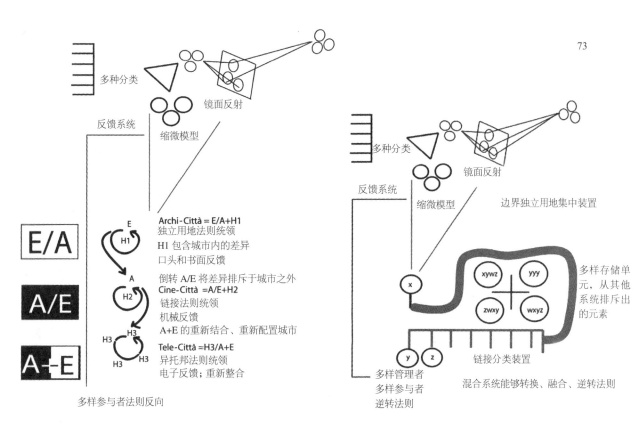

多种分类

镜面反射

反馈系统

缩微模型

Archi-Città = E/A+H1
独立用地法则统领
H1 包含城市内的差异
口头和书面反馈

倒转 A/E 将差异排斥于城市之外
Cine-Città =A/E+H2
链接法则统领
机械反馈
A+E 的重新结合、重新配置城市

Tele-Città =H3/A+E
异托邦法则统领
电子反馈；重新整合

多样参与者法则反向

多种分类

镜面反射

反馈系统

缩微模型

边界独立用地集中装置

多样存储单元，从其他系统排斥出的元素

多样管理者
多样参与者
逆转法则

链接分类装置

混合系统能够转换、融合、逆转法则

异托邦的转换作用和位置，建设实例

异托邦反映了它们的集群系统，将它们压缩为缩微模型，它们的城市创建者则在这个过程中将正常法则在系统中进行逆转。寻求变化的城市创建者不是隐藏在城市中 [帕拉第奥设计的奥林匹克剧场（Teatro Olimpico），维琴察，对面页下图]，而是试图在边界外寻找庇护所（如彭顿维尔监狱，伦敦，对面页中图），或者像今天一样，在速度和移动中寻找舒适 [如拉斯韦加斯的威尼斯赌场（Venetian casino）大运河内（本页下图）]（示意图和照片源自 David Grahame Shane，2005）

许多大都市和殖民地中的军事基地都同时为其他用途提供空间。随着国家军队将服务外包给私人承包商、秘密服务雇用了私人承包商、民兵和当地武装来推进他们的目标,军队得以进化并缩小规模。在 2001 年对基地组织(Al-Qaeda)"9·11"恐怖主义分子袭击纽约的调查中,美国中央情报局(CIA)揭示了在 1980 年代冷战时期建设的遥远隐秘的军营在阿富汗恐怖组织建立过程中的作用。在美国的反击中,美国对伊拉克的入侵造就了终极封闭的社区,正如美国军营在石油生产国家周边区域部署的做法一样,他们在巴格达中心的"绿色区域"设置了防御体系。私人承包商如黑水公司(Blackwater)拥有自己的基地和隐藏在城市中的后勤中心,数量超过美国军队。美国秘密服务组织也在运营一种"黑暗基地"系统和秘密线路,将恐怖分子疑犯放到运尸袋中转运到全球范围内的各个审讯中心。从外部来看,这些军事监狱可能与街道一旁的方盒子状的零售中心和购物中心相似,如在约旦的阿曼(Aman)郊区的情况。[28]

将军事基地转变成公园和广场代表了福柯在异托邦的话题中谈论得更深远的转变,从偏离转向错觉。他批判了监狱和分离型异托邦中的苛刻法则,并指出了它们的相反面——能够实现幻象型异托邦中自由度的灵活法则。这种结构承载了城市创建者的梦想和幻想,无论在消费中心,如百货商店或美术馆,还是在剧院、电影院、博物馆或红灯区。从百货商店到商场仅有一步之遥,而从商场到多层巨型商场,如香港的朗豪坊(Langham Place,2005,见第 80 页)则是越来越多的汇集通信以及便利的地铁汽车等交通方式的结果。史蒂芬·霍尔(Steven Holl)在北京当代 MOMA(2003—2009,见第 10 章)的设计是在一个军用工厂的场址上进行的改造,开展了塔楼间高层连接廊道式的新公共空间的试验,也体现出巨型街区在巨型城市中的影响。在城市尺度上,临时展会和世界博览会在场地的试验中也扮演了重要的作用,如布鲁塞尔 1958 年的世界博览会(见第 4 章),或大阪 1970 年的世界博览会(见第 6 章)。世界博览会意味着整个城市成为设计的主题,主办城市由于承办盛事而得到整体上的提升。[29] 同样的情况在奥运会中也有体现,在 1964 年东京奥运会后,异托邦和转型的影响发挥了作用,这一效果在随后的 1992 年巴塞罗那奥运会和 2008 年北京奥运会(见第 8 章),还有 2012 年伦敦奥运会(见第 8 章)中都得到了体现。艺术引领下的发展,也可以在一个小城市区域中发挥不小的作用,无论是自下而上的发展,如纽约艺术家工作室(1970 年代)和切尔西(1980 年代),或自上而下的发展,如巴黎的蓬皮杜中心(1971—1977 年)或毕尔巴鄂的古根海姆博物馆(1997 年)都是如此。[30]

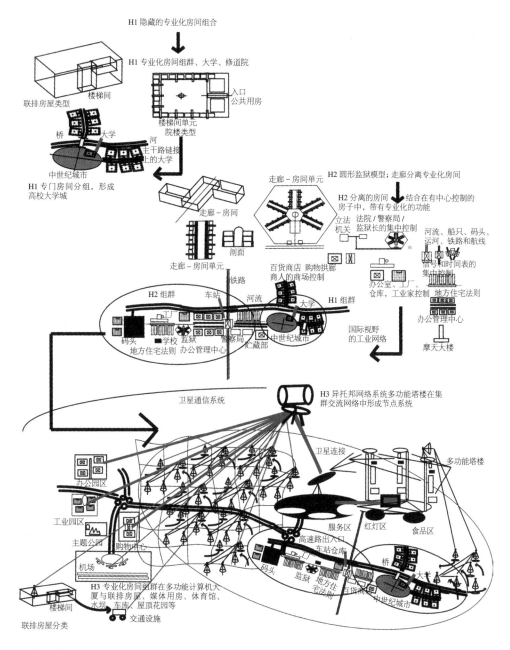

H1 隐藏的专业化房间组合

H1 专业化房间组群、大学、修道院

联排房屋类型　楼梯间

入口
公共用房

楼梯间单元
院楼类型

桥　大学

河
主干路链接
上的大学

中世纪城市

H1 专门房间分组，形成
高校大学城

走廊－房间单元

H2 圆形监狱模型；走廊分离专业化房间

H2 分离的房间　结合在有中心控制的
房子中，带有专业化的功能

立法　法院/警察局/
机关　监狱长的集中控制

河流、船只、码头、
运河、铁路和航线

走廊－房间

剖面

走廊－房间单元

铁路

河流

百货商店　购物拱廊
商人的商场控制

信号和时间表的
集中控制

办公室、工厂、
仓库，工业家控制　地方住宅法则

H2 组群

车站

大学

H1 组群

办公管理中心

码头
地方住宅法则　办公管理中心

学校　监狱　警察局　贮藏部

中世纪城市

国际视野
的工业网络

摩天大楼

卫星通信系统

H3 异托邦网络系统多功能塔楼在集
群交流网络中形成节点系统

卫星连接

多功能塔楼

办公园区

工业园区

主题公园　购物中心

机场

服务区　红灯区　食品区

高速路出入口
车站仓库

码头　监狱　地方住
宅法则　百货商

桥　大学

中世纪城市

楼梯间

联排房屋分类

H3 专业化房间组群在多功能计算机大
厦与联排房屋、媒体用房、体育馆、
水坝、屋顶花园等

车库

交通设施

大学城的革新（见彩图 4）

从一个容纳教授和学生的小房子开始，到结合一个院落来营建一所大学，随后形成沿街道而筑的新镇。一直延展
到连接着产业园区的城市区域，这张图展示了 19 世纪工业和铁路的发展，以及紧随而来的汽车时代与高速公路
的扩张（图示源自 David Grahame Shane，2005）

异托邦城市剖面

1940 年代现代主义者	1950 年代"十人小组"	1960 年代巨型结构	1980 年代解构主义

联合国总部

波哥大

孚日省的圣迪耶
（St-Dié-des-Vosges）

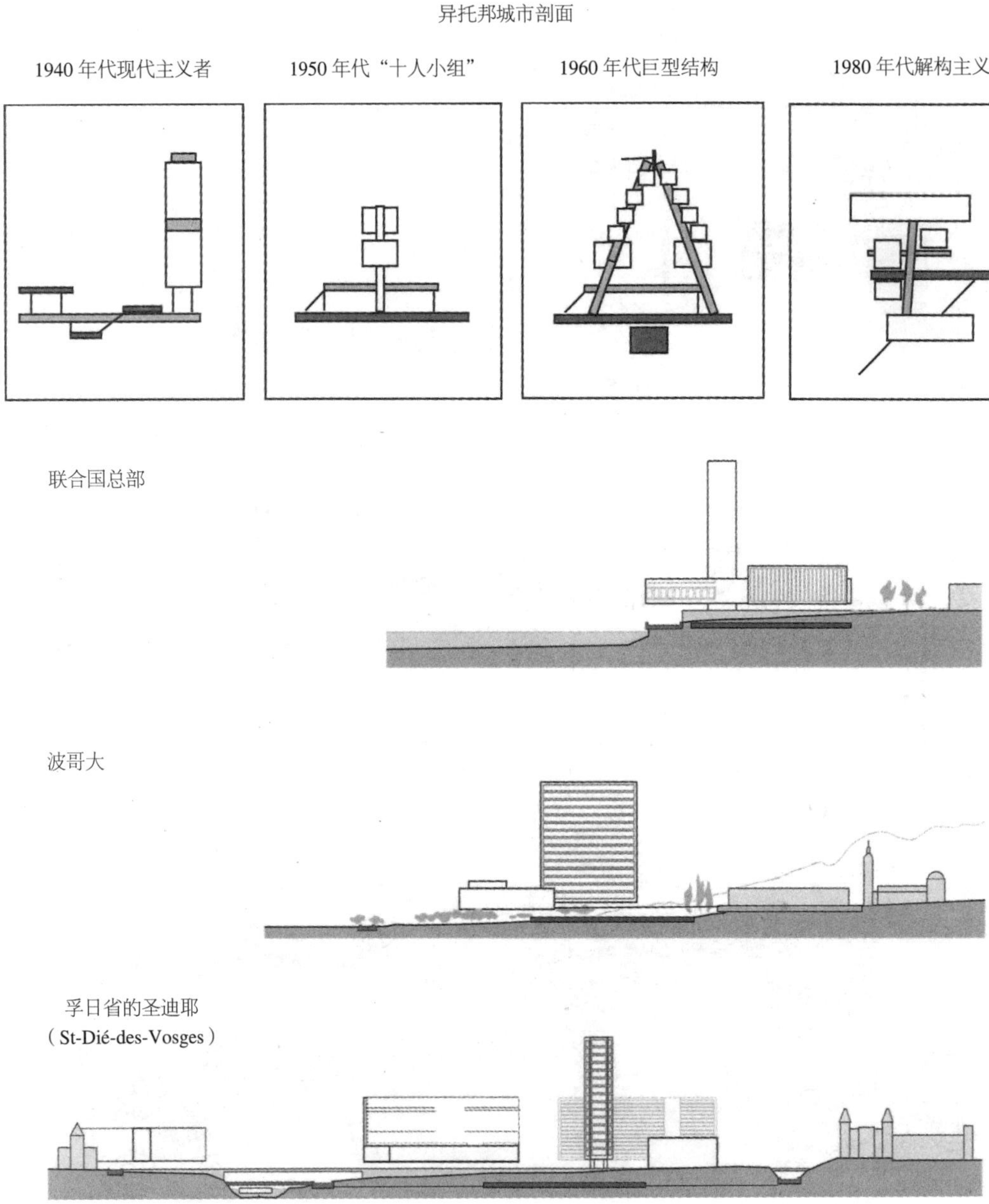

异托邦城市剖面图示（见彩图 5）

这种连续的建筑运动——1935 年国际建协的现代主义者所设想的光辉城市（Ville Radieuse）、1958 年前后的"十人小组"、1960 年代初期的新陈代谢派、1960 年代后期的建筑电讯组和 1980 年代的解构主义——改变了汽车（红色标注）与行人（黄色标注）的关系。这样的案例包括勒·柯布西耶 1947 年到 1950 年初期的法国孚日省的圣迪耶（St-Die-des-Vosges）的方案、纽约的联合国总部和哥伦比亚的波哥大（图示源自 David Grahame Shane 和 Uri Wegman，2010）

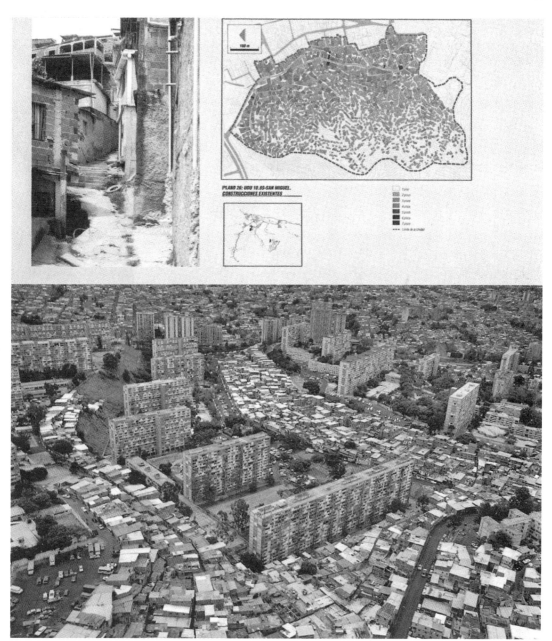

加拉加斯的棚屋，非官方的自建新镇，委内瑞拉（摄于 2002 年）（绘图见彩图 6）
圣米格尔（San Miguel）区域在陡峭山坡上的发展分析。照片显示了卡洛斯·劳尔·比亚努埃瓦（Carlos Raul Villaneuva）设计的 23 de Enero 现代主义街区被非正式构筑棚屋所侵占（加拉加斯生长地图源自 Alfredo Brillembourg 和 Hubert Klumpner/U-TT，2003；鸟瞰图源自 Pablo Souto/U-TT）

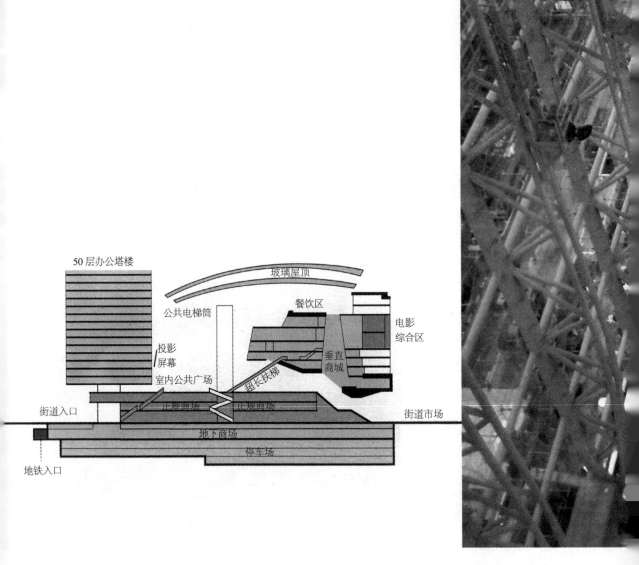

捷得事务所（Jerde Partnership）设计的朗豪坊购物中心，旺角，九龙，香港，中国，2005 年：
剖面（剖面图见彩图 7）
（剖面图由作者重绘，David Grahame Shane 和 Uri Wegman，2010；照片源自 David Grahame Shane）

79

史蒂芬·霍尔建筑师事务所，当代 MOMA，北京，中国，2003—2009 年（摄于 2009 年）
（照片和卫星图源自 David Grahame Shane）

小结：同时存在的模型和时间轴

最后附上的时间轴线图体现了过去60年间不同的城市生态体系间相互作用的混乱本质，利用地图说明了城市创建者在大都市、大都市带、碎片大都市和特大城市间的相互作用关系。参与者提升并整合了这些城市生态体系中的城市要素，在生态体系随时间的转换中找到了平衡，君主制崩溃了，跨国企业登上舞台。参与者无法准确预测应该如何处理这些结合体，因为它依赖具体的地方、碎片的结合和参与者间的平衡方式。这种实验的结果并不是一成不变的；虽然存在先例，但它仍然是未知的。但一个城市中具有多种城市系统、生态体系和模型，城市如何对这种情况作出反应也是未知的。不存在任何逻辑，也没有任何一个参与者可以预测它们之间的相互作用与需求的结果。参与者将异托邦作为处理不确定性的方法。这些有用的组织设备随着需求的变化而重组，在不同模型中的不同碎片里，在一定的边界范围内进行分层，将不同组织系统在试验中暂时性地结合。有时一个系统中的参与者会被强迫采用其中某一种逻辑，从一个平行系统中看去，这种变化似乎并不合理。不同动机和不同城市创建者塑造了不同地区和不同时代，创造了世界范围内城市设计师的巨大体系。一些城市如波士顿、底特律和洛杉矶，在1945年汽车发明以前的40年里，这些城市就已经成为建筑师和城市设计师的实验田。接下来几章没有清晰地指出历史序列或案例发生的早晚，但对四种城市模式都进行了详细的阐述，只是并未像时间轴显示的那样清晰明确。城市创建者将不同模式中的要素编织到一起，来满足它们在小碎片化空间中的需求；随着时间流逝，也进化出了由新城市要素构成的综合体来满足它们在城市生态体系变化中的需求。

注释

注意：参见本书结尾处"作者提醒：尾注和维基百科"。

1　For the Rockefeller Center, see: Rem Koolhaas, *Delirious New York: A Retroactive Manifesto for Manhattan*, Oxford University Press (New York), 1978, pp 150–167.

2　Kevin Lynch, *The Image of the City*, MIT Press (Cambridge, MA), 1961. For a fuller treatment of enclaves, see: DG Shane, *Recombinant Urbanism: Conceptual Modeling in Architecture, Urban Design and City Theory*, Wiley-Academy (Chichester), 2005, pp 176–198.

3　For a further discussion of armatures, see Shane, *Recombinant Urbanism*, pp 198–218.

4　For a further discussion of heterotopias, see ibid pp 231–314.

5　For Foucault, see: Michel Foucault, 'Of Other Spaces', in Catherine David and Jean-François Chevrier (eds), *Documenta X: The Book*, Hatje Cantz (Kassel), 1997, p 265; also http://foucault. info/documents/heteroTopia/foucault.heteroTopia.en.html (accessed 29 September 2009).

6　For Bentham's Panopticon, see: R Evans, 'Bentham's Panopticon: an incident in the social history of architecture', in *Architectural Association Quarterly*, vol 3, no 2 (Spring 1971), pp 58–69); also: http://en.wikipedia.org/wiki/Panopticon (accessed 29 September 2009).

7　Samantha Hardingham (ed), *Cedric Price: Opera*, John Wiley & Sons (London), 2003, pp 222–225.

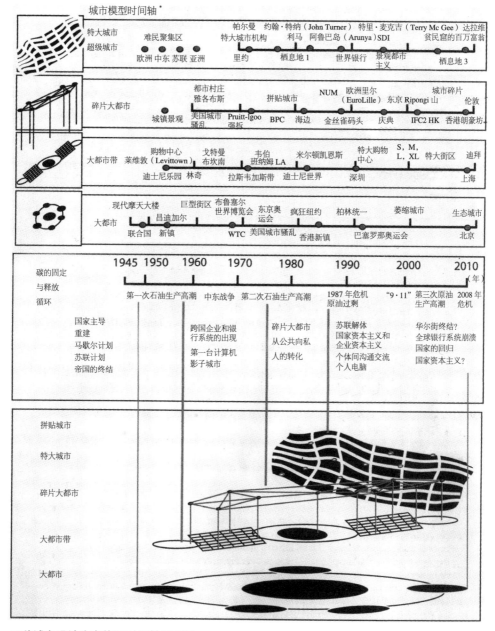

城市模型时间轴*

四种城市设计生态体系时间轴和图示

随着特定城市创建者的优先权处于支配地位，每一种城市设计生态体系与其他类型平行（图示源自 David Grahame Shane，2010）

---

* 图中，SDI：贫民窟居民国际组织；IFC2HK：香港国际金融中心二期工程

S，M，L，XL：《小、中、大、特大》；WTC：世界贸易中心

8   See: International Society of City and Regional Planners (ISOCARP) Conference, 'Honey I Shrank the Space', 2001, keynote address by Luuk Boelens, http://www.isocarp.org/pub/events/congress/2001/keynotes/speech_boelens/sld001.htm (accessed 7 July 2010).

9   For fragmented metropolis, see: Jonathan Barnett, *The Fractured Metropolis*, HarperCollins (New York), 1995.

10   Author's notes at Franz Oswald 'Seligmann Lecture' at Syracuse University, New York, 2005.

11   For NYC population as 7,454,995 in 1940, see: Campbell Gibson, 'Population of the 100 Largest Cities and Other Urban Places in the United States: 1770 to 1990', June 1998, Table 1, US Census Bureau website, http://www.census.gov/population/www/documentation/twps0027/twps0027.html (accessed 7 July 2010). For London, see: Patrick Abercrombie and John Henry Forshaw, *County of London Plan*, Macmillan & Co (London), 1943.

12   On specialisation, see Shane, *Recombinant Urbanism*, pp 261–262.

13   See Robert E Park and Ernest W Burgess, 'The Growth of the City: An Introduction to a Research Project' (1925), reprinted in Richard T Le Gates and Frederic Stout (eds), *The City Reader*, Routledge (London), 1996, pp 94–96.

14   For Dublin's Meeting House Square and Temple Bar, see: http://www.templebar.ie/home.php (accessed 2 April 2010). For Beijing *hutong*, see: Michael Sorkin, 'Learning from the *Hutong* of Beijing and the Lilong of Shanghai', *Architectural Record*, July 2008, http://archrecord.construction.com/features/critique/0807critique-1.asp (accessed 15 March 2010).

15   For the Buchanan Report, see: Great Britain Ministry of Transport, *Traffic In Towns*, HM Stationery Office (London), 1963.

16   See: Michel Foucault, 'Of Other Spaces', in Catherine David and Jean-Francois Chevrier (eds), *Documenta X: The Book*, Hatje Cantz (Kassel), 1997, p 262, also available at http://foucault.info/documents/heteroTopia/foucault.heteroTopia.en.html (accessed 29 September 2009).

17   For Foucault text on concentration camps, see Foucault, 'Of Other Spaces'.

18   David Satterthwaite on slum upgrading: http://stwr.org/megaslumming and http://vimeo.com/9880676 (accessed 2 April 2010).

19   For UN urban population statistics and estimates, 1950–2030, see p 13 of 'World Urbanization Prospects: The 2003 Revision', http://www.un.org/esa/population/publications/wup2003/WUP2003Report.pdf (accessed 27 September 2009).

20   For the Golden Age, see: Eric Hobsbawm, *The Age of Extremes: The History of the World, 1914-1991*, Vintage Books (New York), 1996.

21   On the welfare state, see: Tony Judt, *Postwar: A History of Europe Since 1945*, Penguin (New York), 2006, pp 330–336.

22   On Vällingby, see: Frederick Gibberd, *Town Design*, Architectural Press (London), 1953, revised 1959, pp 162–165.

23   See: Lawrence Halprin, *Lawrence Halprin Notebooks 1959–1971*, MIT Press (Cambridge, MA), 1972.

24   For homelessness in New York, see: Christopher Jencks, *The Homeless*, Harvard University Press (Cambridge, MA), 1995 (available on Google Books).

25   For Million Dollar Blocks, see: Laura Kurgan and Justice Mapping Centre, http://www.justicemapping.org/archive/9/this-article-is-a-test/ (accessed 1 April 2010).

26   For heterotopias of discipline/deviance, see: http://www.bbcprisonstudy.org/ (accessed 2 April 2010).

27   For the use of the HK Police Compound for the 2007 Hong Kong Shenzhen Bi-City Biennale, see Venue History at http://www.hkszbiennale.asia/ (accessed 2 April 2010).

28   See Deborah Natsios, 'Security in the Global City', in Part 8 of: C Greig Crysler, Stephen Cairns and Hilde Heynen (eds), *SAGE Handbook of Architectural Theory*, SAGE Publications (London), to publish in 2011.

29   For world's fairs as heterotopias, see: Foucault, 'Of Other Spaces'.

30   For the Pompidou Centre and the Bilbao Guggenheim, see: David Grahame Shane, 'Heterotopias of Illusion From Beaubourg to Bilbao and Beyond', in: Michiel Dehaene and Lieven De Cauter, (eds), *Heterotopia and the City: Public Space in a Postcivil Society*, Routledge (Abingdon), 2008, pp 259–274.

史蒂芬·霍尔建
筑师事务所
当代 MOMA
北 京，中 国，
2003—2009 年
（摄于 2009 年）
（照 片 源 自 David
Grahame Shane）

86

雷蒙德·胡德
（Raymond Hood），
洛克菲勒中心，纽
约，美国，1939 年
（摄于 2009 年）
由富裕的石油开采家族
企业建设的综合体，代
表了 1940 年代和 1950
年代欧洲许多理论家以
及 1978 年的雷姆·库
哈斯提出的现代商业大
都市的形象。链接在美
国通用电气公司大楼脚
下向着中心独立用地发
散，就像在古代帝国城
市中一样。（照片源自
David Grahame Shane）

第二部分

第3章

大都市

　　1945 年，希特勒狂妄自大的柏林规划使传统帝国失去民心，正是在此时，美国和苏联取代了欧洲列强和日本，成为两个新的世界性超级大国。这两个国家都决意推翻传统帝国的统治，美国以自身的殖民历史为缘由，而苏联则是以帝国主义压迫下的农民和工人阶级的名义。位于世界大事件中心的大都市紧张、繁忙、快速、拥挤，但依旧是世界城市强有力的象征。第二次世界大战后，出于自身的政治目的，美国和苏联都试图重塑大都市的形象。在 1945 年到 1990 年的冷战期间，"铁幕"两侧的国家选择了纽约和莫斯科作为大都市城市设计的范例。[1]

　　大都市（又被称作"母城"）的概念历史悠久，可以追溯到埃及、中东和中国等古帝国，以及后来发展到欧洲的雅典、罗马、巴黎、威尼斯、阿姆斯特丹、伦敦和莫斯科等城市。大都市通常是具有一定腹地的、巨大而繁忙的枢纽，拥有不同等级的小城市为母城提供资源和税收。[2]英文词典里对城镇体系中的某个城市下定义时，就采用了这个基本的组织等级体系，该体系由上至下包含母城（也就是大都市），拥有大教堂的城市，有几个小教堂和市场的城镇，有教堂的村庄，还有不起眼的小村庄（没有教堂的村庄）。这个城市梯度代表了一种自上而下的社会组织，让行政命令能从帝国中心传递给在乡村土地上劳作以提供食物的农奴和农民。

　　早期在大都市综合体（metropolitan complexes）中进行的城市设计通常位于一块清晰划定的独立用地中，包括一条通往政治权力中心的纪念性大道，以及位于权力中心前的一个聚集点。这种在权力空间前修建道路轴线和终端广场的架构，在古代城市中随处可见，例如亚洲北京的紫禁城、非洲尼罗河两岸的陵庙、中美洲古帝国的玛雅和阿兹台克庙宇宫殿复合体。链接——线性道路和独立用地——神圣的中心广场成为该城市设计系统的两个要素。[3]这种古老的形式甚至在 1930 年代以后被像纽约洛克菲勒中心这样的现代主义设计反复使用。

　　早期的大都市很少达到 100 万人口，1800 年以前的几百年间，北京一直是最大的全球性大都市。在这一时期许多规模较大的二线城市居住着约 10000 人，这个数字意味着农业系统供养和维护城市功能的承载力的极限。在弗里茨·朗（Fritz Lang）导演的电影《大都市》（1928）中，工业化使城市变成机器怪兽。但这种机械的景象仍旧是一个幻象，并没有影响到世界上大多数人的生活。即使是 1945 年的欧洲，在世界上大多数的城市人口所在地——意大利、法国、西班牙、比利时和斯堪的纳维亚半岛的许多国家，还有苏联，更多人依旧作为农民在土地上劳作。[4]

1945 年，黎明即将破晓。联合国在纽约建立，使得这座城市作为现代化大都市的最初样本成为新的焦点。与此同时，苏联为东欧和北京提供了另一种共产主义大都市的范本。西欧国家不得不回到图板上，对城市进行重新设计。本章的结尾将对 1958 年欧洲新都市西柏林的两个重建方案进行比较。两个方案都对汽车时代充满了憧憬，但是在城市的尺度和组织上却有截然不同的态度。

纽约的独立用地：现代的商业大都市

纽约这个美国大都市的创新之处在于它强调商业利益和社会民主，而不是炫耀国家或宗教的权力。这种炫耀的愿望属于国家首都华盛顿或者各州首府。从纽约港和哈得孙河望过去，拥有 700 万人口的城市中那种摩天大楼林立的景象令 1920 年代和 1930 年代的欧洲城市设计师们着迷。纽约像芝加哥一样，是一个绝不故步自封而瞬息万变的商业城市机器。它迅速的增长和独特的形式看起来前所未有，为城市的未来提供了新的范本。[5]

在这个繁忙的城市机器的标志性中心内，存在着一种新的公共空间，它们为私人所有和运营，譬如中央车站（1912）内宏伟的公共门厅。这种空间不同于中心区市政厅前的台阶或者百老汇北部的联合广场、麦迪逊广场等传统的城市聚集地，现代主义历史学家，勒·柯布西耶的朋友，西格弗里德·吉迪恩（Sigfried Giedion）在 1941 年的写作中认为，洛克菲勒中心是理想的社区中心。[6]

洛克菲勒家族早期从美国石油产业的垄断 [后于 1911 年被联邦政府分解为"五姐妹"——斯坦福石油、埃索（埃克森）、雪佛龙、德士古和美孚] 中获得大量财富，因此在经济大萧条的深渊中依然能够支撑摩天大楼群的建设。他们的产品（石油、煤油、润滑剂、合成橡胶、柏油路等）促进了汽车的发展，而且他们还投资于美国无线电公司（RCA）等新兴的通信公司。[7] 建筑师雷蒙德·胡德设计出了大都市的理想形态，他重点聚焦于广场规划和周围塔楼的密度。

洛克菲勒中心的中央广场、通往第五大道的步行街和轴线上的 RCA 大厦一期形成了一个缩微版的古代都市理想模型，即以链接——独立用地的联系方式连接权力中心。这种压缩重构的效果并没有在城市设计师手中失传。约翰·格拉汉姆（John Graham），1950 年代美国区域购物中心先锋建筑师和城市设计师，于 1930 年代在这里度过了他的学徒生涯。[8]他认为洛克菲勒中心 200 米（600 英尺）长的连接通道和中央广场，甚至隐藏在复杂剖面中的地下货物层和停车服务层都对他的早期设计产生影响。

洛克菲勒中心的中心轴线连接着第五大道。第五大道是曼哈顿南北方向的脊柱，通往弗雷德里克·劳·奥姆斯特德（Frederick Law Olmsted）设计的中央公园。这条宽阔大道串联了高端商业、办公和公寓，与街对面的圣帕特里克大教堂（St Patrick Cathedral）一起形成了大都市新中心的链接，就像巴黎的香榭丽舍大街从卢浮宫通向凯旋门一样。从中央公园看过去，RCA 大厦林立于市中心的摩天大楼中，其高度使得城市天际线烙上了 RCA 公司的标志，红色霓虹灯装饰出现代的、无衬线的字母成为新大都市夜晚的象征。

美国的漫画捕捉到了这个都市的最新动态，将它融入虚构的戈瑟姆市（Gotham City）的城市神话和诗篇之中。漫画的插图作者将戈瑟姆市塑造成一个摩天大楼林立的城市，那里生活着超人、蝙蝠侠、神奇女侠和类似的城市英雄（城市里所有拥有超能力的突变者）。后来，好莱坞将这个新形象搬上了大荧幕，超人与邪恶势力作斗争以保持城市的清净。与歌德在《浮士德》（1808）中所描述的不同，他不会落入邪恶或黑暗势力的手中，背叛城市居民的信任，毁坏他们心爱的城市。[9]正相反，他那种在三维城市中飞翔和感受的能力，给年轻的读者带来未来在复杂而多层次的大都市半空中移动的美好憧憬。[10]

除了建设美国大都市的新标志性中心，洛克菲勒兄弟基金会还为 1930 年代纽约区域规划协会（RPA）的研究提供了支持。这个时期，城市规划部门没有物质资源和人力资源来完成大都市规划。[11]RPA 设想了一个线性城市区域从哈得孙山谷延展到在奥尔巴尼的州首府，并向西连接芝加哥。有了与中心相连的高速公路后，腹地空间的重构将为戈瑟姆市的居民提供水、食物等供给以及产业和娱乐发展的机会。

1939 年，RPA 对纽约城市区域腹地进行详细研究，并为大都市周边规划了一系列环状和放射性的道路，将新泽西州和康涅狄格州连接到它的轨道之中，并在郊区创造了一个田园城市区域。这个规划设想将城市的主要步行系统抬高一层，置于中心城以及中央车站等交通枢纽的周边。休·费里斯（Hugh Ferris）将这些枢纽描绘成巨大的摩天大楼组团，尺度上从底部向顶端逐渐缩小。[12]罗伯特·摩西在为后来汽车时代的大都市及其腹地做设计时将这个规划作为指导。他的方案建议架高穿过城市中心建筑群和曼哈顿滨水区域的高速公路。[13]

费里斯所描绘的这些巨大的都市组团奠定了纽约市空间的基本要素，在这种背景之下，1811 年市政委员会规划的网格与 1916 年纽约市"建筑后退"区划法规联合作用，网格建筑的体量受到与街道宽度相关的建筑后退规定的控制，以保证日照和天光的可达性（以巴黎林荫大道法规为模板）。在这个城市的肌理中，摩天大楼是特殊要素，依据 1916 年的纽约区划法规，占据了华尔街附近的一个特殊区域。填充大多数城市网格的是中低层的居住区，在这些地区中，新的城市移民通过工作、休闲、宗教和政治来发展社会组织和机构，代替丢失的农村或民族的社会联系。[14]

与先锋城市社会学家罗伯特·帕克和欧内斯特·伯吉斯于 1920 年代在芝加哥的调查结果一样，这些网格在纽约的街坊邻里中形成了强烈的本地特色，在大城市的专业化和种族隔离背景之下，兼具民族性和功能性。因此，在这个大都市中讽刺地存在着一个相互关联的邻里或都市村庄系统，每一个村庄都具备自己的社会服务、学校、商业中心和公园，通常集中在一条街道链接周围。帕克和伯吉斯描述了这个城市里的移民流里存在着的一种"社会生态学"，群体通过邻里有序更替，在社会阶梯上逐步迈向中产阶级，在郊区过上体面的生活。[15]

作为 1930 年代的城市花园委员会委员，罗伯特·摩西在富人区和穷人区添加了许多的小公园。他还为通往高档郊区花园住区的汽车专用公路创建了一个林荫道系统，像纽约布朗克斯（Bronx）的河谷区，还有长岛的琼斯海滩（Jones Beach，一个对公众开放的巨大公共沙滩景区，只能通过汽车到达）。1950 年代时，作为纽约桥梁与隧道部独立委员会的委员，摩西为这个道路系统批准了提供联邦公路和贫民窟拆迁的补助金。他将规划建立在勒·柯布西耶的现代主义住宅街区之上，受到预算的限制而采用最小限度的功利主义塔楼和板式住宅。[16] 这与服装业联盟的领导意见相同，建造了位于纽约布朗克斯的 Co-op City，这是个拥有 35 栋板楼和塔楼混合街区的巨型新镇（1968—1971）。[17]

延伸链接：1945 年的国际化大都市莫斯科

在 1945 年，另外一个可以与纽约匹敌的国际化大都市就是斯大林统治下的莫斯科。这个城市在战争中受到了严重的破坏，但拥有一个清晰而独特的、共产主义模式下布局的总体规划，没有摩天大楼集群（或私有财产）。冷战使莫斯科模式和苏维埃系统在西方相对不为人所知。这个苏维埃大都市对于许多从欧洲帝国及其资本主义经济的控制中独立出来的新国家来说，是一个指路灯。

在帝国的历史上，莫斯科于 1918 年取代了圣彼得堡成为世界性的首都。这个新的苏维埃大都市需要一个恰当的标志性建筑。1930 年代，斯大林扩建了莫斯科中心广场"红场"，这个极具象征性与纪念性之地。通向红场的街道被拓宽，沿街的列宁墓也被建设。高尔基大街上的建筑利用滚轴后退，位于店铺之上的新公寓为这个国家的新任管理者而建造，一直通向红场（自身向河流倾斜）。这条 70 米（200 英尺）宽的道路是以拿破仑在巴黎建造的香榭丽舍大街为原型的，有很宽的步行道和很长的交通岛来分隔不同的交通流。[18]

在斯大林的眼中，高尔基大街宏伟的长度、尺度和宽度都宣示着苏维埃无产阶级相对于古老的、腐朽的资产阶级的胜利。希特勒胎死腹中的柏林规划与阿尔伯特·斯佩尔（Albert Speer）的设计具有相似的建筑、尺度和逻辑。[19] 这类严谨有序的大道在西欧的艺术传统中有迹可循，只是尺度更小，例如我们将在下一章提到的奥古斯特·佩雷位于法国勒阿弗尔的作品。许多西欧社会民主主义者和共产主义者比如意大利的青年建筑师阿尔多·罗西（Aldo Rossi），以苏联为城市榜样。另外，在 1945 年雅尔塔协议签订之后，整个东欧都被苏维埃影响，莫斯科模式也在东柏林、布拉格、布达佩斯和布加勒斯特得到新的肯定。[20]

所有苏维埃大都市都是共产主义者理想中的城市设计，没有私有财产，通过大量的社会福利项目理论上将人民从苦难中解放出来，比如免费的教育和医疗还有高额的住房补贴。城市规划师与国民经济规划师合作，使每个人的所有需求在理论上被满足并且可以免费享受休闲时光。由于高效的国家计划和良好的基础设施，如宏大的地铁系统，高密度的摩天大楼集群被完全放弃，每个人都能在全新的、精心设计的、车辆禁行的邻里单元中享受到阳光、公园和干净的空气。高楼大厦作为国家的象征被安置在环路之间，通常用作大学、酒店或者政府大楼。20 世纪五六十年代，在圣彼得堡（列宁格勒）、伏尔加格勒（斯大林格勒）或乌克兰基辅等重要城市郊外的小山上，建造了一些诸如 "母亲俄罗斯"（Mother Russia）这样的巨大的公共雕塑，以纪念为苏维埃而战牺牲的几百万人。[21]

1945 年，苏维埃城市设计师遵从了共产党的一些规定，内容涉及权力在城市中正确而具有象征意义的表现及其适当的分布，并利用延伸链接、宽阔的大道和地铁作为它们之间的连接。这种城市设计通过绿带和卫星新城呼应了莫斯科的环形放射状规划，模仿了埃比尼泽·霍华德（Ebenezer Howard）的田园城市模型，但是密度却大得多。[22] 后来，赫鲁晓夫批量性地生产了 6 层或 8 层的板式住宅小区来延续这种形式。苏维埃设计师们在东欧的许多中心城市和莫斯科外围的新型小区（拥有 8000 到 12000 人的小区）中建起这种车辆禁行的街区。[23] 除了为斯大林建立宫殿式的莫斯科地铁系统之外，赫鲁晓夫还亲自参与到快速提升苏维埃的城市环境的过程中，他的现代主义成就体现在莫斯科阿巴特大街（Novy Arbat）上现代塔楼开发之中（1968）。每个新型邻里街区理论上拥有与人口成比例的社会服务设施、学校、医院、

91

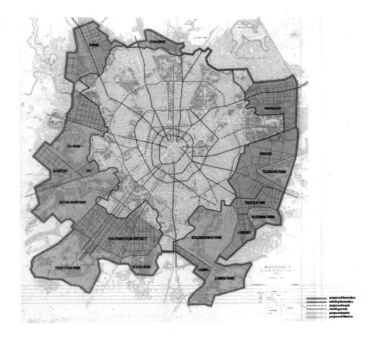

约瑟夫·斯大林，环路放射规划，莫斯科，俄罗斯，1935 年，1957 年修订（见彩图 8）

斯大林的规划结合了埃比尼泽·霍华德在 1896 年时为伦敦做的田园城市规划和奥斯曼在 1860 年代设计的巴黎林荫大道，将莫斯科转化为一个共产主义大都市。这种宽阔的林荫大道、绿带和卫星新城的混合对 20 世纪五六十年代从欧洲殖民系统中独立出来的许多国家而言，成为魅力十足的反资本主义范例（绘图源自 David Grahame Shane and Masha Panteleyeva）

约瑟夫·斯大林，红场，莫斯科，俄罗斯，1930 年代（摄于 1963 年）

斯大林将红场扩建为一个对苏维埃的革命而言充满中心性和象征性的地方，取代了原来的首都圣彼得堡，并将列宁墓设计为途径观赏克里姆林宫的苏维埃军队阅兵式的观礼台。由于该规划，位于通向莫斯科河尽端的基督救世主大教堂在 1931 年被摧毁，后于 2000 年被重建（照片源自 Central Press/Stringer/Getty Images）

阿巴特大街，莫斯科，俄罗斯（2009 年照片）

参考 1930 年代的高尔基大街，斯大林在为莫斯科制定的环形放射规划中倡导新的放射性大道。1956 年，赫鲁晓夫宣布将阿巴特大街放射状大道和小区（1968 年完工）连续底商上的现代居住和商业大楼称为斯大林式的建筑。照片源自 David Grahame Shane，courtesy of class members "CiudadLab：Utopia in Moscow"（www.ciudadlab.com）. ArqPOLI：School of Architecture，Polytechnic University of Puerto Rico）

工人俱乐部、工厂和办公楼、警察局、消防站、下水道系统、供水系统、公园和操场。泽廖诺格勒（Zelenograd）（1958）是修建在莫斯科郊外的秘密科学城，一个苏维埃式的硅谷，它拥有 15 个小区。[24]

这种"小区"（车辆禁行的独立用地的概念）还被应用到历史城市和街区之中，例如华沙，它的市中心被撤退中的纳粹军队所摧毁。二战之后，由于城市规划被全部销毁，当地的共产党决定参考 19 世纪的油画重建老城中心。[25] 与此同时，城市设计师们决定在新的中心新建一条高速公路和有轨电车枢纽，并建造一座混凝土站台，站台上无论新旧立面都采用现代化的建造方式。沿着宽阔的链接线路新建的高速公路和有轨电车连接了市中心边缘的新行政区。那里有一栋用作科学文化中心的蛋糕状摩天大楼，是斯大林的礼物，象征着波兰与莫斯科之间的依赖关系。类似的计划还出现在东柏林，聚焦在通向旧中心的卡尔·马克思大道上；此外在德累斯顿市

集市广场（Rynek Starego Miasra），华沙，波兰（摄于 1994 年）

1945 年，纳粹军队在撤退中炸毁了华沙历史古城。1947 年，波兰共产党决定将中心广场和城堡作为国家的象征进行重建。这张照片摄于 1994 年，中心广场以关闭来抵抗有组织犯罪团体的敲诈恐吓行为（照片源自 Chris Niedenthal/Getty Images）

Lev Rudnev，科学文化宫，华沙，波兰，1952—1954 年（摄于 2000 年）

这座蛋糕状的大楼是斯大林送给波兰的礼物，它被安置在环绕老城新修的环路上。这张照片反映了 1960 年代赫鲁晓夫提倡的街道模式，沿街的连续底商上耸立着现代主义塔楼。2000 年，其中的一栋塔楼被改造为一个巨大的可口可乐广告牌（照片源自 Laski Diffusion/Getty Images）

95

新胡塔城（Nowa Huta），波兰，1956 年
波兰共产党建造了欧洲最大的钢铁厂——新胡塔钢铁厂，迅速将斯大林主义大道上沿线居住的农民转换为现代工人。这个工厂（现在为一个印度企业所有）和新城一起，在鼎盛时期成为社会主义新面貌的代表（照片源自 Adam Golec/Agencja Gazeta）

（Dresden），旧中心广场以一个新的尺度重建，完全摆脱了原有规划。在所有这些城市中，大多数的城市人口居住在新的"小区"里，这些小区都是耸立在环路两侧的公共绿地里的赫鲁晓夫式板楼。

在为来自东欧的农民提供住宅时，这些小区发挥着重要作用。这些农民移民到新城里的新工厂工作，而这些新城为了实现国家的现代化，需要迅速提高居住水平。共产主义规划师们试着学习 1930 年代俄罗斯的马格尼托哥尔斯克市（Magnitogorsk），通过将东欧的农民移民到巨大的工厂综合体，变成现代工人，来摆脱天主教会和封建地主的控制。这种快速工业化模式也曾被应用在 19 世纪美国钢铁业繁荣的小镇匹兹堡（Pittsburg）。东德的斯大林施塔特 [Stalinstadt，即艾森许滕施塔特（Eisenhüttenstadt）] 和波兰的靠近基辅（乌克兰）的新胡塔城是这种重工业新城策略的主要案例。新胡塔城的这个钢铁厂成为欧洲最大的钢铁厂。[26] 这个时期的宣传电影赞美那些年轻的志愿者们，他们移民到这个城市来建造宽阔大道两侧的斯大林主义住宅，而这个大道一直延伸通向中心广场。安杰依·瓦依达（Andrzej Wajda）导演的介绍该时期一流砖匠的电影《铁人》（Man of Iron，1980）[27]，回顾了努力付出代价的工人。从简单的视角来看，新胡塔城宽阔的大道和 1960 年代赫鲁晓夫式板楼式新住宅代表了一种重要的城市成就和社会的快速现代化。

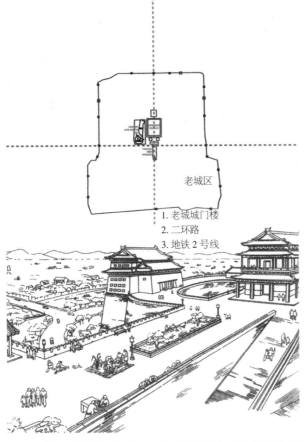

1. 老城城门楼
2. 二环路
3. 地铁 2 号线

老城区

梁思成，城墙公园，为北京所作规划，中国，1951 年

苏联和中欧的顾问们为北京规划了一个环形放射状的发展模式，并在南边规划了一条东西向的工业发展轴。这个新的城市地区被用来抗衡标志着皇权的南北向轴线，并为新的无产阶级工人提供住宅。而梁思成在 1951 年则建议建造一个城墙公园，并在西边新建行政区（未显示）（规划图源自 Sy Lyng Yong）

梁思成，城墙公园方案，北京，中国，1951 年

毛泽东反对这个线性的城墙流线设想，以及与之结合的在北京西边建立新行政区的规划。取而代之的是城墙因为环路和地铁的修建被摧毁。梁思成后来成为中国传统建筑和历史遗存保护的专家（照片源自林洙）

毛泽东，天安门广场，北京，中国，1954 年改造（摄于 2007 年）

这张照片展示了毛泽东看天安门广场的视角，毛为群众游行和军队阅兵而扩建了广场，因此它比莫斯科的红场更大。人民大会堂、中国国家博物馆与靠近老城门旧址的毛主席纪念堂（1977 年建）相呼应（照片源自曾立）

苏维埃大都市和卫星新城模式不仅主导了 1945 年以后的东欧，还在世界范围内广泛传播到一些志同道合的国家里。这些国家都希望能够迅速现代化，享受他们从殖民身份转变中获得的自由，并表达他们对资本主义经济发展的批判。毛泽东特别钦佩斯大林，他在 1949 年共产主义革命成功之后将苏联规划运用到北京。北京的规划师们创造了一个从紫禁城的宫城向外发散的环形放射性方案，紫禁城变成一个博物馆。天安门广场被扩建到五倍于红场的规模。曾在宾夕法尼亚大学学习的中国建筑师梁思成建议毛泽东和共产党在旧轴线西侧规划一个新的行政中心，形成一条新的平行于宫城艺术轴线的南北向轴线。[28] 毛泽东否定了这个方案，相反地，他听从了苏联的建议，发展了一个与之抗衡的东西向轴线，将长安街作为延伸链接而拓宽。在模仿莫斯科的圈层模型的第一道环路上（包括一个地下轨道交通系统），苏联规划师们在宫城的南边规划了一个东西向的配备工人住宅的工业发展带（1953—1954 年）。更远的地方，在绿带外规划有大尺度街区式的新城和住宅小区。小区建造在工厂周围，工作单位编织形成这座城市基本的社会组织结构，满足所有工人的需要。例如，在北京郊外大山子的 798 电子工厂，东德规划师和工程师们创造了一个完整的工人小区，它拥有自己的现代办公楼、居住街区、学校、医院、派出所和行政机构，最高峰时这里住有 10000 到 12000 人（这里后来成为北京的艺术区）。[29] 中国将它对莫斯科大都市模式的应用传到朝鲜的平壤，在那里得到了很好的执行。

毛泽东提倡下的大都市案例给许多亚洲新兴独立国家的领导人留下了深刻的印象，他们也寻求苏联的帮助实现迅速工业化。曾在 1947 年邀请勒·柯布西耶规划昌迪加尔（见第 4 章）的印度总理尼赫鲁也向苏联技师寻求帮助，在奥里萨邦（Orissc）的鲁尔克拉（Rourkela）规划一个钢铁新镇，以此为印度奠定现代化工业基础。[30] 1956 年的苏伊士运河危机之后，埃及的民族主义总统纳赛尔在苏联的资金和技术支持下，在尼罗河上建造了阿斯旺大坝。1960 年代他在开罗郊外建造了现代主义新城奈斯尔（Nasr），成为早期的赫利奥波利斯（Heliopolis，即开罗）的延续。[31] 随着雅加达周边众多小岛上的新城开始成长，1949 年带领印度尼西亚从荷兰殖民帝国中独立出来的苏加诺也学习莫斯科，开创性地建造了城市中心纪念性的莫纳斯（Monas）民族纪念碑（1961），而且规划了一条国家大道——苏迪曼将军路（Jalan Sudirman）。[32] 1957 年带领加纳走向独立的恩克鲁玛（Nkrumah），请苏联设计师在沃尔特湖（Lake Volta）上建造了一个水力发电大坝，还为非洲第一个独立的首都阿克拉建造了独立拱门、独立大道和独立广场以及一个国家剧院和大非洲会议中心。

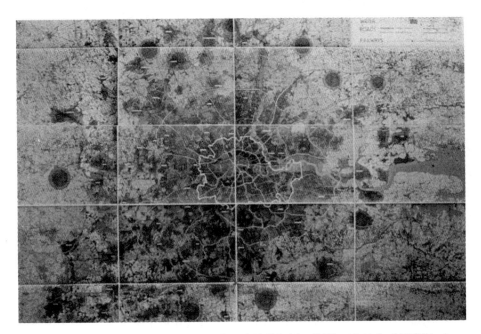

帕特里克·阿伯克龙比和约翰·亨利·福尚，大伦敦规划，英国，1944 年（见彩图 9）
当伦敦轰炸还未停止时，大伦敦规划就已开始，它应用了埃比尼泽·霍华德的《明日的田园城市》（1902）中的
环状放射性策略，拥有 5 公里（3 英里）宽的绿带和 27 个新城。这个提案在 1947 年的时候成为法定规划，指导
了受到严重破坏的伦敦东区、哈罗（1947）等新城和兰斯伯里（Lansbury，1949—1953）等新街区的建设（规划
图源自 courtesy of HMSO）

城市区域：1945 年的伦敦和欧洲大都市

　　第二次世界大战结束之时，伦敦、柏林和莫斯科的许多地方沦为废墟。这些城市和巴黎、布鲁塞尔、哥本哈根和斯德哥尔摩一样，在 19 世纪末的时候就成为世界性帝国的中心。位于伦敦拉塞尔广场上历史悠久的帝国饭店里有一张地图，它描绘着永远悬挂在大不列颠帝国上空的太阳。与帝国相连的港口——不列颠的朴茨茅斯（Portsmouth）、普利茅斯（Plymouth）或者利物浦，法国的马赛（Marserlles）、瑟堡（Cherbourg）或者勒阿弗尔，德国的汉堡，比利时的安特卫普或者荷兰的鹿特丹——都在战争中遭到了严重破坏。纳粹的潜艇控制着殖民贸易，英国的食物供给曾被控制了六个星期。作为应对之策，英国政府提倡都市农业和私人花园。与此同时，位于大英帝国心脏的伦敦东区码头遭到德国炸弹的袭击。[33]

　　在这个背景下，帕特里克·阿伯克龙比和约翰·亨利·福尚在 1943 年开始将伦敦规划为一个区域性的现代大都市，形成了 1944 年的大伦敦规划。阿伯克龙比在 1930 年代是利物浦大学的城市规划学教授，曾经参与过英国小城市的区域规划。在伦敦他第一次运用埃比尼泽·霍华德在其著作《明天：通往真正改革的和平之路》（1898 年；

1902 年重印时改为《明日的田园城市》）中倡导的田园城市法则。[34] 霍华德认为新的大都市将由一个旧城、母城和环状分布的新卫星城组成，它们之间通过环状放射性的轨道线连接。这个模型在 1936 年启发了莫斯科的规划。

霍华德从来没有具体地说明当人们都移居到新城后，母城的中心该如何重建。被炸毁区域中的人们需要铁皮棚屋和预制板房来暂居，重建成为伦敦战后最紧要的问题。阿伯克龙比在伦敦周边 5 公里（3 英里）宽的绿带外规划了 27 个新城。他的方案作为二战后选举出的工党政府的社会民主规划实验的一部分，在 1947 年成为法定规划。像欧洲许多国家一样，面临没落中的大英帝国引入了一系列的福利计划，提供免费的医疗、教育、住宅和就业（学习苏维埃俄国提供的服务）。[35] 这些服务都需要新的建筑，包括新的医院、大学、学校和办公楼还有厂房。城市设计师和建筑师们，例如费德里克·吉伯德，都参与到新城中心和基础设施的建设中。

从 19 世纪早期的皇家公共工程办公室到 1888 年伦敦郡议会（LCC）的成立，设立公共权力机构是伦敦一直以来的传统。郡议会长期由工人阶级的工党控制，他们抓住了战后重建的机会来推行其议程。伦敦郡议会一直未实现对奥德维奇国王大街（Aldwych-Kingsway）的延长，它宽达 30 米（100 英尺），穿过伦敦中心，从 1904 年开始就是独具艺术风格的君主大道。[36] 在第一次世界大战的影响下，这条街开始改造，并建设了加拿大之家（Canada House）、印度之家（India House）、布什广播中心和 BBC 世界服务中心等一系列帝国建筑，直到 1930 年代才完工。阿伯克龙比放弃了这种穿过中心的宽阔大道，而是开辟了隧道来避免对首都历史肌理的破坏。

纳粹对泰晤士河南岸的轰炸为 LCC 提供了巨大的机会去创造一块不同于威斯敏斯特的议会建筑的新公共独立用地。独立用地靠近奥德维奇国王大街的延长线，而延长线跨过滑铁卢桥（1945 年完工）向南连接滑铁卢车站。为了纪念 1851 年在海德公园水晶宫举办的第一次世界博览会，1951 年粮食贫乏之时，工党政府和伦敦郡议会在此举办了英国展览节。[37]

英国展览节结束后，伦敦郡议会对南岸进行了野心十足的城市设计。他们的建筑部门建造了海沃德画廊（1968），正位于滑铁卢桥沿线的皇家庆典音乐厅（1951）旁，政府则沿着散步道在街对面更靠东的地方建造了丹尼斯·拉斯登（Denys Lasdun）的国家大剧院（1976—1997）。英国的石油公司皇家荷兰壳牌集团决定在壳牌中心的滑铁卢车站旁 [（霍华德·罗伯逊爵士（Sir Howard Robertson）设计，1957—1962）] 建造新总部。[38] 也许是参考了洛克菲勒中心，壳牌公司坚持建一栋摩天大楼，利用一个广场保留朝向泰晤士河的景观，不过这个广场还没有开始建造。1960 年代末，

LCC 在皇家庆典音乐厅旁规划了一座歌剧院，但是所谓的中心广场节日花园（Jubilee Gardens）在 50 年中一直是一个开放的停车场和没有开发的绿化空间。

随着国际公司逐渐占据主导地位，欧洲帝国的角色发生转变，位于传统帝国大都市中心区的跨国企业大厦脚下的城市设计的失败就说明了这一现象。这种失败与阿伯克龙比在重新组织腹地上所获得的成功形成鲜明对比。伦敦的腹地包括被炸毁的东区，那里兴建了新街区，而绿带外也建造了新城。[39]工党政府提供的财政支持了伦敦郡议会购头被炸毁的土地，并规划了像东区一样的大型高层街区，新城政府也在新城内建造了大型的田园城市花园住宅。

吉伯德规划设计了哈罗新城（1947，他居住于此），并组织了东区的英国兰斯伯里房地产示范庆典（1949—1951）（1955 年他还设计了位于伦敦西区的希斯罗机场新航站楼）。兰斯伯里新城和哈罗新城都以一个露天市场为中心，在哈罗新城还有一条通向市政厅、市中心和花园的链接商业街。[40]伦敦郊外的考文垂等工业城市都成功地植入了与市中心相连的多层商业中心。阿伯克龙比重新设计了港口城市普利茅斯的中心，在网格状的商业和办公区的十字轴上设计了一条从车站通往市政厅综合体的宽阔链接，成为普利茅斯和大海间的视廊。[41]停车设施位于商业街区的内部，大多数人从后面的停车场进入城市，这导致宽阔的链接街道显得十分空旷。

吉伯德所著的经典城市设计手册《城镇设计》（1953）中包含着非同寻常的想法。[42]在这本书中，他对大都市那种帝国式的、巴洛克式的艺术风格传统进行了深刻的阐释，这种传统包括在城市肌理中嵌入大道和广场，并通过清晰的绿带和城市边界与乡村分割。但他也对在建筑、开放空间及大地景观中有间隔地安置大尺度建筑的手法表现出欣赏与钦佩。特别是他将美国早期的购物中心作为城市设计案例，并将这些简单的链接与独立用地式设计与他自己在兰斯伯里新城和哈罗新城的实践进行了直接对比。他还对欧洲进行了调研，包括东欧一些国家的实践（比如华沙的重建）；他对斯堪的纳维亚国家的首都也表现出赞赏，例如在下一章中将提到的斯德哥尔摩。

全新的欧洲大都市：城市剖面的修正，柏林，1958 年

欧洲设计师们面对城市的衰落和帝国角色的转变，夹在纽约成群的摩天大楼与莫斯科零散的塔楼和大尺度街区的社会规划之间。1950 年代末，现代主义建筑师们认为古老的艺术和帝国形式已经不适用于汽车时代。1958 年，勒·柯布西耶在参与西柏林赞助的竞赛中对国家权力进行了标志性的展示，他将国家级建筑放在重要的轴线上，次要的居住单元和商业工业区都通过高速公路连接。历史建筑作为单独的纪念物耸立在公园用地之中。我们将在下一章中对这个设计进行更深入的讨论，并

吉伯德，哈罗新城，哈罗，英国，1947 年

中心集市广场和主要的商业街连接市政中心和花园台地，沿花园台地向下是一个线性的滨河公园，四周是新建的私人街区。1970 年代，商业中心转移到了市政建筑后面的现代化室内大厅中。1990 年代，这栋建筑和露台式市政花园为了箱式零售商业大楼地下停车场的修建而进行了重建（照片源自 David Grahame Shane）

与他在印度昌迪加尔的作品进行对比。

艺术风格庄严的几何图形和尺度在柯布西耶的现代设计中作为记忆的遗迹而得到保留。在 1958 年的柏林竞赛中，他并没有如愿取胜，而初出茅庐的史密森小组（Smithsons team）的方案获得二等奖。他们是于 1959 年从国际现代建筑协会（CIAM）分离出来自立门户的"十人小组"（Team X Group）的成员。[43] 史密森组合也同样预料到汽车将要驶入园林般历史城市的中心，但是他们没有强调国家的纪念性和象征意义。他们尝试在一个新的混合语境里重新组合城市功能，使得小尺度社会商业能够实现。与此同时，他们试着坦然面对建筑的建造革命，使得现代化空间和服务有特别的吸引力。

和 1929 年纽约 RPA 的规划一样，史密森设想将步行道抬升到道路系统以上，形成分离的平台系统。服务和停车设置在平台下面，商业活动将像手指一般围绕塔楼形成平台，并在亭台上创造有活力的街道氛围。塔楼里的电梯将在功能混合的建筑剖面上联系办公和居住。史密森在伦敦设计的经济学家大楼（1964）就是包含着这种"底层平台－塔楼"概念的缩微版的、功能单一的表现。[44] 在柏林规划中，大多数住宅有巨大的曲线墙面，位于可以俯瞰城市中心的地段边缘，城市中心的平台像手指一样在古老的街道网络和空阔的原野中穿梭。

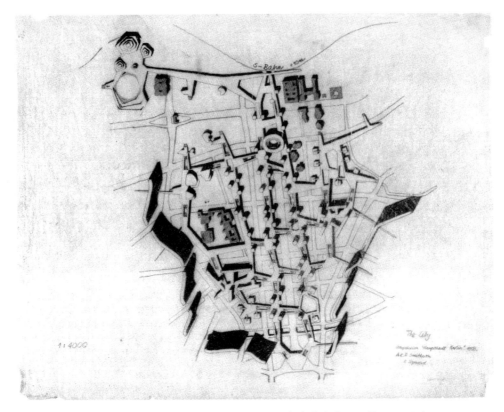

埃里森和彼得·史密森，柏林首都（Berlin Haupstadt）竞赛方案，西德，1958 年
这个方案功能混合的剖面设计将汽车停放在公园用地所在的地面层，穿梭的"手指建筑"连接上面的小型塔楼集群，在多中心商业系统里形成网状交流模式。这个设想预示着多元城市创建者在城市建立网状联系，形成非单一中心的动态大都市的可能性（绘图源自德国建筑博物馆收藏，美因河的法兰克福，德国）

史密森方案里的功能混合剖面打破了国际现代建筑协会（CIAM）的禁忌原则。小型塔楼集群之间穿梭联系的"手指建筑"在多中心商业网点系统里创建了一种网状交流模式，取代了单一的中心和柯布西耶对连接最高行政中心的城市脊柱两侧的独立用地的聚焦，这个设计预示着多元化的、在城市建立网状联系的城市创建者的出现，形成了一种新的动态模式。这种底层铺设的步行平台、小型塔楼和原有道路将在允许汽车向城市渗透的同时，在架空水平面上保持弹性和可调节性。1980 年代后期，史密森的学生将其设计理念运用到中国香港的半山区（位于太平山顶与中环之间）的设计中，创造了一个精彩的上层自动扶梯系统。这个系统建造于 1990 年代早期，山上爬行的扶梯穿过等高线与道路相交，形成一个小型塔楼和"商业 – 住宅"街道的密集城市网络。

小结：20 世纪后期的大都市

雷姆·库哈斯将他在 1978 年完成的第一本著作命名为《疯狂纽约：曼哈顿的回顾宣言》。[45] 在大都市设计和"曼哈顿主义"随着郊区蔓延而灭亡的那一天，他希望回到密集的、碎片式的大体量建筑，所谓的城中之城，例如他书中提到的特征鲜明的洛克菲勒中心。他将自己的事务所命名为大都会建筑事务所（OMA，与 Elia、Zoe Zenghelis 以及马德龙·维森多普一起成立于 1975 年）。这个远离帝国的大都市梦想建立在取代了欧洲政权的跨国企业之上。在《疯狂纽约》中，企业大楼构成了特征鲜明的天际线，代替古老的、宽阔的帝国轴线成为城市创建者权力的表现。库哈斯预见并指出了这种转变，这使得他在北京 CCTV 大楼竞赛中（2002）获得了成功。[46] 中国的国家媒体巨擘建造了一座标志性的大楼来展示它在全球网络中的影响力，通过它特殊的形象成为北京天际线的标志。在同一时期，中国政府选择将新的奥林匹克公园放置在传统的南北向的紫禁城轴线上，命令关闭所有前苏联设计的、位于东西向工业带上的工厂，以提高北京的空气质量。[47]2008 年，在这座大都市中，传统的、现代的、当代的元素因为这些决定而相互碰撞，展示着这个古城设计概念上的延续性力量。

库哈斯称赞这座大都市是"可追溯的"，因为由于受到其他城市系统分散和碎片化增长的影响，美国的城市正在急剧衰落。原子弹在日本的坠落就证明了一座密集的大都市是极易受到攻击的。在美国，石油由于受到特殊津贴而廉价，导致了城市的分散。新能源使传统的货运铁路、码头和煤矿成为历史，转而倾向于机场、卡车和高速公路的发展。传统的滨水工业城市被遗弃，新的集装箱港口和货车转运站被转移到城市之外，连接到高速公路上。工厂和产业遵循一种简单的逻辑，那就是寻求廉价的土地来开发。纽约在 1975 年几乎破产。[48]1990 年代的"伟大的废墟中的底特律"网站和摄影师卡米洛·维盖拉（Camilo Vergara）在他的作品《美国的废墟》（1999）的记录下，底特律成为萧条大都市的经典案例。[49]

大都市的大片地区被废弃，当地的居民开始在闲置的停车场上开辟小花园，在纽约开展了"绿色拇指"都市农业运动。[50] 在城市的其他地区，毒品和色情产业使得保存完好的居住区沦为废墟，待业青年们在废弃的街道上游荡。1960 年代，随着中产阶级家庭分三波移居到郊区（15 年里移居了 4000 万人），美国大城市的一系列城市暴乱使大都市的概念迅速枯萎。[51] 新的金融和商务中心在高楼区聚集，但大都市的其他地区并不安全。这描绘了一幅与《银翼杀手》（1982）等电影所突出的城市完全不同的反乌托邦图景。当石油廉价之时，外围的土地很容易获得。美国人向外围郊区的迁移削弱了大都市中心的力量，导致了在 1980 年代新城市主义运动中，郊区化

墨菲西斯（Morphosis）设计，灯塔办公大楼，拉德方斯商务区，巴黎，法国，2008 年（摄于 2008 年）

为了保护巴黎由埃菲尔铁塔主导的都市历史天际线，法国政府于 1958 年率先在凯旋门西侧的历史轴线上建立了一个特殊的、类似于一个小型曼哈顿式样的高层商务区。近期对这片老化的商务区的改造包括建设大拱门（Johann Otto von Spreckelsen，1989）和富有革新精神的灯塔大楼，它由墨菲西斯设计于 2008 年，是混合功能的摩天大楼商业中心（照片源自 Unibail-Morphosis）

和汽车导向成为城市的新定义。而 2001 年 9 月 11 日的恐怖袭击再次证明了大都市的易受攻击性，不过也展示了它在美国内陆大都市带的帮助下的恢复力。

　　虽然美国的大都市出现了衰落，世界范围内的其他国家在寻求理想的大都市案例时，学习的对象仍然是纽约而不是莫斯科。甚至在 21 世纪初，莫斯科自己的大企业也在他们的小曼哈顿地区创造了城市天际线的标志物，那里是位于莫斯科三环的莫斯科国际商务中心。[52] 这个密集的摩天大楼集群取代了老工厂，与其他商务区进行竞争。同一时期中国政府在上海浦东建立了类似的都市商务大厦集群，并在北京紫禁城西边的二环建立了由 SOM 设计的"金融街"，它是国际金融中心的一部分。[53] 为了保护巴黎的历史肌理，法国政府于 1958 年在巴黎凯旋门西侧卢浮宫轴线上的拉德方斯率先运用了这种小曼哈顿金融模式。50 年后，这个区域仍然在发展中并不断更新。[54] 美国的墨菲西斯公司最近在那里赢得了一个竞赛，这是一个壮丽的新"灯塔"式大楼，一个融入了多层购物中心的创意设计，它在底层商业和屋顶花园下联系着停车场、地铁和区域轨道交通线。[55] 大都市仍然活着！

注意：参见本书结尾处"作者提醒：尾注和维基百科"。

1   On New York and Moscow, see: Tony Judt, *Postwar: A History of Europe Since 1945*, Penguin (New York), 2006, pp 112 and 218–225.

2   On the metropolis and its imperial hinterland, see: Spiro Kostof, *The City Shaped: Urban Patterns and Meanings Through History*, Bulfinch Press (Boston, MA), 1991, pp 31–34.

3   On early metropolitan centres, see: Kevin Lynch, *A Theory of Good City Form*, MIT Press (Cambridge, MA), 1981, p 73.

4   On the European peasant population in 1950, see: Judt, *Postwar*, p 327.

5   For New York City's influence on Europe, see: Jean-Louis Cohen, *Scenes of the World to Come: European Architecture and the American Challenge, 1893–1960*, Flammarion (Paris) and Montreal (Canadian Centre for Architecture), c 1995.

6   Sigfried Giedion, *Space, Time and Architecture*, Harvard University Press (Cambridge, MA), 1941, p 845 (available on Google Books).

7   For oil, see: Paul Roberts, *The End of Oil: On the Edge of A Perilous New World*, Houghton Mifflin (New York), 2004 and Judt, *Postwar*, p 455.

8   On John Graham, see: ML Clausen, 'Northgate Regional Shopping Center – paradigm from the provinces', *Journal of the Society of Architectural Historians (JSAH)*, vol XLIII, May 1984, pp 144–161; also: Barry Maitland, *Shopping Mall Planning and Design*, Nichols Publishing (New York), 1985, pp 109–125.

9   On Faust and the metropolis, see: Marshall Berman, *All That Is Solid Melts Into Air: The Experience of Modernity*, Viking Penguin (New York), 1982.

10 For Superman and Gotham, see: http://en.wikipedia.org/wiki/Metropolis_(comics) (accessed 1 April 2010).

11 On the Rockefellers and New York, see: Robert Fitch, *The Assassination of New York*, Verso (London; New York), 1993, pp 56–59. For the Rockefeller Center, see: Rem Koolhaas, *Delirious New York: A Retroactive Manifesto for Manhattan*, Oxford University Press (New York), 1978, pp 150–200; also: Matthew Gandy, *Concrete and Clay: Reworking Nature in New York City*, MIT Press (Cambridge, MA), 2003. For the RPA, see: Jonathan Barnett, *Planning for a New Century: The Regional Agenda*, Island Press (Washington DC), 2001.

12 For setbacks, see: Hugh Ferris, *The Metropolis of Tomorrow*, Princeton Architectural Press (Princeton, NJ) and Avery Library, Columbia University (New York), c 1986.

13 For highways and parks, see: Robert A Caro, *The Power Broker: Robert Moses and the fall of New York*, Knopf (New York), 1974. For the 1929 RPA Plan, see: David A Johnson, *Planning the Great Metropolis: The 1929 Regional Plan of New York and its Environs*, E & FN Spon (London), 1996; for Moses' re-evaluation, see: Robert C Morgan, 'Conceptualism: reevaluation or revisionism?', in *Global Conceptualism: Points of Origin, 1950s–1980s*, exhibition catalogue, Queens Museum of Art (Flushing, NY), 1999.

14 For history of NYC zoning code see: Jonathan Barnett, *An Introduction to Urban Design*, Harper & Rowe (New York), 1982, p 122; also: Department of City Planning, New York City, *The Zoning Handbook*, New York, 1990.

15 For the Neighborhood Theory, see: Robert E Park and Ernest W Burgess, 'The Growth of the City: an introduction to a research project' (1925), reprinted in Richard T Gates and Frederick Stout (eds), *The City Reader*, Routledge (London), 1996, pp 95–96. For urban enclaves, see: Mark Abrahamson, *Urban Enclaves: Identity and Place in the World*, Worth Publishers (New York), 2005.

16 For Moses' parks and parkways, see: Caro, *The Power Broker*. For Riverdale and the Bronx, see: Matthew Gandy, *Concrete and Clay*.

17 For Co-op City, see: Robert AM Stern, *New York 1960: Architecture and Urbanism between the Second World War and the Bicentennial*, Monacelli Press (New York), c 1995, pp 969–970.

18 For Gorky Street, Moscow, see: Greg Castillo, 'Gorki Street and the Design of the Stalin

106   Revolution', in Zeynep Çelik, Diane Favro and Richard Ingersoll (eds) *Streets: Critical Perspectives on Public Spaces*, University of California Press (Berkeley, CA), 1994, pp 57–63; also: Anatolle Kopp, *Constructivist Architecture in the USSR*, St Martin's Press (New York), 1985; also: http://en.wikipedia.org/wiki/Tverskaya_Street (accessed 8 March 2010).

19   For Speer in Berlin, see: Lars Olof Larsson, *Albert Speer: Le Plan de Berlin, 1937–1943*, Archives d'Architecture Moderne (Brussels), 1983.

20   On the Yalta Pact, see: Judt, *Postwar*, pp 101–102,109; also: Edward Crankshaw, *Khruschev's Russia*, Penguin Books (Harmondsworth, Middlesex; Baltimore, MD), c 1962, p 59. For East Berlin urban design, see: Peter Müller, 'Counter-Architecture and Building Race: Cold War politics and the two Berlins', *GHI Bulletin Supplement* 2, 2005, pp 101–114; also Elke Sohn, 'Organicist Concepts of City Landscape in German Planning after the Second World War', *Planning Perspectives*, vol 18, issue 2, April 2003, pp 499–523.

21   On the Soviet central planning system, see: Tony Judt, op cit, pp 170–172.

22   On Khruschev panel blocks, see: http://en.wikipedia.org/wiki/Khrushchyovka.

23   On microraion, microrayon, or microdistricts, see: http://en.wikipedia.org/wiki/Microdistrict (accessed 8 March 2010).

24   On secret cities, see: Vladislav M Zubok, *A Failed Empire: The Soviet Union in the Cold War from Stalin to Gorbachev*, University of North Carolina Press (Chapel Hill, NC), 2007 (available on Google Books).

25   On Warsaw Market Square, see: Treasures of Warsaw Online, http://www.um.warszawa.pl/v_syrenka/perelki/index_en.php?mi_id=48&dz_id=2 (accessed 12 February 2010); also: Müller, 'Counter-Architecture and Building Race', op cit, pp 104-114.

26   On Nowa Huta, see: Judt, *Postwar*, p 170; also: http://en.wikipedia.org/wiki/Nowa_Huta (accessed 8 March 2010).

27   For Andrzej Wajda, *Man of Iron*, 1981, see: the Internet Movie Database, http://www.imdb.com/title/tt0082222/ (accessed 12 February 2010).

28   On Liang Sicheng, see: Cultural China website, http://history.cultural-china.com/en/50H7635H12631.html (accessed 8 March 2010).

29   On the history of the 798 Art District, see: Cultural Heritage of China website, http://www.ibiblio.org/chineseculture/contents/arts/p-arts-c04s01.html (accessed 14 February 2010).

30   On Indian new towns and steel city plans, see: http://en.wikipedia.org/wiki/Rourkela (accessed 14 February 2010). On SAIL, see: http://en.wikipedia.org/wiki/Steel_Authority_of_India_Limited (accessed 14 February 2010). On Bokaro, see: http://www.statemaster.com/encyclopedia/Bokaro-Steel-City (accessed 14 February 2010).

31   On Nasr new town plan, see: http://en.wikipedia.org/wiki/Nasr_City (accessed 14 February 2010); also: Andrew Beattie, *Cairo: A Cultural History*, Oxford University Press (New York), 2005, p 201.

32   On Sukarno, see: http://en.wikipedia.org/wiki/Sukarno (accessed 27 February 2010). On Sudirman (a street named after Sukarno), see: http://en.wikipedia.org/wiki/Sudirman (accessed 14 February 2010).

33   On the British Empire and war rationing, see: Judt, *Postwar*, p 163.

34   Ebenezer Howard, *To-morrow: A Peaceful Path to Real Reform* (1898), reprinted as *Garden Cities of To-morrow*, Swan Sonnenschein & Co (London), 1902 (available on Google Books).

35   On Europe and the welfare state, see: Judt, *Postwar*, p 77–78.

36   For the LCC and Aldwych–Kingsway, see: George Laurence Gomme and London City Council, *Opening of Kingsway and Aldwych by His Majesty the King: Accompanied by Her Majesty the Queen, on Wednesday, 18th October, 1905*, printed for the Council by Southwood, Smith (London), 1905.

37   For the Festival of Britain (FOB), see: Mary Banham and Bevis Hillier (eds), *A Tonic to the Nation: The Festival of Britain 1951*, Thames & Hudson (London), 1976 (available on Google Books).

107   38   For the Royal Dutch Shell Centre, see: http://en.wikipedia.org/wiki/Shell_Centre (accessed 15 February 2010).

39   For London's East End, see: Patrick Abercrombie, *Town and Country Planning*, Oxford University Press (London; New York), 1959.

40   For Lansbury and Harlow, see: Frederick Gibberd, *Town Design*, Architectural Press (London), 1953, revised 1959.

41   For Plymouth, see: Brian Mosley, Plymouth Data website, http://www.plymouthdata.info/Plan%20for%20Plymouth.htm (accessed 15 February 2010).

42   Frederick Gibberd, *Town Design*, 1953, pp 9–124.

43   For the Smithsons' entry for the Berlin Haupstadt competition, see: Alison Smithson (ed) 'Team 10 primer', Team 10, 1965; also: Team 10 website: ttp://www.team10online.org/team10/projects/hauptstadt.htm (accessed 8 March 2010); also: Nicolai Ouroussoff, 'New Ideals for Building in the Face of Modernism', *The New York Times*, 27 September 2006, http://www.nytimes.com/2006/09/27/arts/design/27ten.html (accessed 8 March 2010).

44   For the Economist Building, see: Alison Smithson and Peter Smithson, *The Charged Void: Architecture*, Monacelli Press (New York), 2001.

45   Rem Koolhaas, *Delirious New York: A Retroactive Manifesto for Manhattan*, Oxford University Press (New York), 1978.

46   For the CCTV Tower, Beijing, see: OMA website, http://www.oma.eu/index.php?option=com_projects&view=portal&id=55&Itemid=10 (accessed 15 February 2010).

47   For air quality, see: Shai Oster, 'Will Beijing's Air Cast Pall Over Olympics?', *Wall Street Journal*, 15 February 2007, http://online.wsj.com/article/SB117148719982908969.html (accessed 15 February 2010); also: Jim Yardley, 'Cities Near Beijing Close Factories to Improve Air for Olympics', *The New York Times*, 7 July 2008, http://www.nytimes.com/2008/07/07/sports/olympics/07china.html (accessed 15 February 2010).

48   On New York City near bankruptcy in 1975, see: Ralph Blumenthal, 'Recalling New York at the Brink of Bankruptcy', *The New York Times*, 5 December 2002, http://www.nytimes.com/2002/12/05/nyregion/recalling-new-york-at-the-brink-of-bankruptcy.html?pagewanted=1 (accessed 15 February 2010).

49   Fabulous Ruins of Detroit website, http://www.detroityes.com/home.htm (accessed 15 February 2010); Camilo J Vergara, *American Ruins*, Monacelli Press (New York), 1999; see also: Kenneth T Jackson, *Crabgrass Frontier: The Suburbanization of the United States*, Oxford University Press (New York), 1985

50   See: Green Thumb New York City website, http://www.greenthumbnyc.org/about.html (accessed 15 February 2010).

51   See: Jackson, *Crabgrass Frontier*, pp 283–305.

52   On Moscow International Business Centre, see: http://en.wikipedia.org/wiki/Moscow_International_Business_Center (accessed 15 February 2010).

53   For Pudong, Shanghai, see: http://en.wikipedia.org/wiki/Pudong (accessed 15 February 2010). For Beijing Financial Street, see: http://en.wikipedia.org/wiki/Beijing_Financial_Street (accessed 20 February 2010).

54   For La Défense, see: 'A new era: La Défense 2006–2015', http://en.wikipedia.org/wiki/La_Défense (accessed 15 February 2010).

55   For the Phare Tower, see: Morphopedia website, http://morphopedia.com/projects/phare-tower (accessed 15 February 2010).

第 4 章

图解大都市

世界上有各种各样的大都市梦想。在特定时期、特定地点，这些梦想通常靠想要创造大都市的城市创建者来实现。前一章主要介绍了三种类型的大都市，它们分别由纽约强大的商业机构、苏联的共产主义者和西欧的帝国政权支持。在西欧，拥有古老艺术风格的大都市遭到质疑。

这一章的主要内容为三种参与者改造大都市的情景。第一种关注的是没落的欧洲政权，例如在法国，奥斯曼创造了一种在世界范围内影响广泛的典型城市化和城市设计模式。随着法国在阿尔及利亚和越南等一系列的殖民战争中的失败，政府需要扩建巴黎来容纳来自殖民地的回国人员，因此法国国内关于大都市的未来存在着异常激烈的争论。柯布西耶等设计师坚信他们抓住了未来的症结，他们的学生（比如巴西的奥斯卡·尼迈耶）也设计了一些新兴国家的首都。而像奥古斯特·佩雷等老一派的建筑师则仍然遵从奥斯曼。费尔南德·普依隆（Fernand Pouillon）等一些没那么著名的法国建筑师则在马赛、阿尔及利亚和巴黎的新城等地，在两种态度之间的夹缝中实践。

这一章的第二部分则研究了大都市在一些特殊情况下的变化，特别是 1945 年以后建立的福利优厚的斯堪的纳维亚国家。斯德哥尔摩，一个分散在 1000 多个岛屿上的大都市，提供了通过更新城市中心来改造帝国大都市的案例。斯文·马克利乌斯（Sven Markelius）为 Hötorgscity 所作的设计（1952—1956）创造了复杂三维立体空间中的艺术商业区。他还规划了绿带外的魏林比（Vällingby）新城（见第 2 章）。由于欧洲政权抛弃了他们的帝国身份而畏缩在美国核能的保护伞下，本章的这一部分还关注了大都市的内部压力。[1] 由于人们纷纷移居到新城和郊区，欧洲许多城市因人口衰减发生了萎缩。擅自占用空置房屋的人和学生，偶尔还有艺术家和音乐家住进那些被废弃的区域。1973 年在哥本哈根成立的克里斯蒂安公社就是依靠废弃军事基地而幸存的例子。[2]

克里斯蒂安的独立用地里的嬉皮士是被富裕的工业化社会流放的特权阶级，他们在先进的、曾支撑了联合国的前殖民政权中寻找自由的活动空间。在城市与乡村间、城市与城市间的移民运动中，城市在不断进行着改革，所以这一章也会提到大都市所承受的内部压力。战争和去殖民化给大都市带来了巨大的压力，导致二战后难民

109

1947 年，英国的印巴分治导致的 1400 万难民的产生（摄于 1947 年）

这张照片显示了新德里郊外的一个棚户区，许多这样的棚户区变成了永久居民点，引发了联合国介入亚洲难民问题（照片源自 Margaret Bourke White/Time&Life Pictures/Getty Images）

和世界范围内的新移民在东京、柏林、罗马和许多国家的首都搭建棚户区。[3]

　　玛格丽特·伯克·怀特（Margaret Bourke-White）是美国《时代生活》杂志的一名摄影记者，她周游列国以报道铁幕背后位于欧洲、俄罗斯的难民以及前英国殖民地的印巴分治所带来的后果。[4] 在英国殖民统治末期的 1947 年，700 万难民在印度和巴基斯坦之间迁徙，搭建了大量的难民帐篷和自建棚户区，迫使联合国提供援助。1954 年，香港石硖尾大火导致 5 万中国难民在圣诞夜无家可归，于是联合国介入香港，突发性地启动了早期帕特里克·阿伯克龙比为这个英国殖民地所作的新城计划。[5]

　　与此同时，1958 年的布鲁塞尔世界博览会为全球范围内的大都市调查提供了契机，包括新旧政权的更替、国家与企业的关系以及石油与核能这样新能源使用的转变。[6] 在布鲁塞尔世博会建筑原子塔的下面，比利时建造了一个非洲村，它是刚果殖民地（去殖民化和所谓的 CIA 隐蔽行动在 1961 年刚果独立后引发了贫困、内战和灾难）村庄的复制品。[7] 原子塔的另一侧是一个拥有咖啡馆和巧克力商店的典型比利时村庄的复制品。另一个展览馆展示了穿过比利时乡间的高速公路，一个石油公司展示了冶炼设备的模型。布鲁塞尔世界博览会的苏联馆中还存放了一颗苏联人造卫星的复制品，这预示着一场信息交流的革命。

　　这一章的最后一部分主要讲述纽约作为一座成就和局限性并存的大都市如何引领建立在汽车基础上的新城市形式的出现。

昌迪加尔，印度

110

在刚刚独立的印度，领导人尼赫鲁考虑将昌迪加尔设为旁遮普邦的新首府，该邦在 1947 年的印巴分治中与原来的首都拉合尔分割，后者现位于巴基斯坦境内。拉合尔的中心在 1947 年种族动乱中分崩离析，在巴基斯坦拉合尔发展基金会（1956—1957）的主持下重建了一条现代主义的街道链接。昌迪加尔将为印巴分治产生的 700 万难民提供一部分住宅。勒·柯布西耶接受了阿尔伯特·迈耶（Albert Mayer）早期规划的部分内容，延续了高速公路的基本布局，创造了大尺度街区以及在城市范围内间隔分布的商业、工业和管理区，但提高了住宅的密度。[8]

他的建筑标志着这个现代主义邦首府的胜利，而与此同时，柯布西耶的雄心壮志是在印度建立一个新的纪念碑式的大都市实体与埃德温·勒琴斯设计的殖民地新德里一较高下。然而他梦想中的昌迪加尔从来不是一个理想的城市空间，一方面是由于当地政治因素，另一方面是由于城市设计尺度和概念上的缺陷，导致它并不适合人居住。[9]

1980 年代，智利建筑师罗德里戈·佩雷斯·德·阿尔塞（Rodrigo Pérez de Arce）试图在这个神圣的市场建立一些低层院落式的小尺度居住街区，然而附近坎萨尔（Kansal）村的居民已经将它作为牲畜放牧的牧场。[10] 柯布西耶根据喜马拉雅山脉的

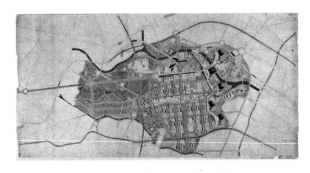

勒·柯布西耶，柏林首都竞赛方案，1958 年（见彩图 10）
柯布西耶的最后一个城市设计，和昌迪加尔方案一样，重复了他的光辉城市范型（Ville Radieuse, 1934）的设计主题。在南部，他设置了独立的、纪念性的行政区域、商业中心、博物馆区和工业区，这些区域都被绿化空间包围，配有类似马赛联合公寓（1946—1952）的住宅街区（方案源自 FLC/ADAGP, Paris 和 DACS, 伦敦 2009）

勒·柯布西耶，昌迪加尔商业中心，旁遮普邦，印度，1950 年代（2008 年照片）
柯布西耶的合伙人在这里运用了他在多米诺住宅体系中创造的开放底层平面和简单柱网，创造了一个富有弹性的城镇商业中心。即使如此，三个非正式市场在城镇的其他开放空间逐步形成，就像其他任何地方的临时农贸市场一样，主要销售当地的水果和蔬菜（照片源自 David Grahame Shane）

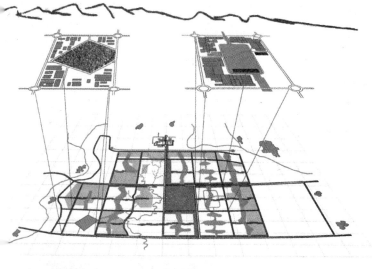

勒·柯布西耶的昌迪加尔总平面，旁遮普邦，印度，1950年代，重绘以体现原有村落（作者重绘，2010年）（见彩图11）

这些村落夹杂在巨大的街区之中，每个都配有学校、商店和诊所等社会服务设施。柯布西耶没有参与当地的居住区设计，但联合国世界遗产委员会将纪念性集市和一些住宅区列为历史保护对象（重绘平面源自 David Grahame Shane 与 Uri Wegman，2010）

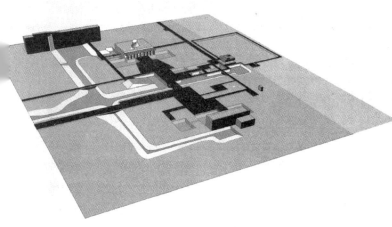

勒·柯布西耶，昌迪加尔议会区，旁遮普邦，印度，1950年代（作者重绘，2010年）（见彩图12）

昌迪加尔被规划得与埃德温·勒琴斯设计的新德里同等重要，它的轴线式布局象征着在不同政府机构之间的权力分化。在这些建筑之中，柯布西耶设计了一个穿越大市场的、垂直分化的步行和自行车系统，尺度大到似乎是依据遥远的喜马拉雅山脉而定（重绘图片源自 David Grahame Shane 与 Uri Wegman，2010）

勒·柯布西耶，昌迪加尔议会区，旁遮普邦，印度，1950年代（摄于2008年）

在昌迪加尔，纪念性的行政区域与新城之间通过绿带分隔。而在柯布西耶的平面上从未出现过的邻村卡哈尔（Kahal），将建筑间的大型市场作为公共用地来放牛和打板球。由于旁遮普邦边界上的民族分裂，这里还设置了带刺的电网做的安全栅栏，使得市场显得充满敌意（照片源自 David Grahame Shane）

尺度而不是当地人口数量决定商业空间的比例，现在他的设计被看作 1990 年代景观城市主义的先驱，也被认为是伯纳德·屈米（Bernard Tschumi）的巴黎拉维莱特公园（Parc de la Villette）规划（1982）等事件导向型城市方案的实现。[11]

112 巴西利亚，巴西

卢西奥·科斯塔（Lucio Costa）为巴西利亚设计的飞机形平面成形于 1957 年，建立在一个纪念性的尺度之上。[12] 基本的街区单元是 300 米（1000 英尺）见方的巨大方形框架。每个街区单元拥有 10 到 12 栋底层架空的板楼住宅，景观在板楼间渗透。这座城市为汽车的高速行驶而设计：尽管提供了步行道，但是其间的距离使得汽车、公交或者出租车成为必需品。

科斯塔设计的弓形弯曲的高速公路使两翼的居住区在"箭"的两侧对称分布，十字交叉的政府大道形成纪念性的轴线。这条大道一端起于广播大厦，经过国家高速公路到达另一端的双子塔、穹顶状的行政分支，以及位于人造湖对岸的两个标志性议会厅。

巴西利亚有几个明显的缺陷：它的纪念性尺度令人不能忍受，还有故意统一的巨大方形街区使人容易迷路。每个街区都有一个复杂的道路命名系统，使人更容易被

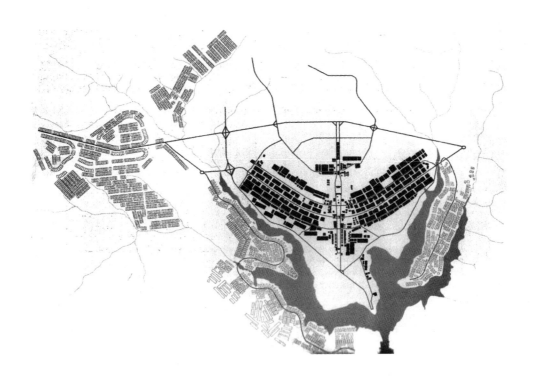

卢西奥·科斯塔，政府大道，巴西利亚，巴西，1950 年代（摄于 2004 年）

卢西奥·科斯塔和奥斯卡·尼迈耶有意在与华盛顿看似平起平坐的拉丁美洲的新首都创造强有力的象征性建筑与环境，来表达新兴现代国家的权力。这里展示的政府大道包括巴西的国家草坪，就像华盛顿的中央广场一样，是一个集聚了国家权力的政治象征性空间（照片源自 Paulo Fridman/Corbis）

卢西奥·科斯塔的巴西利亚总平面，巴西，1957 年，重绘以表现工人村（作者重绘，2010 年）（对面页）

这个戏剧性的"弓箭"设计使得政府大道形成的仪式性轴线与曲线脊柱沿线巨大的居住街区在相交的区域（银行、购物、酒店和公交车站）形成鲜明对照。每个巨型街区都是一个拥有自己的学校、公园、商业中心和8层板式住宅（与柯布西耶在昌迪加尔的设计类似）的城市村落（重绘平面源自 David Grahame Shane 与 Uri Wegman，2009）

迷惑，此外对称的南北两翼也增加了令人困惑的要素，一个字母的差异就意味着城市的另外一边。巴西利亚与里约热内卢形成鲜明的对比，那里是丛林中一片平静的绿洲，城市生活隐藏在城市周围建设的非正式的贫民窟中。

政府由于追求能代表国家的、具有纪念意义的城市方案，而选择科斯塔的方案。公众象征意义表达了这个国家清晰和严整的现代性。它吸收了欧洲巴洛克风格和艺术传统，但却是运用在一块白板之上，一片空荡的丛林之中。在巨大尺度的空间中，这个设计重现了利用结构和等级体系表现权力的大都市理想。虽然这个设计起源于民主选举和受爱戴的政治体制，但是它完成于军事专制统治的背景之下。作为一个共产主义者，设计巴西利亚的单体建筑的建筑师奥斯卡·尼迈耶被迫离开了这个国家。[13]

勒阿弗尔，法国

法国港口城市勒阿弗尔（Le Havre）在欧洲盟军的进攻中遭到剧烈轰炸，40000人流离失所。对勒阿弗尔的重建成为同盟国一项具有重要象征意义的举动，美国马歇尔基金会为这个计划提供了部分资金。[14]佩雷，一个以对混凝土的开创性使用而闻名的现代主义者，提供了一个保守的、类似于苏联艺术风格的平面，就像当代东柏林的卡尔·马克思大道一样。尽管在尺度上与传统的艺术风格不同，但是对于公共象征性和有组织的等级制度的追求在铁幕两侧都是相同的。

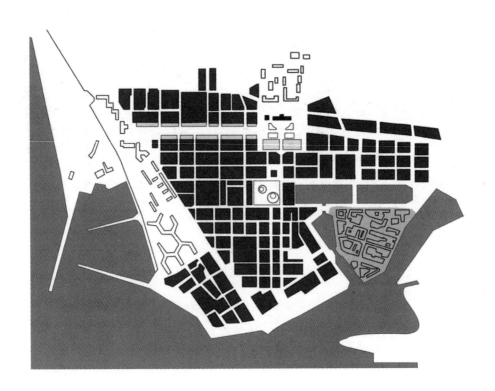

奥古斯特·佩雷，市政厅和福煦大街（Avenue Foch），勒阿弗尔，法国，1947 年以前（摄于 1959 年） 115

纪念性大道——福煦大街从可俯瞰海峡的悬崖一直延伸到市政厅前的广场。佩雷作为一个现代主义者，希望在街道下建造一个地下服务层，但他却因创造出比例和细部优雅的混凝土板式住宅街区而获得成功，现在被列为联合国世界遗产（照片源自 Roger Viollet/Getty Images）

奥古斯特·佩雷设计的勒阿弗尔方案，法国，1947 年（作者重绘以展示都市村庄，2010 年）（对面页）

佩雷在通往市政广场的福煦大街运用了传统的艺术设计方法。附属的住宅街区网络一直延伸到海岸线沿岸次干路后的老港口。老港口的腹地被保留，两个港口腹地之间的老城片区采用传统街道形式进行了复建（重绘平面源自 David Grahame Shane 与 Uri Wegman，2010）

在这个充斥着网格状路网、宽阔的大道和现代化事物的广阔区域里，在已有平面上重建老港口显得与众不同。这里像华沙一样，两个港口腹地之间的建筑通过现代的建造手段重建了立面和平面。佩雷的设计与当代苏联思路的区别是，在山上耸立的混凝土教堂塔尖高度超越了市政厅大楼，这在苏联是不能忍受的。从海上看，教堂神圣的穹顶特别引人注目。

佩雷将他宏大的艺术轴线与沿街道网格排列的现代住宅结合，创造了一个混合的大都市。从城市的角度来讲，它既遵循了传统，又实现了佩雷和柯布西耶梦想中批量生产的标准化住宅的设想。这种标准化以快速提供住宅为目标，为战争中无家可归的人提供廉价的避难所。莫斯科的赫鲁晓夫有着类似的目标，但没有如此精细的比例控制和佩雷的细部设计，而佩雷的城市设计现在已被列入联合国世界遗产。[15]

Hötorgscity，斯德哥尔摩，瑞典

第二次世界大战中，瑞典保持了中立，使自己在欧洲的战乱中完好无损且更加富有。瑞典政府支持联合国的工作，并向世界的动荡地区派出维和部队。在国内，瑞典像许多其他的北欧国家一样失去了帝国的政治统治，政府开始推行优厚的社会福利。市议会计划重建斯德哥尔摩的中心，消除曾作为甘草市场（hay market，Hötorget）的中世纪贫困区，用一个称为"Hötorgscity"的新中心商务区取而代之。[16]

毫无疑问的是，Hötorgscity 在创造现代风格的同时还保留着大都市的传统痕迹。它在老城中心和议会岛背后形成了新的城市商业中心。它位于城市主要商业链接的一旁，作为一个多层面的链接，连接着两个重要的公共广场。它的中心是交通环抱的瑟戈尔（Sergel）广场，这里的地下通道连接着地铁系统和市剧院前的公共聚会场所。[17]它与洛克菲勒中心具有相似之处，代表着一个缩微版的城市，即城中之城。和洛克菲勒中心一样，它具有电影院、剧场、商场和写字楼等多种功能。不同于洛克菲勒中心的是，它的多元化建筑更富有变化。对柯布西耶这种想在苏联古板的艺术风格设计和 CIAM 现代主义者公式化的城市设计中寻找一条出路的人来说，Hötorgscity 是一个重要的城市设计实践。

英国建筑师和城市设计师费德里克·吉伯德将其作为一项重要成就收录在他的著作《城镇设计》（Town Design，1953）之中。[18]斯文·马克利乌斯的设计结合了 SOM 设计利华大厦裙楼的实践成果与传统的城市设计观念，创造了一个精致的三维新都市。马克利乌斯（与柯布西耶和许多其他人一起）受邀到美国为联合国大厦的规划提供建议；他还参与了林肯中心的规划团队，与罗伯特·摩西（Robert Moses）一起负责曼哈顿西岸的表演艺术中心项目（1969）。[19]最近对这个综合体的修复和夜间照明改造使得它魅力重现，为斯德哥尔摩中心增加了一抹迷人的色彩。

斯文·马克利乌斯等，Hötorgscity，斯德哥尔摩，瑞典（1952—1956 年），花市（摄于 2007 年）

市剧院（左侧）和电影院（右侧）围合出的 Hötorget（甘草）广场通向 Hötorgscity 的新商业街道链接，那条街道连接着瑟戈尔斯托格（Sergelstorg）交通环岛和彼得·塞尔辛（Peter Celsing）设计的市文化中心（1968—1973）。在左侧的裙楼上耸立着 5 座塔楼（照片源自 David Grahame Shane）

斯文·马克利乌斯等，Hötorgscity，斯德哥尔摩，瑞典（1952—1956 年），夜景（摄于 2007 年）

马克利乌斯的设计在 1990 年代进行了翻新，壮观的夜间照明使左边商业裙房上的 5 栋 18 层塔楼格外与众不同。1990 年代建设的新市立电影院也有灯火通明的室内空间（照片源自 David Grahame Shane）

斯文·马克利乌斯等，Hötorgscity，斯德哥尔摩，瑞典（1952—1956 年），正举行小型政治示威活动的瑟戈尔广场的日间景象（摄于 2007 年）

塞尔辛设计的文化中心面向下沉广场开放并连接了地铁。周边的交通受到了城市中心拥堵收费的限制，而广场的下沉使这片独立用地不会受到交通的影响（照片源自 David Grahame Shane）

斯文·马克利乌斯等，瑟戈尔广场，Hötorgscity，斯德哥尔摩，瑞典（1952—1956 年），下沉步行道夜景（摄于 2007 年）

地铁入口和文化中心入口被灯光照亮，在夜晚格外显眼。完美的铺装设计使这个公共空间显得与众不同，背景处灯火通明的玻璃塔耸立在交通环岛上的瑟戈尔广场之中（照片源自 David Grahame Shane）

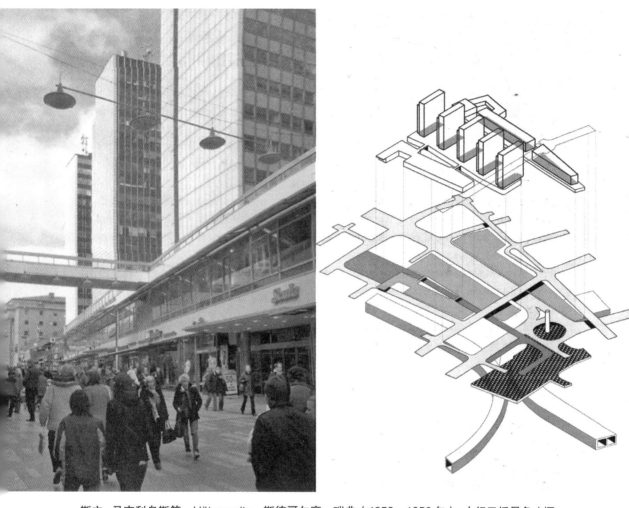

斯文·马克利乌斯等，Hötorgscity，斯德哥尔摩，瑞典（1952—1956 年），人行天桥景象（摄于 2007 年）（见彩图 13）

马克利乌斯认为 5 座塔楼和连接它们的裙房可以构成一个复杂的三维商业矩阵。他的灵感来源于 SOM 的成员戈登·邦沙夫特（Gordon Bunshaft）设计的纽约利华大厦裙房（1951—1952）。但对于警察来说，这些架空层的空间很难管理，在他们的干涉下，架空层于 1970 年代被关闭（照片源自 David Grahame Shane）

Hötorgscity 综合体的轴测分解图，斯德哥尔摩，瑞典（见彩图 13）

马克利乌斯对 Hötorgscity 进行了规划，并建造了 5 座摩天大楼中的一座。由于地面向水面倾斜，他可以利用这种坡度设计复杂的剖面，并与瑟戈尔广场的地铁站相连。他设计的架空步行平台最初是上行联系背后的金融保险区。架空车行道被保留下来（绘图来自 David Grahame Shane 与 Uri Wegman）

克里斯蒂安，哥本哈根，丹麦

由于帝国都市的衰落和角色的转换，以克里斯蒂安（Christiania）为首的大都市开始产生内部混乱。[20] 如瑞典和英国一样，脱离了帝国制集团的丹麦开始制定优厚的社会福利计划，并且将财富集中在国内。与英国和瑞典一样，丹麦的城市规划师们在斯蒂恩·埃勒·拉斯姆森（Steen Eiler Rasmussen）的"指状规划"的指导下建立新城，这些新城位于通往城市的四条轨道线路沿线。[21] 在这些指状开发区之间，公园绿带渗透到城市内部。

和欧洲及美国的许多城市一样，随着人们移居到这些新城，原中心城变得寂寥，建筑和街区逐步废弃颓败。擅自占地的人、艺术家移居到这些区域，二战后婴儿潮出生的学生在 1960 年代末进入大学时，无法被学校宿舍完全容纳，也移居到这片区域。[22] 许多现在看来很美妙的地区，像伦敦的卡姆登市场和纽约的东村（East Village），就是重新兴盛于这个"另类社会"与"花样力量"的嬉皮士时期。[23] 这些城市先锋们开始对建筑进行再利用与功能转换以满足新的需求。他们在旧的办公楼与厂房里建立了新的都市村庄。他们的创意大多被禁止，所以兴旺了几代人时间的克里斯蒂安显得不同凡响。

然而讽刺的是，克里斯蒂安现在却在为生存而斗争。这个与丹麦社会福利状况

1974 年，丹麦城市规划师斯蒂恩·埃勒·拉斯姆森、律师欧勒·克拉普（Ole Krarup）、作家艾比·克勒维达·雷奇（Ebbe Kløvedal Reich）与装有 14000 份反对政府政策的请愿书的行李箱在一起

拉斯姆森表达了对克里斯蒂安的支持，并写道，如果政府结束了它的生命，哥本哈根将失去灵魂（照片源自 Press Association Images）

卡尔·马德森（Carl Madsen）广场，克里斯蒂安，哥本哈根，丹麦，自行车商店（摄于 2009 年）

普施尔大街（Pusher Street）尽头的卡尔·马德森广场是克里斯蒂安的中心广场，它旁边有一个餐厅和自行车店，商人在这里摆摊卖艺。大麻曾是普施尔大街上的主要销售品，这个产业支撑了整个社区，直到哥本哈根的警察取缔了这些摊位，其中一个摊位还被移到国家美术馆进行展览（照片源自 David Grahame Shane）

自建住宅，克里斯蒂安，哥本哈根，丹麦（摄于 2007 年）

除了占据废弃的兵营和工场，擅自占房的嬉皮士们还在克里斯蒂安的旧城墙上建造了小型公共住宅，这些住宅可以俯瞰水面。他们在这里建造了一个特殊的公园，公园设施包括一个马术学校。沿着河岸还间隔排布着公共或私有的家庭住宅（照片源自 David Grahame Shane）

盖里·霍尔（Grey Hall）社区中心，克里斯蒂安，哥本哈根，丹麦（摄于 2009 年）

盖里·霍尔是个废弃的军事建筑，作为克里斯蒂安市民的集会场所，它为社区讨论、会议、音乐风格另类的摇滚音乐会、歌舞和戏剧表演等提供空间。它的立面上涂满了体现克里斯蒂安嬉皮士风格的涂鸦（照片源自 David Grahame Shane）

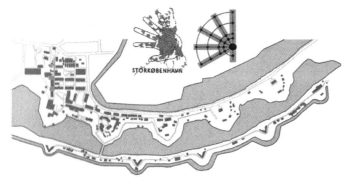

克里斯蒂安的平面与地理区位图，哥本哈根，丹麦（见彩图 14）

过时的克里斯蒂安军事基地坐落在市中心对面的岛上。1972 年，基地被擅自占房的人占有，而此前这些人也占用了附近的一片废弃建筑群。1990 年代，在新国家歌剧院建成之后，这里地价上涨，克里斯蒂安前的码头和军舰船坞被改造为居住单元和商务办公楼（平面图源自 David Grahame Shane 与 Uri Wegman；指状平面图源自 David Grahame Shane，2009）

格格不入的、充满个人主义的地区将被保守的政府关闭，因为他们想要再次激发私人企业家精神和个人的创新精神。为保护克里斯蒂安而进行的合作谈判非常艰难，因为嬉皮士们反对赔偿私人财产并遵守规范化的准则。政府希望出售一些先前废弃的资产来开发豪华公寓。

122　石硖尾地产，中国香港

　　二战后，中国的香港仍作为英国的殖民地被英国占据着。当时，英国工党政府委任帕特里克·阿伯克龙比为香港规划一个类似伦敦规划的方案，拥有新城和绿带。这个方案从未实现，而阿伯克龙比也未考虑香港的难民问题，他仍旧在规划中设置大量低密度住宅。

　　1954 年的圣诞夜，九龙石硖尾贫民窟的一场大火使 54000 人失去了家园。[24] 在联合国的帮助下，港英政府为人们提供了帐篷和各种临时居所，并启动了一个住宅计划应对这场灾难的后果。这个计划结合了阿伯克龙比的新城框架，也拥有他意想不到的高密度。

　　石硖尾 1 号住宅的简单和粗糙是难以想象的，它有着柯布西耶马赛公寓式的混凝土地面和柱子，但每个狭小的房间都必须容纳一个家庭。赫鲁晓夫批量生产的住宅比这个要豪华得多，那里每个公寓都设有厨房和卫生间（在北京建有类似的街区）；佩雷

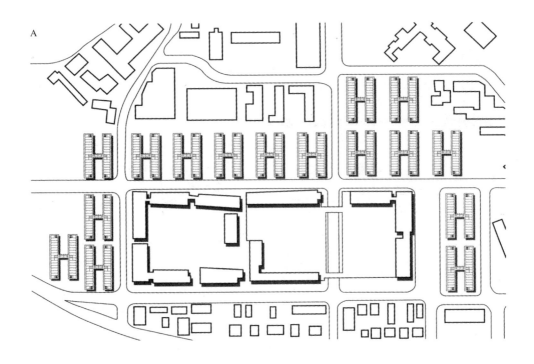

A

B

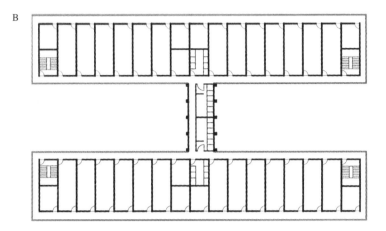

C

石硖尾房地产，九龙，中国香港，1964 年（摄于 2008 年）

（A）1 号区的 44 个板楼于 1964 年投入使用，当时那里居住着 25000 人，高层板楼取代了已经被销毁的旧建筑，带有底层裙楼的巨大街区取代了许多 1 号区的原有肌理（见前页）；（B）众多家庭居住在 1 号区，这里的房间如同阁楼空间，外部连接着阳台，淋浴间和卫生间位于楼与楼之间的连廊上，楼梯间设在建筑的两端。厨房设施位于建筑外的院子中，盥洗室和晾衣绳则位于楼顶，那里还有一个幼儿园；（C）开放的阳台通道主导着立面，楼顶上的洗衣房和幼儿园的轮廓也很明显。这些板楼沿街排列时，地面层会设置底商；完全相同的板楼山墙面上写着一个巨大的数字来区分彼此；（D）学童们走在两栋早期石硖尾大楼之间用栅栏相隔的院子里，这两栋楼即将被改造为一个住宅博物馆。在院子的两侧可以看见间隔的公共厨房设施，外阳台环绕着大楼的每一层（照片与绘图源自 David Grahame Shane 与 Uri Wegman）

D

在法国勒阿弗尔的街区设计也在各方面略胜一筹。但是石硖尾的建筑是一种进步，因为它们为新城发展与工业化住宅的生产提供了一种模式，可以解决亚洲的住宅问题。

布鲁塞尔世界博览会，比利时

1958 年举办的布鲁塞尔世博会是二战后的第一个全球性博览会。[25] 新生超级大国美国和苏联，以及欧洲所有殖民国家和帝国主义国家都参与其中。[26] 博览会包括惯例性的非洲殖民村庄展示、开采公司展示的珍稀珠宝钻石和来自亚洲等海外地区的展览品。此外，博览会还包括一个怀旧风格的传统比利时村庄，伴随它的还有一个中心广场和广场外围的咖啡厅。

除了原子塔这个新能源标志之外，沙特阿拉伯石油公司和中东其他油矿生产商也搭建了临时展馆，一家比利时建设公司则建造了一个高架立交桥样本，一家石油公司在展馆中用动态模型展现了比利时乡下道路的建设。汽车公司展示了新型汽车，泛美航空公司（Pan Am Airways）则展出了地球的航拍照片。可口可乐和 IBM 等一些新兴国际品牌公司以及阿歇特出版公司（Hachette）等法国信息和出版公司也同样搭建了展馆。

原子塔的三维造型创造了独特的城市天际线，塑造了城市上空的景观。它将微观的瞬间形态放大到巨型的尺度，使得原子间的关系得以凝固。参观者可以通过一个系列的动态展示了解关系复杂的三维网络模型，这模型如同被原子弹击中后的城市，开始生长出新的网络结构。

布鲁塞尔世博会中的比利时村庄，比利时，1958 年

比利时在 1958 年举办了二战后的第一届世界博览会。在未来新能源的标志——原子塔脚下，比利时政府建了一个比利时村庄的复制品。如当时的明信片照片所示，建筑山墙正对着中心广场，路边咖啡厅设置在广场外围。

布鲁塞尔世博会上，比利时的刚果殖民地建筑展示，比利时，1958 年

与世博会的长期传统一致，布鲁塞尔博览会展示了殖民村庄的复制品。图中为比利时在中非的刚果殖民地（现刚果民主共和国，图为当时明信片照片）。村落旁边的比利时议会及开采公司的展馆完善了参观者眼中的非洲景象。

苏联展馆室内和人造卫星，布鲁塞尔世博会，比利时，1958 年 125

展馆采用了先进的悬挂玻璃立面，但内部为斯大林主义对称的展览。巨大的工农雕像构成入口，而视野尽端为巨型的列宁雕像。列宁后方的墙上挂有展示莫斯科城市天际线的图片，而近期发射的人造卫星的复制品则宣告了太空时代的来临（照片源自 Michael Rougier/Time &Life Pictures/Getty Images）

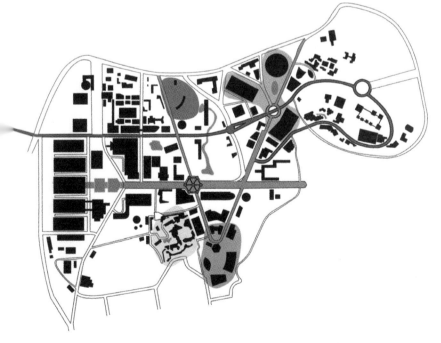

布鲁塞尔世博会平面，比利时，1958 年（见彩图 15）

布鲁塞尔世博会的布局结合了古典艺术的轴线排布和现代独立展馆根据地形散布的特点。"三巨头"——法国、美国和苏联——的展馆向心围合，与联合国展馆和原子塔边的布拉班特（Brabant）礼仪花园一起构成三角。这个三角位于古典艺术道路轴线与现代三角轴线的焦点，一条高架路示例样本跨越了花园，形成一条高架支路与北部连接（平面图源自 David Grahame Shane 和 Uri Wegman）

现代大都市：纽约，USA

　　纽约大都市的现代化以煤矿和蒸汽动力为基础。内陆产品通过铁路运出，船只在码头和港口间穿梭谋生。煤电为巨大的城市提供通宵照明，使之变成不夜城。摩天楼和超高密度街区形成邻里，而由于社会氛围和教育的普及，一些人最终上升为中产阶级，开始向郊区移动。

　　纽约没有主轴线和欧洲帝国首都那样的大广场，但在汽车出现之前，其格网也考虑了交通流线的问题。罗伯特·摩西在任三区大桥（Triborough）管理局主席的最后几年，试图在办公室里解决高密度大都市中高架桥的布局问题。[27]在柯布西耶模型的基础上，他在提出市中心城市更新方案的同时，也承认大都市正由于人们的郊区化而衰败。在道路规划方案中，他结合了两种设计观点来考虑曼哈顿沿途的住房。每当他尝试利用高架桥跨越曼哈顿时，就会遇到很多阻力，最终也未在曼哈顿成功地建立跨镇高速路。

　　与摩西不同，洛克菲勒继续在城市路网中建设大型城市综合体。大萧条后，洛克菲勒将土地赠予联合国，并于1961年在曼哈顿市中心建成了第一座摩天楼——大通曼哈顿银行。这两个机构都有全球性的意义，联合国象征着国际政治和世界和平，而大通银行则是世界经济和全球贸易的代表。洛克菲勒兄弟基金支持的纽约地区规划协会（RPA）研究表明，纽约应该远离制造业，而以经济、保险和地产贸易（FIRE）取而代之。[28]当他们转向汽车而不是铁路时，摩西将不断积累的社会投资用于了汽车和石油的基本组合。而与此同时，洛克菲勒集团选择以纽约作为它的港湾，这表现出它对纽约在全球经济体系中所处地位具有的更加深刻的认识。

罗伯特·摩西在曼哈顿地图前，纽约，美国，1950年代
摩西在大尺度规划中体现了严密的现代组织手法，直到1960年代，没人提出反对意见。虽然没有人选用他，但他指挥自己的公共办公部门通过公园、林荫道和适应汽车时代的新公众设施的建设来推进大都市的现代化（照片源自Bettmann/Corbis）

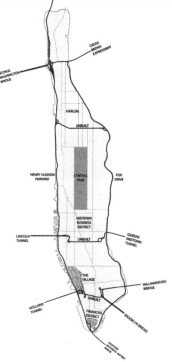

曼哈顿下城平面，纽约，美国，结合 1950 年代罗伯特·摩西的道路提案（见彩图 16）

摩西计划在 1950 年代将桥隧管理局管辖的基础设施与连接曼哈顿下城的高架或下穿的高速路进行对接。他沿河流修建了道路，在东南方向的片区中设置了新的住宅。在皇后区中城隧道（Queens-Midtown Tunnel）和林肯隧道之间，他规划了一条未建成的从曼哈顿中间穿越的高速路，这条路紧贴 34 号街和帝国大厦，穿过了一个密度极高的地区。为了减轻其对城市的影响，摩西提议让高速路穿过指定的改造建筑，并在建筑中建设包含道路的新混合区块。由于 1960 年代遭到地方社团的反对，展示于此的曼哈顿下城高速和连接布鲁克林与巴特利的大桥（Brooklyn-Battery Bridge）都未能建设（照片源自 Bettmann/Corbis；绘图源自 David Grahame Shane 和 Uri Wegman）

摩天大楼

摩天大楼为现代大都市设计师提出了一个重要的难题。实际上，正是纽约的摩天大楼表现了现代城市与旧帝国主义欧洲城市的区别。早在1890年代，美国建筑师路易斯·沙利文就提出沿芝加哥街道设置摩天大楼的构想，并为保证人行道上的日照而考虑大楼的合理间距（这依据了奥斯曼在巴黎的建筑后退法规，即街道宽度决定了建筑允许建造的高度）。[29] 纽约的区划法规于1916年引入，缘起是位于原荷兰殖民地的核心区*的一条9米（30英尺）宽的街道被90米（300英尺）高的公平大楼（Equitable Building）遮挡了所有阳光。该法规继承了巴黎依街道宽度决定建设高度的先例，但允许加高市中心区的塔式建筑，如1931年的帝国大厦。[30]

现代主义建筑师对1916年的纽约区划法规表示反对，他们希望塔楼能够建设在勒·柯布西耶设想的公园中，或如密斯·凡·德·罗设计的西格拉姆大厦（Seagram Building，1958）一样建设在纽约中央公园大道上。[31] SOM的利华大厦（1952）也建立在公园大道上，它显示出了办公塔楼与底层裙楼、公园平台或广场等现状的结合，比较符合欧洲的思路（比如1952—1956年斯德哥尔摩的Hötorgscity规划）。[32] 但到了1961年，纽约城市规划委员会转向了"塔–平台"的现代主义模式，以此为SOM的大通曼哈顿广场大厦（Chase Manhattan Plaza and Tower，1961）建设做出准备。[33] 这是自1930年代大萧条以来的第一座新市中心塔楼，它为洛克菲勒中心建设者的儿子、纽约州州长约翰·洛克菲勒的兄弟——大卫·洛克菲勒而建，他资助建设了市中心的世贸中心（1968）和纽约奥尔巴尼的新州政府购物中心（New State Government Mall，1976），这些建筑都采用了"塔–平台"的现代主义设计。[34]

作为商业和经济中心的现代都市以密集的摩天大楼为显著特征，这与早期欧洲帝国的首都有很大差别，去除了宏大的对称性轴线和大量像布鲁塞尔世博会场馆般整齐排列的皇家纪念性建筑。对于城市设计者来说，摩天大楼的设计问题非常迫切。如何设计一个由塔楼组成的城市？谁的门厅朝向街道？密斯提出可以将塔楼设计得尽可能透明，如同架在广场上空的柱子一般，在城市地平面上创造一个通用的坐标空间（如同在公园大道上的广场平面设计一样，忽视了场地向列克星敦大街的坡度）。同样的坡度问题在大通曼哈顿广场方案中重现，因为百老汇位于山脊之上，而且曼哈顿也并不是平坦的。

由布莱恩·麦格拉斯（Brian McGrath）所绘的"曼哈顿时间演变图示"（Manhattan Timeformations）展现了一个世纪以来曼哈顿这个现代都市逐渐建设的过程，其最终

---

* 曼哈顿在17世纪时曾经是荷兰的殖民地，被称为"新阿姆斯特丹"。——译者注

大通曼哈顿广场入口，纽约，美国（摄于 2009 年）

在底商屋顶的平台上是珍·杜布福（Jean Dubuffet）的《四棵树雕塑作品》（Group of Four Trees，1969）。后面是装饰艺术风格的城市服务大厦，现为美国国际集团（AIG，American International Group）总部。广场围墙由周围塔楼的高度确定（照片源自 David Grahame Shane）

斯基德莫尔（Skidmore），奥因斯（Owings）& 美林（Merrill）（即 SOM），大通曼哈顿大楼，纽约，美国，1961 年（摄于 2009 年）

塔楼从大通曼哈顿广场垂直升起，有铺装的底商屋顶平台修正了曼哈顿的地形坡度，即百老汇与东河（East River）间逐渐下降的高度（照片源自 David Grahame Shane）

 129

野口勇（Isamu Noguchi），大通曼哈顿广场的下沉花园，纽约，美国，1961—1964 年（摄于 2009 年）

野口的设计利用了百老汇与东河之间的坡度，将下方的河岸作为开放走廊连接了威廉姆大街（William Street）（照片源自 David Grahame Shane）

大通曼哈顿广场全景，纽约，美国（摄于 2009 年）

这张照片展示了雕塑公园中的开放空间。被底商边缘的行道树标志出来的威廉姆大街有 9 米（30 英尺）宽，继承了原荷兰殖民地的城市平面（照片源自 David Grahame Shane）

大通曼哈顿大楼中的洛克菲勒套房南窗外的景色，纽约，美国（摄于 2008 年）

从位于 60 层的洛克菲勒办公室套间望出去，直接可以看到华尔街纽约证券交易所和 JP 摩根的总部。大通曼哈顿银行是 1929 年崩盘后市中心新建的第一座摩天大厦，它被区域周围的塔楼包围。这张照片显示出它南向的视野可以穿过纽约港看到自由女神像、埃利斯岛（Ellis Island）、斯塔滕岛（Staten Island）和新泽西海岸（照片源自 Peter Schultz Jørgensen）

大通曼哈顿大楼中的洛克菲勒套房北窗外的景色，纽约，美国（摄于 2009 年）

大通曼哈顿大楼 60 层的洛克菲勒办公套间的北向视线可以穿越市政厅和伍尔沃斯大楼（Woolworth Building），到达帝国大厦和市中央车站周边的摩天大厦组团。这些位于高层塔楼里的公司经理可以俯视整个城市，有一种整个城市为他所有的感觉，同时他们也有在城市天际线上印下公司标志的意识。从大通曼哈顿大楼向周边以及麦登道（Maiden Lane）以北望去，可以看到纽约联邦储蓄银行，那里的地库存放着美国三分之一的金子（照片源自 Peter Schultz Jørgensen）

大通曼哈顿广场轴测图，纽约，美国

在大通曼哈顿广场，曼哈顿山脊上的百老汇入口由于底商在各个方向均高于周边而被限制。两方的台阶成为到达底商的通道，也在威廉姆大街河岸走廊上方形成了一个屋顶平台，而地铁从其下方贯穿而过（绘图源自 David Grahame Shane 和 Uri Wegman，2010）

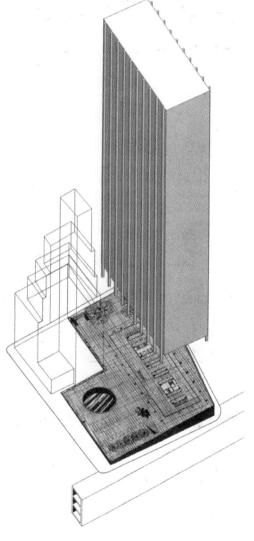

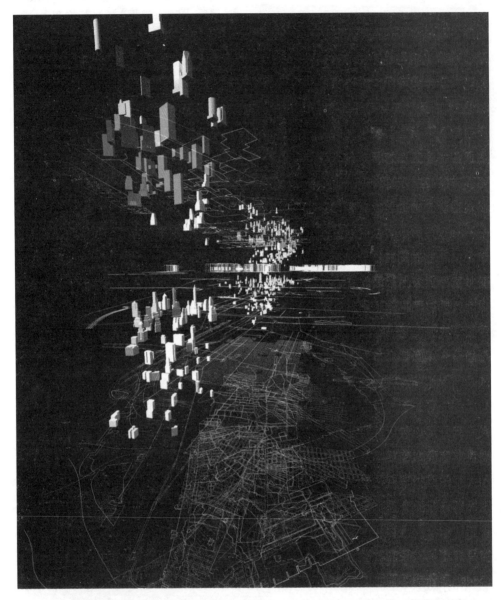

布莱恩·麦格拉斯，纽约的"曼哈顿时间演变图示"，美国，2000—2004 年（见彩图 17）
布莱恩·麦格拉斯为纽约摩天大厦博物馆的网页所绘制的画作显示了纽约摩天大厦在"时间构成"上的分层，图中每个大厦都对应了自身的时间轴和平面上正确的地理分区。这样便可以从动态的过程中提取出一个框架，显示出城市在逐渐形成当前天际线时摩天大厦建设的加速过程（见 http://www.skyscraper.org/timeformations/intro.html）（绘图源自 Brian McGrath）

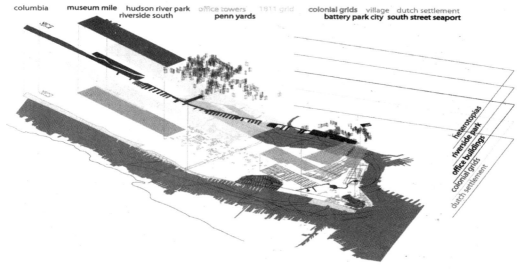

美国纽约的都市分层（见彩图 18）

荷兰和英国的殖民者绘制了曼哈顿下城的空间片断。而革命之后的 1811 年，美国人在曼哈顿街区中定居下来，使这地图开始分层。曼哈顿工业港口区的边界逐渐转化为公园，城市格网之中也不断存在着片断式的发展，例如第 59 大街的洛克菲勒中心、哥伦比亚大学和时代华纳中心（Time Warner Center）综合体（绘图源自 David Grahame Shane 和 Rodrigo Guarda, 2005）

成为一个拥有数百个散布于城市格网中的塔楼的城市，这些塔楼形成了两大组团，这两个组团后来转变为特区。两个特区都对塔楼的聚集予以特殊奖励。[35] 而最初的特区只管理建设在市中心特定地段的华尔街组团。[36] 城中心组团最初是依据火车站、地铁、东海岸交通走廊和连接芝加哥与洛杉矶的交通系统的路线简单生成的，现在以宾州火车站（Penn Station）、中央车站和第 42 大街为中心。在纽约逐渐成为全球中心的同时，联合国和经济的全球化出现，促使与机场相连的城中心组团由市区中心逐渐转为了国际经济中心，更多的摩天大楼建设在第 42 大街、中央车站、麦迪逊公园大道（Madison Avenue）周围。

小结

第二次世界大战和广岛事件显示出了城市的脆弱，以及大城市的相互联系与欧洲帝国主义之间的密切联系，这些帝国的国际化触角支持了城市波澜壮阔的集中涌现。冷战时，众多欧洲帝国开始分裂，并被独立国家和跨国公司所取代，国际化石油经济也作为基本供给能源出现。国际经济结构影响了伦敦、纽约和东京等全球经济核心，也成为在新供给系统中部署石油美元的基础，同时也使得数百万人从大都

上海浦东，中国，滨江景观（摄于 2008 年）
上海浦东新经济中心以纽约为范本，冬天江边的景象云雾缭绕，如同 20 世纪早期的纽约和 19 世纪的伦敦（照片源自 David Grahame Shane）

134　市迁移至大都市带。随着大都市居民为寻找新居所和娱乐空间向郊区迁移，公司总部也可能离开城市中心。大都市衰退之后，前来寻找工作的新移民者只能找到废弃的建筑、犯罪和毒品。

　　勒·柯布西耶对解决欧洲大都市问题的策略并不能应用于全球的城市设计问题。这些设计尽管自身很宏伟，但却是失败的、难以维持的住所，昌迪加尔的住宅便是如此。这些从全局到细节的设计忽略了城市村庄等很多当地要素，而且没有考虑到欧洲帝国背后的贫穷和无知。新城镇和邻里单元适合发达国家城市中的工业区，如一些繁荣的欧洲国家，但在充满自建房的发展中国家会显得非常不恰当。在苏联和欧洲引领了混凝土板式建筑的建造产业时，上百万拉丁美洲和亚洲的农民在石油丰富的城市、前殖民地城市和新兴发达城市中寻找废物废料来建造自己的房子。

　　现代建筑师和规划者醉心于大都市开拓国际市场的能力，未能参与到发达国家大型城郊区的发展。无论是工业形式还是发展中国家的棚屋形式，大都市专注于它的动力能源——煤和蒸汽，将铁路作为主要交通系统。而大都市的主要城市形式"煎蛋"模式［如塞德里克·普赖斯（cedric price）所定义］也依据有轨电车和铁路线向

外延伸发展。[37]与大都市的大量火力发电厂相比，冶炼厂、油管、油库、石油站和
车库等石油设施最初并不显眼。对于一个延伸了上百公里（或英里）的、容纳了几
千万人口的新兴城市领域来说，规划几乎没有为它做什么准备。新城或邻里单元等
大都市概念并不适用于汽车交通的时代而亟待改革。所有城市要素——独立用地（譬
如百货商店）、链接（如街道）、隐藏的异托邦（如贫民区或红灯区）也都是如此。下
一章将主要研究大都市向大都市带的演变、异托邦的作用、新能源和从大都市中心
向大都市带的城郊购物中心转换过程中的新城市创建者。

注释

注意：参见本书结尾处"作者提醒：尾注和维基百科"。

1   On the western American nuclear umbrella, see: Tony Judt, *Postwar: A History of Europe Since 1945*, Penguin (New York), 2006, p 735.

2   On Christiania, see: The Phileas Fogg Project website, http://aroundtheworld.phileas-fogg.net/copenhagen/free-state.html (accessed 19 March 2010).

3   On postwar slums, see: Judt, *Postwar*, p 82. On Athens slums, see: Constantinos Doxiadis, *Architecture in Transition*, Oxford University Press (New York), 1963, p 35. On Tokyo slums, see: *Tokyo Metropolitan Government, A Hundred Years of Tokyo City Planning*, TMG Municipal Library No 28 (Tokyo), 1994, pp 46–47. On the slums of Dharavi, Mumbai, see: Mark Jacobson, 'Mumbai's Shadow City', *National Geographic*, May 2007, http://ngm.nationalgeographic.com/2007/05/dharavi-mumbai-slum/jacobson-text?fs=seabed.nationalgeographic.com (accessed 19 March 2010).

4   On the Partition of India, see: Barbara and Thomas Metcalf, *A Concise History of Modern India*, Cambridge University Press (Cambridge; New York), 2006, pp 203–227; also: http://en.wikipedia.org/wiki/Partition_of_India (accessed 19 March 2010).

5   On the Shek Kip Mei fire, see: United Nations Human Settlements Programme, 'Housing for All: The Challenges of Affordability, Accessibility, and Sustainability', UN-HABITAT (Nairobi), 2008, pp 33–34; also: http://en.wikipedia.org/wiki/Shek_Kip_Mei (accessed 19 March 2010).

6   Gonzague Pluvinage, *Expo 58: Between Utopia and Reality*, Lannoo Uitgeverij, 2008, pp 109–111.

7   On the Congo Crisis, see: Ch Didier Gondola, *The History of Congo*, Greenwood Press (Westport, CT), 2002; also: http://en.wikipedia.org/wiki/History_of_Democratic_Republic_of_the_Congo (accessed 25 March 2010).

8   Maxwell Fry and Jane Drew, 'Chandigarh and Planning Development in India', *Journal of the Royal Society of Arts*, vol CIII, no 4948, 1 April 1955, pp 315–333.

9   On Chandigargh and Lutyens' New Delhi, see: Kenneth Frampton, *Modern Architecture: A Critical History*, Oxford University Press (New York), 1981, pp 229–230; also: Kiran Joshi, *Documenting Chandigarh: the Indian architecture of Pierre Jeanneret*, Edwin Maxwell Fry, Jane Beverly Drew, Mapin Pub (Ahmedabad, India), c 1999.

10   On De Arce's review of Chandigarh, see: Geoffrey Broadbent, *Emerging Concepts in Urban Space Design*, Taylor & Francis (London), 1995, pp 202–204. For the village of Kansal in Chandigarh, see: Vikramaditya Prakash, *Chandigarh's Le Corbusier: The Struggle for Modernity in Postcolonial India*, University of Washington Press (Seattle; London), 2002, pp 65, 153–155.

11   On Landscape Urbanism, see: Charles Waldheim, *The Landscape Urbanism Reader*, Princeton Architectural Press (New York), c 2006. On Parc de la Villette, see: Bernard Tschumi, *Event-Cities 2*, MIT Press (Cambridge, MA), 2000, pp 44–225.

12   On Lucio Costa's pilot plan of 1957, see the reproduction of it on: http://www.infobrasilia.com. br/pilot_plan.htm (accessed 19 March 2010); also: Farès el-Dahdah (ed), *CASE 5: Lucio Costa, Brasilia's Superquadra*, Prestel (Munich; New York), 2005.

13   For Niemeyer, see: Paul Andreas and Ingeborg Flagge, *Oscar Niemeyer: A Legend of Modernism*, Deutsches Architekturmuseum (Frankfurt) and Birkhauser (Basel), 2003.

14   On Le Havre, see: Andrew Saint, 'In Le Havre', *London Review of Books*, vol 25, no 3, 6 February 2003, http://www.lrb.co.uk/v25/n03/andrew-saint/in-le-havre.

15   See: UNESCO World Heritage website, http://whc.unesco.org/en/list/1181 (accessed 21 March 2010).

16   On Hötorgscity, see: Susan Wiksten Desjardins, 'The City Centre and the Suburb: City Planning during the 1950s and 1960s in Stockholm and Helsinki', Masters Thesis, Åbo Akademi University, November 2003: http://www.wiksten.org/susan/ma_thesis_swd.pdf (accessed 21 March 2010); also: Olof Hultin, Bengt OH Johansson, Johan Mårtelius and Rasmus Wærn, *The Complete Guide to Architecture in Stockholm*, Arkitectur Forlag (Stockholm), 2004, p 90; also: http://en.wikipedia.org/wiki/Hötorget_buildings (accessed 21 March 2010).

17   On Sergel's Square, see: http://en.wikipedia.org/wiki/Sergels_torg (accessed 21 March 2010).

18   Frederick Gibberd, *Town Design*, Architectural Press (London), 1953, revised 1959.

19   On Markelius, see: Eva Rudberg, *Sven Markelius, Architect*, Arkitektur Förlag (Stockholm), 1989; also: http://en.wikipedia.org/wiki/Sven_Markelius (accessed 21 March 2010).

20   On Christiania, see: Kim Dirckinck-Holmfeld and Martin Keiding, *Learning from Christiania*, The Danish Architectural Press (Copenhagen), 2004; also: http://en.wikipedia.org/wiki/Freetown_ Christiania (accessed 21 March 2010).

21   On Steen Eiler Rasmussen's 'Finger Plan', see: Thomas Hall, *Planning and Urban Growth in the Nordic Countries*, Taylor & Francis (London), 1991, pp 30–38.

22   On the postwar baby boom, see: Judt, *Postwar*, pp 330–336.

23   For Camden Town, see: http://en.wikipedia.org/wiki/Camden_Town (accessed 21 March 2010). For New York, see: Sharon Zukin, *Loft Living: Culture and Capital in Urban Change*, Johns Hopkins University Press (Baltimore), c 1982.

24   On Shek Kip Mei, see: http://en.wikipedia.org/wiki/Shek_Kip_Mei_Estate (accessed 21 March 2010); also: Hong Kong Housing Authority website, http://www.housingauthority.gov.hk/ en/interactivemap/estate/0,,1-347-10_4926,00.html (accessed 25 March 2010); also: Public Housing in Hong Kong, The Hong Kong Housing Authority News, Promotion and Marketing Section (Hong Kong), September 1995, p 104.

25   Official Website on Expo '58: http://www.expo-1958.be/en/index.htm (accessed 21 March 2010). For the catalogue of Expo '58, see: Gonzague Pluvinage, *Expo 58: Between Utopia and Reality*, Brussels City Archives, State Archives in Belgium, Éditions Racine (Brussels), 2008 (available on Google Books).

26   On American influence, see: Victoria De Grazia, *Irresistible Empire: America's Advance Through Twentieth-Century Europe*, Belknap Press of Harvard University Press (Cambridge, MA), 2005.

27   On Moses' Lower Manhattan Expressway (LOMEX), see: Steve Anderson, NYC Roads website, http://www.nycroads.com/roads/lower-manhattan/ (accessed 21 March 2010); also: http:// en.wikipedia.org/wiki/Lower_Manhattan_Expressway. On Moses' Mid Manhattan Expressway, see: Steve Anderson, NYC Roads website, http://www.nycroads.com/roads/mid-manhattan/ (accessed 21 March 2010); also: http://en.wikipedia.org/wiki/Mid-Manhattan_Expressway. See also: Robert A Caro, *The Power Broker: Robert Moses and the Fall of New York*, Knopf (New York), 1974.

28   On the Rockefeller Brothers Fund and 'FIRE', see: Robert Fitch, *The Assassination of New York*, Verso (London; New York), 1993, pp 145–156.

29   See: Donald Hoffman, 'The Setback Skyscraper City of 1891: an unknown essay by Louis H Sullivan', in *Journal of the Society of Architectural Historians (JSAH)*, vol XXIX, no 2, May 1970, pp 180–187; also: Louis Henry Sullivan, 'The High Building Question', in Robert C Twombly (ed), *Louis Sullivan: The Public Papers*, University of Chicago Press (Chicago, IL), 1988, pp 76–79

30   See: *The Zoning Handbook*, Department of City Planning, New York City (New York), 1990.

31   On the Seagram Building, Jerold S Kayden, New York Department of City Planning and
      The Municipal Art Society of New York, *Privately Owned Public Space: The New York City
      Experience*, John Wiley & Sons (New York), 2000, pp 6–13, 53, 102.

32   On Lever House, ibid pp 9–13, 102, 144.

33   For the 1961 Zoning Resolution, see: New York City Department of City Planning website, http://
      www.nyc.gov/html/dcp/html/priv/priv.shtml (accessed 21 March 2010); also: Kayden, *Privately
      Owned Public Space*, On Chase Manhattan Plaza, ibid p 102.

34   On the World Trade Center, ibid pp 14, 99–100. For Albany, New York, see: Deyan Sudjic, *The
      Edifice Complex: How the Rich and Powerful – and Their Architects – Shape the World*, Penguin
      (New York), 2005, pp 229–232; also: http://en.wikipedia.org/wiki/Empire_State_Plaza (aka
      Governor Nelson A Rockefeller Empire State Plaza); also: Mary Ann Sullivan, 'Governor Nelson
      A Rockefeller Empire State Plaza', http://www.bluffton.edu/~sullivanm/empiresp/empiresp.html
      (accessed 21 March 2010).

35   On Brian McGrath's Manhattan Timeformations, see: Manhattan Timeformations website,
      http://www.skyscraper.org/timeformations/intro.html (accessed 21 March 2010). For Special
      Districts, see: Jonathan Barnett, *An Introduction to Urban Design*, Harper & Rowe (New York),
      1982, pp 77–136; also: Jonathan Barnett, *Urban Design as Public Policy*, Architectural Record
      Books (New York), 1974.

36   For Lower Manhattan Special District, see: New York City Department of City Planning website,
      http://www.nyc.gov/html/dcp/html/zone/zh_special_purp_mn.shtml (accessed 21 March 2010);
      also: Richard F Babcock, *Special Districts: The Ultimate in Neighborhood Zoning*, Lincoln Institute
      of Land Policy (Cambridge, MA), c 1990.

37   Samantha Hardingham (ed), *Cedric Price: Opera*, John Wiley & Sons (London), 2003, pp 222–225.

保罗·鲁道夫（Paul Rudolph），曼哈顿下城高速路，纽约，美国，1970 年
曼哈顿下城多层方案远景图（绘图源自现代美术馆 /Scala，Florence，2009）

第三部分

第 5 章

大都市带

现代术语"大都市带"或"伟大的城市"（希腊语），是指城市在一个网络中的集聚，139这个网络在广阔的城市和农村地区安置了几百万人。电报、邮件、电话和收音机等现代通信技术，以及轮船、火车和后来的汽车、飞机等现代交通运输系统的发展，对这种新型网络城市形态的协调至关重要。美国的广阔大陆让美国公司获得了成长的空间，使其服务于全美 2.5 亿人口，而不受到海关或其他障碍的限制。这为美国公司提供了一个广阔的市场，这些公司拥有遍布全国的分销系统、大陆通信系统、电脑跟踪系统以及全国性的广告宣传活动，创建了一种新的"巨型"尺度的操作系统，令欧洲的跨国公司相形见绌（例如，在 1950 年代，英国的市场极限为 5000 万客户）。[1]

第二次世界大战为大都市带在新尺度上的发展提供了另一推力。1945 年，城市设计师和军事规划师从广岛原子弹事件中学到了很多。制空实力和后来的远程导弹使得利用核武器打击集中的城市，对于战后拥有核武器的两个超级大国而言非常简单。此外，在 1950 年代初，英国数学家阿兰·图灵（Alan Turing），利用早期的计算机建模技术，预测在老中心城市周围的新城将从规划的环状结构变换成线性网络结构。该预测是基于一种主导性新城的出现而产生的，这些新城是大都市周边的吸引极。[2] 1961 年，法国地理学家简·戈特曼（Jean Gottmann）将美国东海岸作为线性大都市带的分析，证实了图灵的理论。[3]

一种新的基于汽车交通的流动性是城市功能重新分配的另一动力。战争中流动的坦克营（位于防空区之内）为城市如何融解到乡村中提供了启发，这种构想在伦敦、东京或柏林等帝国首都的大量平民的疏散中得到借鉴和强化。战争还展示了城市流动性的新模式，例如 1944 年诺曼底海滩上临时的桑葚湾（Mulberry Harbour）的建设，超过 200 万士兵在那里登陆。[4] 一条临时的海底管道从海峡另一侧的储存罐中输送来罐装石油。战争结束后，曾为流动军队提供动力的巨大的新冶炼厂、管道和油井，为美国大陆上城市功能的再分配提供了能源。[5]

二战后美国大都市的爆炸性生长形成本章第一部分的重点，与此同时本章也关注在中东以及墨西哥、委内瑞拉、尼日利亚、印度尼西亚等石油资源丰富国家同步发生的现代化进程。这些地方的发展形成了一种混合的大都市带，住宅尚未产业化，而自建棚户区像影子城市一样生长起来。这些低收入的大城市打破了隐含在美国大都市带梦想中的关于可达性和服务性的普世目标。在欧洲和亚洲的富裕国家，大都市出现另一个变种，即同样是依赖于铁路交通，但却较少依赖石油和汽车交通。这里的建筑师和城市设计师仍然梦想着通过巨型结构控制城市的增长，这种巨型结构的尺度是以高速公路的尺度来丈量的，就像保罗·鲁道夫的方案涵盖了罗伯特·摩西设计的曼哈顿下城高速公路（1970）一样。[6]

和前一部分一样，下一章将会详细地图解大都市带的一些城市设计，包含其中的人、地点和变换的因素，同时将人口超过 3000 万的"巨型东京"作为一个典型的大都市带进行说明。

大都市带的出现：美国东海岸

欧洲的设计师们一直是根据美国的发展情况预见城市的未来。柯布西耶继格罗皮乌斯之后，在《走向新建筑》（1927 年）[7]一书中，将纽约州布法罗市的谷物升降机、储存仓、垂直电梯井和庞大的水平传送带视为大都市带的未来模型中的重要构成要素。像他这样的访客忽视了城市与大平原（the Great Plain）广阔的农业腹地之间的铁路联系，实际上城市腹地通过其影响全球农产品价格的商品市场，为芝加哥提供粮食和财富。[8]简·戈特曼 1961 年在他的著作《大都市带》中，重新平衡了大都市与腹地的关系，描述了一种基于国家铁路系统的，高度分散的、多功能的、多中心的美国城市，包括纽约大都市带以及首都华盛顿地区。这条连绵的走廊长 1000 公里（600英里），拥有 3200 万人口。如今这条走廊上居住着超过 5600 万人。

尽管包括数百公顷（千余英亩）的林地和农场，总体说来，戈特曼所说的大都市带的人口密度依然大于美国其他地区和地球上大多数地方（除去英国、荷兰、印度和中国的部分地区）。戈特曼是康斯坦丁诺斯·道萨迪亚斯（Constantinos Doxiadis）的盟友，对于率先出现汽车所有者的、富于流动性的城市，他开创性地在新的尺度上对城市空间进行思考。这些新的驱动力促使东海岸保留的农田转变为大的新型郊区居民点，例如长岛的纽约、莱维敦（1947—1951），这些居民点利用基地上的现代化生产线被迅速地建造起来。莱维特公司在靠近共和机场（the Republic Airport）的地方［国防大臣格鲁曼（Grumman）的家乡］，利用第二次世界大战以来的新工厂进行建设。这些巨型房地产项目基于郊区的建筑后退条例、住宅尺度、转弯半径和街

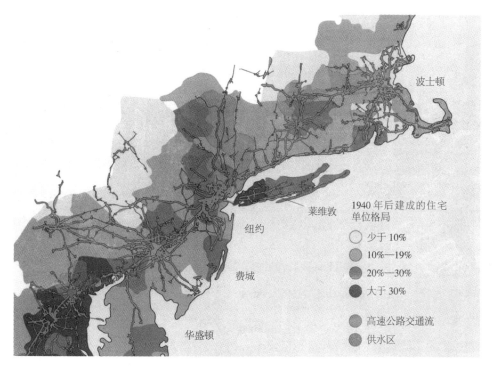

简·戈特曼，大都市带，1961 年（作者重新绘制，2010 年）（见彩图 19）

这张综合的绘图显示了高速公路、郊区的扩张和水的供给。[绘图来自 David Grahame Shane 和 Uri Wegman，2010；根据简·戈特曼的《特大城市：美国东北滨海地区的城市化》，20 世纪基金会，纽约（Megalopolis: *The Urbanized Northeastern Seaboard of the United States*，Twentieth Century Fund, New York，1961，图 63，p223，重新绘制）]

道布局创造了一种新的城市肌理，这些条例是在 1930 年代大萧条后的新政中由美国联邦住房管理局（FHA）制定。像凯文·林奇（1961，1962）、克里斯托弗·滕纳德（Christopher Tunnard，1963）和伊恩·麦克哈格（1969）等其他学者，意识到这种新型住宅建造和布局的巨大尺度会对美国的城市景观产生重要影响。这种尺度是基于汽车和公路的，旅途中的感受就是高速公路上时间和空间的持续过程[9]，而不再只是对一个目的地的方向感。1980 年代的女权主义建筑史学家强调在这个新的住房形式下隐含着性别角色的转变，这种形式导致妇女成为深居家中而社交甚少的专职母亲。[10]

基于这种新型网络城市的观念，像梅尔文·韦伯（Melvin Webber）一样的美国城市规划理论家颠覆了大都市的规则及其"中心地理论"[在 1930 年代由德国地理学家沃尔特·克里斯塔勒（Walter Christaller）提出]，他认为良好的交通连接网络中的所有地方可以看作是相同的。[11] 数百万人搬出了美国大都市转而流入郊区，导致以前繁华的工业区和商业化居住区的萎缩和衰败。与此同时，在横穿底特律城市边缘的 "8 英里公路"，一些美国最富有的郊区围绕格罗斯点（Grosse Pointe）（自治区）

**消费者的国际购物中心，弗雷明汉，
马萨诸塞州，美国，1951 年（摄
于 1988 年）**
（照片源自 Richard Longstreth，1988）

成长起来，新高速公路系统使得郊区景观中出现零散的新工厂。嘻哈电影《8 英里》
（2002）探讨了这些区域内的差异。[12] 联邦法规在房屋尺寸、地块大小、住宅布局方
面的规定中有适当的灵活性，从而在住房整体蔓延的过程中，有一个高度多样化的
市场提供给不同收入水平的人群（但不包括非洲裔美国人）。

　　底特律不是大都市中心衰落浪潮中的个例。美国高速公路工程师和建筑师创建
了一个新型分销系统服务于分散的城市，用城市周边连锁超市的大型分销中心代替
了城市市场。始于 1956 年的艾森豪威尔（Eisenhower）州际国防高速公路系统，涵
盖超过 74000 公里（46000 英里）的公路建设，为美国提供运输支撑。该系统与铁路
系统遵循一种类似的逻辑，即在河谷和滨河地区寻找低矮的地方进行建设，但转弯
半径和独立立体交叉的设计采用非常特别的几何形状，成为大都市城市设计的标志
［雷纳·班纳姆在他的 BBC 影片《雷纳·班纳姆爱洛杉矶》（1972）中大加赞赏］。[13]
在中心城区，高速公路往往被设计在高架桥之上，这种高架高速公路成为亚洲城市
中心推崇的交通解决方案。

　　支路从住宅的尽端路布局延伸到商业带，然后继续延伸到间隔很大的高速公路
入口，开启了一个基于汽车的新型城市形态。在同样庞大的石油加工及供应体系的
背景下，巨大的仓库群成为大都市的标志，譬如洛杉矶的长滩、得克萨斯州的休斯
敦船舶运河和纽约南部新泽西州的海岸线。数百公里的石油和天然气管道与国家电
网衔接，提供了全美范围内平等的服务（类似的还有支持电话系统的网络）。随着城
郊机场和集装箱码头在一个日益全球化的系统中处理贸易流，高速公路系统最终取
代铁路网络，导致多余的老港口和工业仓库区的衰落。

　　一个城市的所有元素，从市政厅、教堂、警察局、法院和监狱，到博物馆、电影院、
市场、百货商场和餐馆，都搬到了位于城郊林荫商业大道两侧的、孤立分离的单层

建筑中。它们共同在商业地带形成一个新型城市中心，后来被购物中心设计师在他们所谓的新型"社区中心"集中起来，围绕在一个长 200 米（600 英尺）的外部（然后是内部）商业链接周围，我们可以在洛克菲勒中心看到这种模型（在第 3 章提到）。在《洛杉矶：四个生态法则的建筑》（1971）一书中，雷纳·班纳姆在"独立用地的艺术"一章中赞美了这些新的中心，其中包括阿纳海姆（Anaheim）迪士尼主题公园（1954）、始于 1930 年代的历史悠久的农贸市场（现在是格罗夫购物中心的一部分，2008）以及 1920 年代建造的学生村维斯特伍德（Westwood），它靠近弗雷德里克·劳·奥姆斯特德（Frederick Law Olmstead）设计的加州大学洛杉矶分校（UCLA）校园。[14]

网络城市，以洛杉矶的林荫大道和联邦高速公路的全覆盖网格为代表，安置了无数的独立用地。有些像村庄，有些是主题公园，有些是大型商业或办公中心（如世纪城市，1963，威尔顿·贝克特在旧作坊的基地上规划设计的城中城）。如果没有一个控制这个系统的中心，那么其老城市中心就是一个被掏空的壳。城市流动性给这个系统中的人们带来了多种选择，以满足他们的需求，实现他们的梦想（洛杉矶仍然安置了美国主要的电影和电视工作室）。得克萨斯州休斯敦的石油资产赞助了美国的第一个大型商场，它于 1967 年由 HOK 开始建造，在随后超过 10 年的建设中，逐步成为拥有超过 10 万平方米的商店、成千上万的停车位、附属酒店和写字楼、电影院和美食广场，以及一个屋顶体育俱乐部的综合体（见第 6 章）。

大都市带的出现：中东、拉丁美洲和澳大利亚

随着美国石油公司对沙特阿拉伯的油田进行开发，沙特王子开始投资休斯敦的商业街（Houston Galleria）或将新型城市体系引入这个石油丰富的国度。他们的财富随着石油产量在 1945 年以后暴增（见第 1 章），特别是在欧佩克（OPEC，石油输出国）对西方国家石油禁运之后（1973）。[15] 同样不足为奇的是，SOM 的戈登·邦沙夫特（洛克菲勒家族大通曼哈顿大厦的建筑师）于 1980 年代设计了吉达的国家商业银行大楼（1977—1983）和 50 万平方米（500 万平方英尺）的巨型膜结构的哈吉机场航站楼［1981 年，与工程师法兹勒·汗（Fazlur Khan）一起］，作为其收官之作。这个位于吉达的阿卜杜勒 – 阿齐兹（Abdulaziz）国王机场的航站楼是为赴麦加的朝圣者而建（见第 6 章）。[16]SOM 继续在沙特阿拉伯的城市设计和规划中发挥主导作用，在吉达附近规划了将于 2020 年建成的阿卜杜拉（Abdullah）国王经济城。[17]

小尼尔森·洛克菲勒（Nelson Rockefeller Jnr）作为一个年轻人，未来的纽约州长和美国副总统，他建设了奥尔巴尼市场（Harrison & Abramovitz，1976），支持在委内瑞拉的加拉加斯等石油丰富的拉丁美洲国家推行现代城市规划——在那里标准

石油还主导着生产。[18] 这个政策早期的成果是由委内瑞拉现代建筑师卡洛斯·劳尔·比亚努埃瓦（Carlos Raul Villanueva）设计的 El Silencio 居住综合体（1942），还有奇普里亚诺·多明戈斯（Cipriano Dominguez）设计的双子塔式的西蒙·玻利瓦尔（Simon Bolivar）政府中心综合体（1949）。[19] 这个独立用地的设计在很大程度上向罗特维尔规划（Rotival，1939）中设计的西蒙·玻利瓦尔大道链接看齐。其设计实际上就是现代主义术语中传统的"链接 – 独立用地"组合，不过是在一个巨大的尺度上进行的。[20] 中央公园的巨型结构在 1980 年代成为轴线的另一个终点。[21]

比亚努埃瓦等人试图在现代城镇规划项目和现代超大居住街区中安置从腹地涌入的新移民 [就像 23 de Enero 不动产（1955—1957）]。但这些地方现在被非正式的发展所环绕（见第 2 章）。[22] 比亚努埃瓦设计的巨大的中央大学校园（1944—1970）是这段军事独裁期的现代城市设计杰作，它有一个涵盖了步行道、公园、城市广场的完整系统。同时，建在规划绿带中山坡上的大牧场（自建居住村落）是石油国家失败的标志。石油比水更便宜，在河谷底端及城市上方 700 米（2000 英尺）处架起的高速公路设施，成为 1960 年代和 1970 年代石油繁荣的永久纪念碑，同时这也为自建的牧场带来了限制。

在洛杉矶，加拉加斯高速公路让人们可以驾车逃离城市，到山谷里的山地别墅中去 [就像 1950 年代意大利建筑师吉奥·蓬蒂（Gio Ponti）为当地的雪佛兰零售商设计的普兰乔特别墅（Villa Planchart）]。[23] 这些公路也连接了山区牧场中自建的窝棚。巴西的里约热内卢和圣保罗，都是接近核心区的山地地区，它们以建造在城市之上的贫民区和棚户区，重复了这种石油驱动的双城故事桥段。石油和天然气都非常丰富的墨西哥城，波哥大（哥伦比亚）、厄瓜多尔首都基多（Quito）和秘鲁首都利马（Lima）都有着更加贫穷的自建贫民区或者说棚户区，并均向城市峡谷区的一边水平扩张。如出一辙的是，在尼日利亚的比夫拉（Biafra）石油丰富地区的残酷战争（1967—1969）结束后，石油经济模式下的城市快速增长、政府失败、自建住宅也出现在西非尼日利亚的拉各斯。1960 年代，委内瑞拉政府在圭亚那城（Ciudad Guayana）规划了一个新的钢铁镇，作为国家南部的吸引中心。他们聘请了一个包括凯文·林奇在内的哈佛和 MIT 的联合队伍，在两个现存的村庄之间规划了一个巨大的高速公路网络城市。即使到现在，由于多数人买不起汽车并且两地距离遥远，许多人仍居住在一个条件恶劣的河边棚户区。

1960 年以后，美国的设计师也向隶属于 OPEC 的其他石油出口国输出了大都市带的概念。在中东，洛杉矶的购物中心设计师维克多·格伦（Victor Gruen），为伊朗的德黑兰（Tehran）西部的城市线性扩展做了一个规划（1969，与当地规划师一起），这个规划以一个高速公路系统、绿带和商场周边的新城为基础。[24] 雅典的道萨迪亚斯想要

水电大坝和瀑布

哈佛 –MIT 联合城市研究中心，圭亚那城规划，委内瑞拉，1966 年（作者重新绘制，2010 年）

（重绘图：David Grahame shane 和 Uri Wegman，2010）

钢厂

钢厂

住宅　住宅

住宅　住宅

机场

奥里诺科河（River Orinoco）

奥达斯港（Puerto Ordaz）新城

CBD

圣费利克斯港老村（old village of San Felix）

哈佛 –MIT 联合城市研究中心，圭亚那城规划，委内瑞拉，1966 年（作者重新绘制，2010 年）

从鸟瞰中可以看出面向汽车交通尺度的中心大道，然而大部分工人却住在圣费利克斯港老村周围的棚户区里，距这儿数英里远而他们也没有汽车（重绘图：David Grahame Shane 和 Uri Wegman，2010）

145

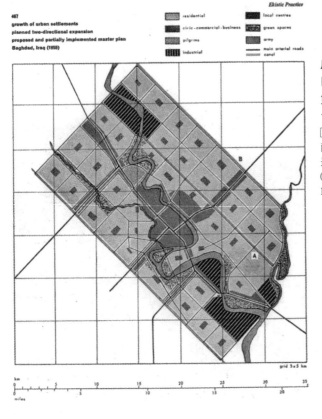

康斯坦丁诺斯·道萨迪亚斯，
巴格达总体规划与西巴格达
第十区的模型照片，伊拉克，
1955—1958 年

[平面图与照片源自康斯坦丁诺斯·道
萨迪亚斯档案，康斯坦丁诺斯·道萨
迪亚斯与爱玛·道萨迪亚斯基金会提供
（courtesy of the Constantinos and Emma
Doxiadis Foundation）]

金寿根（Kim Swoo-Geun），
Sewoon Sangga 市场，首尔，
韩国，1966 年（摄于 2007 年）
这个巨型结构被来自停车场上的非正
规电子市场的小摊贩入侵，已被列入
拆迁计划（见本章的小结）（照片源自
David Grahame Shane）

建造一个新的基于传统伊斯兰院落和小巷的城市形态，但这种形态同时要适应大都市带的汽车和高速公路。[25] 他用小尺度网格的邻里单元去填充高速公路格网，并规划了商业街形式的步行系统，这种商业和市民链接是每一个邻里中心的脊柱。这支持了未来扩张中线性方向的增长。可悲的是，在 21 世纪初美国对伊拉克的侵略战争中，道萨迪亚斯在塞德尔城（Sadr City）里设计的背街小巷成为可怕的流血场所（现在是一个投资的机会）。那时道萨迪亚斯在巴格达和贝鲁特工作，设计了巴基斯坦的新首都伊斯兰堡。与此同时，英国公司在 1960 年代重新规划了石油丰富的科威特。设计师使用了一个大型高速公路网格、环路和与英国哈罗新城尺度相仿的有小办公塔楼的新城中心（见第 3 章）。这里靠近伊朗的阿巴丹（Abadan），世界上最大的炼油厂所在地（毁于两伊战争，1980—1988），并有早期英国设计的新城（1920 年代—1930 年代）。[26]

因为拥有来自中东、印度尼西亚、文莱的石油资源，澳大利亚的城市设计师和建筑师同样欢迎美国的大都市带的理念。这些设计师开发了一种洛杉矶模式的超豪华版本，让全澳大利亚三分之一的人口居住在墨尔本、悉尼、布里斯班和珀斯郊区。在这里，美国模式能够作为一种逻辑系统扩展开来，不同的是人口非常少，这种模式为来自拥挤的太平洋沿岸的亚洲访客树立一个清晰的范本。住宅尺寸扩大了，玻璃幕墙向景观环境开放（其实它本采用洛杉矶那样的集中式建设），放松的区划法规使得美国体系城市空间可以向内陆沙漠地区蔓延，就像后来的拉斯韦加斯和迪拜那样。规划的墨尔本低密度扩张区与 1970 年代印度尼西亚雅加达（澳大利亚能源供给地之一）快速发展的高密度、自建的城乡过渡区（城市－乡村）扩张区之间形成了鲜明的对比，揭露了美国大都市带全球化扩散带来的黑暗阴影。

中东是新型全球石油能源经济的主要受益者，大都市带与其自建棚户区之间的对比，在此尤其强烈。欧洲和美国政府很乐意去解决这里的战后难民问题，为 35 万名希特勒和斯大林种族清理政策的幸存者提供从联合国难民营转移到以色列的机会。其结果是，由坐落在自然景观中的小型城乡聚落构成的公社体系而起家的以色列，通过自上而下式的规划，迅速发展成拥有超级现代化大都市带的国家。而周边国家如黎巴嫩、约旦河西岸和加沙地带等邻国的人民依旧居住在贫困的自建区中。中东因石油而富裕的国家和以色列一方面进行自身的现代化建设，一方面为自身美国式的大都市带提供各种服务——机场、高速公路、大学、医院、污水处理、电力和水供给。同时，加沙和黎巴嫩的难民营持续恶化被看作不平等和不公正的标志，其动荡的局势拉高了欧佩克（OPEC）成立后的全球市场中的石油价格。

全球大都市带的出现：欧洲的变异

以色列国家规划的现代性源于对从 1930 年代和战争年代以来先进的欧洲理论的实践，那时英国规划师在自上而下的殖民框架中（如在第 3、4 章中讲到阿伯克龙比的城市 - 区域大伦敦规划，1944），将他们的视野扩展到大都市以外广大的城市腹地。这些英国版的城镇和村庄规划方案依旧依赖铁路作为其交通的基本框架，然而从 1930 年代开始的德国的规划中率先加入了高速公路，就像罗伯特·摩西设计的带有限制性的、休闲式的、车行的公园大道。后来这些公园大道发展成为现代高速公路，上面行驶有重型卡车和公共汽车。这在二战结束后的美国尤为典型。密斯·凡·德·罗的朋友路德维希·希贝尔塞默（Ludwig Hilberseimer）是个流亡的德国城市规划师，也是超理性主义著作《大都会建筑》（Grossstadt Architektur, 1927）的作者，在其另一作品《城市的本质》（The Nature of Cities, 1955）中 [27]，他将这种机械和景观的"有机"融合体现在他为芝加哥郊区所作的低密度、蔓延式规划中。

美国大都市和欧洲"城市景观"的巨大差异在于，在大多数北欧国家，国家区划法规将农业用地和森林作为稀缺资源予以保护。为了"自然"这个浪漫定义的概念，这些法规通过许多自上而下的规划限制阻止了城市的无规划蔓延。在欧洲的交通规划中，铁路仍然扮演着很重要的角色，在大都市带中创造出一种不同的、步行导向的空间肌理。在英国，现代建筑研究会（MARS Group）于 1939 年为伦敦做的规划（后来被阿伯克龙比的环形放射的大伦敦规划所掩盖，1944），加入了许多大都市带新出现的、动态开放的特征，但是不包括高速公路。[28] 这个规划致力于将伦敦重构为由一系列南北向交通构架而成的线性城市。使城市处于一个巨大的环路和铁路系统中，垂直于泰晤士河延伸。它的设计逻辑和理念中包含有邻里单元、分区以及线性走廊上被公园环绕的市民中心，这是一个符合现代建筑研究会主席亚瑟·科恩（Arthur Korn）所受的德国教育理念的、欧洲城市景观（德语：Stadtlandschaft）的规划。相似的设计逻辑影响了荷兰兰斯塔德地区（有绿心的环状城市带，1940 年代，在 1960 年代发展）的规划师们，那里依靠铁路和有轨电车系统连接无数紧凑的城镇，塑造了一种新版本的大都市带。[29] 特殊的比利时版本的规划是在每一个小镇设置火车站和高速公路出口。这是由于这些强大小镇在中世纪和 19 世纪就已经成为巨大的欧洲销售和贸易交换系统的一部分，并在比利时议会中占有代表席位。他们城镇中心的市场大厅及外围的交易大楼仅仅缓慢地让路于美国现代销售技巧：广告、国家品牌、超级市场，以及巨型购物中心和奥特莱斯等由卡车仓库、机场和集装箱港口提供服务的新分销模式。

戈特曼关于美国的著作反映了欧洲的现实，那就是一种新的网络城市，即大都市带，正在 1960 年代的经济奇迹中形成。国际现代建筑协会（CIAM）意大利成员欧内斯托·罗杰斯（Ernesto Rogers）认为城市设计是一种自主的学科，拥有自己的传统和规则，而这些传统和规则可以被现代化。他攻击班纳姆是"冰箱爱好者"。[30] 由于忍受着混乱、投机的发展，有时甚至是黑帮，就像弗兰切斯科·罗西（Francesco Rosi）在电影《献上城市》（Hands Over the City，1963）[31] 中所揭示的那样，意大利的城市设计师梦想能实现城市设计控制和区域规划。意大利人很清楚地察觉到像黄蜂牌（Vespas）摩托车和菲亚特（Fiats）牌汽车的转换，它们在提供了新的选择和个人流动性的同时却威胁到旧的历史中心和城市传统（发起了一个浩大的保护运动）。每一个城市都有它自身的历史和区域模式来塑造当地的地方法规和区划。其结果是形成了一个独特的、意大利式的、微型的大都市带，一种在未规划的发展走廊中包含农业、工业、住房和办公的蔓延。在 1962 年，一个叫朱塞佩·萨莫纳（Giuseppe Samonà）的威尼斯教授首次将此定义为一个"城市化乡村"的混合体，后来在 1990 年被他的继承者贝尔纳多·塞基（Bernardo Secchi）称作"扩散城市"。[32]

相对于他们的意大利同行，英国的城镇规划师和城市设计师由于国家城乡控制和新城管理，可以很容易地使以铁路为基础的"卫星城"（霍华德，1896；格迪斯，1915）转化为基于高速公路的大都市带。[33] 柯林·布坎南的标题为《城镇中的交通》（1963）的报告，提倡创造小尺度、步行的独立用地，这些独立用地被高强度的道路围绕，形成一个巨大的街区邻里系统，类似于鲁道夫·施瓦茨（Rudolf Schwarz）早期对科隆的规划（见第 6 章）。[34] 布坎南在街区外围的街道加入了高架的步行平台。在坎伯诺尔德（Cumbernauld）的第三代英国新城（设计于 1955 年），位于苏格兰格拉斯哥的外围，可以找到这种系统的样本。这个新城的中心街区是由异位巨型结构、居住街块、市政中心、最早的英国室内商场、停车场和公交车站构成的，这些功能空间全部架于高速公路（1963—1967）之上。在米尔顿凯恩斯新城［1967 年设计，维克斯事务所（Weeks & Partners）和卢埃林－戴维斯（Llewelyn–Davis）被委任为规划者，分多期建成］，梅尔文·韦

德里克·沃克（Derek Walker）和 赫尔穆特·雅各比（Helmut Jacoby），米尔顿凯恩斯城中心全景，英国，1972 年

（绘图源自 Derek Walker；Helmut Jacoby 渲染）

德里克·沃克，米尔顿凯恩斯城规划，英国，1972 年（作者重新绘制，2010 年）

重绘规划是为了呈现受历史保护规划保护的现存村庄（重绘图源自 David Grahame Shane 和 Uri Wegman，2010）

伯（Melvin Webber）和班纳姆的影响是显而易见的，可以看到整个城市以一种住宅网络的形式融解在景观中。就像莱维敦或洛杉矶的空间被高速公路连接，包括作为保护区域的旧村庄中心和景观元素。[35] 在这里，一个巨大的、一层的、单一功能的美国式室内商场扮演着巨型市政中心的角色（由格伦在他 1969 年的德黑兰规划中提出）。[36]

格伦还致力于早期的双廊道新城规划，这些位于巴黎南部和北部的新城在塞纳河流域景观中布置有商业中心。在这里戴高乐总统重新安置了在法国放弃阿尔及利亚（1962）之后返回的殖民者。以商场为基础，每一个新城有它们自己的格伦式商业中心，后来变成和荷兰新城的"论坛"类似的市政中心。这种综合的室内空间包括社会服务中心、学校、医疗保健中心和在商业中心中的青少年活动中心（像在坎伯诺尔德那样）。历史悠久的法国强调巴黎是国家的首都，坚决不允许这些中心发展，而导致了后来的问题。法国的国家政权和财政还在像图卢兹－勒·米雷尔（Toulouse-Le Mirail）一样的省级新城建造这种巨型结构，图卢兹－勒·米雷尔与法国的航空工业相关联，由"十人小组"（Team 10）法国成员乔治·坎迪利斯和沙德拉·伍兹于 1968 年设计。[37]

班纳姆在他的著作《巨型结构：近代城市的未来》（1976）一书中突出强调了许多欧洲项目，也对一位日本设计师给予了赞扬，这位日本设计师在 1960 年首先发表了庞大的巨型结构计划。欧洲建筑师考虑在迅速成长的亚洲经济体中，试图控制低密度城市的蔓延，提出以巨型结构代替，这是一种大型建筑体系、一个新的大型建筑。班纳姆在书中囊括了来自意大利（佛罗伦萨学校）、荷兰和比利时［the Situationist International Group 和建筑师康斯坦特（Constant Nieuwenhuys）的新巴比伦城项目 1957—1974］以及来自法国［尤纳·弗里德曼（Yona Freidman）和他的飘浮在巴黎上方的巨型结构——"Paris Spatial"（1960）］，同时还有伦敦的建筑电讯小组的作品。他们的"行走城市"（Ron Herron，1964）和插入城市（Peter Cook，1964）的项目启发了他对洛杉矶和其巨型结构独立用地的分析。班纳姆1976年的书的封面是保罗·鲁道夫的项目——一个线性、A 形的巨型结构（1970）跨越罗伯特·摩西的曼哈顿下城高速公路。

151

全球大都市带的出现：日本和"巨型东京"

　　班纳姆将"巨型结构"和"巨型形式"术语的创造归因于年轻的、有哈佛教育背景的日本建筑师槙文彦。槙文彦在哈佛时曾与国际现代建筑协会（CIAM）的成员、勒·柯布西耶的学生泽特（J. L. Sert）一起学习，泽特继格罗皮乌斯之后担任哈佛设计学院的院长。1956 年，泽特在哈佛设立了最早的美国城市设计课程，在后来的国际现代建筑协会中，他也是欧内斯托·罗杰斯的亲密朋友。泽特将城市设计看作设计城市中的大型碎片以及周边的低密度基质的新兴规则。他坚信大都市带是设计的关键，像洛克菲勒中心一样的大型碎片是建筑师和城市设计师的工作领域。他的著作《我们的城市可以幸存吗？》（1942）强烈批判了城郊蔓延和开发。[38]

　　1958 年，史密森夫妇和"十人小组"在取得柏林首都竞赛的成功后，因为社区协会和多功能组团的议题，与国际现代建筑协会分道扬镳，接受了大都市带的大尺度网络，尤其是它的高速公路和景观尺度。在他们 1959 年荷兰的奥特洛（Otterlo）

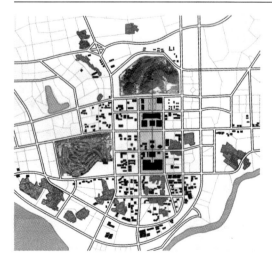

深圳规划委员会与卢埃林－戴维斯，维克斯事务所，深圳总体规划，中国，1980—1984 年（作者重绘，2010 年）（见彩图 20）

重绘这个规划是为了呈现城中村。米尔顿凯恩斯城的设计师也为深圳规划做咨询（见第 8 章）（重绘图源自 David Grahame Shane 和 Uri Wegman，2010）

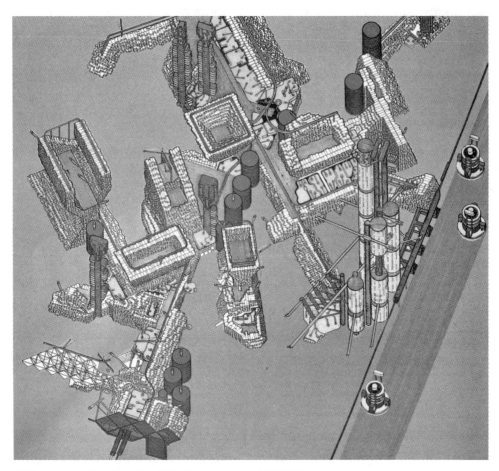

彼得·库克 / 建筑电讯小组，插入城市，1964 年（见彩图 21）

（绘图源自 Peter Cook）

槙文彦，对集合形式的图解研究，1960 年

图片呈现了集合形式的 3 种图解（从左到右）：

现代建筑、巨型结构和簇群（图解：槙文彦）

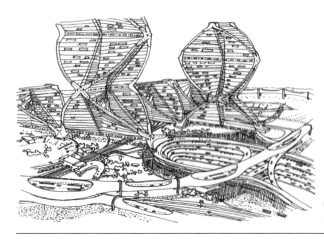

Mikio 和黑川纪章（Kisho Kurosawa），螺旋城（Helix City），1961 年
（绘图源自 Mikio Kurosawa、黑川纪章建筑师事务所）

会议上，"十人小组"美国成员路易斯·康展示了一组环绕在低层费城中心（始于1952 年）的环形巨构停车场，并阐述了一个理论，即将"城市房间"作为城市的新公共中心。[39] 从 1952 年的项目开始的每一个环形塔都有不同的颜色，沿着高速公路内环，环形塔底部是停车场，在车库顶部是环形中心公园，再往上被办公楼曲线形薄楼板和住宅所环绕，朝向城市中心景观开放。

1960 年，在日本召开的世界设计大会上槙文彦呈现了他的巨型结构理论，与会的还有史密森夫妇、路易斯·康和丹下健三。[40] 槙文彦描述了三种城市设计的模式。第一种是一种"构成"的旧形式，不管是学院派还是现代主义，将建筑作为一个物体放置在空间和景观中。第二种是巨型结构的系统，巨型的建筑将所有城市生活包含其中，就像坎伯诺尔德城市中心。第三种是一种"组群形式"（group form）的系统，它是一个横向的城市网络，或者是像德国的城市景观传统形式一样的小尺度建筑在大地景观中构成的"有机"网格，存在一些规则管理着它们相互之间以及与大地景观的关系。槙文彦在他 1965 年发表的论文中，解析了三种不同设计系统的图表，并将为东京新宿副中心所做的长期规划设计作为结尾。他在设计中将其看作一个破碎的"组群形式"系统［他后期在山间梯台（Hillside Terrace，1969 年以后）的小尺度作品，也位于东京，是更好的案例］。虽然这种分析与全球城市设计的论述相似，但却在 1960 年代日本繁荣发展的那些年引起了强烈的反响。

槙文彦在东京大学实验室属于丹下健三的一个学生小组，这个小组演变为代谢派。他们寻求更多有机的形式，但同时也保留了大都市带巨大的尺度，他们反对石川荣耀（Eiyo Ishikawa）做的低层的 1945 年东京战后重建规划。[41] 班纳姆很赞赏这个小组，在他的《巨型结构》一书中预测了欧洲人对建筑电讯小组、超级工作室（Superstudio）和其他小组的兴趣。在寻求一个更加有机的簇群形式（clustering from）中，代谢派转向融入石川荣耀规划里的日本化的德国城市景观传统。这个规划中的邻里单元有一种不寻常的、有机的时间维度，因此步行尺度的邻里单元（包含传统寺庙核心区，还有幼儿园、社区澡堂和市场）距商业中心只有不超过 5 分钟路程，反过来从一个主要的商业文化中心到此的机动车交通通勤时间不超过 20 分钟，通过网络型的邻里单元融入老城区中心。黑川纪章的螺旋城（Helix City）项目（1961）以基本的螺旋形式进行东京的设计，从皇宫周围开始，在石川荣耀（Ishikawa）系统的中心构建具有三维空间联系的银座商业区。住房与商业区在高速公路旁边呈双螺旋形盘旋上升，奥林匹克体育场和将来的高速公路置于其周围的绿地中。矶崎新的空中城市项目（1960），同样出自丹下健三的实验室，采用了路易斯·康对支持空间和服务空间的区分，并做了一个巨大的架起的新古典柱套件（支持空间）去支撑与代替桥梁结构（服务空间），将空间高置于城市地平面之上。[42]

就像在 1950 年代的现代大都市纽约，漫画家在漫画小说和动画电影中捕获了这种新兴日本大都市带巨大维度的特征，并聚焦于"巨型东京"。[43] 当一些年轻人在架于城市之上的高速公路上专注于摩托车和改装车比赛时（无数视频游戏的主题），"巨型东京"作为一个虚构的城市构件像个巨型机器一样永久性地生长和延伸。机器和巨型结构统治着城市景观，给古老的小尺度邻里街区和村庄蒙上阴影。计算机和媒体与在各处的城市居民发生相互作用，成为一个名副其实的所有人共享的网络城市，但是同时两者也有被邪恶势力控制的危险或失去控制（而跟随机器人自己的想法）。除了出现在原子弹爆炸或地震后的破败的末日景观，自然在这个城市中基本不出演任何角色。恶棍经常威胁着东京这个巨型城市，可是，就像纽约一样，不朽的超级英雄拯救了那一天，可能是一个孤独的侦探、一个卸职的警察、一个年轻的忍者孤儿，或是一个半机械半人类的公主。

东京作为一个模范大都市带呈现在世人面前，戈特曼认为它可以被称作"东海道"，这个线性的城市沿新干线向下延伸至大阪。[44] 在他的著作《再访大都市带：25 年之后》（1987），戈特曼将巨型东京视为世界上最大的、安置了 3900 万人的"城市系统"。东京在 1958 年的规划中最初被设想为一个只有 400 万人口的、萎缩的城市，有一个单核心和在绿带外的一圈卫星城环绕，但在朝鲜战争之后，东京地区发展为一个容纳了横滨周围的大型工业园区、名古屋、旧首府京都、终止于商业港口大阪的城市走廊。在东京附近的平原上，平行的山脚线上容纳着包括了多摩市新城在内的多个城市（由石川荣耀规划，于绿带之外，截止到 2000 年增长到 400 万人）。丹下健三的东京湾方案证实了线性、巨型结构尺度和网格格式的预言，但是低估了日本国家铁路公司的力量，它拥有一套自己的副中心逻辑。[45] 东京从旧的帝国版图向全球大都市带的迅速转变得到了极大的赞赏，包括现在处在美国太平洋核保护伞之下的韩国、中国台湾和新加坡。这些国家和

设计合伙人，威廉姆·林、郑庆顺，吴亨（黄金大厦）巨型结构的早期图纸，加朗，新加坡，1973 年
（绘图源自郑庆顺与威廉姆·林）

设计合伙人，威廉姆·林、郑庆顺（William Lim、Tay Kheng Soon），吴亨（黄金大厦）[Woh Hup（Golden Mile）] 巨型结构，加朗（Kallang），新加坡（2009 年照片）
（照片源自 Jonathan Lin）

金寿根（Kim Swoo-Geun），Sewoon Sangga 市场，首尔，韩国，1966 年（2007 年照片）
现代化、混合功能的巨型结构被不正规的电子市场所入侵，该电子市场目前正被计划拆除（照片源自 David Grahame Shane）

地区也利用国家规划、大企业、高铁网、房地产导向的枢纽以及在旧城中心的高架高速这些东西的组合，来形成有特色的亚洲大都市带，拥有像新加坡黄金大厦（Golden Mile Complex，始于 1967 年，完成于 1972—1973 年）一样的有特色的亚洲巨型结构。[46]

小结：对全球大都市带的批判

美国东海岸的大都市带很大程度上是无规划的，戈特曼对于这个大都市带的愉快的描述创造了一种新的模型，这种模型为在新的巨大尺度上工作的规划师，以及来自拉丁美洲、西欧和亚洲的国家规划机构带来了灵感。国家规划师们梦想着操纵国家高速公路网，规划新城镇、工厂和办公空间、购物中心等以给人们定居带来最大的选择范围，这些靠服务于市民的高速公路和汽车去协调。与此同时，一个巨大的影子式的大都市带在城市中发展起来，没有工业化住房建设部门，人们自行建造自己的房子，城市在这一个接一个房屋的建设中生长起来（创造出槙文彦所称的非正式的"组群形式"）。在这些环境条件下，城市设计的尺度和范围改变了。一些建筑师梦想一种巨型结构、庞大的建筑系统，在这个系统里所有城市功能位于巨大碎片之中。另外一些建筑师试图利用传统的封闭广场中或开放的现代服务空间，来纠正这种自下而上的、自建的贫民区和棚户区城市形态所带来的错误（见第 6 章）。在亚洲，韩国首尔的 Sewoon Sangga 市场巨型结构象征着一种"失败"，在这里现代化的巨型结构被不正规的市场所侵蚀。

大都市带作为一种塑造现代城市的方法在 20 世纪五六十年代伴随着大都市出现，标志着美国为使自己区别于苏联及其更加传统的中央规划所做的努力。到了 1990 年代，大都市带变成了城市扩张的主导形式，甚至出现在莫斯科和北京。这是一种由独立用地、链接组成的相对简单的系统，并且只要那里有能源、基础设施和便宜的土地就可以无限扩张。凯文·林奇在《良好的城市形态》（Good City Form，1981）准确地将美国大都市带的结构描述为一个"作为机器的城市"，并对它进行了图解：矩形白色的独立用地和两种链接一起被置于一个粗糙的网格中，连续或间歇的链接将它们一起连接入一个系统中。[47]另外，凯文·林奇插入了两个不同的黑色链接，一个圆和一个三角，它们是我所说的异质，是这个常规系统的特例，是不同的空间或变化的地点，帮助稳定整个系统（它们可能是城市的废物，一个非法的市场，隐藏的工人住房或红灯区）。随着全球石油生产可能达到顶峰，迪拜现行的规划以最彻底的形式展示了这种独立用地－链接系统。在这里每一块独立用地都是封闭和受控制的，用空调调节温度并拥有警卫，由沿岸的高速公路衔接至壮观的吸引点，有滑雪场的商业中心、人工岛和奢侈酒店。这个在严酷的沙漠环境中"理想"的、功能完善的城市机器吸引了全世界的游客来到这个蜃景，一个不可持续的、现代的、以石油经济为动力的大都市带碎片。

注释

注意：参见本书结尾处"作者提醒：尾注和维基百科"。

1   For populations, see: US Census International Data Base (IDB), http://www.census.gov/ipc/
    www/idb/country.php (accessed 18 February 2010).

2   See: Paul R Krugman, *The Self-Organizing Economy*, Blackwell Publishers (Cambridge, MA),
    1996, pp 22–29, 48–49.

3   For the megalopolis, see: Jean *Gottmann, Megalopolis: The Urbanized Northeastern Seaboard of
    the United States,* Twentieth Century Fund (New York), 1961.

4   For Mulberry Harbour, see: Encyclopaedia Britannica, http://www.britannica.com/dday/
    article-9344572; also: http://en.wikipedia.org/wiki/Mulberry_harbour (accessed 11 July 2010).

5   For oil consumption, see: Paul Roberts, *The End of Oil: On the Edge of a Perilous New World*,
    Houghton Mifflin (Boston, MA), 2004.

6   On Paul Rudolph's Lower Manhattan Expressway, see: *Paul Rudolph & His Architecture*,
    University of Massachusetts Dartmouth Library, website, http://prudolph.lib.umassd.edu/
    node/14453 (accessed 18 February 2010).

7   Le Corbusier, *Towards a New Architecture*, Payson & Clarke (New York), (1927).

8   For Chicago wealth, see: William Cronon, *Nature's Metropolis: Chicago and the Great West*,
    WW Norton (New York), c 1991.

9   For the impact of highways on landscape, see: Kevin Lynch, *The Image of the City*, MIT Press
    (Cambridge, MA), 1961; also: Donald Appleyard, Kevin Lynch and John R Myer (eds), *The View
    from the Road*, MIT Press (Cambridge, MA), 1964; also: Kevin Lynch, *Site Planning*, MIT Press
    (Cambridge, MA), 1962. For city expansion and landscape, see: Christopher Tunnard, *Man-
    made America: Chaos or Control? An Inquiry into Selected Problems of Design in the Urbanized
    Landscape*, Yale University Press (New Haven, CT), 1963. For landscape and urbanism, see:
    Ian McHarg, *Design with Nature*, published for the American Museum of Natural History
    (Garden City, NY), 1969.

10 For a feminist critique of suburbia, see: Gwendolyn Wright, *Building the Dream: A Social History
    of Housing in America*, Pantheon (New York), 1981.

11 Melvin M Webber, 'The Urban Place and the Nonplace Urban Realm', *Explorations into
    Urban Structure*, University of Pennsylvania Press (Philadelphia, PA), 1964; see also: Melvin
    M Webber, 'Tenacious Cities' online resource, http://www.ncgia.ucsb.edu/conf/BALTIMORE/
    authors/webber/paper.html (accessed 20 February 2010). Walter Christaller, *Central Places in
    Southern Germany*, Prentice Hall (Englewood Cliffs, NJ), 1966.

12 For *8 Mile*, see: the Internet Movie Database, http://www.imdb.com/title/tt0298203/ (accessed
    20 February 2010).

13 *Reyner Banham Loves Los Angeles*, BBC television documentary by Julian Cooper, 1972, 52
    minutes, http://video.google.com/videoplay?docid=15249533928106586786 (accessed 20
    February 2010).

14 Reyner Banham, *Los Angeles: The Architecture of Four Ecologies*, Harper & Row (New York),
    1971, pp 119–120.

15 For OPEC oil embargoes, see: Roberts, *The End of Oil*, pp 100–103; also: Peter Odell, *Oil and
    World Power*, Penguin (Harmondsworth, Middlesex; New York), 1983.

16 For SOM's Hajj terminal, Jeddah, see: Zach Mortice, 'SOM's Saudi Arabia Hajj Terminal is
    Honored with 2010 Twenty-five Year Award', American Institute of Architects (AIA) website,
    http://www.aia.org/practicing/awards/aiab082164 (accessed 21 February 2010).

17 For King Abdullah Economic City, see: Crispin Thorold, 'New Cities Rise from Saudi Desert', 11
    June 2008, BBC News website, http://news.bbc.co.uk/2/hi/middle_east/7446923.stm (accessed
    8 March 2010); also: *SOM City Design Practice*, SOM website, http://www.som.com/video/
    citydesign/index.html, pp 16–17.

18 On Caracas, see: Leslie Klein, 'Metaphors of Form: weaving the *barrio*', Columbia University
    website, http://www.columbia.edu/~sf2220/TT2007/web-content/Pages/leslie2.html (accessed

11 March 2010).

19   On El Silencio, see: Villanueva Foundation website, http://www.fundacionvillanueva.org/
      (accessed 25 March 2010).

20   On the Rotival Plan, see: Valerie Fraser, *Building the New World: Studies in the Modern
      Architecture of Latin America, 1930–1960*, Verso (New York; London), 2000, p 203.

21   On the Parque Central complex, see: http://en.wikipedia.org/wiki/Parque_Central_Complex
      (accessed 11 March 2010).

22   For architect Carlos Villaneuva, see: Paulina Villaneuva and Maciá Pintó, *Carlos Raúl Villanueva,
      1900–1975*, Alfadil Ediciones (Caracas; Madrid), 2000. For the fate of the 23 de Enero
      neighbourhood, see: Joshua Bauchner, 'The City That Built Itself', http://canopycanopycanopy.
      com/6/the_city_that_built_itself (accessed 10 July 2010).

23   For Villa Planchart, see: Antonella Greco (ed), *Gio Ponti: La Villa Planchart a Caracas*, Edizioni
      Kappa (Rome), 2008.

24   For malls, see: Victor Gruen, *The Heart of our Cities: The Urban Crisis – Diagnosis and Cure*,
      Simon & Schuster (New York), 1964. For Tehran, see: Wouter Vanstiphout, 'The Saddest City
      in the World: Tehran and the legacy of an American dream of modern city planning', available
      at http://www.bezalel-architecture.com/wp-content/uploads/2009/09/The-Saddest-City-in-
      the-World.pdf and on Crimson Architectural Historians' 'The New Town' website, http://www.
      thenewtown.nl/article.php?id_article=71 (accessed 11 July 2010).

25   On Doxiadis, see: Constantinos A Doxiadis website, http://www.doxiadis.org/ (accessed 20
      February 2010). For Doxiadis's Baghdad master plan, see: Panayiota Pyla, 'Back to the Future:
      Doxiadis' plans for Baghdad', *Journal of Planning History*, vol 7, no 1, pp 3–19; also: Constantinos A
      Doxiadis, *Architecture In Transition*, Oxford University Press (New York), 1963, pp 109–116.

26   On Abadan Refinery, see: http://en.wikipedia.org/wiki/Abadan_Refinery (accessed 21 February
      2010); also: US Energy Information Administration website, http://www.eia.doe.gov/emeu/cabs/
      Iran/Profile.html (accessed 11 July 2010). For new town growth, see: International New Town
      Institute website, http://www.newtowninstitute.org/ (accessed 20 February 2010).

27   Ludwig Hilberseimer, *Grossstadt Architektur*, Julius Hoffmann (Stuttgart), 1927; Ludwig
      Hilberseimer, *The Nature of Cities: Origin, Growth and Decline; Pattern and Form; Planning
      Problems*, Paul Theobald (Chicago), 1955.

28   For the MARS plan for London, see: A Korn and FJ Samuely, 'A Master Plan for London',
      Architectural Review, no 91, January 1942, pp 143–150; also: Design Museum website, http://
      designmuseum.org/design/the-mars-group (accessed 11 July 2010); also: P Johnson-Marshall,
      'Arthur Korn: Planner', in Dennis Sharp (ed), *Planning and Architecture: Essays Presented to
      Arthur Korn by the Architectural Association*, Barrie & Rockliff (London), 1967. See also: E
      Marmaras and A Sutcliffe, 'Planning for Postwar London: the three independent plans, 1942–1943',
      Planning Perspectives, no 9, 1994, pp 431–453.

29   For Randstad, see: http://en.wikipedia.org/wiki/Randstad; also: E Brandes, 'The Randstad:
      face and form', International Forum on Urbanism conference 2006, Beijing, http://www.
      evelienbrandes.nl/Randstad%20Form%20and%20Face.pdf (accessed 4 April 2010).

30   For CIAM and the city, see: J Tyrwhitt, JL Sert and EN Rogers (eds), *International Congress
      of Modern Architecture, The Heart of the City: Towards the Humanisation of Urban Life*, Lund
      Humphries (London), 1952, p 69; also: José Luis Sert, *Can Our Cities Survive? An ABC of Urban
      Problems, Their Analysis, Their Solutions; Based on the Proposals Formulated by the CIAM,
      International Congresses for Modern Architecture*, Harvard University Press (Cambridge, MA)
      and H Milford / Oxford University Press (London), 1942.

31   For *Hands Over the City*, see: the Internet Movie Database, http://www.imdb.com/title/
      tt0057286/ (accessed 8 March 2010).

32   On the diffuse city, see: Paola Viganò, 'Urban Design and the City Territory', in Greig Crysler,
      Stephen Cairns and Hilde Heynen (eds), *The SAGE Handbook of Architectural Theory*,
      SAGE Publications (London), 2011, Part 8. For urban elements, see: Paola Viganò, *La Città
      Elementare*, Skira (Milan; Geneva), 1999. For the dispersed city, see: Bernard Secchi and Paola
      Viganò, 'Water and Asphalt: the projection of isotropy in the metropolitan region of Venice',

in Rafi Segal and Els Verbakel (eds) *Cities of Dispersal, Architectural Design*, vol 78, issue 1, January/February 2008, pp 34–39.

33 Ebenezer Howard, *To-morrow: A Peaceful Path to Real Reform* (1898), republished as *Garden Cities of To-morrow*, Swan Sonnenschein & Co (London), 1902 (available on Google Books). Sir Patrick Geddes, *Cities in Evolution: An Introduction to the Town Planning Movement and to the Study of Cities*, Williams & Norgate (London), 1915.

34 For the Buchanan Report, see: British Ministry of Transport, *Traffic in Towns*, Penguin Books (Harmondworth, Middlesex; Baltimore, MD), 1963.

35 For Reyner Banham on Los Angeles, see: Banham, *Los Angeles,* pp 28-9 and pp 95-111. For Milton Keynes, see: Derek Walker, *The Architecture and Planning of Milton Keynes*, Architectural Press (London) and Nichols Pub (New York), 1982; also: http://en.wikipedia.org/wiki/Milton_Keynes_Development_Corporation and http://en.wikipedia.org/wiki/Central_Milton_Keynes_Shopping_Centre (accessed 20 February 2010).

36 For Victor Gruen's plan of Tehran, see: Wouter Vanstiphout, 'The Saddest City in the World: Tehran and the legacy of an American dream of modern town planning', 2 March 2006, The New Town research project website, http://www.thenewtown.nl/article.php?id_article=71 (accessed 20 February 2010).

37 For French new towns, see: Clement Orillard, 'Between Shopping Malls and Agoras: a French history of protected public space', in Michiel Dehaene and Lieven De Cauter (eds), *Heterotopia and the City: Public Space in a Postcivil Society*, Routledge (London; New York), 1998, pp 117–136. On Toulouse-Le Mirail, see: Team 10 website, http://www.team10online.org/team10/meetings/1971-toulouse.htm.

38 On Maki megastructure/megaform, see: Reyner Banham, *Megastructure: Urban Futures of the Recent Past*, Thames & Hudson (London), 1976, pp 217–218; also: Fumihiko Maki, 'Some Thoughts on Collective Form', Gyorgy Kepes (ed), *Structure in Art and Science*, George Braziller (New York), 1965, pp 116–127; also: Sert, *Can our Cities Survive*, 1942.

39 On the 1959 CIAM conference in Otterlo, see: Team 10 website, www.team10online.org/team10/meetings/1959-otterlo.htm (accessed 21 February 2010). On the Louis Kahn proposals, see: Robert C Twombly (ed), *Louis Kahn: Essential Texts*, WW Norton & Company (New York), pp 36–61.

40 For the Tokyo World Design Conference of 1960, see: Raffaele Pernice, 'The Transformation of Tokyo During the 1950s and Early 1960s', *Journal of Asian Architecture and Building Engineering*, vol 5, no 2, pp 253–260, available at http://www.jstage.jst.go.jp/article/jaabe/5/2/253/_pdf (accessed 23 June 2010). For Maki's megastructure theory, see: Maki, 'Some Thoughts on Collective Form', Kepes (ed), *Structure in Art and Science*, pp 116–127.

41 On Metabolism, see: *Kisho Kurokawa, Metabolism in Architecture*, Studio Vista (London), 1977. On Kenzo Tange, see: Udo Kultermann (ed), *Kenzo Tange, 1946–1969: Architecture and Urban Design*, Praeger Publishers (New York), 1970. On Ishikawa's plan, see: Carola Hein, 'Machi: Neighborhood and Small Town – the foundation for urban transformation in Japan', *Journal of Urban History*, vol 35, no 1, 2008, pp 75–107.

42 On Isozaki's *Space City Project*, see: Banham, *Megastructure*, pp 54–57.

43 For MegaTokyo in comics, see: *MegaTokyo* website, http://www.megatokyo.com/strip/1; also: MegaTokyo Reader's Guide website, http://rg.megatokyo.info/ (accessed 21 February 2010).

44 Jean Gottmann, *Megalopolis Revisited: 25 Years Later*, University of Maryland Institute for Urban Studies (College Park, MD), 1987, pp 20–24.

45 On Kenzo Tange, see: list of books on Kenzo Tange, http://architect.architecture.sk/kenzo-tange-architect/kenzo-tange-architect.php (accessed 15 March 2010). On Kenzo Tange Tokyo Bay Project, see: Banham, *Megastructure*, pp 49–53.

46 On the Golden Mile complex today, see: http://en.wikipedia.org/wiki/Golden_Mile_Complex (accessed 16 March 2010); also: Norman Edwards, *Singapore: A Guide to Buildings, Streets, Places*, Times Books International (Singapore), c 1988.

47 Kevin Lynch, *Good City Form*, MIT Press (Cambridge, MA), 1981, p 81.

航拍图，迪拜，阿拉伯联合酋长国（摄于 2008 年）

（照片源自 G. Bowater/Corbis）

161

第6章

图解大都市带

　　以石油能源为动力而发展起来的美国大都市带的城市实验将成为 20 世纪下半叶在全球占主导地位的城市形态，这是 1950 年代的设计师几乎没有预测到的情况。1950 年代后期，埃里森（Alison）和彼得·史密森等"十人小组"的英国成员，在新尺度上将美国高速公路系统定义为城市中的一种巨型结构元素，他们还试图把这种框架纳入自己的工作中，比如柏林首都竞赛方案（1958）。法国地理学家简·戈特曼在《大都市带》（1961）中首次描述了美国东海岸拥有 3200 万人的网络化城市，他并不赞同建筑师对刚处于起步阶段（1961）的汽车和高速公路的热情。[1]

　　戈特曼记录了例如位于长岛的莱维敦一样的新郊区的增长，但在他的著作中铁路仍是主导的通勤模式。他继续着他的分析，将位于东京 – 大阪走廊上的亚洲大都市带定义为"东海道"，还有延伸进荷兰的莱茵 – 鲁尔河谷。这种德国版本的大都市带运用了浪漫主义规划的悠久传统——理想的森林和农田，并试图细致地把城市置于景观之中（一种反对早期、快速、重工业化鲁尔谷的反映）。附近的萨尔谷为工业提供所需的煤炭，在德国占领期间，第二次世界大战中的规划者为那里的城市制定了理想的城市景观规划。[2]

　　戈特曼关于大都市带的地理学视角涵盖了一个巨大的城市区域，并包含几个变种，它们在全球贸易系统中以不同水平的能源消耗、财富和地位为基础。虽然二战后的北美为他提供了最初灵感，但不是所有地方和这里一样富裕、有组织并具有较高的工业化水平，资源的使用上也不如这个全球超级大国般浪费，这个大国横跨一整块大陆，拥有超过 1.8 亿居民（1990 年代已达 2.5 亿居民）。[3]可以通过石油赚取美元的资源出口型国家可能会向往这种形式的大都市带，以供他们的精英在特定的郊区居住，但如在委内瑞拉的加拉加斯、印度尼西亚的雅加达这些地方，由于工业化的住房部门的缺乏，可能发展出一种安置新移民的自建贫民窟大都市带。专业规划者和联合国很快就开始谴责那些城市新扩张的贫民窟，说它们没有达到适当的专业化及现代化标准。

　　其他国家可能会向往北美的模式，或它们的欧洲变种。这种模式有自上而下规划的国家铁路，而它们像香港的新界或首尔一样小心地控制着发展，其高密度的新城坐落在高速公路的超级街区网格中。本章将探讨这些大都市的全球变种，最后谈谈"巨型东京"。这个基于铁路之上的亚洲大都市,其空间中包含着绿化带和农业地带,已成长为最大的拥有 5000 万居民的特大城市之一,正在向着美国模式逐渐转化。

美国大都市区

凯文·林奇在《城市意象》(1961)以及他与约翰·R·迈耶(John R Myer)和唐纳德·阿普尔亚德(Donald Appleyard)一同编著的《道路的视角》(The View From the Road,1964)二书中,记录了随着波士顿的中央干道割裂了整个市区(见第 7 章)[4],大都市带对大都市的影响。这条部分高架、部分地下的高速公路,将市中心一分为二,并且为外围的郊区发展开辟了新的领地。林奇展示了高速公路将城市一分为二带来的恶劣影响,这破坏了人们习以为常的路线以及有着乡村式邻里结构的、有着高密度城市核心的认知地图。

在欧洲,英国规划师布坎南的报告(1963)也强调高速公路对欧洲城市核心区潜在的毁灭性影响,描述了立交桥和位于伦敦布卢姆斯伯里(Bloomsbury)的广场之间的尺度差异。[5] 林奇和迈耶、阿普尔亚德描述了驾车在高架高速公路上,穿行于郊区景观中的山间隧道,提供了一种尺度、时间、距离和运动上的新感受,可以像对传统城市中的林荫大道一样进行设计。雷纳·班纳姆在写《洛杉矶:四个生态法则的建筑》(1971)时,从林奇那里学到了很多。他描述了高速公路和林荫大道在空间中所扮演的角色与夹在山川、沙漠与河流中的城市洼地景观的关系。[6] 他追忆了被转化为停车场的市中心的消亡。林奇发明了一种新的概念和视觉符号系统来描述新的城市领地,其中充满汽车和行人,它们被动态的、新的、燃油动力的、经济的力量(特色商场和卡车休息站)支撑,从而打破生态和景观的限制。

林奇和班纳姆都被伊恩·麦克哈格的《设计结合自然》(1969)所影响,这本书重点关注如何做出在哪里通过生态负责的方式发展城市领域的决定,以尽力保护耕地和森林、自然景观以及河口地区。[7] 相较于帕特里克·格迪斯的《进化中的城市》(1915)一书中所描述的景观传统,麦克哈格的伟大创新在于将他对城市领域的分析计算机化。[8] 其结果是一个映射着不同参与者和动力的图形层系统,通过比较不同角度领域的不同图层,使得进行复杂的分析成为可能。班纳姆将这种系统分析发展为他的四个生态层:海岸,高山,平原和(有着新的节点或独立用地的)基础设施。他强调在他对洛杉矶进行分析时交通基础设施的重要性,称赞了高速公路系统形成的超大街区给汽车内的人们带来的自由,他在 BBC 电影《雷纳·班纳姆爱上洛杉矶》(Reyner Banham Loves Los Angeles,1972)中赞其为古代遗迹在现代的时空旅行。[9]

班纳姆的第四个生态层包括连接到作为高速公路伸展链接的独立用地、吸引点或参观的地方，例如由弗雷德里克·劳·奥姆斯特德设计的加州大学洛杉矶分校校园，或者由维克多·格伦或威尔顿·贝克特设计的商场等地。这些独立用地几乎无一例外地包含像村落似的、步行尺度的链接，它组织着通向网络中心的路径。班纳姆在他的书中有一章专门讲述"艺术的独立用地"，包括各种正式和非正式的购物中心、都市村庄和主题公园。班纳姆对伸展链接作为基础设施去统筹大量独立用地的能力持乐观态度，这些独立用地的使用可以见诸从村庄到像米尔顿凯恩斯新城（1972）这样的第三代英国新城的大项目应用中。[10] 首席设计师德里克·沃克（Derek Walker）追随了班纳姆和他的朋友［规划师彼得·霍尔，建筑电讯小组成员彼得·库克，英国建筑师和控制论架构的先锋塞德里克·普赖斯（Cedric Price）和《新社会》的编辑保罗·巴克（Paul Barker）］在 1969 年提倡的"无规划"的论点。班纳姆、霍尔和普赖斯都受到梅尔文·韦伯论点的影响，即对开放系统中自由和移动性的论述，他认为在一个建立起的良好的交通和交流的网格中，现实的场所与虚构的空间是被同等需要的。[11]

无规划的美国大都市的残酷现实反映在美国黑帮在莫哈维沙漠的拉斯韦加斯建立起的奇怪的幻象型乌托邦中，那里靠近为附近原子弹爆炸实验范围提供水和电的胡佛水坝（Hoover Dam）。米歇尔·福柯认为赌场是最早的幻象型乌托邦之一，在那里规则随着滚动的骰子和转动的轮盘迅速改变。[12] 城市中还存在合法卖淫，这些使城市在很短的时期内快速变成了美国的国家级红灯区。福柯同时列出妓院是另一个幻象型异托邦。尽管据说这个城市中很多场地都被摩门教教堂长期租用（福柯也将传教士聚居点划归为异托邦）。[13]

罗伯特·文丘里、丹尼斯·斯科特·布朗和斯蒂文·依泽诺的团队，着迷于拉斯韦加斯大道上的大空间和标志，这反映并加强了在 1950 年代早期的郊区扩张中，美国城市外围充斥着麦当劳、百货商场、购物商场的"奇迹英里"（miracle mile）的生长。罗伯特·文丘里、丹尼斯·斯科特·布朗和斯蒂文·依泽诺精确地给出了基于汽车的城市化的新动态和尺度感，这种动态形成了一个正在兴起的美国大都市带的基础商业骨架。该团队强调了这种模型形态的流行性和民主性、作为一个新里程碑的波普艺术的特征，以及巨型广告牌构成的复杂交流体系［尽管没有像安迪·沃霍尔（Andy Warhol）一样提到媒体和广告对于波普图像的支持］。随着人们对汽车拥有量和对停车空间的需求不断增长，他们的"定向空间图解"（directional space diagram，1972）捕捉到位于停车场地上巨大尺度的帐篷状构筑物所体现的空间逻辑。[14] 随着街道从中世纪步行小巷向美国式主街、城镇外部商业带、拉斯韦加斯大道及随后区域性的室内商场（这没有被罗伯特·文丘里、丹尼斯·斯科特·布朗和斯蒂文·依泽诺的团队仔细研究）转变，这些也压缩为城市设计生态学上的一节美丽的课程。

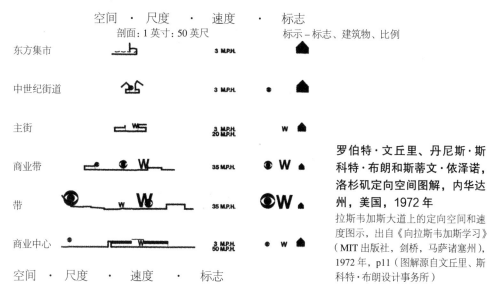

定向空间

空间 · 尺度 · 速度 · 标志

剖面：1 英寸：50 英尺　　　　　标示－标志、建筑物、比例

东方集市

中世纪街道

主街

商业带

带

商业中心

空间 · 尺度 · 速度 · 标志

罗伯特·文丘里、丹尼斯·斯科特·布朗和斯蒂文·依泽诺，洛杉矶定向空间图解，内华达州，美国，1972 年

拉斯韦加斯大道上的定向空间和速度图示，出自《向拉斯韦加斯学习》（MIT 出版社，剑桥，马萨诸塞州），1972 年，p11（图解源自文丘里、斯科特·布朗设计事务所）

尽管美国大都市带的出现倾向于无规划，但它也是建立在许多联邦政策的基础上的。举个例子，1930 年代以来的新政法律为大量建造在城市外围廉价土地上的住房建设提供贷款，低廉的油价和大量生产的廉价汽车提高了这些地方的可达性。这些低利率的、联邦保障的贷款一直在实行种族隔离，直到 1964 年的最高法院裁定，剔除因为种族隔离加之于土地上的限制性的契约。[15] 新的联邦城市设计生态学受到美国中产阶级的支持，在 1950 年代，他们可以从密集的大都市向充斥新的独立家庭住房的大都市带转移。像莱维特兄弟（Levitt Brothers）（莱维敦的设计者和建造者）一样的开发商，很快学会了建造流水线式装配生产的住宅，这样的住宅地基和排水由一组人马建造，另外，一组做木结构和屋顶，一组做卫生管道和电系统，还有一组穿梭于基地间，做室内外的完善工作。[16]

每一个房子都容纳着高耗能的耐用消费品——洗衣机、烘干机、洗碗机、冰箱、电水壶和电视。这些建造者学会将他们的房子作为一种产品去推销，用免费的电视机作为奖品吸引幸运的赢家去他们的建造基地。在他们广告的背景中——原先的一片红薯地中间，新汽车排列在尽端路上，这是想要保障孩子们玩耍的安全。广告精确地定义了在战后早期郊区"美国梦"中的性别角色，那就是男性在平时专注于自己的工作，在周末则"自己建造"房屋；在广告中体现的美国梦里，女性和孩子待在家里看电视，她们只有一种"正式的"放松方式，就是去商场采购东西。这种情况很快在 1960 年代激起了女权主义者的愤慨。[17]

郊区住房和装置，约 1947 年

潜在的房屋购买者们在展示中的房屋平面前称赞那个赢得了免费电视的幸运儿。这种布局显示了新郊区居住体验中的所有家用电器，也显示了停在背景中未建成街道上的必需的交通工具——汽车（照片源自 Thomas D McAvoy/Time & Life Pictures/Getty Images）

莱维敦的郊区发展鸟瞰，新泽西州，美国，约 1947 年

（照片源自 Hulton Archive/Stringer/ Getty Images）

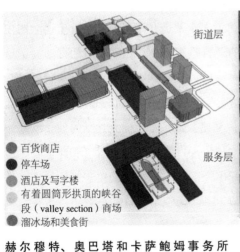

街道层

- ● 百货商店
- ● 停车场
- ● 酒店及写字楼
- ● 有着圆筒形拱顶的峡谷段（valley section）商场
- ● 溜冰场和美食街

服务层

赫尔穆特、奥巴塔和卡萨鲍姆事务所 [Hellmuth, Obata & Kassabaum（HOK ）]，休斯敦商业街一期，休斯敦，得克萨斯州，美国，1967 年（作者重绘，2010 年）（见彩图 22 ）

休斯敦商业街分层轴线示意图。休斯敦商业街一期（Houston Galleria I）的屋顶上设有跑道，并且还带有酒店及写字楼，地下还有一个奥林匹克竞赛规格的溜冰场（图解源自 David Grahame Shane 与 Uri Wegman，2010 ）

赫尔穆特、奥巴塔和卡萨鲍姆事务所（HOK ），溜冰场，休斯敦商业街一期，休斯敦，得克萨斯州，美国，1967 年（1999 年照片 ）

得克萨斯州休斯敦商业街溜冰场室内（照片源自 David Grahame Shane ）

随着大都市带在尺度上的发展，它吞没了早期的定居者、农业村落、小工业镇，甚至大都市本身。每一次向外的扩张必然引起外围地区的再中心化，以及大都市核心的动态变化：衰退和荒废。由于一些原因，有关城市更新的努力很少取得成功，譬如跨国公司作为新金融要素在城市舞台上的兴起，转而寻求郊区总部或 CBD 中的新塔楼。早期的购物中心建筑设计师维克多·格伦，在他的《我们城市的中心：城市批判诊断与治疗》（1964）一书中描述了这种郊区和核心再中心化的过程。[18] 像罗伯特·文丘里、丹尼斯·斯科特·布朗和斯蒂文·依泽诺一样，维克多·格伦观察到了郊区从大道到商场的再中心化过程，这种再中心化使得商场作为伪城市中心向更复杂的方向演变。当罗伯特·文丘里、丹尼斯·斯科特·布朗和斯蒂文·依泽诺的团队为拉斯韦加斯大道的发展而欢呼时，格伦却感到失望——因为商场并没有充分发挥其潜力，因为开发人员专注于购物和租金，而不是混合用途的空间使用、社会生活和文化服务的相关设施。

区域商场的逻辑非常简单。每个商场需要 16 公顷（40 英亩）的停车场，两间百货商店和一个 200 米（600 英尺）尺度的框架来建造基本的哑铃状的商场，这样可以得到资助并减免 5 年的税收。[19] 格伦记录道，根据 1950 年代的范式化推导，这样的商场需要在不到 20 分钟的行驶距离内拥有 50 万人口才可能获得成功。[20] 最初商场是露天的，后来变成封闭式的，并且通过停车场地平面的改造制造错层，使之可以从停车场直接进入这两层。这种简单有效的模式促使开发商想到一种区域性的超大巨型商场，它拥有几个百货公司和几个链接，吸引着更大范围区域内的人群。在琼·捷得（Jon Jerde）事务所设计的在明尼阿波利斯市区外、靠近机场的美国购物中心（1992），甚至吸引了国内外的人群，在 2006 年其高峰期时有 4000 万人次前来购物。[21]

第一座超级百货商场（得克萨斯州的休斯敦商业街，始建于 1967 年，由 HOK 事务所的 Gyo Obata 设计）的开发者杰拉尔德·海恩斯（Gerald Hines），想让这个商场取代休斯敦市中心，这个想法最终在 15 年后实现了。[22] 最初区域性购物中心的特色是奥林匹克竞赛规格的溜冰场和一座 3 层高的商店，将米兰室内商业街的模式转化成带有露台（可直接从多层停车场进入）的高端链接。上层露台以昂贵的珠宝店为特色，这些珠宝店是为石油巨贾及其家庭而设计的，而在屋顶上有田径跑道、体育俱乐部以及酒店和写字楼。在链接的一端，一家高档的奈曼·马库斯（Neiman Marcus）百货公司作为停靠点，为客人的劳斯莱斯提供代客泊车服务。这家拥有 3 层通高中庭的店铺以售卖豪华游艇和昂贵法拉利跑车为特色。海恩斯最初以沙特王室，以及由卡内基基金会设立的美国教师退休基金作为融资担保方。[23]

想要在装有空调的休斯敦商业街一期综合体（Galleria I）中购买到日常需求品或者冰箱是不可能的，班纳姆曾将其写于《巨型结构》（1976）一书中。而后来这个综合体进一步扩展到超过 186000 平方米（200 万平方尺），分四期建设（GalleriaII- Ⅳ）。[24]
原来的休斯敦商业街一期（Galleria I）区域商场有 5000 个停车位，一侧的停车场位于在两层花园之中，另一侧的停车场位于多层结构中。菲利普·约翰森（Philip Johnson）和约翰·布鲁吉（John Brugee）后来在综合体的东端加入了一个翻版帝国大厦式的建筑［Transco Tower，1983 年，现在被称为威廉姆斯（Williams）大厦］，为休斯敦的西地平线创造了一个具有超级规模的灯塔。这个商业综合体因为其密度而在世界范围内被作为范例，其裙楼部分是立体空间构成的商场和多层停车场，上层则是不同的、承载混合功能的塔楼。休斯敦商业街的版本没有考虑公共交通，而后来的亚洲和欧洲的版本则会在这些网络中加入公交链接。

168 ## 欧洲大都市区：城市景观（STADTLANDSCHAFT）传统在德国、中东和亚洲

尽管对戈特曼的大都市带的地理概念最好的表现是在美国东海岸（且未在二战中受损），但它深受欧洲景观传统的影响。欧洲的和帝国主义国家的城市以及区域规划有一种共同的传统，即大尺度的思维。帕特里克·格迪斯的作品《进化中的城市》（1915）一书影响了德国的城市景观规划以及二战时的盟国日本。二战后德国建筑师汉斯·夏隆（Hans Scharoun）参与制定规划，将柏林人口收缩至 400 万，并为它设计了一个农业和公园带。[25]日本规划师石川为东京提出了类似的计划（见第 180 页）。夏隆设想公园随着施普雷河（Spree）河谷从东到西横跨柏林市中心，盟军轰炸过后的土地反而为建造一个绿色、低密度的城市提供了机会。他参加柏林首都竞赛（1958）的规划表明，他打算建造出完善的绿色大都市带，在东西轴线上创造大量的城市碎片。这个巨型结构将靠近高速公路网和地铁，飘浮在有绿地和停车场的地平面之上。不同于休斯敦商业街（Houston Galleria），这些碎片旨在成为密集的老市中心的替代品，它们具有混合的功能，且置于景观环境中。

当夏隆在纳粹掌控政权期间退出公共舞台时，欧洲许多最杰出的德国城市规划专业人士曾担任政务，为波兰占领区、法国部分地区进行规划［就像许多法国同僚在维希（Vichy）做的那样，其中包括勒·柯布西耶］。强调景观和公共卫生的德国城市景观传统，与纳粹对种族、国家、纯净的宣传相协调。[26]在德国的东部和西部，专业人士不得不切断一部分他们的历史，加入大规模的城市重建，常常沿着城市的景观轴线进行建设，涉及大片的城市区域，并对这些区域进行航测，对森林和水道进行保留。狂热的宗教徒（前纳粹分子）鲁道夫·施瓦茨，提出了对城市景观理论的经典陈述，以及对科隆中心区及它周边农村的重新规划。在这个规划中，铁路和高速公路连接了在山谷中的新产业和周边农村山坡上的住房（1946—1952，总结于《新科隆》一书中，

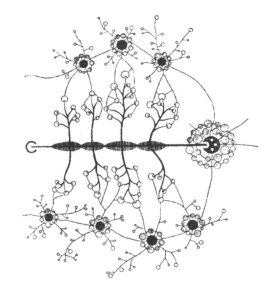

鲁道夫·施瓦茨，城市景观"银河系图解"，1948 年

城市和景观作为一个"银河系"星座的图解（图解源自 Maria Schwarz）

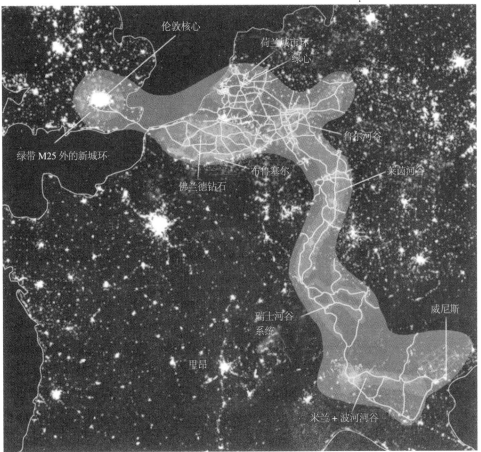

根据美国航空航天局（NASA）拍摄的欧洲夜间照片"蓝香蕉"示意图，2009 年（见彩图 23）

这个示意图根据 NASA 拍摄的夜间照片呈现了欧盟主要城市人口集中区，形成了欧洲城市从伦敦到米兰延展的"蓝香蕉"（示意图来自 David Grahame Shane 与 Uri Wegman，2010）

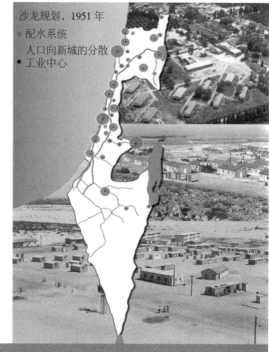

沙龙规划，1951 年
- 配水系统
- 人口向新城的分散
- 工业中心

阿里耶·沙龙（Aryeh Sharon），以色列人口向新城分散的总体规划图解，1968年（作者重绘：2010年）（见彩图24）
基于沙龙在《基布兹 + 包豪斯：一个建筑师在新土地上的方式》（Kramer Verlag 出版社，斯图加特，1976）中的拼贴画（图解源自 David Grahame Shane 与 Uri Wegman，2010）

SOM 建筑师事务所，哈吉航站楼，吉达，沙特阿拉伯，1981年
这张停靠着747喷气式飞机的哈吉航站楼的照片可以使人对这个为朝圣者而造的巨型结构有个尺度感（照片源自 SOM 建筑师事务所）

SOM 建筑师事务所,哈吉航站楼,
吉达,沙特阿拉伯,1981 年
哈吉航站楼的屋顶"帐篷"(照片源自
SOM 建筑师事务所)

1950)。[27] 他假设的"银河系图解"显示了一个单一中心的、公共的"城市皇冠"的梦想,就像他的著作《地球的建造与培育》(Von der Bebauung der Erde, 1949)所描述的那样,主要涵盖了一个滨湖的国家设施,它的周围设置有游泳和其他有益身心的康乐活动空间。[28] 对于施瓦茨来说,这种方法——大教堂占据一个特殊的中央区——是一种对公共愿望的近乎神秘的表达。施瓦茨保护科隆市中心使它不受车行交通的损害,使区内主要街道的重建步行化。他也扩大了其他街道,使之成为林荫大道通向高速公路环和放射路。这些注重汽车和火车的规划很好地配合了同盟军(尤其是美国人)的想法。

科隆在连接莱茵河和鲁尔河谷的西德高速公路系统中占据中心位置,在莱茵河口(连接环绕绿心的城市网络中的阿姆斯特丹、海牙、鹿特丹)形成了一个巨大的城市景观领域,北部连接当时荷兰的兰斯塔德城镇群(环状城镇群)。铁路和高速公路这两个网络一起,串联了荷兰到比利时的地区,还有莱茵河三角洲中的佛兰德城市网络,包括了布鲁塞尔、布鲁日、根特和安特卫普。法国北部的里尔高速铁路车站[在OMA 事务所设计的欧洲里尔(Euralille)(1991—1994)内],形成了巴黎到英吉利海峡隧道的连接,这个连接通向伦敦周围的南部铁路和高速公路网络。这些网络共同构成了西北欧洲大都市带,这在戈特曼的《从大城市开始》(Since Megalopolis, 1990)里提到过。[29] 这个大都市带通过莱茵河谷连接到瑞士,然后继续向下到意大利北部的米兰、波河河谷和威尼托,形成"蓝香蕉"形态的连绵的城市景观,这是欧盟国家的核心。[30] 高速铁路和像欧洲里尔(Euralille)一样的大节点在这种组合城市中扮演了重要的角色,不同于基于大型商场和汽车的美国大都市带。

在中东,以色列规划跟随了这种德国的城市景观传统,因为许多以色列的专业人士都曾活跃在德国,尤其是包豪斯。举个例子,阿里耶·沙龙(Aryeh Sharon)是现代以色列规划师的代表人物之一,规划了一些新城及基布兹(以色列的集体农场)。在此之前，他师从沃尔特·格罗皮乌斯和汉纳斯·迈耶（Hannes Meyer）。这个新的国家被规划为由生态单元组成，涵盖了水供给系统和农业产业资源。[31] 沙龙为后来的以色列福利国家规划了现代医院和学校，这种做法同时也开始扩展到非洲和亚洲的全球实践之中。

石油富裕的沙特阿拉伯也委托了许多现代规划师和美国建筑事务所（如 SOM），去建设新的国家建筑、银行塔楼、住房开发和清真寺。SOM 事务所为吉达的哈吉航站楼建设了一个在多穹顶帐篷屋顶下的、雄伟的现代巨型结构，服务每年飞来麦加的百万朝圣者。[32] 麦加自身沿着新高速公路和郊区的房产向沙漠扩展，为其服务的还有商场和为朝圣者建立的新宿营地。因为源于石油经济带来的高福利，在沙特的首都利雅得（Riyadh）投资建设了在最先进的医院、学校、办公楼、商场、塔楼、郊区建设上，服务于本地人和从事服务业的移民。

172

沙特阿美石油公司（Saudi Aramco，Arabian-American Oil Company），这个沙特的石油公司最初是由标准石油公司在 1940 年代建立的。它常常为其设施寻求现代设计，包括现在停止使用的从海湾到黎巴嫩地中海的阿拉伯输油管道。[33] 阿美石油、标准石油和其他的美国公司在 1947 年开始建设这条输油管道，用来取代在战争期间可能关闭的苏伊士运河。这些公司在管道之间建立了小的、美国式的、有空调的郊区小镇，来安置在沙漠中的工人，为其服务的还有私人学校、私人航线和电视广播服务（见第 1 章中关于中东的图解）。水从沙漠下深层蓄水层被抽取上来，在以色列、加沙、黎巴嫩建立难民营。

中东地区的现代化很大程度建立在石油经济和美国式的大都市带（基于汽车和高速公路）上。铁路是日本版本大都市带的关键，也是许多保留中央集权的亚洲国家在石油进口没有完全独立的条件下，想要加速工业化发展的关键。1964 年奥运会时，日本在城市 20 米（60 英尺）高处架设了高速公路，在亚洲成为被广泛学习的案例。不过铁路依然是日本交通系统的核心，它的延伸形成了一种特别的亚洲式大都市带。日本铁路公司至今仍然是重要的城市开发者，用商场和铁路站点周边的塔楼塑造商

盆唐新城公寓的模型，城南市（Seongnam），韩国（摄于 2008 年）
公寓的中央起居室反映了韩国房屋传统的庭院布局（照片源自 David Grahame Shane）

韩国土地发展公司，盆唐新城总体规划，韩国，1989 年（见彩图 25）

（规划图源自韩国土地发展公司）

盆唐新城中央公园鸟瞰，城南市，韩国（摄于 2008 年）

有湖和祠堂的盆唐新城中央公园，被高层塔楼的开发景象围绕（照片源自 David Grahame Shane）

盆唐新城邻里单元鸟瞰，城南市，韩国（摄于 2008 年）

一栋盆唐新城高层住宅邻里单元，靠近外侧装有霓虹灯的多层商业中心（照片源自 David Grahame Shane）

业节点，如东京的新宿副中心（见第 180、第 182、第 185 页）。

韩国的首都首尔，作为一个规划的大都市带迅速扩张。在制定它的扩张规划时，学习了很多东京的经验：同样强调铁路和公路。首尔也学习了香港的经验，在那里，开发商和大的建筑公司在政府的蓝图之下，在地铁站周边建造了高楼林立的新城，迅速地在工业化生产的拥有高层塔楼的邻里单元里安置了大量人口。首尔跟随了这种混合的城市设计生态学，韩国土地公司用 6 年时间（1989—1996）建设了盆唐（Bundang）新城，安置了 100 万人口。[34] 盆唐新城有一个很清晰的组织结构，这种结构基于高层社区单元和大街区，同时在街道轴线周边每个邻里中的有高密度、多层商业街区。它有一个被山坡公园环绕的中央公园，以城市中滨河的线性中央核心区创造了一个绿色城市。

174 拉丁美洲和亚洲的贫民窟型大都市区

新城建设需要一定程度的政府组织和规划，但在发展中国家，甚至是那些有能力聘请当地或国际专家的石油资源丰富的国家，却常常在这方面表现的比较薄弱。其结果就是许多石油资源丰富的国家在没有总体规划的前提下扩张，或者像委内瑞拉的加拉加斯的案例那样，在面对人口从农村大规模迁移的状况时，没有手段去执行总体规划中对绿带的保护。规划师和专家争辩说工业化生产出的新城即是对大都市带的应答，盆唐新城就是一个例证，但是许多石油资源丰富的国家没有那种工业能力去创造出如此复杂、经过规划过的社区，因而只是制造出一些自建的城市扩展区。这些不正规的、未在地图上标出的、往往是不合法的棚户居民点反映了大都市带向郊区和新城的扩张。它们常常被包围在高速公路系统的超大街区或大街区中，在大

加拉加斯棚户街道路口（摄于 2008 年）
自建的棚户小镇随着时间的推移，呈现出与意大利山顶村庄相似的景象，但却没有足够的服务和设施（照片源自 David Gouverneur）

地景观中形成蔓延的、低层的城市村庄群。[35]

棚户区的建筑形式与现代板式住宅街区或美国郊区田园城市别墅的孤立形式截然不同。棚户区的房子相互共用一面墙体；这样的产权围墙常常是这些寒酸的小屋有人居住的第一标志。过段时间这个小屋可能扩展成一排房子、农村住宅或某种混合形式，额外的房间或地板会随需要后续添加。尽管这样的房屋可能会在没有许可证的情况下建在公有或私有的土地上，过一段时间人们却可以通过非正式的系统买卖他们的房屋。学校和其他社区设施也可能相继在这里筹划。在缺少国家权力机关管理的情况下，各种黑社会性质的组织可能会提供一种类似的安全保障。在一些情况下，这些黑社会性质的组织可能与这片土地的产权所有人勾结，他们不能合法地开发土地，但是通过这些团伙可以收取非法的租金。在另外一些情况下，这些团伙可能变成与警察作对的、暴力的毒贩或军火商，就像在里约热内卢的团伙，他们在美国政府关闭墨西哥边境情况下，仍然从哥伦比亚向世界各地运送可卡因。[36]

加拉加斯不正规的棚户建在山坡上规划的绿带之中，俯视着这座城市的其他部分，包括富裕的、有高尔夫球场和购物中心的城市郊区。[37]接近这些陡峭的山坡很困难，周边通常是仅容四轮驱动的车辆通行的陡峭阶梯和盘山路。这些区域在极端天气条件下是泥石流灾害区。虽然许多房子有污水粪坑，但另一些的污物就利用溪流冲向相对富裕的城市街区。所有用水必须靠人力抬到山上住的地方，倒进屋顶的水箱以备使用。在屋顶的卫星天线可连接到全球系统中，使用从附近国家电网电塔中"借"来的电。

上百万极度渴望安家的城市创建者使用来自中心城合法建筑的废料，在这个城市舞台上自下而上地建造了棚户大都市带。建筑表面已经贴有瓷砖，有大门和铁栅栏保

加拉加斯棚户区全景（摄于 2008 年）
在加拉加斯自建的棚户小镇布满了城市山谷之上的山坡（照片源自 Thireshen Govender）

护入口和整个住所。从市区办公楼收购来的铁楼梯安装在可能通向还未完成建设楼层的出租公寓，接下来是一个木楼梯通向二层楼仍在建设中的混凝土外壳，还有一个通向房顶的梯子。在这里可以看到跨越整个山谷的壮丽景色，展示了加拉加斯所有的辉煌，而在屋顶上吃草的山羊提醒游客这些居民的农民身份，他们刚刚从洪都拉斯迁来这个租住的地方。公用的水箱和卫星天线满足着当地人对获取全球信息的需求。在加拉加斯，这样的房子甚至可以入侵到由军事独裁的政府建造的很现代的并且有序的房地产区中，占据在板式住宅间规划的绿地，创造出一种新的城市混合形式，像在卡洛斯·劳尔·比亚努埃瓦设计的 23 de Enero 地产那样（1955—1957，见第 5 章）。[38]

20 世纪七八十年代，世界银行尝试去补救这些社区基础服务缺乏的情况，他们提出"基地和服务"这种途径，在这里，国家或市政当局会在人们搭建简易房之前提供基础设施服务。1970 年代在亚洲做了很多类似项目的美国经济学者迈克尔·科恩（Michael Cohen）在 2004 年指出，如果没有更多就业岗位带来的更多的经济支持，仅仅靠贫民窟改造和美好的憧憬是远远不够的。[39] 其中一个难题就是，只有中产阶级才拥有技能和官场知识来利用这个系统，其结果是导致绅士化，而不能为棚户大都市带带来提升。[40]

曾和勒·柯布西耶和路易斯·康一同工作过的印度杰出的建筑师柏克瑞斯纳·多西（B. V. Doshi），1982—1987 年参加了世界银行为印多尔发展公司资助的由阿里耶规划的扩张的工业镇"基地和服务"项目，那里的预测人口规模为 65000 人。[41] 多西为此设计了有小集中场地的街道链接，在这集中的场地上寺庙建筑可以建在台座上，被神圣的菩提树掩映。社区中心设施还没有建成，不过一些房子已经变成了商店或是活跃的商贸点，一些小货摊和当地人眼中神圣的牛一起在街道上移动。

多西提供了一些简单的样板房，在基地后面还有一个小的浴室建筑，这个浴室连接入污水系统。每一个基地的所有者在他们可以承担起一个房间或一个楼层的阶段，他们

柏克瑞斯纳·多西（Balkrishna Doshi），阿里耶小镇，印多尔，印度，1982 年（摄于 2005 年）
阿里耶"基地和服务"发展项目中自建的街边房屋的外部台阶（照片源自 Krystina Kaza）

就可以开发他们自己的房子，此时这些房产中的另一部分人就快速开始了中产化的进程，就像科恩在非洲观察到的那样。这些有神龛和卫星天线（为电视和电脑接收信号）的房子，既传统又现代，其本身就代表了一种奇怪的公共和私人独立用地的混合。[42] 在阿里耶规划中依然有空白的基地，一些房子依旧靠街道上的水管供水（只是间歇工作，就像印度其他贫困的卫星城一样），附近的建筑工程提供的工作岗位是这个混合城市扩张项目取得成功的关键。现在一个商场和一个多功能电影院已经在通向工厂的道路旁出现了。多西目前在为印度 IT 之都——海得拉巴之外的一个 100 万人口规模的新城——Cyberabad 进行规划设计（开始于 2000 年），借鉴从阿里耶学习来的经验去收纳更贫困的居民。[43]

在提供流动性和选择性的高速公路宏观基础设施中，基于每个人都有汽车的假设，班纳姆设想了一种个体的微观自由。棚户大都市提供了建造自己的房屋的自由，却没有班纳姆设想的那种流动性。在一些案例中，规划机构所捍卫的高速公路同样代表了增长的障碍。代替它的非正规化的公交系统是由摩托车和代步车组成的，这为棚户大都市内部的居民提供了混乱、低价的交通网络。对于棚户大都市，规划师们视而不见；在昌迪加尔，勒·柯布西耶没有在高速公路和邻里单元的大街区网格规划中（见第 4 章）画出现实存在的村庄。德里克·沃克将 1972 年米尔顿凯恩斯大街区中现存的村庄认定为历史保护区，但仅仅将它们保存原貌。米尔顿凯恩斯的这种

柏克瑞斯纳·多西，阿里耶小镇，印多尔，印度，1982 年（摄于 2005 年）
阿伦雅（Arunya）自建住宅楼梯的内景（照片源自 Krystina Kaza）

柏克瑞斯纳·多西，阿里耶小镇，印多尔，印度，1982 年（摄于 2005 年）
一个公共广场，展示了有神圣的树木、庙堂和牛的广场（公共场地）平台（照片源自 Krystina Kaza）

大街区的方法，被同样应用在中国第一个经济特区（SEZ）深圳及随后的内地特大城市的规划中。在深圳，曾经存在的人民公社（毛泽东时期建立）没有任何限制，并且为农民集体所有。[44] 这些地区在新的规划中被设计为超大街区和高层塔楼，被开发成为高层、非正式的住房和娱乐区，拆迁补偿使农民变成百万富翁（见第 8 章）。在香港，市政府拆除了九龙寨城。但是其他的棚户区，像印度孟买的达拉维，已经存在了 60 年，并且成为公认的在他们自己权利范围内的聚居点（见第 10 章）。[45]

178 亚洲大都市区：北海道走廊

戈特曼在他后来的著作《从大城市开始》（Since Megalopolis，1990）中，提出将东京作为亚洲版本大都市带的范例。二战时由空袭和摧毁带来的严重影响使得东京迅速地从一个位于东亚帝国心脏的 700 万人口的大都市，转变为全球信息网络中一个拥有 3200 万人的重要的大都市带（直至 1961 年）。东京保留了许多传统的印迹，譬如以城市中心的皇宫为焦点的单中心城市模式。[46] 在银座依然保留着商业运河系统的印迹，古老的宫城门已经变成了内城铁路环线的站点。像巴黎一样，隐藏了中世纪城市肌理的宽阔的林荫大道，与电车系统共同展现着城市的现代一面与明治时期的历史传承，使其像洛杉矶一样扩张。然而战争的破坏使银座重建为一个商业枢纽，政府接管了周围山上古老的贵族宫殿，在那设立新的部门和企业总部。铁路公司继续将铁路向外扩展，使更多的土地有建造住宅的可能。

类似于夏隆同时期为柏林做的规划，石川在 1945 年为涣散、萎缩的东京设计了融入景观的规划方案，以广泛的铁路网络和具有严格邻里单元层次的结构为基础，这可以追溯到德国的城市景观规划传统。[47] 铁路公司规划师抓住这个策略去开发强大的枢纽，这些枢纽在许许多多小尺度住房中创造出大型城市碎片，但受到防震条款的限制。尽管这些铁路公司是国有企业，但是随着他们延续在铁路沿线开发土地的传统，除去一些公园和高速公路绿带的建造，石川的规划变得徒劳无益。

这个 3200 万人口的巨大城市并非以汽车交通为基础。铁路仍是交通的骨干，早期开发的新干线列车很大程度上意味着大大增强了亚洲特大城市中对农业土地的可达性，延续了一直以来的传统。在开发像新宿一样的节点或像京都一样的高铁枢纽时，日本的铁路公司确实是将铁路、购物中心、停车场结合起来考虑的先锋，有些形成了办公大楼集群，有些则不然。

1968 年，东京政府公布了一个规划，这个规划延续了帕特里克·阿伯克龙比在 1943 年做的大伦敦规划中使用的环形放射状模型，并且正视了城市蔓延和在关键节点聚集的事实，但依然固守绿带的理念[48]，提出在东京西侧主要的通勤线路上设置多

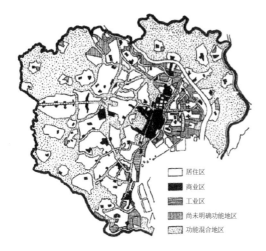

居住区

商业区

工业区

尚未明确功能地区

功能混合地区

石川荣耀（Eiyo Ishikawa），东京重建规划，日本，1946 年

石川受德国城市景观理论影响，为萎缩的东京进行规划，在重建聚居点之间设置了绿带

东京城市规划局，东京总体规划，日本，1968 年（见彩图 26）

本地交通枢纽布局图解，展示了多种铁路枢纽，新城和一条绿化带。改编自罗曼·赛布里乌斯基（Roman Cybriwsky）的分析，出自《东京：21 世纪的幕府城》，John Wiley & Sons 公司出版（纽约），1998（平面图源自 David Grahame Shane 与 Uri Wegmen，2010）

鲍尔斯 + 威尔逊（Bolles+Wilson）设计的铃木家（1995）的郊区街道，东京，日本（摄于 2010 年）

由于地震节律和消防要求，在二战后，东京城郊房屋被限制高度，并禁止彼此连接。居民将盆栽置于人行道上，节约他们基地中的每一寸空间（注意屋顶花园）（照片源自 Benika Morokuma，2010）

情侣酒店

休闲广场

零售商店

办公建筑

廉价酒吧

百货商店

新办公塔楼

超大街区中的酒店

典型火车站前商业中心布局

铁路线 "B"

居住区

去郊区卫星城

地铁站

地铁线 "A"

向城市中心区

地铁线 "B"

铁路线 "A"

居住区

规划

现状城市区域

郊区发展区域

大规模城市发展区域

广域城市发展区域

快速交通线路

高速公路

分散服务中心

新商务区域

大学或研究中心所在卫星城

大尺度居住区域

工业卫星城

休闲娱乐区域

港口

大规模牲畜养殖区域

大都市区第二次基本规划（1968 年）

这个规划是对第一次基本规划的全面修订，是与新城市规划法同年制定的

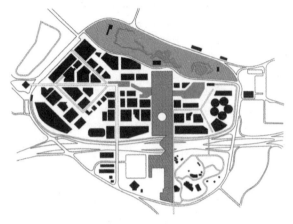

丹下健三，1970 大阪世博会的总平面，大阪，日本，1970 年（作者重绘，2010 年）（见彩图 27）

丹下健三规划了世博会基地和与其直角交叉的巨型结构，巨型结构为巨大的机器人提供遮蔽，形成一个新型电子市场（重绘图源自 David Grahame Shane 与 Uri Wegman，2010）

丹下健三，1970 大阪世博会巨型结构，大阪，日本，1970 年

这张照片来自建筑电讯小组的丹尼斯·克朗普顿（Dennis Crompton），它展示了从屋顶下方的建筑电讯胶囊俯瞰公共空间，所看到的丹下健三设计的巨型结构的外观，以及位于公共空间中的机器人广场的景观，这个空间由丹下健三工作室的矶崎新所设计（照片源自 Dennis Crompton）

摩市（Tama）新城，它位于绿带之外的农业平原上。多摩市后来成长为拥有 200 万人口的新城，创造了一个田园城市独立用地，在一个强力的通向铁路站点的街道链接周围有大型高层塔楼。这是一个发展的特例：像洛杉矶一样，东京的大部分地方，由独立的小住宅组成。为了避免地震灾害，每一户的房子彼此是分离的，但是由于划分的基地太小而土地又太昂贵，导致房屋往往填满了它们的整个基地，只剩了给摩托车或迷你汽车使用的很小的停车区。犬吠工作室（Atelier Bow-Wow）在它繁多的出版物［如《东京制造》（2001）或《宠物建筑》（2002）］中，精确地记录了这些低层的、紧凑的、高密度的混合土地使用设计。[49] 在这平原上蔓延的大量小住宅中，大都市带的基础设施在城市扩展和延伸中扮演了一个很重要的角色，不仅仅是就高速公路和新的房地产而言，也包括新的公共空间和高密度节点。

就像 1964 年东京奥运会提供了建设高速公路巨型结构的新动力一样，1970 年的大阪世界博览会在巨大的有顶覆盖的盛典广场上，提供了一种新公共空间的巨型实验性案例。在这里，丹下健三和助手矶崎新建造了一个实验性的巨型结构，在机械化的广场中举办有计划的盛典和媒体盛会。[50] 广场中巨大的机械装置可以为不同的活动设置多样的格局，提供座椅、屏幕、售货亭、控制点和小的附件。这个巨型的展示空间——一个高科技幻象型乌托邦——和全球电视节目捆绑在一起。小的屋顶膜结构提供了展览空间，伦敦的建筑电讯占据了其中的一个。[51] 这些组件也可以被看成居住单元，被塞进横跨场地的大型空间构架中。这个盛典空间后来变成"东海道"走廊大型节点的标准版本，例如原广司（Hiroshi Hara）的大阪 Umeba 空中大厦项目（1993），还有同样出自他之手的京都车站（1997）。[52]

新宿位于从东京绵延到大阪的大都市带中，小城市村庄甚至依然存在于这个高密度大型节点的中心，许多这样的城市村庄都是东京被摧毁时期的遗留物，那时人们

原广司，京都站，日本，1997 年
鸟瞰，展现了背景中的河边历史中心（照片源自 Ichiso Saiki/Getty Images）

182　原广司，京都站，日本，1997 年（摄于 1999 年）
展示了巨大的到达厅的内景，以及里面中等规模的咖啡亭和通向屋顶的自动扶梯，通过它们来打破这个巨大的尺度（照片源自 David Grahame Shane）

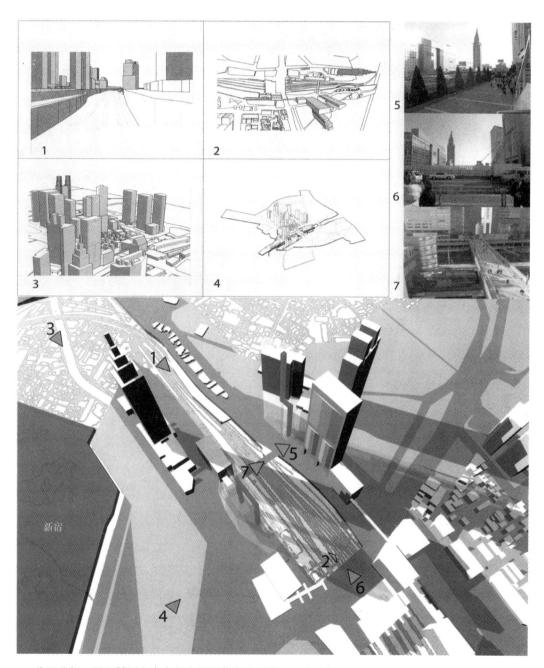

分层分析，展开轴测和东京新宿巨型节点的照片，日本（摄于 2004 年）（见彩图 28）
东京新宿副中心在铁路站点旁的空间体量快速增长，这个站点与扩展的西部城郊和银座的传统中心商务区有极好的连接（图示源自 David Grahame Shane 与 Rodrigo Guarda；照片源自 David Grahame Shane 与 Tatsuya Utsumi）

184

丹下健三，东京都厅，日本，1991 年
中央广场和新市政厅的双塔，以及在背景中附近的酒店，也是由丹下健三设计。注意其具有的双层交通系统（照片源自 Osamu Murai）

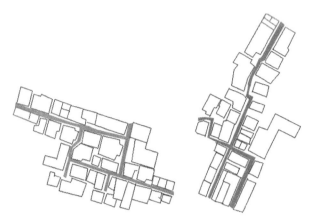

黄金街历史区，新宿，东京，日本（摄于 2010 年）
下方的照片和平面图是与 Kagurazaka 区临近的 rojis 小巷。黄金街是在新宿高层中心范围内早期村庄街道的遗留物（照片源自 Benika Morokuma）

住在小窝棚中，在布满裂痕的城市废墟中重新创造生活。这些村庄还能从那时保留下来往往是因为它们被作为红灯区和娱乐场所使用，强大的犯罪团伙或流氓组织会光顾这些地方；另外一种情况是，这些村庄被隐藏在新开发区中，然后被遗忘了。[53]这些地区的臭名昭著使大部分市民们都远离那里，仅 1.2 米（4 英尺）宽的街道依旧存在，就像在新宿摩天大楼中间的黄金街（Golden Gai）那样。在东京各处及许多新建高层节点背后，这样的传统、小尺度的街道声名狼藉，为商业大型节点闪光的高层塔楼带来了一种挫败感。一些这样的街道吸引了日本敏锐的历史保护主义者的关注，这些人关注着将从"东海道"走廊消失的战后贫民窟的最后的痕迹。[54]

186 小结

　　戈特曼将大都市带视为延伸了数英里的扩展城市区域，而且意识到大都市带存在许多潜在的变种。他最初的观察聚焦在美国的东北海岸，在他著书的 1961 年，那里依然依赖于铁路交通。但是到了 1971 年该地区的城市化转为依赖汽车交通，雷纳·班纳姆在他的洛杉矶研究和影片中对这种形式给予了颂扬。林奇提供了关键的概念和地图工具去描述这种在景观环境中延伸几英里的城市，将其和早期的欧洲景观传统联系在一起，就像帕特里克·格迪斯在英国所做的规划或德国城市景观传统所显示的那样。

　　在班纳姆的版本中汽车并没有统治城市，但是铁路和高速公路混合形成了一种美国高能耗原型的高效版本，其相对节省能源。美国原型在石油便宜且丰富的地区占统治地位，尤其是在依靠石油收入的中东。像沿塔普兰（Tapline）小镇那样的美国城市化碎片，在区域和世界范围内出现，从尼日利亚到委内瑞拉，那里的石油资源吸引了众多移民和工人。有时的结果可能是形成整洁的新镇，这些地方人口稀少，就像在沙特阿拉伯那样；另一些情况下则可能是大规模的自建棚户区，在那里有大量的人口聚集，但他们却没有获得所预期的财富。

　　东京作为一个大都市带包含了所有这些历史。在二战刚刚结束时，东京处在一片废墟中，许多人建造自己的棚户房，生活在废墟中的茅屋里。今天这些棚户房中的一些依然作为娱乐区保留在中心，靠近大型节点，不过大多数这样的城市村庄已经被拆除了。然而，东京的郊区在不断蔓延，小尺度的不断扩展中出现了大量的大型贫民窟群，里面的现代服务设施齐全。卫生系统依然在持续升级中，自来水流向每户，电线杆将电力和电信线路架起在上空，大型变压器在街道上空嗡嗡作响。移动通信塔提供稳定的信号覆盖。小巷允许自行车通行和步行，不过汽车通过比较困难，尤其是大型汽车。由于住宅几乎没有花园，所以人行道被盆栽占满了。财富、教育资源、医疗保健资源和密集的警力使这些充斥微型府邸的城郊蔓延区成为尚可的居

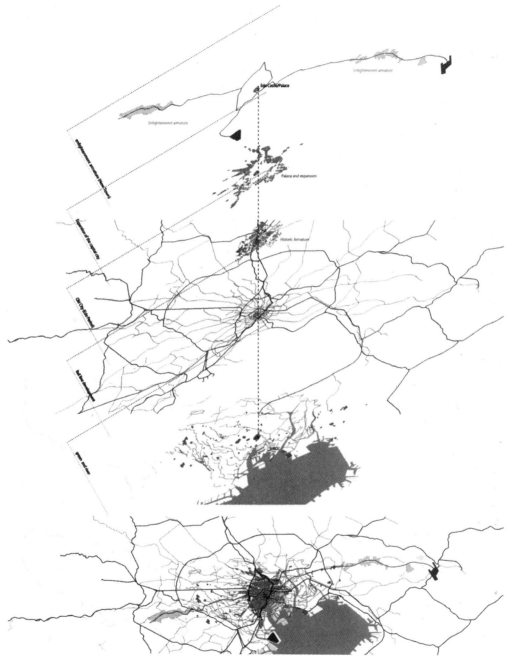

巨型东京的分层分析（见彩图 29）
东京向北向新机场延伸，也同时沿着高速轨道线向南，穿过横滨和京都向大阪延伸。在沿海平原一个平行的内陆铁路线连接了新宿和有 400 万人口的多摩新城（图解源自 David Grahame Shane 与 Yuka Teruda，2009）

住地，即便它的物理形态和贫民窟的区别并不大。

大东京不仅存在所有这些蔓延的邻里，同时也包括旧的大都市印迹和它环形放射状的结构，以及绿带和多摩新城。东京有一个美国式的、依赖汽车的郊区环，和基于汽车的高速公路线，还有连接东北部新机场的环路。在大尺度的独立用地布局上，这里规划了新的大学和研究中心，以试图复制加利福尼亚和洛杉矶的形式，形成大街区和产业园。这些道路艰难地通过东京中心，高高悬于城市上方。因为交通拥堵，白天车行的平均速度几乎不及步行，但是人们依旧付钱驶入高架的高速公路。晚上，摩托车发烧友和地痞流氓在这些蛇形曲线上驾车飞驰而过。在高架的高速公路设施上下，各种奇怪的用途集中在城市的这个部分，成为小的异质功能凹地。

除了棚户大都市带和经典的依赖汽车的美国式大都市带，东京也包含了大都市
188 带特殊的亚洲版本——基于高科技、大众传播和高密度节点。这个亚洲版本像1990
年代欧洲的大都市带一样，依赖于大规模铁路系统和动车，但在城市的范畴内也包含了大片的农业地区。日本的农业政策保护水稻田，在战时寻求某种表面的国家粮食安全（英国在二战后有相似的政策）。这意味着许多城市边缘的地区在开发建设中受到了保护，它们因为可以生产粮食变得很宝贵。这样的结果是，在高速铁路上可以看到的城市扩展区，从东京到大阪大海和山脉间长长的走廊里，混合着绿带和碎片化农业的空间。

人们可以选择高速公路或乘坐动车高速旅行，似乎表明了大都市带的全面胜利。从美国，到欧洲或沙特阿拉伯，到苏联或中国，高速公路似乎胜利了。迪拜2007年在石油驱动下建设大都市带，达到了狂妄自大的巅峰。石油提供的能源使人类忽略了所有的自然限制，不管是沙漠的高温、海洋的咆哮或是在高海拔地区飞行时的无氧条件。

与此同时，在发达国家出现了城市萎缩、汽车时代可能将要终结的信号。科学家指出人类引起的气候变化、万恶的汽车尾气排放，还有重工业，是环境破坏的主要原因。美国城市扩张像迪拜一样，大部分发生在恶劣的环境中，需要高能量的输入，因而这会给气候状况带来更深远的影响。美国的国民生产总值（GNP）是和城郊新的建设和扩张相关联的；当它放缓时，经济衰退就紧随其后。在这样的背景下，20世纪七八十年代OPEC一系列的石油禁运条款引发了城市设计师对将大都市带本身视为城市设计生态学的质疑，同时也预见了后来2008年的经济大衰退。

东京因其普通铁路和单轨铁路的发展，提供了另一种不同于美国模型的大都市带，这种大都市带的优势在1990年代变得越来越明显。随后欧盟开始在欧洲投资建设高速铁路系统，发展大型节点和交通枢纽模式的日本传统。下一章将会考察那些已经形成的大型节点和枢纽，它们作为特大城市碎片置于城市领域和全球延伸的网络内部。

大都市和大都市带的冲突导致城市设计的碎片系统出现，这是一种排除一切而聚焦于碎片控制的新型城市设计生态学。每一个新的碎片在其边界内都具有其明确的秩序，但在其自身之外的无序和熵加剧，为这个城市和这个星球带来了许多意想不到的后果。

注释

注意：参见本书结尾处"作者提醒：尾注和维基百科"。

1   Jean Gottmann, *Megalopolis: The Urbanized Northeastern Seaboard of the United States*, Twentieth Century Fund (New York), 1961.

2   For Saar planning, see: Elke Sohn, 'Organicist Concepts of City Landscape in German Planning after the Second World War', *Planning Perspectives*, vol 18, issue 2, April 2003 , pp 119–146. For the German *Stadtlandschaft* tradition, see: Panos Mantziaras, '' Rudolf Schwarz and the concept of *Stadtlandschaft*', *Planning Perspectives*, vol 18, issue 2, April 2003, pp 146–176.

3   For US population estimates, see: Population Estimates Program, Population Division, US Census Bureau website, http://www.census.gov/popest/archives/1990s/popclockest.txt (accessed 10 July 2010).

4   Kevin Lynch, *The Image of the City*, MIT Press (Cambridge, MA), 1961, pp 16-32, Donald Appleyard, Kevin Lynch and John R Myer (eds), *The View from the Road*, MIT Press (Cambridge, MA), 1964.

5   For the Buchanan Report, see: British Ministry of Transport, *Traffic in Towns*, Penguin Books (Harmondworth, Middlesex; Baltimore, MD), 1963.

6   Reyner Banham, *Los Angeles: The Architecture of Four Ecologies*, Harper & Row (New York), 1971, pp 23, 35-36, 87-93.

7   Ian McHarg, *Design with Nature*, published for the American Museum of Natural History (Garden City, NY), 1969.

8   Sir Patrick Geddes, *Cities in Evolution: An Introduction to the Town Planning Movement and to the Study of Cities*, Williams & Norgate (London), 1915.

9   *Reyner Banham Loves Los Angeles*, BBC television documentary by Julian Cooper, 1972, 52 minutes, http://video.google.com/videoplay?docid=1524953392810656786 (accessed 20 February 2010).

10   On Mark 3 new towns including Milton Keynes, see: John Udy, *Man Makes the City: Urban Development and Planning*, Trafford Publishing (Victoria, BC), 2004, pp 164–166.

11   On the nonplace urban realm, see: Melvin M Webber, *Explorations into Urban Structure*, University of Pennsylvania Press (Philadelphia), 1964, p 79.

12   Michel Foucault, 'Of Other Spaces: utopias and heterotopias', in Joan Ockman (ed), *Architecture Culture, 1943–1968: A Documentary Anthology*, Columbia University Graduate School of Architecture, Planning, and Preservation, Rizzoli (New York), 1993, p 425; see also: Michel Foucault, 'Of Other Spaces', Catherine David and Jean Francois Chevrier (eds), *Documenta X: The Book*, Cantz-Verlag, Kassel, Germany, 1997 (originally published in *Diacritics* 16-1, Spring 1986).

13   Reyner Banham, *Scenes in America Deserta*, Gibbs M Smith (Salt Lake City), 1982.

14   For the directional space diagram, see: Robert Venturi, Denise Scott Brown and Steven Izenour, *Learning from Las Vegas*, MIT Press (Cambridge, MA), 1972, p 11.

15   On 1964 banned restrictive covenants, see: Kenneth T Jackson, *Crabgrass Frontier: The Suburbanization of the United States*, Oxford University Press (New York), 1985, p 178.

16   On the racial mix at Levitttown, see: Barbara M Kelly, *Expanding the American Dream: Building and Rebuilding Levittown*, State University of New York Press (Albany, NY), c 1993.

17   See: Kenneth T Jackson, 'Race Ethnicity, and Real Estate Appraisal: the Home Owners' Loan Corporation and the Federal Housing Administration', *Journal of Urban History*, 6 (4), 1980, pp 419–452; also: Becky M Nicolaides and Andrew Wiese (eds), *The Suburb Reader*, Routledge (New York), c 2006 – on restrictive covenants, pp 324–328 and on FHA loans, pp 251–258. For feminist critique of suburbia, see: Gwendolyn Wright, *Building the Dream: A Social History of Housing in America*, Pantheon (New York), 1981.

18 For Gruen on malls, see: Victor Gruen, *The Heart of Our Cities: The Urban Crisis – Diagnosis and Cure*, Simon & Schuster (New York), 1964; also: Jeffrey M Hardwick, *Mall Maker: Victor Gruen, Architect of an American Dream*, University of Pennsylvania (Philadelphia, PA), c 2004.

19 Margaret Crawford, 'The World in a Shopping Mall', in Michael Sorkin (ed), *Variations on a Theme Park: The New American City and the End of Public Space*, Hill & Wang (New York), 1992, pp 3–30.

20 See: Gruen, *The Heart of Our Cities*, pp 189–194.

21 See: Frederique Krupa, 'The Mall of America: The New Town Center', 1993, http://www.translucency.com/frede/moa.html (accessed 10 March 2010)

22 For the development of the Houston Galleria, see: Stephen Fox and Nancy Hadley, *Houston Architectural Guide*, American Institute of Architects, Herring Press (Austin, TX), 1990. For HOK's first designs for Galleria I, see: *Architectural Record*, March 1967, and again on completion of project in 1969. For critique, see: *Architectural Design*, November 1973, p 695. See also: http://en.wikipedia.org/wiki/The_Galleria_(Houston,_Texas) (accessed 10 March 2010).

23 On the financing of the Houston Galleria, see: 'Shopping mall set for Houston', *The New York Times*, 21 May 1967, Real Estate section, p R18.

24 For critique, see: *Architectural Design*, November 1973, p 695.

25 On Hans Scharoun's Berlin Plan, see: Elke Sohn, 'Organicist Concepts of City Landscape in German Planning after the Second World War', *Planning Perspectives*, vol 18, issue 2, April 2003, pp 119–146. On Scharoun's Philharmonic Hall and Prussian State Library, see: James Corner, *Recovering Landscape: Essays in Contemporary Landscape Architecture*, Princeton Architectural Press (New York), 1999, pp 94–99.

26 For *Stadtlandschaft* tradition see Panos Mantziaras, 'Rudolf Schwarz and the concept of *Stadtlandschaft*', *Planning Perspectives*, vol 18, issue 2, April 2003, pp 146–176.

27 Rudolf Schwarz, 'Das Neue Köln, ein Vorentwurf', in Stadt Koln (ed), *Das neue Köln*, Verlag JP Bachem (Cologne), 1950.

28 R Schwarz, *Von der Bebauung der Erde*, Verlag Lambert Schneider (Heidelberg), 1949.

29 Jean Gottmann and Robert Harper, *Since Megalopolis: The Urban Writings of Jean Gottmann*, Johns Hopkins University Press (Baltimore, MD), 1990.

30 For the 'Blue Banana', see: http://en.wikipedia.org/wiki/Blue_Banana (accessed 10 March 2010).

31 For Israel's modern plan, see: Aryeh Sharon, *Kibbutz + Bauhaus: An Architect's Way in a New Land*, Kramer Verlag (Stuttgart), 1976.

32 On SOM's Hajj Terminal, see: SOM website, http://www.som.com/content.cfm/king_abdul_aziz_international_airport_hajj_terminal (accessed 11 March 2010).

33 For the Tapline, see: *Aramco World*, New York Arabian American Oil Company, vols 1–18, 1949–1967 (continued by Aramco world magazine); see also: 'Al Mashrig: The Levant – cultural riches from the countries of the Eastern Mediterranean' website, run by Østfold College, Halden, Norway, http://almashriq.hiof.no/lebanon/300/380/388/tapline/ (accessed 11 March 2010). On Aramco, see: 'Aramco: an Arabian–American partnership develops desert oil and places US influence and power in middle east', *LIFE*, vol 26, no 13, 28 March 1949, pp 62–77.

34 For the Korea Land Corporation (KLC) and Korea National Housing Corporation, see: Korea Land & Housing Corporation website, http://world.lh.or.kr/englh_html/englh_about/about_1.asp (accessed 11 March 2010). For Bundang, see: HS Geyer, *International Handbook of Urban Systems: Studies of Urbanization and Migration in Advanced and Developing Countries*, Edward Elgar Publishing (Northampton, MA), 2002; for Bundang as an 'industrially produced new town', see: http://en.wikipedia.org/wiki/Bundang (accessed 11 March 2010).

35 See: Frederic J Osborn and Arnold Whittick, *The New Towns: The Answer to Megalopolis*, MIT Press (Cambridge, MA), 1969.

36 See: Janice E Perlman, *The Myth of Marginality: Urban Poverty and Politics in Rio de Janeiro*, University of California Press (Berkeley, CA), 1976, pp 135–161.

37 On Caracas, see: Leslie Klein, 'Metaphors of Form: weaving the *barrio*', Columbia University

website, http://www.columbia.edu/~sf2220/TT2007/web-content/Pages/leslie2.html (accessed 11 March 2010).

38 For architect Carlos Villaneuva, see: Paulina Villanueva and Maciá Pintó, *Carlos Raúl Villanueva, 1900–1975*, Alfadil Ediciones (Caracas; Madrid), 2000. For the fate of the 23 de Enero neighbourhood, see: Joshua Bauchner, 'The City That Built Itself', http://canopycanopycanopy.com/6/the_city_that_built_itself (accessed 10 July 2010).

39 Michael Cohen, *Learning by Doing: World Bank Lending for Urban Development, 1972–1982*, The World Bank (Washington DC), 1983.

40 On urban upgrading, see the bibliography at: http://web.mit.edu/urbanupgrading/upgrading/resources/bibliography/Implementation-issues.html (accessed 11 March 2010).

41 For Aranya, see: James Steele, *Rethinking Modernism for the Developing World: The Complete Architecture of Balkrishna Doshi*, Whitney Library of Design (New York), 1998; see also: BV Doshi website, http://www.sangath.org/project/1982aranya.html (accessed 11 March 2010); also: Vastu-Shilpa Foundation website, http://www.vastushilpa.org/activities/research/poe.htm (accessed 11 March 2010).

42 On Aranya community housing, Indore, India, see: ArchNet website, http://www.archnet.org/library/sites/one-site.jsp?site_id=1124 (accessed 11 March 2010). On Aranya community and satellites, see: Krystina Kaza, 'Shrines & Satellites: Doshi's Aranya District, Indore', in David Graham Shane and Brian McGrath (eds), *Sensing the 21st Century City: Close-up and Remote, Architectural Design*, John Wiley & Sons (London), 2005, pp 70–72.

43 On Cyberabad, see: BV Doshi website, http://www.sangath.org/project/2000cyberbad2.html (accessed 11 March 2010).

44 On Shenzhen, the first Chinese SEZ, see: http://en.wikipedia.org/wiki/Shenzhen (accessed 11 March 2010).

45 On Dharavi in Mumbai, see: http://en.wikipedia.org/wiki/Dharavi (accessed 11 March 2010).

46 On Ginza, see: http://en.wikipedia.org/wiki/Ginza (accessed 11 March 2010).

47 On the Ishikawa Plan, see: Carola Hein, 'Machi – Neighborhood and Small Town – the foundation for urban transformation in Japan', *Journal of Urban History*, vol 35, no 1, 2008, pp 75–107.

48 See: Tokyo Metropolitan Government, *A Hundred Years of Tokyo City Planning*, Municipal Library no 28 (Tokyo), 1994, pp 56, 74.

49 Atelier Bow-Wow (Junzo Kuroda and Momoyo Kaijima), *Made in Tokyo*, Kajima Insitute Publishing (Tokyo), 2001 and *Pet Architecture*, World Photo Press (Tokyo), 2002.

50 On Expo '70, see: Pieter van Wesemael, *Architecture of Instruction and Delight: A Socio-Historical Analysis of World Exhibitions as a Didactic Phenomenon (1798-1851-1970)*, 010 Publishers (Rotterdam), 2001, pp 563–645; also: website of the Commemorative Organization for the Japan World Exposition '70, http://www.expo70.or.jp/e/ (accessed 11 March 2010); also: http://en.wikipedia.org/wiki/Expo_'70 (accessed 11 March 2010); also: http://www.bsattler.com/blog/?p=2232 (accessed 11 March 2010).

51 For Archigram, see: Peter Cook, *Archigram*, Studio Vista (London), 1972.

52 On Hiroshi Hara buildings, see: archINFORM website, http://eng.archinform.net/arch/608.htm; for plans of Kyoto Station, see: DB Stewart and Kukio Fuagawa, *Hiroshi Hara, GA Architect*, no 13, ADA Edita (Tokyo), 1993, pp 229–233. On Tange's Tokyo buildings, see: Tokyo Architecture Info website, http://www.tokyoarchitecture.info/Architecture/6/4040/KB2CKZ/Architect.php (accessed 11 March 2010); for a map of Shinjuku with Tokyo Metropolitan Government and Shinjuku Station, see: Tokyo Metropolitan Government website, http://www.metro.tokyo.jp/ENGLISH/TMG/map.htm (accessed 11 March 2010).

53 On railway hubs and Kabukicho love hotels, see: Roman Cybriwsky, *Tokyo: The Shogun's City at the Twenty-Frst Century* John Wiley & Sons (New York), 1998, p 760.

54 See: Benika Morokuma, 'The preservation of the urban cultural landscape: a case study of the Rojis in Kagurazaka', Columbia University Historic Preservation Thesis, Tokyo, 2007. On Tokaido corridor, see: http://en.wikipedia.org/wiki/Tokaido_Corridor (accessed 11 March 2010).

191

第四部分

第7章

碎片大都市

　　美国大都市带模型与其外围增长，将城市融入了全世界的线性网络中。随着欧洲政权摒弃了它们原有的君权制度，美国这种模式的成功深刻地影响了欧洲的大都市带。许多居民和活动从大都市向大都市带的郊区转移。诸如参与创建商业综合体的维克多·格伦，这些曾经全心全意接受大都市理念及汽车交通的城市规划师们，意识到大都市发展存在的限制。全球石油供应时而因贸易限制，时而因技术困难而陷入紊乱，因而各州和城市都面临着潜在的经济问题。随着商业利益的波动，内城成为贫困和城市暴乱地区，税收基础变弱，贩毒帮派占领了警察放弃的城市区域，产生反乌托邦的城市景象。在这些情况下，城市创建者放弃了他们对大都市的宏伟规划。设计师们还需意识到，他们从大都市带引入的巨型城市结构必须缩小尺度并分解成碎片，以使地区的发展与经济能够逐步前进。设计者们发现了在相对衰败城市中实现该目标的方法，利用传统街道和街区作为城市发展的增量，推动一种更灵活的纽带进入衰败城市的环境中。现代主义者尝试去更新老城市，不可避免地需要大规模地拆除历史建筑以适应机动车交通、高速路和停车的需要。过多的拆除引起了当地的反对。联合国教科文组织（UNESCO）在它的世界遗产大会（1972）上认可了历史保护运动，这是一个为保护具有文化重要性的特殊地区而设立的奖励制度。

　　本章展现了大都市带在与大都市的相互作用中分解，产生一个新的种类：碎片大都市。在它的瓦解中，大都市打开了城市创建者的潘多拉魔盒，他们不仅抵抗大都市带，且要求被倾听，希望保护大都市带中的城市村庄。本章的第一部分聚焦城市激进主义者简·雅各布斯的影响，以及 1960 年代至 1970 年代间美国与欧洲社会运动的其他案例。其实，为了立新而破旧的老问题在今天快速发展的亚洲城市仍旧十分常见。事实上，对于城市村庄的讨论，首次出现在对柯布西耶和昌迪加尔的讨论中（见第 4 章），后来出现在对深圳的讨论中（见第 5 章），在此作为一个当代城市规划问题而再次出现。移民者自建的非正规住宅紧邻国际化城市中心，这些住宅的维修与

简·雅各布斯在格林尼治村的白马威士忌酒吧，纽约，美国（摄于1961年）

（照片源自 Cervin Robinson, 2009）

合并，是一个全世界普遍存在的问题。美国城市设计师在 1960 年代不得不仓促应对简·雅各布斯所提出的挑战，为城市村庄制定新的规则，将其作为城市中实行不同法规的特殊斑块。这样的城市独立用地（指在本国境内隶属另一国的一块领土——译者注）设计体系使得城市创建者可以控制城市中特定的小碎片空间，同时又不影响其他地方。

本章研究这类碎片式设计生态学的发展，以及它如何成为全球资本发展与社会激进主义的新模式。本章还开始追寻这类碎片化模式设计是如何为衰败的欧洲和美洲城市以及 1990 年后迅速扩张的亚洲城市服务的。

新城市创建者：城市乡村和简·雅各布斯

在简·雅各布斯去世的前一年，她回到纽约推广她最后一本书《即将到来的黑暗时代》（Dark Age Ahead，2004）。[1] 该书准确地预测了即将发生的美国城市建设系统经济的崩溃，因为它将经济的成功与愈发无法维持的大规模郊区化联系起来，这种不可持续性不仅体现在经济上，还体现在社会与生态上。雅各布斯的第一本书，《美国大城市的死与生》（1961）因其对小尺度混合使用历史街区中的本地街坊生活的呼吁，而成为世界社会团体和激进主义分子的圣经。[2] 在柯布西耶这样的当代建筑师或者罗伯特·摩斯这样的规划师眼中，这些街区总是作为被遗弃的贫民窟出现。摩斯希望建造一条跨岛的高速路穿过曼哈顿下城以服务郊区。雅各布斯成为所有被压迫的少数群体的发言人，他们是村庄"农民"，在现代主义的项目中没有发言权。这些人包括所有居住在那里的新教徒的盎格鲁－撒克逊裔美国人（WASP）、意大利人、犹太人、非裔美国人和波西米亚的知识分子以及他们的蓝领邻居、格林尼治村的同性恋者、家庭中的母亲们、老人和孩子。雅各布斯帮助组织了钢构建筑之友（Friends of Cast Iron Architecture）历史保护协会，以保护周边被艺术家 loft 非法占用的 19 世纪 SoHo 仓库地区。雅各布斯还抵挡住了来自杰出美国建筑评论家刘易斯·芒福德的抨击，后者认为应将人们从纽约的贫民窟迁至乡村寓所，在纽约城市区域扩大现有村庄。[3]

雅各布斯清醒地意识到，当大都市带的公共交通与公共空间被郊区的私人机动车和购物中心取代时，那么大都市的衰退将不可避免。许多作家揭露了对旧城市的遗弃与市中心的破坏（见第 6 章）[4]，比如雷纳·班纳姆的《洛杉矶：四个生态法则的建筑》（Los Angeles: The Architecture of Four Ecologies, 1971）。乡村民谣歌手琼尼·米歇尔（Joni Mitchell）写了一首伤心留恋的民谣歌曲［《黄色出租车》（Big Yellow Taxi，1970）］，记录了城市的破坏以及他们如何"铲除了乐园并建了一个停车场"。雷利·斯科特（Ridley Scott）在改编自菲利普·K·迪克（Philip K Dick）的科幻小说《机器人会梦见电绵羊吗？》（1968）的电影《银翼杀手》（1986）中描述了未来洛杉矶破碎大都市的糟糕形象。[5]无数的黑色漫画书，比如弗兰克·米勒（Frank Miller）的《罪恶之城：难说再见》（1991），将雷蒙德·钱德勒（Raymond Chandler）的侦探故事升级成为图像化的小说。[6]

早前罗伯特·M·弗格森（Robert M. Fogelson）在《碎片大都市》（1967）一书中描述了班纳姆设计的洛杉矶。[7] 爱德华·索雅（Edward Soja）在他的《后现代地理学》（1989）以及他的《后大都市：城市和区域的批判性研究》（2000）两本书中回应了这一历史主题。[8] 城市地理学家戴维·哈维（David Harvey）在《后现代的条件》（1989）中将城市碎片化与在国家联邦上建立的现代布雷顿森林货币体系的崩溃联系在一起，它被一个新的无情地追求利益的全球企业体系取代，但这个体系后来被证实存在安全利益投资和保留城市独立用地价值的问题。[9] 在撒切尔夫人执政的英国和罗纳德·里根执政的美国，巨型城市碎片成为可行的形式。利他主义先锋和综合体开发商——建筑师约翰·波特曼（John Portman）在底特律市中心设计的文艺复兴中心（1977）完美地展现了独立碎片系统。这个被遗弃城市中的独立的围墙城市（walled city）矗立于水岸和高速公路旁，与周边地区以一条几乎废弃的无人驾驶单轨铁路相连。被遗弃的杂草丛生的城市街区，与巨型结构城市碎片或独立用地形成鲜明的对比，并常常反映在纪录片摄影师的作品中。人们可以深切地感受到那种震撼，例如卡米洛·维盖拉的《美国的废墟》（American Ruins，1999）。[10]

雅各布斯认为，密集的城市而非扩张的郊区，才是世界经济增长的引擎与革新的重要场所。她爱她家乡村庄中的街道"芭蕾"，不同的人们以不同的方式在不同的时间使用它——一天、一周、一个月、四季和一整年。[11] 她赞美城市人行道在控制

空地、被遗弃的房屋和市中心的天际线，底特律，美国（摄于 2005 年）
（照片源自 Jeff Haynes/Getty Images）

论和反馈互动中的复杂性，个体在其中随机地与对方互动。她了解城市创建者在微小尺度中与在城市建设中的角色，希望在正崩溃的自上而下的大都市规划过程中（在 1970 年代中期纽约逃过了破产）给这些城市的小人物民主的发声机会。[12]

雅各布斯早期关于城市的新闻报道和呼吁为她带来了哈佛城市设计大会的邀请。在那里，J·L·泽特院长〔勒·柯布西耶的学生，国际现代建筑协会（CIAM）成员，沃尔特·格罗皮乌斯的继承者〕在 1950 年代中期试图建立城市设计的第一门课程。[13] 泽特希望超越对手"十人小组"成员路易斯·康 1951 年在宾夕法尼亚大学开设的城市设计（civic design）课程。泽特希望通过雅各布斯的视角带给现代主义一个更敏感的、小尺度的新生，但是他本人那个时期在拉丁美洲的作品却仍束缚于大广场和宽阔的人行步道。[14] 他后期的作品，比如哈佛大学霍利奥克中心（1965），成功并巧妙地将一个现代主义混凝土建筑融入一个临近哈佛广场的密集的小型历史街区。雅各布斯的工作与许多城市设计者对小尺度和街道丰富生活的愿望相关。先锋美国购物中心设计师维克多·格伦也住在纽约的格林尼治村并与雅各布斯成为朋友，雅各布斯支持他对沃斯堡市中心（1955）的步行化规划。在其周围的环路上是一系列巨大的多层停车场以及一条为卡车设计的地下道路（就像许多当代购物中心那样）。[15]

泽特像勒·柯布西耶在法国孚日省的圣迪耶（St-Die-des-Vosges）和印度昌迪加尔所做的设计那样（见第 2 章和第 4 章），在他的设计中将步行道与机动车分离以营造一个碎片式的新市民购物中心，如同他与勒·柯布西耶为波哥大做的策划以及他与保罗·莱斯特·维纳（Paul Lester Wiener）在拉丁美洲的工作。他的学生贝聿铭采用了这个想法，并设计了在郊区的步行道购物中心，例如在纽约长岛巨大的单层绿色田野（Green Acres）购物中心（1956）。来自米兰 BBPR 事务所的现代建筑师、国际现代建筑协会（CIAM）成员欧内斯托·罗杰斯，赞同泽特在尊重中心城市固有尺度和传统的同时复兴现代主义的期望。[16] 罗杰斯设计了一个异位的、混合用途的、使用预制和预应力的预制混凝土的摩天楼——米兰的维拉斯加塔楼（Torre Velasca，1958），其包括一个小型商业拱廊、办公室和奢华公寓（一个打破了现代主义禁忌的综合体——没有分离所有功能至不同的建筑中）。班纳姆抨击了这栋楼，因为它的许多鳍状物使其看起来像米兰大教堂的哥特式钟楼。[17] 班纳姆指责罗杰斯背离了现代主义，罗杰斯则反驳班纳姆是"冰箱爱好者"（暗指他对流行图标和洛杉矶的偏好）。[18]

再造的城市设计：特别区，独立用地和城市设计导则

该时期欧洲早期的小规模冲突，标志了帝国大都市旧秩序的崩溃，以及对大都市带的形成和美国冷战中贸易统治的不同回应。1950 年代，米兰综合理工学院教授，《Casabella》杂志的编辑欧内斯托·罗杰斯，将城市设计形容为一个拥有漫长欧洲传统的新兴学科。[19] 罗杰斯解释说，将其称为学科，因为这个新兴领域有其特有的规则、标准和准则，拥有特殊的知识体系以形成决策的基本原则。由于意大利共产党的影响，意大利城市设计师会因了解苏维埃的城市设计而在西欧与众不同。他们熟悉超大尺度纪念物和莫斯科的宏大规划，同时拒绝他们的作品成为墨索里尼集权主义时代记忆的纪念物。罗杰斯自 1930 年代在朱塞佩·萨莫纳（见第 5 章）带领下的威尼斯大学学习类型学和形态学，受此影响，他将城市设计作为连续性传统的概念。在 1950 年代，罗杰斯和他的事务所 BBPR（Banfi，Belgiojoso，Peressutti & Rogers）在米兰市中心工作，力图将他们的现代主义风格的建筑融入城市背景。他们在精致的裙楼中加入混合功能，与周边 19 世纪拱廊建筑的尺度相适应，以及尊重老巷分割庭院的小路。事务所试图以小尺度的现代主义空间语言复兴街道建筑和建筑立面。罗杰斯将建筑和这个城市视为一种语言——在整个城市的背景下，由结构元素定义它们的关系与空间会话。罗杰斯期望的远景与勒·柯布西耶相同，即扩大尺度去容纳城郊巨型街区，尺度与工业时代的工业化磨坊、工厂和纪念物一致，这些在 1960 年代启发了他的学生阿尔多·罗西（见第 8 章）。[20]

罗杰斯在他寻找可以和历史城市小尺度相联系的新欧洲城市建筑的过程中，在伦敦一个私有的建筑杂志《建筑实录》中找到了一位天然的盟友。这个人即戈登·库伦，他为这个月刊杂志的"村镇景观"（Townscape）专栏撰文并绘图（之后集结成书出版，《简明村镇景观》，1961）。[21] 这份杂志的所有者 H·德·克罗宁·黑斯廷斯（H de Cronin Hastings）与地理学家托马斯·夏普（Thomas Sharpe）密切合作，与库伦一样热爱亲密的、个体化的乡村规划尺度。[22] 这些惹人喜爱的地方可能是像布兰德福德·福鲁姆（Blandford Forum）这样风景如画的英国村庄，或是如同贝加莫（Bergamo）

戈登·库伦，"案例汇编：视觉序列"，摘自《简明村镇景观》，1971 年
（资料来源：戈登·库伦，《简明村镇景观》，The Architectural Press，London，第一版，1971，p17）

BBPR 事务所（Banfi，Belgiojoso，Peressutti & Rogers），维拉斯加塔楼，米兰，意大利，1958 年（摄于 2009 年）
（照片源自 David Grahame Shane）

的意大利山中小镇。库伦将意大利山中小镇视作好的城市设计的象征。库伦为设计小尺度城市环境创造了一种新的语言和元素系统，将"城市房间"、"独立用地"、"周围地区"、"室外房间"和"通道"描绘为一系列城市围篱，让行人可以优雅舒适地在村庄活动（路易斯·康在国际现代建筑协会于荷兰奥特洛（Otterlo）召开的会议上也提到了"城市房间"和"围篱"，这次会议中"十人小组"分离出来，标志国际现代建筑协会的终结[23]）。库伦在他的书和杂志文章中，抨击了无人使用，也几乎无人喜爱的现代城市设计中的开敞布局和巨大的开敞空间，这尤其体现在英国新镇中。

库伦绘制了一幅杰出的图画，总结了他的"序列图景"（serial vision），显示出一个人如何在一个理想的意大利村庄或山顶环境中活动。[24] 在这幅图画中，草图像一个电影情节串联图板，显示了在穿过一个城市大门进入城墙后，一系列有界广场如

198　**本·汤普森（Ben Thompson），法尼尔厅（Faneuil Hall）透视图，波士顿，马萨诸塞州，1971—1976 年**

（感谢 Carlos Diniz 家族允许复制他的作品）

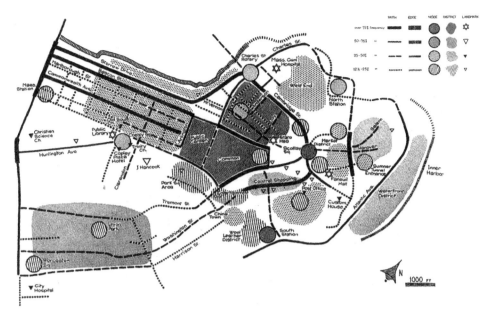

凯文·林奇，波士顿地图，马萨诸塞州，美国，摘自《城市意象》，1961 年
（地图与图例源自 1960 Massachusetts Institute of Technology，by permission of the MIT Press；资料来源：
凯文·林奇，《城市意向》，MIT Press，Cambridge，MA，fig 35，p146）

何将人引入教堂广场，在更远处可以看到远处地平线和群山的墨索里尼风格的半圆形广场。《简明村镇景观》中其他手稿显示，库伦并不反对将新建筑融入旧的环境中，或限制汽车的可达性，只要限行装置将机动车的速度和范围限制在一个封闭的城市碎片系统中。在后期为伦敦考文特花园（Covent Garden，1971）绘制的图像中，尽管库伦不反对一个就近（LLC）的提议——在海滩上建一座巨型结构，覆盖在泰晤士河旁被规划的高速路上，但他还是加入了一条地下高速路和停车场。[25]

凯文·林奇从出版物和一些学生［如 MIT 的戴维·格斯灵（David Gosling）］口中了解到库伦的美学偏好，他试图在他的《城市意象》（1961）一书中为库伦提供一个务实可行的基础。[26] 就在一条新的高架干道从水岸和北角区意大利社区的小山顶站点穿过，试图分割商务核心时（与此同时，在 1962 年，格伦正为了建一个公园内的高层混凝土街区而忙于拆除波士顿西角区的另一部分），林奇就此事件访问了 1000 余名来自波士顿中心的本地居住者。林奇展示了一幅由波士顿居民共享的中心城的破碎的认知地图，其中包含清晰的邻里社区或"地域"，以及有明显视觉感官和社会特征界限的碎片独立用地。这些区域被主路或"路径"连接。此外，步行出行的人们还将特殊建筑物，尤其是教堂中堂或高层建筑，作为引导装置或"标记"，将一些主要道路交叉处作为"节点"，与系统中的"路径"交叉。在 1959 年，基于这项研究，林奇和他来自麻省理工学院（MIT）的合作人，即波士顿再开发管理局（BRA）建议建立一种新的城市发展中介以改造内城。他们研究了如何改造高架的中央干道周边，并提议在昆西市场历史保护区和西侧，即旧水岸和东侧建立新的公共广场和市政厅。[27] 泽特的哈佛城市设计研究生贝聿铭赢得了随后的城市设计竞赛（1961），卡尔曼、麦克金内尔和诺尔斯（Kallman, McKinnell & Knowles）赢得了新市政厅设计竞赛（1962）。本·汤普森（来自哈佛）将昆西市场改造为一个"节日市场"（1971—1976），最终中央干道在21世纪初被置于地下，作为"大挖掘"（BigDig）这个城市交通道路改造工程中的一部分。

林奇展示了与波士顿再开发管理局（BRA）协作下碎片化城市设计的力量。当林奇提倡昆西市场历史保护的同时，他却支持一个历史上受水手们光顾的红灯区——弗利广场（Foley Square）的拆毁，但力求保留周边北波士顿的历史城市村庄。这种选择性的历史保护与破碎的现代干预所形成的碎片化拼接的结合物，为1960年代美国许多历史中心市区的再开发提供了一种新模式。基于密斯·凡·德·罗设计的位于派克大街的西格拉姆大厦（1958），纽约城市规划委员会于1961年修订了纽约的基本区划法［颁布于1916年，与创造了大都市图景的"建筑后退"法则一同产生（见第4章）］，允许广场上建设新塔楼。追求更高高度的现代高塔迅速涌现在广场上，迫使区划法在1970年代初期再次被修订。后期的区划法修订回归街道和城市中的"特别区"或斑块理论，取代了之前全面的总体规划设计。市长约翰·林赛（John Lindsay）在1967年组建的美国第一个市政城市设计部门制定了这些新规定。该部门发展了城市碎片作为微市区工具的波士顿理念，创造了非凡的特别区。法律层面上，这些规定基于最初的"1916年华尔街特别区"。在那个特别区，早前的摩天大楼违反了新的"建筑后退"法则，是一种"例外"；但未被处罚，因为它们建于新规范出台之前。基于这些特别区，城市设计者们引入环境区划法，以保护中心城区的街道链接以及之后的市中心区和第五大道。[28]

乔纳森·班尼特（Jonathan Barnett）在《都市设计概论》（1982）中解释了设立特别区的初衷最初是希望保护像中国城和小意大利（Little Italy）这样的城市村庄以及剧院区，但后来却在推行城市设计目标的刺激下扩张，例如对市中心区的第五大道街道围墙的保留和格林尼治村的历史保护。[29] 该系统允许社区在一定城市边界内自下而上地输入。班尼特展示了该系统作为一种刺激措施的发展路径，1970年代中期对炮台公园城（Battery Park City）进行扩张并将其覆盖，创造出一个由独立权威机构控制、纽约州提供经费的特别区。在这里亚历山大·库珀（Alexander Cooper，城市设计团队一员）设立的新规定与1978年斯坦顿·埃克斯塔特（Stanton Eckstut）制定的城市设计导则共同引导建造了新的街区和广场。该设计改造了一个纽约历史街区或称城市村庄，模仿上西区的邻里社区，但在康奈尔文脉主义者（见第204-205页）

大教堂广场，卢卡，意大利（摄于 2004 年）
文脉主义作家卡米洛·西特（Camillo Sitte）在 1890 年代赞赏了卢卡的城市设计，因为像教堂这样的纪念性建筑在城市中被埋没了，而没有如现代建筑般矗立在广场中央（照片源自 David Grahame Shane）

和欧洲理性主义者（见第 8 章）的影响下采用了新的现代密度。在 1980 年代炮台公园城的成功之后，特别区和城市设计导则成为全球发展的新规范，同时独立州当局可以提供有助于发展和经济增长的帮助（例如应用在伦敦金丝雀码头、柏林波茨坦广场和 1990 年代的上海浦东，以及 21 世纪初的迪拜和阿布扎比）。班尼特继续撰写了《碎片大都市》（1995），在其中他将碎片化分析扩展至城市领域的设计，研究了散布在美国景观环境中的大城市碎片、购物中心、办公楼、大型住宅居住区、工业公元和娱乐地区的发展。[30]并非所有后来的亚洲或中东的大城市碎片都保留了炮台公园城的背景设计导则。例如浦东和迪拜，在孤立巨型街区的购物中心裙楼之上建设了巨大的摩天大楼，这些街区处于公共绿地或沙漠中宽阔的大马路旁。

202 碎片大都市：拼贴城市和城市群岛

在撰写《城市意象》（1961）之前，林奇在 1950 年代后期为罗马学者绘制了卢卡广场、通路和街巷的序列，卢卡是一个被 19 世纪后期奥地利城市文脉主义理论家卡米洛·西特（Camillo Sitte）深入研究的意大利中世纪城镇。[31]西特在他的《依据艺术原则建设城市》（1889）一书中赞美了市中心的小尺度市场广场以及依次引导的不规则序列，这些序列最终以大教堂广场为尽端（也是库伦图示"序列图景"的灵感来源）。[32]他指出，所有序列化的公共建筑都隐藏在广场的街道界面中：没有一个作为孤立个体矗立在广场上。他论证道，正是小尺度的围合与社区的参与形成了这样的亲切环境。西特成长、学习于维也纳中心区；在他眼中，新帝国环城大道（1860 年代启用的环路）以及它巨大的开敞公园、广场、林荫大道、宫殿、博物馆、国会大厦、大学和剧院是没有灵魂的大都市空间，应被细分形成更友好的社区（他在他的书中记录了这一点）。

由柯林·罗（Collin Rowe）在 1960 年代早期建立的康奈尔大学的城市设计项目，跟进了这次对现代城市开敞景观的批判，但仍坚持柯布西耶的大尺度超大街区的准则。托马斯·舒马赫（Thomas Schumacher）在《Casabella》杂志中的文章《文脉主义：城市理想加变形》（Contextualism: urban ideals plus deformations，1971）非常清晰详细地说明了康奈尔学派的观点，即城市设计师应对理想的乌托邦和几何建筑形态学进行变形，以在特殊的城市背景下适应实践。[33]舒马赫记录了许多设计师意识到小尺度微环境的例子，列举了许多时期的历史先例（包括现代主义）。在 1978 年，炮台公园城的设计师编写了城市设计导则，仔细考虑了微观准则（micro-codes），对建筑立面的比例、退线规范、人行道宽度，甚至景观元素以及小街区设计定线和细分发展进行控制。这次精细设计的进步从个体土地所有者手中夺走了控制权，他们自下而上地参与、不得不服从整体的规范框架。在特别区碎片中，库珀和埃克斯塔特创立了新的微观准则和

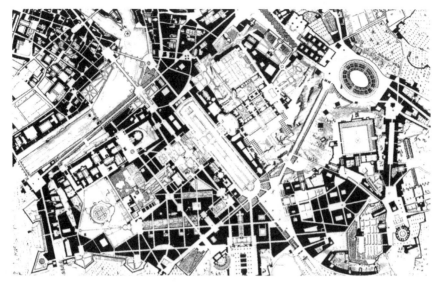

柯林·罗，芭芭拉·李滕伯格、斯蒂芬·彼得逊、朱迪斯·迪马约和彼得·卡尔，"不规则的罗马"竞赛局部平面图，1978 年
（绘图源自 Barbara Littenberg）

微区划方法（根据班尼特的理论，与控制论理论和参与性反馈系统相关）。[34]

在同一年，美国建筑师迈克尔·格雷夫斯（Michael Graves）组织了"不规则的罗马"（Roma Interrotta）竞赛，以探究在不同的城市设计师和建筑师设计中，碎片式的城市会是什么样。[35] 格雷夫斯将 1748 年詹巴蒂斯塔·诺利（Giambattista Nolli）的罗马图底地图作为基础，将开敞空间显示为白色广场，与黑色的建筑底面形成对比，这是文脉主义者所喜爱的方式（可以对比鲜明地体现城市空间）。柯林·罗与他曾在康奈尔的学生芭芭拉·李滕伯格（Barbara Littenberg）、斯蒂芬·彼得逊（Steven Peterson）、朱迪斯·迪马约（Judith DiMaio）和彼得·卡尔（Peter Carl）一起设计了一个空间片段；文丘里－斯科特·布朗团队根据他们的拉斯韦加斯理论设计了另一个；理性主义者克里尔（Krier）兄弟（见下一章）设计了两个空间片段；英国建筑师詹姆斯·斯特林讽刺地在景观环境中创造了一个全部由孤立碎片的大尺度项目组成的空间片段；其他设计师则在细长的平板街区中构思了现代主义的住宅碎片。无论碎片的个体质量如何，几乎没有碎片与周边相连。柯林·罗为他的团队创造了虚构的历史背景，他们一起在罗马的三座山上设计了三个城市相邻街区的独立用地，以及一个沿山谷从台伯河延伸到公共广场的链接。这样，或许在同年出现的雷姆·库哈斯的《疯狂纽约：曼哈顿的回顾宣言》也就不那么惊奇了。它拥有控制的怀旧梦，以及在单一网格下建立的大都市秩序，勾画出城市的天际线的期望（见下一章）。[36]

如同"不规则的罗马"（Roma Interrotta）竞赛，柯林·罗和他的康奈尔同事弗瑞德·科特（Fred Koetter）在 1978 年出版的《拼贴城市》中，也主张一种"开放城市"设计，即多方城市创建者可以自由建立他们破碎的乌托邦设计。[37] 如同炮台公园城，这标志着一种根本转变——由像勒·柯布西耶这样的现代建筑师的统一总体设计，转向破碎拼贴城市所体现的明显的自由化。对于柯林·罗和科特，这种破碎的理想化，还包括对过去年代中的设计和不同城市碎片先例的认知和积累。康奈尔文脉主义者这种产生于不同城市碎片中，对于设计模式中不同生活世界认知的能力，迈出了激进的一步，成为一种分层的设计方法论，随历史街区与历史街区叠加，形成了碎片大都市。在实践方面，这些碎片的命名可以与特别区的名称相结合。同样的分析方法还适用于大都市带末端，在这里大量的方盒子型的零售场所、巨型购物中心、莱维敦住区、办公园区和工业居住区形成了横跨大陆的，以高速路相连的大型单层碎片。

204　　　与林奇一样，对于科特和柯林·罗，不同碎片重新整合的关键是城市创建者和设计者脑海中的认知地图。在《拼贴城市》中，这张地图涉及这个城市和给予它特殊性格的历史和深刻知识（柯林·罗为他的"不规则的罗马"竞赛小组编写了虚拟的历史脚本）。在《拼贴城市》的最后，科特和柯林·罗概括了五个关键城市元素以帮助激活城市的整体感受（尽管它也有破碎性）。如同欧内斯托·罗杰斯倡导的元素，这些元素指出了一个新规则，包括：

1. "很好的街道"（链接）
2. "平衡器"（拥有单一中心的独立用地）
3. "场地"（有共享构造形式和多中心的大型嵌套式独立用地，比如北京的紫禁城）
4. 可以俯视整个城市的"风景眺望处"（帮助心理地图概念的重新整合）
5. 结合不同城市场地，随着时间推移形成多种尺度的"模糊复合的建筑"（异托邦）[38]

科特与他的合作伙伴苏西·金（Susie Kim）与 SOM 一起，在 1990 年代为伦敦金丝雀码头设计了城市设计导则，这个项目的开发商与在炮台公园城建造世贸中心的是同一个。[39]

柯林·罗和科特的同事，在康奈尔总抱批判态度的昂格尔斯（O.M. Ungers）院长（库哈斯的老师），提议在其 1976—1977 年柏林的暑期学校（与库哈斯共同教学）中将"城市群岛"作为"拼贴城市"的替代模型。[40] 关键不同在于昂格尔斯强调以景观环境填充碎片化的空间（他称这些碎片为"城市中的城市"，城市创建者在其中设计它们的环境时，总遵守秩序的框架）。这些绿色空间为后来的城市设计者展

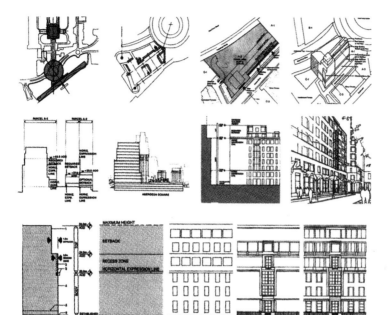

科特－金事务所与
SOM建筑师事务所，
伦敦金丝雀码头的
城市设计导则，约
1992 年
（绘图源自 Fred Koetter）

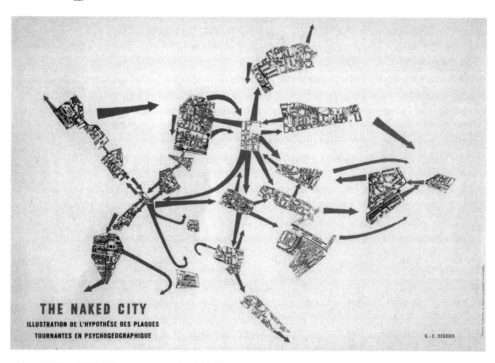

盖伊·德博，"裸露城市"，1957 年（见彩图 30）
巴黎的情境主义图与被红箭头连接的"气氛"碎片
（绘图源自 Collection FRAC Centre，Orléans，France. Potographe François Lauginie）

现出生态和景观的价值。在柏林暑期学校，昂格尔斯关注西柏林的"绿色空间"、公用场地、花园别墅区和废弃地，这些本是德国首都扩张过程中城市碎片间的郊外地区。他的灵感或许来源于盖伊·德博（Guy Debord）在他"裸露城市"（The Naked City，1956—1957）破碎的地图中描述的心理 – 地理学的"气氛"。[41] 这里保罗·克里（Paul Klee）偏爱用代表充满渴望的红色箭头连接白纸上的空白和从标准巴黎地图剪下来的城市碎片。昂格尔斯强调这些碎片和碎片间的空白空间，按照汉斯·夏隆传统和德国的城市景观传统（见第 6 章），将它们视作绿色空间。在 1980 年代，柯林·罗在他退休时受邀参加了西柏林的国际建筑展（IBA，Internationale Bauausstellung/International Building Show），为首都的重新统一做咨询，学习昂格尔斯，推行贯穿城市的绿色廊道，分离并整合城市碎片，组成更大的概念模型。

碎片化大都市：分形设计和非正规性——城市片段

"拼贴城市"作为萎缩的欧洲大都市的城市设计操作系统的大问题在于，如何连接和联系城市创建者创造的城市碎片，这曾在"罗马建筑设计展"城市幻想中反映出来。柯林·罗和科特在 1840 年间倾向于将慕尼黑作为理想模型，在这里无论是哥特风格还是新古典主义，工业化的水晶宫还是浪漫的自然风景式园林，一个小王国里慈善的王子帮助促成城市创建者的梦想。[42] 评论家指出，这种自上而下的系统相对简单并同那些众多利益相关者与当代城市产生了鲜明的对比，产生了复杂的后现代城市政治。多方参与者和众多冲突的声音使得解决这些对立的观点很困难（比如体现在纽约世贸中心"9·11"后重建的推迟）。

特别区系统的孤立和破碎的城市设计也给城市创建者带来了问题。碎片可能非常孤立，比如伦敦港的金丝雀码头，在 1990 年代与地铁和高速路分离，使得其开发商破产。在 1945 年后的许多年里，种族主义者主导的南美政权在其种族隔离的政策中将孤立与碎片化的逻辑推向极致，体现在它隔离的营地和镇区中（见第 8 章）。艾雅·威兹曼（Eyal Weizman）以及其他人在《文明的侵占》（A Civilian Occupation，2003）一书中指出，一种看似简单的，但在某种程度上十分野蛮的逻辑使得巴勒斯坦西岸犹太人和阿拉伯人居住地形成了竖向的隔离。[43] 萨斯基娅·萨森（Saskia Sassen）在《全球化城市：纽约，伦敦，东京》（1991）一书中称，每个重要的全球化城市，不仅包含全球化的经济服务中心，还包含犹太社区和移民者居住的独立用地作为其廉价劳动力的基础资源，比如金丝雀码头。[44]

在其他情况中，碎片大都市的孤立可以被封闭社区或主题公园的开发转变为优势，在这里只有付费的客人、登记的居民或他们的服务员可以获得特殊城市碎片的

迪士尼公园大街，加利福尼亚州阿纳海姆，美国，2005 年
（照片源自 David Graheme Shane）

进入权。华特·迪士尼在其于加利福尼亚州阿纳海姆（Anaheim）的迪士尼主题公园
（1954，见第 5 章）展示了一个如何规划的城市碎片可以让在快速变化的世界中焦虑
的市民们放松心情的完美范例。在电视宣传作用下，迪士尼公园的梦幻大街在它营
业的第一年吸引了 1200 万人次到访，并在之后持续如此。佛罗里达州的华特·迪士
尼世界甚至在最惨淡的时候仍每年吸引超过 3000 万人。面对亚洲、拉丁美洲和非洲
郊区或快速扩张的城市中的居民，怀旧的城市村庄街景在运营这些主题公园中扮演
了重要角色。[45] 这些静止的城市街景为独立用地开发商、设计师和居住者提供了一个
预制的城市意象，如同一个稳定牢固的舞台布景。这种透视绘画法元素为开发商达
成了许多市场目标。类似的图画般的策略可以在迪拜和其他盛产石油的中东和伊斯
兰世界的主题公园与购物中心的市场营销中看到。在英国，查尔斯王子对在多切斯
特外其个人拥有的庞德伯里区（始于 1993 年）的小型城市村庄进行改造，通过微区
划回应了同样的心理放松的主题。该项目类似炮台公园城，但此次结合了图画般的
英国传统村庄、大型地产和他们富裕的土地所有者。[46]

　　城市设计碎片化系统的另一个优势，是一个已知的城市准则可以在另一个地方
重复，在新碎片中进一步发展，形成迭代分层或展开的碎片体系。比如，在炮台公
园城和世贸中心的案例中，最初碎片的成功在全世界范围内被复制，比如香港、东

京和孟买。这些独立用地与特别区的定义共同出现，包括特殊纳税权、法律免责、特殊主权、特殊设计区划和特殊居住独立用地。从南非的约翰内斯堡到莫斯科，购物中心裙楼与摩天大楼塔楼结合，在现存城市的中央和边缘形成新的商务区。居住塔楼也可以插入这些商业裙楼，形成在香港新城 1980 年代首先实行的新城市主义设计风格（见第 7 章）。这种新的杂交城市碎片成为可以被设计师和城市创建者在不同地点和时期无限复制和替代的模式，形成不会再次出现的、重复的分形模式。一种类似的分形模式存在于 18 世纪和 19 世纪伦敦"大住宅区"的居住发展，以及新城市规划先锋安德烈·杜安妮（Andres Duany）和伊丽莎白·普拉特 – 兹伊贝克（Elizabeth Plater-Zyberk）的佛罗里达海岸设计（始于 1979 年）。布莱恩·麦格拉斯在纽约摩天楼博物馆网页上的"曼哈顿时间演变图示"展现了摩天楼的进化，它作为城市基本元素也可以被视作系谱的重复分形模式和不断创新。[47]

208   大都市的碎片化为许多城市创建者打开了一条道路，使他们可以控制源自贫民窟的本地城市环境、碎片或独立用地。这样的结果是一种在一个单中心主导地方的自组织系统和城市模式的嵌合体。大都市的碎片化还影响它以前的殖民地（甘地和毛泽东都强调农民村庄，认为这是他们国家再生的基础）。在《拼贴城市》出版之前的两年，联合国在温哥华的联合国人居署第一次会议（1976）中首先注意到大量的自建棚户区。在此，英国建筑师约翰·特纳、加拿大经济学家芭芭拉·沃德（Barbara Ward）和她的助手戴维·萨特思韦特为未受邀请的非政府组织（NGO）代表在一个废弃的水上飞机库组织了分会。[48] 在 2006 年在温哥华的联合国人居署第三次会议上，非政府组织占据了会议中心的大多数展览空间。这时自建住宅民居已被人们认知，槙文彦在他 1960 年的东京宣言（见第 5 章）中称其为"组群形式"。它们可被安置在地形等高线周边，比如库伦所钟爱的意大利山中城镇周边，就像巴西里约热内卢的山顶贫民窟，或委内瑞拉加拉加斯的棚屋（见第 6 章）那样。或在墨西哥城的平原或波哥大，巴里奥斯（barrios，邻里社区）可以安排在政府提供的超级街区链接中，形成主要商业街道和进出通道。在无数应用简单规则的自建房屋所产生的明显混乱中，产生了房屋风格和可行性条件，被克里斯托弗·亚历山大、约翰·特纳和其他许多人视作小尺度分形系统，这种系统产生了复杂的大尺度城市结构。[49] B·V·多西尝试在印度亚兰（Aranya）1981 年的项目中学习这种传统，在世界银行"场地和服务设施"计划（见第 6 章）中借鉴特纳的自建观点。

    衰退的现代主义巨型结构，比如韩国首尔的 Sewoon Sangga 市场（建筑师金寿根，建于 1960 年代中期），可以在快速转换的碎片大都市动态中，形成意料之外的杂糅和异位的城市元素。[50] 就像卡洛斯·劳尔·比亚努埃瓦在委内瑞拉的加拉加斯设计的 23 de Enero 地产（见第 2 章，第 79 页），小尺度棚屋侵入了现代主义巨型结构

金寿根，Sewoon Sangga 市场、办公室和住宅巨型结构，首尔，韩国，1960 年代中期（摄于 2008 年）

照片显示出周边非正规的自建市场入侵了 1960 年代的建筑，这些建筑计划被拆除（见第 5 章，第 149 页）（照片源自 David Grahame Shane）

Sewoon Sangga 市场的周边开敞空间，延伸至两个城市超级街区。为了容纳老城门旁的市场，一个在机动交通上置有上层人行道甲板的现代链接被建成，街区上层在一个长的现代版筑结构中提供了大量房屋。该市场迅速扩张至周边的停车场，成为一个由小路和棚屋组成的非正式贫民区。同时，市场中各种各样的商铺竖向扩张至居住街区，形成小型百货商店。最初设计的大尺度清晰性很快被拥有它们自己分形逻辑的上百万次的小移动所颠覆。小城市创建者创造了杂糅结构的新种类，打破了所有城市的区划法则，混合住宅、商业、办公室和工业混杂其中，并创造了一个复杂的由竖向城市村庄和巨型街区构成的杂糅剖面（很快被拆毁以建一个新的科特－金事务所项目，其仍有一个杂糅剖面）。

　　Sewoon Sangga 市场的杂糅，如同正在拆毁的香港九龙寨城，展示了在破碎的城市设计生态学中城市剖面的重要性。[51] 阿尔文·博雅斯基（Alvin Boyarsky）在他的文章《芝加哥地图》（Chicago A La Carte，1970）中，和在英国伦敦建筑学院（AA

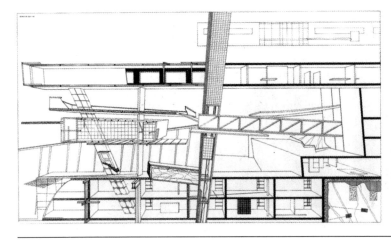

扎哈·哈迪德建筑师事务所，香港山顶项目的两张图纸，1981 年
（绘图源自 Zaha Hadid Architects）

School）任教时，鼓励在 1970 年代复杂的城市项目中进行剖面实验。[52] 在那里，扎哈·哈迪德在与 OMA 事务所的库哈斯和埃利亚·增西利斯一起教学的同时，赢得了 1982 年的山顶竞赛，在可以俯瞰香港的壮观景点的缆道顶部设计一个新设施［伦敦建筑学院研究生特里·法瑞尔（Terry Farrell）最终在此地建了一个不同的设施］。[53] 哈迪德的设计开放了现代主义巨型结构的中心，将酒店房间放置在可以俯瞰香港摩天大楼的新公共空间上部和下部的细长空间中。在酒店住宿层之间，哈迪德在高架上创造了一个弯曲的免下车的入口通向接待大厅，其上有一个酒吧和游泳池，可以从山坡俯瞰城市。这个引人入胜的三维坡道体验，固然不可否认是生动别致的，但与库伦历史城市村庄中"序列图景"的概念相差甚远。在此，城市剖面以新的方式被激活，创造了一个新的杂糅公共空间，它可以适应小尺度，潜在的自下而上的创新，也可以适应自上而下的准则。

小结

大都市城市设计生态学在大都市带压力下的崩溃和重塑反映了国家权力的缺失和市场中作为竞争的城市创建者的商业力量增长。罗纳德·里根总统和英国首相玛格丽特·撒切尔掌权的 1980 年代，展现了与布雷顿森林协定和美国马歇尔计划的背离，这二者曾在第二次世界大战后支持了欧洲、日本和"亚洲四小龙"的重建。在新自由主义经济的新时代，全球范围内美国石油公司和欧佩克（OPEC）石油储备丰富的国家的巨大石油利益促进了世界和全球经济机构的崛起，使得这些利润可以在安全的城市发展和独立用地中循环。

美国公司长久以来享受着国家市场带来的接近 1.5 亿人口的规模经济；而英国，

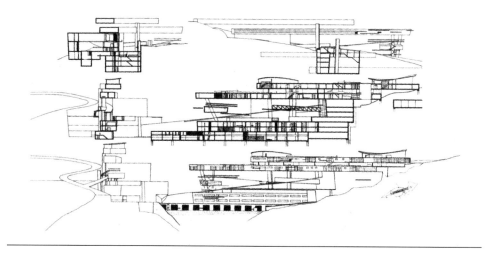

211

在 1945 年只有大约 5000 万人口。[54] 美国国家企业拥有领先全球市场的技术和品牌，欧盟则形成了类似规模的第二贸易区。这些大型国际市场需要庞大的能量和许多协调工作，其甚至超出了欧盟市场新规模的全球交流系统的计算能力。这些跨国公司的规模非常大，可能在全世界服务了 5 亿人，但它们却没能完全打入巨大的亚洲市场。截至 2000 年，印度和中国皆有大约 10 亿人口，其中只有三分之一生活在城市中。[55]

印度和中国的出现挑战了全球能源、经济、工业和电力领域的相关企业，若他们想在这样的一个市场取得成功，比如中国，他们需要将其组织扩大两倍，而若想同时进入两个市场，将需扩大四倍。截至 2010 年，中国的购物中心保有量预期将占世界最大的巨型购物中心的十分之七，并且所有这些巨型购物中心都将大过最初美国的巨型购物中心——明尼阿波利斯附近的美国购物中心（1992）。[56] 面对这样的挑战，以及印度和中国作为全球商业力量的崛起，一场大规模的组织和信息技术的转移正在进行，以在 21 世纪实现亚洲的城市化。大城市碎片——无论在沿着南德里的网络式小巷、北京二环边的中心商务区，还是上海浦东特别摩天大楼区——都展示了这些主导此次大规模建设的全球门户城市。碎片大都市的欧美传统正在被不断涌现中的亚洲特大城市天际线所改变。

在北京，库哈斯戏剧般的中国中央电视台（CCTV）总部，成为这个城市与亚洲未来纪念性空间塑造的共同象征，同时也是破碎的城市化中一块超大尺寸的空间个体。它被作为这个雄心勃勃的、拥有 10 亿潜在观众的国家媒体巨头的壮观公共象征。它是一个巨大的城市碎片，一个拥有商店、酒店和办公室的"城市中的城市"，被北京出租车司机悲剧地称作"大裤衩"（因为通常从高速路看到它的胯部）。这个巨大的城市标志，一个配得上大都市带的巨型结构，在其独立用地和广场中拥有它分离于其周边城市的非理性逻辑。尽管它与媒体系统和大众传媒相关，CCTV 大楼如同一个与城市孤立的纪念碑矗立着。它是能源消耗的怪兽和疯狂结构的表演。它复杂的内部布局藏在单一的巨型形式下。在这个巨大的高塔森林中，这座"跳舞的裤子"的标志形态将很快在城市天际线中丢失。这个未来信息城市中表面上的成功标志，将消逝于这个崛起的亚洲巨大城市 CBD 外环的交通洪流中。[57]

212　注释

注意：参见本书结尾处"作者提醒：尾注和维基百科"。

1　Jane Jacobs, *Dark Age Ahead*, Random House (New York), 2004.

2　Jane Jacobs, *The Death and Life of Great American Cities*, Vintage Books (New York), 1961.

3　On Lewis Mumford and Jane Jacobs, see: Alice Sparberg Alexiou, *Jane Jacobs: Urban Visionary*, Rutgers University Press (Pitscataway, NJ), 2006.

4　Reyner Banham, *Los Angeles: The Architecture of Four Ecologies*, Harper & Row (New York), 1971.

5　Philip K Dick, *Do Androids Dream of Electric Sheep?*, Random House (New York), 1996 (originally published by Doubleday (Toronto), 1968).

6　Frank Miller, *Sin City: The Hard Goodbye*, Dark Horse Press (Milwaukie, OR), 1991.

7　Robert M Fogelson, *Fragmented Metropolis: Los Angeles, 1850–1930*, Harvard University Press (Cambridge, MA), 1967.

8　Edward Soja, *Postmodern Geographies: The Reassertion of Space in Critical Social Theory*, Verso (London; New York), c 1989; Edward Soja, *Postmetropolis: Critical Studies of Cities and Regions*, Blackwell Publishers (Malden, MA), 2000.

9　David Harvey, *The Condition of Post-Modernity: An Enquiry into the Origins of Cultural Change*, Blackwell (Oxford, UK; Cambridge, MA), 1989.

10　Camilo J Vergara, *American Ruins*, Monacelli Press (New York), 1999.

11　On the 'ballet' of the Village street, see: Jacobs, *The Death and Life of Great American Cities*, pp 60–61.

12　On New York City near bankruptcy in 1975, see: Ralph Blumenthal, 'Recalling New York at the Brink of Bankruptcy', *The New York Times*, 5 December 2002, http://www.nytimes.com/2002/12/05/nyregion/recalling-new-york-at-the-brink-of-bankruptcy.html?pagewanted=1 (accessed 15 February 2010).

13　For Sert and the development of Urban Design at Harvard, see: Eric Paul Mumford, 'From the Heart of the City to Holyoke Center: CIAM ideas in Sert's definition of Urban Design', in *Josep Luís Sert: The Architect of Urban Design, 1953–1969*, Yale University Press (New Haven, CT), 2008.

14　For modernism and suburbia, see: JL Sert, *Can Our Cities Survive?*, Harvard University Press (Cambridge, MA), and H Milford, Oxford University Press (London), 1942.

15　For mall development and suburbs, see: Victor Gruen, *The Heart of Our Cities*, Simon & Schuster (New York), 1964, pp 214–219.

16　On Rogers and BBPR see: 'Torre Velasquez, Milan, Italy, 1958', *A+U: extra edition*, December 1991, pp 197–206. On Team 10 and Torre Velasca, see: Team 10 website, http://team10online.org/team10/meetings/1959-otterlo.htm (accessed 2 March 2010).

17　For Banham on Torre Velasca, see: 'Neoliberty: the Italian retreat from modern architecture', *Architectural Review*, no 747, April 1959; also: Luca Molinari 'Giancarlo De Carlo and the Postwar Modernist Italian Architectural Culture: role, originality and networking', Team 10 website, http://www.team10online.org/research/papers/delft2/molinari.pdf.

18　Ernesto Rogers, 'The Evolution of Architecture: reply to the Custodian of Frigidaires', *Casabella Continuita*, June 1959 (republished in: *Editoriali di architettura*, Einaudi (Turin), 1968, pp 127–136).

19　For Rogers on Urban Design as a discipline, see: EN Rogers, *Gli elementi del fenomeno* architettonico, Laterza (Bari), 1961, also: Paola Viganò, La Città Elementare, Skira (Milan; Geneva), 1999, p 9.

20 For Rossi and Rogers/Casabella, see: Alberto Ferlenga (ed), *Aldo Rossi: The Life and Works of an Architect*, Konemann (Cologne), 2001, p 14.

21 See: Gordon Cullen, *The Concise Townscape*, Architectural Press (London), 1961; also: David Gosling, *Gordon Cullen: Visions of Urban Design*, Academy Editions (London), 1996.

22 See: Erdem Erten, 'Thomas Sharp's collaboration with H de C Hastings: the formulation of townscape as urban design pedagogy', *Planning Perspectives*, vol 24, issue 1 (January 2009), pp 29–49.

23 For the Team 10 conference at Otterlo, 1959, see: Team 10 website, http://team10online. org/team10/meetings/1959-otterlo.htm (accessed 12 July 2010). For Kahn's 'urban room' references, see: DG Shane, 'Louis Kahn', in Michael Kelly (ed), *The Encyclopaedia of Aesthetics*, Oxford University Press (Oxford), 1998, vol 3, pp 19–23.

24 On Cullen's 'serial vision', see: Gosling, *Gordon Cullen*, p 9.

25 On Covent Garden, see: Kenneth Browne, 'A Latin Quarter for London', *Architectural Review*, vol cxxxv, no 805, March 1971, pp 193–201.

26 Kevin Lynch, *The Image of the City*, MIT Press (Cambridge, MA), 1961, p 109.

27 For Lynch and urban design in Boston, see: David Gosling and Maria-Cristina Gosling, *The Evolution of American Urban Design: A Chronological Anthology*, Wiley-Academy (Chichester, UK; Hoboken, NJ), 2003, pp 55 and 124–125; also: Kenneth Halpern, *Downtown USA: Urban Design in Nine American Cities*, Whitney Library of Design (New York), 1978, pp 183–99. For Lynch on the Boston downtown plan, see: Kevin Lynch, *City Sense and City Design*, MIT Press (Cambridge, MA), 1962, pp 665–674.

28 For Special Districts and Contextual Zoning Codes, see: Department of City Planning, New York City, *The Zoning Handbook*, New York, 1990; also: Richard Babcock and Wendy Larsen, *Special Districts: The Ultimate in Neighborhood Zoning*, Lincoln Institute of Land Policy (Cambridge, MA), 1990; also: DG Shane, *City of Fragments*, Bauwelt (Berlin), 1992.

29 Jonathan Barnett, *Introduction to Urban Design*, Harper & Rowe (New York), 1982, pp 77–136.

30 Jonathan Barnett, *The Fractured Metropolis: Improving The New City, Restoring The Old City, Reshaping The Region*, HarperCollins (New York), 1995.

31 For Lynch in Italy, see: Lynch, *City Sense and Design*, 1962, p 287. For Contextualism and Lucca, see: Camillo Sitte, *The Birth of Modern City Planning*, annotated and translated by George R Collins and Christiane Crasemann Collins, Rizzoli (New York), 1986.

32 Camillo Sitte, *City Planning According to Artistic Principles* (1889), translated from the German by George R Collins and Christiane Crasemann Collins, Random House (New York), 1965.

33 For Contextualism, see: Thomas Schumacher, 'Contextualism: urban ideals plus deformations', *Casabella*, no 104, 1971, pp 359–366.

34 On Battery Park City Urban Design Guidelines, see: Barnett, *Introduction to Urban Design*, 1982, pp 121–124.

35 For the Rowe team design, see: Colin Rowe et al, 'Nolli Sector 8', in *Roma Interrotta*, Officina Editione (Rome), 1979, pp 136–158; also: Colin Rowe, *As I Was Saying: Recollections and Miscellaneous Essays* (edited by Alexander Caragonne), MIT Press (Cambridge, MA), 1996, pp 127–153.

36 Rem Koolhaas, *Delirious New York: A Retroactive Manifesto for Manhattan*, Oxford University Press (New York), 1978.

37 Colin Rowe and Fred Koetter, *Collage City*, MIT Press (Cambridge, MA), 1978.

38 Ibid pp 152–181.

39 For Canary Wharf, see: Alan J Plattus (ed), *Koetter Kim & Associates: place/time*, Rizzoli (New York), 1997; also: SOM website, http://www.som.com/content.cfm/canary_wharf_master_plan (accessed 3 March 2010).

40 For 'city archipelago', see: 'Learning from OM Ungers' programme information, 9 May 2007, Eindhoven University of Technology website, http://www.citytv.nl/page/Tue/TUe.html

(accessed 1 April 2010); also: Oswald Mathias Ungers, Rem Koolhaas, Peter Riemann, Hans Kollhof, Peter Ovaska, 'Cities within the City: proposal by the sommer akademie for Berlin', *Lotus International*, 1977, p 19. For Ungers projects, see: OM Ungers, *OM Ungers: The Dialectic City*, Skira (Milan), 1999.

41   Guy Debord, *The Situationist City*, MIT Press (Cambridge, MA), 1999, pp 20-21.

42   For Munich, see: Rowe and Koetter, *Collage City*, pp 126–136.

43   Rafi Segal and Eyal Weizman (eds), *A Civilian Occupation: The Politics of Israeli Architecture*, Babel (Tel Aviv) and Verso (New York), 2003.

44   Saskia Sassen, *The Global City: New York, London, Tokyo*, Princeton University Press (Princeton, NJ), 1991.

214   45   For Disney, see: Karal Ann Marling (ed), *Designing Disney's Theme Parks: The Architecture of Reassurance*, Canadian Centre for Architecture (Montreal) and Flammarion (Paris; New York), 1997.

46   On Poundbury, see: Leon Krier, *The Architecture of Community*, Island Press, 2009 (Washington, DC), p 435.

47   For Seaside, see: David Mohney and Keller Easterling, *Seaside: Making a Town in America*, Princeton Architectural Press (Princeton, NJ), 1991. On Brian McGrath's Manhattan Timeformations, see: Manhattan Timeformations website, http://www.skyscraper.org/ timeformations/intro.html (accessed 3 March 2010). For fractal and iterative patterns, see: Michael Batty and Paul Longley, *Fractal Cities: A Geometry of Form and Function*, Academic Press (San Diego, CA), 1996.

48   On Barbara Ward and the 1976 conference, see: Barbara Ward, *The Home of Man*, WW Norton & Company (New York), 1976.

49   For self-built housing, see: John Turner, *Housing by People: Towards Autonomy in Building Environments*, Pantheon Books (New York), 1977. On the history and current status of self-built housing, see: David Satterthwaite, *The Transition to a Predominantly Urban World and its Underpinnings*, IIED (London), 2007.

50   For Sewoon Sangga Market, see: Heui-Jeong Kwak, *A Turning Point in Korea's Urban Modernization: The Case of the Sewoon Sangga Development*, Harvard University, 2002 and *Archive 22* at http://condencity.blogspot.com/; for Kim Swoo Geun, see: http://en.wikipedia.org/ wiki/Kim_Swoo_Geun.

51   On the Walled City of Kowloon, see: Greg Girard and Ian Lambot, *City of Darkness: Life in Kowloon Walled City*, Watermark Publications (Haslemere, Surrey), 1993.

52   Alvin Boyarsky, 'Chicago A La Carte', in Robin Middleton (ed), *The Idea of the City: Architectural Associations*, Architectural Association (London), 1996 (article first printed in *Architectural Design*, no 11, December 1970, pp 595–640.

53   On the Peak Project, see: Zaha Hadid, 'Two Recent Projects for Berlin and Hong Kong', *Architectural Design*, vol 58, 4 March 1988, pp 40–45.

54   For US population estimates, see: Population Estimates Program, Population Division, US Census Bureau website, http://www.census.gov/popest/archives/1990s/popclockest.txt (accessed 10 July 2010). For the British figure, see: British Population Animation, British History section, BBC website, http://www.bbc.co.uk/history/interactive/animations/population/index_ embed.shtml (accessed 12 July 2010).

55   See: Population Division of the Department of Economic and Social Affairs of the UN Secretariat estimates 2008, Revisions of estimates for China at http://esa.un.org/unpp/p2k0data.asp and India at http://esa.un.org/unpp/p2k0data.asp (accessed 12 July 2010).

56   On Chinese megamalls, see: David Barboza, 'For China, new malls jaw-dropping in size', *The New York Times*, 25 May 2005 http://www.nytimes.com/2005/05/24/world/asia/24iht-mall.html (accessed 28 June 2010).

57   On tall buildings, see: Guy Nordenson and Terence Riley, *Tall Buildings*, The Museum of Modern Art (New York), 2003, pp 102–109; also: http://en.wikipedia.org/wiki/China_Central_ Television_Headquarters_building (accessed 3 March 2010). For popular commentary on the CCTV tower, see: http://www.danwei.org/newspapers/cctv_underpants_and_hemorrhoid.php (accessed 1 April 2010).

雷姆·库哈斯和 OMA 事务所，中国中央电视台总部，北京，中国，2009 年（摄于 2009 年）

（照片源自 David Grahame Shane）

216   阿尔多·罗西，《类似性城市》(Citti analoga)，1976 年
（绘图源自 Eredi Aldo Qossi，courtesy Fondazione Aldo Rossi）

第8章

图解碎片大都市

正如帕特里克·阿伯克龙比在他 1943 年报道中所预言的一样，伴随着 1970 年代面临问题的大都市和大都市带的崩溃，城市设计在建筑和城市规划间作为独特的学科出现。[1]大都市作为帝国系统的中心，在冷战期间经历了欧洲帝国制度的崩塌，而在此时，美国和苏联作为世界超级大国出现。在欧洲首都，大都市中心收缩，港口、码头和工业区衰落；城市乡村中的社区遭受压力而搁浅。与此同时，由于石油生产国结成企业联盟，要求在超出联邦控制的庞大的全球化收益流中占有更大的份额。石油价格翻了三倍。[2]一系列石油价格尖峰引起主体经济崩塌，伦敦、纽约和东京这些 20 世纪晚期形成的全球经济中心都以石油经济为基础，都受到了不同程度的冲击。

在这困难时期，城市设计者创造了破碎的城市化系统，提供了控制房地产小斑块的可能性。正如凯文·林奇指出的，这个基本策略与设计师对环境完全掌控的郊区购物商场设计类似，但在这种情况下，设计扩展至更大的碎片，包括室外空间、街道和广场。在系统中碎片的特质差异很大，并且至少理论上，没有必要做任何全局控制或总体规划(反映出发展中跨国公司的新自由主义经济理论)。棚户区、城市村庄、莱维敦这样的规划社区、购物中心、办公园区或工业园区，都可以作为由高速路网架构的现代城市超级街区中的碎片运行（如同雷纳·班纳姆在对洛杉矶的研究中的实例；见第 5 章）。作为城市设计生态学的碎片大都市，使得许多新的城市声音得以出现，并在城市的讨论中作为参与者。从女权主义者对郊区孤立性的愤怒，到少数民族和同性恋群体对公平和平等的追求，这些声音各不相同。碎片大都市既适应了寻求社会公平的社区活动分子，又满足了为他们的投资寻求安全碎片和独立用地的开发商。

本章探讨城市碎片的演变过程，这些碎片作为世界上持有不同议题的城市创建者手中的装置。碎片化的新城市设计生态学出现在 1970 年代早期，但在佛罗里达州迪士尼未来世界（1982 年开园）的幻想异托邦中，它才淋漓尽致地反映出来。在那里，设计者抓住了在连接破碎的城市村庄的全球化系统中交流与运输的角色。奥运会也提供了另一个碎片化系统的异质展示，如 1992 年巴塞罗那奥运会和 2012 年伦敦奥运会。事实上，伦敦的设计师在帝国首都的收缩中，使他们的碎片和务实的城市传统相结合适应了新的全球角色，城市中金融企业的聚集和文化节点出现，使其成为

20 世纪末期碎片大都市的典范。

　　阿尔多·罗西在《类似性城市》（1976）中的图画展现了碎片化的局势。[3] 图画左上角一个悲伤的人指向分离和破碎的单中心老城。罗西淘气地使用了安德烈亚·帕拉第奥（Andrea Palladio）对 1556 年维特鲁威的丹尼尔·巴尔巴罗（Daniele Barbaro）译本的说明，书中展示了一个理想的文艺复兴环形规划城市，作为历史的、单中心的"archi-città"模型，但也插入了他自己的方案和罗马的经典的环形－放射模式中引向帕提农神庙的西班牙大台阶。在图画左上方，阴影中的罗西在他的房间中看向窗外的规划——一个中世纪意大利小镇历史中心与科学网格和"cine-città"（罗西又一次使用了他自己的里雅斯特学生宿舍的设计作为例子）现代城市秩序的梦想的交织。最终，在图画的下半部，老柏拉图式控制的几何图形从图框中伸出。一个 19 世纪雕刻中的阿尔卑斯山景观，正在城墙内崩塌，创造了一个新的杂糅城市版图，也许是"tele-citta"，扩张至一个伸向观众的开敞平地。

　　碎片大都市的灵活斑块使得城市设计者可以应对 20 世纪后半叶冲击城市的许多转变。一旦时代、大都市或大都市带的主要系统进入紧张期，异质碎片都提供了一种掌控局面的途径。随着全球城市人口中心从欧洲向亚洲转移，一个城市化的新形式在这些新碎片中渐渐出现。在 20 世纪尾声，由于亚洲的新发展决定了下一个世纪城市发展的步伐，欧洲正向亚洲借鉴城市理念——比如伦敦密集的、混合功能的、摩天大楼－链接－铁路－车站的碎片大厦（Shard）。

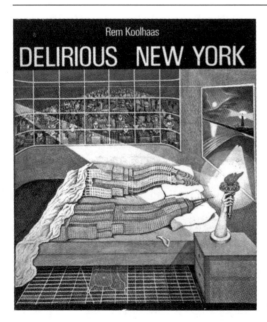

马德龙·维森多普，雷姆·库哈斯《疯狂纽约》的封面，1978 年
（图片源自 OMA/Madelon Vriesendorp）

城市群岛

1975 年现代大都市接近破产之后不久，年轻的荷兰建筑师雷姆·库哈斯在 1978 年出版了《疯狂纽约：曼哈顿的回顾宣言》。[4]1978 年，柯林·罗和弗瑞德·科特的《拼贴城市》出版，库珀和埃克斯塔特赢得纽约的炮台公园城竞赛（见第 7 章）。[5]库哈斯将曼哈顿视为一个巨大城市碎片的动态集合，例如作为碎片的洛克菲勒中心，使得曼哈顿成为不同于欧洲帝国首都的现代经济大都市（也不同于大都市带，像罗伯特·文丘里、丹尼斯·斯科特·布朗和斯蒂文·依泽诺小组在 1972 年描述的基于机动车的美国赌城拉斯韦加斯）。[6]

库哈斯看纽约的视角包括一种幻想异托邦的角色，如地铁线路末端的科尼岛和月神公园。这些游乐场在大众的想象中点亮夜晚，帮助塑造了这个现代大都市的摩天大楼形象。马德龙·维森多普（Madelon Vriesendorp）设计的封面插图调皮地捕获了一种城市理念——巨大的、竞争性的城市碎片在床上休息，而其他摩天大楼正通过窗户旁观。墙上的一幅图画显示了在环绕大都市节点茂盛的世界中，一辆孤单的汽车在郊区的风景中高速行驶。

12 年以前，在《城市建筑学》（1966）中，阿尔多·罗西提出依据城市的纪念性建筑表达出来的市民荣誉、集体回忆和使人们生活在一起的公共机构的传统（1959 年，"十人小组"成员路易斯·康在奥特洛演讲"城市房间"的另一个主题），来审视城市的生命。[7]罗西的书强调了塑造城市的理性主义传统。该传统从古希腊、古罗马继承而来，并通过文艺复兴，引发了 19 世纪大都市城市设计的技术进步，比如伊迪芬斯·塞尔达（Ildefons Cerda）设计的巴塞罗那（1859）或奥斯曼设计的巴黎（1852—1870）。

跳过勒·柯布西耶的现代主义，罗西试图联系早期理性主义传统，通过街道、街区、广场和花园来塑造城市，接近由柯林·罗领导的康奈尔大学当代文脉主义团体。罗西发现约瑟夫·施图本（Joseph Stübben）的《城市建筑》（Der Städtebau）手册（1876—1924）吸收了这个方法，并发现德国建筑师昂格尔斯也珍视这种传统。[8]他们共同影响了昂格尔斯的学生兼助手罗伯·克里尔，他与其在伦敦为英国建筑师詹姆斯·斯特林工作的兄弟里昂，在 1978 年共同策划了展览——"理性主义建筑：欧洲城市的重建"。[9]

此展览遵循了罗伯·克里尔的著作——《理论实践中的城市空间》（Stadtraum in Theorieund Praxis，1978）中的理念，该书发展了昂格尔斯的观点，认为城市碎片是在理性主义塞尔达传统（Cerdá）的影响下，网格城市扩张产生的准则。[10]克里尔将城市视作由规则构成的重组系统。这些规则设定了城市街区的高度限制和明确的道路宽度，提供了清晰的组织结构，很像拥有一个微型中央公园的完整纽约网格。罗伯·克里尔在一幅图画中吸收了对这种系统的观察，显示出在城市设计过程中所有可

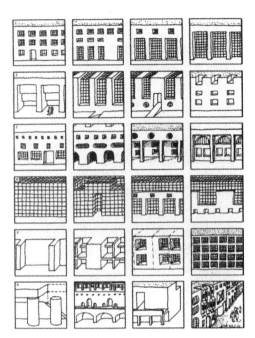

罗伯·克里尔，城市立面模型矩阵，1976 年
（绘图源自 Rob Krier）

能改变这一网格的不同形式操作。

1960 年代，城市设计小组在纽约创造了"特殊街区"。上图与"特殊街区"结合，定义了一代城市设计者的标准操作系统。当美国的规划团体在整个聚合的街区和城市方向上停止脚步时，克里尔继续定义建筑的地块、平面、剖面和立面，在一个网格模型中创作作为推荐的建筑系统。他的兄弟里昂画了小城市和都市村庄的卡通图，它们是基于这些基本的建筑元素建造的，深深地影响了下一代的城市设计师。

罗伯·克里尔的工作强调大城市碎片及其内部编码的规范尺寸，常常推测一些社区设计的形式。位于俄亥俄州辛辛那提的美国公司城市设计公司（Urban Design Associates，UDA）基于简·雅各布斯的工作，率先创造了社区咨询的途径。这个项目由凯文·林奇 1960 年代在 MIT 的学生戴维·路易斯（David Lewis）带领。路易斯帮助美国建筑师协会（AIA）编写了有关国家土地使用审核过程（Uniform Land Use Review Procedure，ULURP）的提案。提案允许社区设计进入大型城市设计项目，该提案应用于许多城市（包括纽约）。[11] 该法律机构在开发商和社区参与者中寻求平衡，给予他们一个洽谈的平台。

如同其他美国新城市主义运动（American New Urbanism movement）成员一样，UDA 继续深化了这个方法，创造了非常清晰的图表以便让社区成员理解；吸收了克里尔兄弟的成果以迎合他们的需求和美国市场。UDA 让当地社区团体积极、机智地参与到城市设计和政策制定的决策中，常常在一系列持久漫长的会议中达成共识。

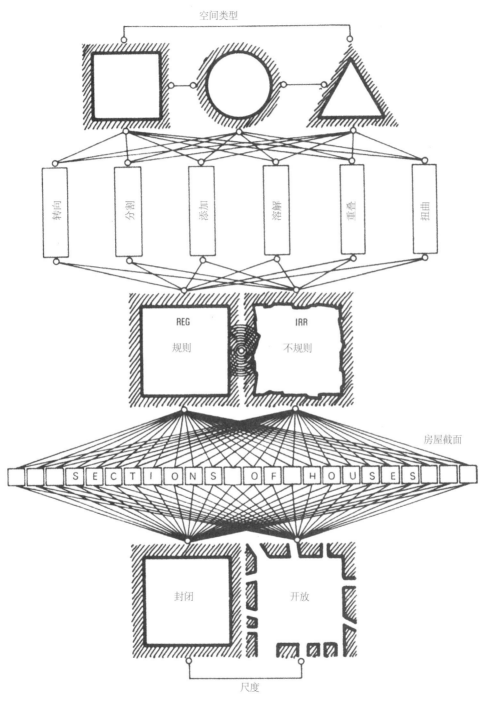

罗伯·克里尔，城市空间模型，1976 年

（绘图源自 Rob Krier）

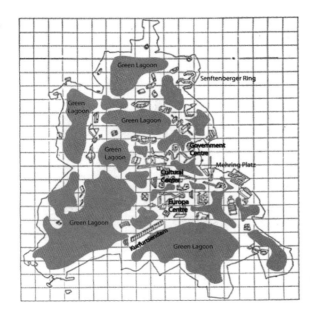

昂格尔斯，柏林城市群岛图与"绿岛"（green lagoons），1977年（作者重绘，2010年）（见彩图31）

（重绘源自 David Grahame Shane 和 Uri Wegman，2010）

他们为"组装套件"（Assembly Kit）做的海报诠释了社区可以如何通过商议"组装"一个设计，这样的设计常常出现在城市网络中敏感的地块填充中。[12]

"组装套件"（Assembly Kit）的图解还可用于在未建设用地上建设新郊区，创建出大量完全依赖机动车和石油的新城市领地。比如1980年代新城市主义运动团体成员杜安妮、普拉特 – 兹伊贝克所做的工作——在佛罗里达州海岸孤立的度假村开始了建设。[13] 其他新城市主义运动创始人强调机动车的替代物。彼得·卡瑟罗朴（Peter Calthorpe）和道格·可堡（Doug Kelbaugh）的《道路口袋书：新郊区设计策略》（Pedestrian Pocket Book：A New Suburban Design Strategy，1989）沿旧金山市南部的有轨电车和轻轨线规划了一系列假想的步行导向的小村庄。[14] 拥挤的多车道两小时通勤在1980年代和1990年代开始成为扩张的多中心大都市带主要产物，这与维森多普为《疯狂纽约》（1978）设计的封面中，机动车行驶在郊区空阔的双车道罗伯特·摩西公路上的景象不同。

库哈斯在康奈尔作为学生与昂格尔斯一起工作，之后在1976—1977年柏林暑期学校作为教职人员对柯林·罗和科特即将发表的《拼贴城市》（1978）做出回应。昂格尔斯要求学生在宽阔的绿地中辨别大型城市碎片，而这些绿地曾是柏林帝国西部奢华的中产阶级郊区和田园城市。这些城市岛屿形成了绿色"海洋"和"湖泊"中的"城市群岛"。[15] 辨别城市碎片后，学生与昂格尔斯一起，逐步加强现有网格，创建新的大型的、规则的、立体的网格。那些与库哈斯一起工作的则在重要交接处创

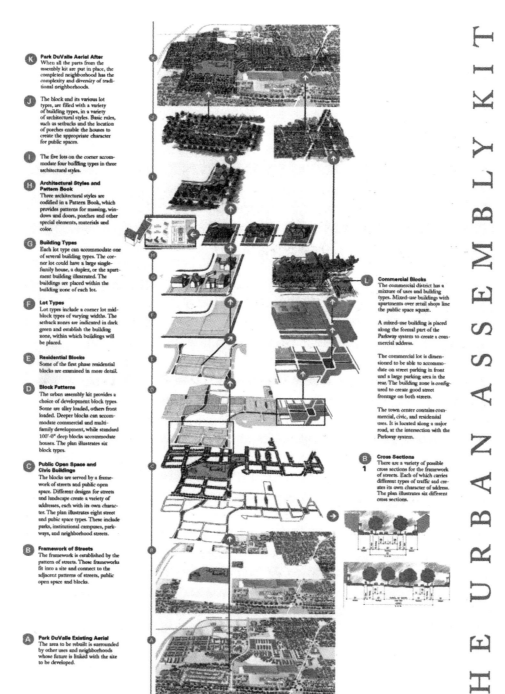

Park DuValle Aerial After
When all the parts from the assembly kit are put in place, the completed neighborhood has the complexity and diversity of traditional neighborhoods.

The block and its various lot types, are filled with a variety of building types, in a variety of architectural styles. Basic rules, such as setbacks and the location of porches enable the houses to create the appropriate character for public spaces.

The five lots on the corner accommodate four building types in three architectural styles.

Architectural Styles and Pattern Book
Three architectural styles are codified in a Pattern Book, which provides patterns for massing, windows and doors, porches and other special elements, materials and color.

Building Types
Each lot type can accommodate one of several building types. The corner lot could have a large single-family house, a duplex, or the apartment building illustrated. The buildings are placed within the building zone of each lot.

Lot Types
Lot types include a corner lot mid-block types of varying widths. The setback zones are indicated in dark green and establish the building zone, within which buildings will be placed.

Residential Blocks
Some of the first phase residential blocks are examined in more detail.

Block Patterns
The urban assembly kit provides a choice of development block types. Some are alley loaded, others front loaded. Deeper blocks can accommodate commercial and multi-family development, while standard 100'-0" deep blocks accommodate houses. The plan illustrates six block types.

Public Open Space and Civic Buildings
The blocks are served by a framework of streets and public open space. Different designs for streets and landscape create a variety of addresses, each with its own character. The plan illustrates eight street and public space types. These include parks, institutional campuses, parkways, and neighborhood streets.

Framework of Streets
The framework is established by the pattern of streets. These frameworks fit into a site and connect to the adjacent patterns of streets, public open space and blocks.

Park DuValle Existing Aerial
The area to be rebuilt is surrounded by other uses and neighborhoods whose future is linked with the site to be developed.

Commercial Blocks
The commercial district has a mixture of uses and building types. Mixed-use buildings with apartments over retail shops line the public space square.

A mixed-use building is placed along the formal part of the Parkway system to create a commercial address.

The commercial lot is dimensioned to be able to accommodate on street parking in front and a large parking area in the rear. The building zone is configured to create good street frontage on both streets.

The town center contains commercial, civic, and residential uses. It is located along a major road, at the intersection with the Parkway system.

Cross Sections
There are a variety of possible cross sections for the framework of streets. Each of which carries different types of traffic and creates its own character of address. The plan illustrates six different cross sections.

URBAN DESIGN ASSOCIATES

THE URBAN ASSEMBLY KIT

城市设计公司（UDA），城市组装套件（Assembly Kit），约 2003 年（见彩图 32）
城市设计公司在 1970 年代的美国引领了社区参与与辩护。之后，像克里尔（Krier）的一些人，发展了一套完备的指南以帮助组织来规划实施城市设计的项目。城市设计组织后来与新城市主义运动相衔接（海报图片源自 courtesy of Urban Design Associates）

建了大量商贸中心，试图复制微洛克菲勒中心和微曼哈顿。他们都支持飘浮在绿色森林上的大型城市碎片的观点。与柯林·罗和科特不同，昂格尔斯和库哈斯喜欢"不规则的罗马"竞赛（1978，见第 7 章）中的斯特林（Stirling），认识到了大型城市聚落间的绿色空间的价值。[16]

城市碎片和城市村庄

随着欧洲帝国的分裂和建立在大都市带上的新全球系统出现，拼贴城市和城市群岛为大都市的碎片化和失去中心统治的状况提供了一种解决方法。1954 年加利福尼亚州迪士尼乐园的创造者华特·迪士尼，一直希望在佛罗里达州奥兰多开放一个多独立用地的主题公园，使其成为一个世界性事件，以展示美国全球联盟（Pax American）的组织构成。[17]迪士尼还希望这种幻象型异托邦可以成为一个未来世界城市，建立于科幻小说之上，以展示北约集团的科技力量。1982 年迪士尼去世后，迪士尼公司以 1971 年原始迪士尼乐园的复制品作为开端，建造并开放了他遗愿中提及的项目，即缩小的未来世界主题乐园（Experimental Prototype Community of Tomorrow，EPCOT）。[18]

在未来世界主题乐园，代表地球的巴克敏斯特·富勒（Buckminster Fuller）穹顶支配了始于巨大的停车场的入口通道（米老鼠的耳朵有时也附带出现以强调这个国际化品牌）。美国的月球航拍展示了飘浮于宇宙中的蓝色星球——地球的经典形象。在穹顶内，美国电话电报公司（AT & T）赞助了一个推广的游乐设施，乘坐它可以了解从石器时代到现代手机时代的通信历史。最初，一批美国公司的展馆围绕在入口处的巴克敏斯特·富勒穹顶周边，包括通用汽车、通用电器和柯达公司。穹顶外，迪士尼布置了一个迷你世界博览会，即他的"世界之窗"——由湖泊周边间隔的代表性国家馆组成。这表达了明确的信息：当渡轮穿过联系微型城市和国家的湖面时，美国科技和电子通信将所有城市碎片联系在一起。每个碎片代表一个城市和国家。现在，除了未来世界主题乐园和 24 家酒店，华特·迪士尼世界还拥有五个主题公园；它雇用了 66000 人，是美国最大的独立就业中心（2007 年，1700 万人次来到这个魔法王国，使它成为全世界第一的主题公园，同时有 1090 万人次来到未来世界主题乐园）。[19]

未来世界主题乐园提供了一个对碎片大都市的全球结构进行深入观察的机会，同时描绘了拼贴城市和城市群岛的景象。在迪士尼看来，随着欧洲帝国的崩塌以及亚非国家的独立，古老的欧洲大都市成为藏于美国原子弹保护伞之下的美丽城市图像。公司的"幻想工程师"（Imagineer）沿湖设计了代表每个后帝国大都市的图像空间，将它们置于周边的灌木林中。一个微型埃菲尔铁塔代表了远处的巴黎，而一条小径与人行道边的咖啡店代表了巴黎林荫大道。伦敦有大本钟和一个酒吧，东京是一个精致的

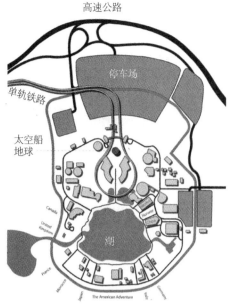

迪士尼幻想工程师，迪士尼未来世界主题公园中的"威尼斯"，奥兰多，佛罗里达州，美国，1982 年（摄于 2005 年）
在未来世界主题乐园，中心潟湖边的"总督府"和"钟楼"代表威尼斯（照片源自 David Grahame Shane）

迪士尼幻想工程师，华特·迪士尼世界的迪士尼未来世界主题乐园规划，奥兰多，佛罗里达州，美国 1982 年（作者重绘于 2010 年）（见彩图 33）
主题公园规划展示了与 1980 年代出现的新全球集团系统一致的图像。城市间由全球电力网络相连（重绘图源自 David Grahame Shane 和 Uri Wegman，2010）

木构寺庙和大殿，中国则有一个圆形平面的寺庙代表北京的日坛。从一个渡口可到达由威尼斯代表的意大利，一个微型圣马可广场的钟楼形成了它的天际线。钟楼和总督府相接且位置相对，这样就不会有人将这个影像和威尼斯的原型混淆了。此外，广场中还有一个藤蔓覆顶的乡村客栈，它的存在完成了从威尼斯帝国之心到柯达一刻的奇特转变（意大利威尼斯每年接待访客 1200 万人，与迪士尼乐园访客人数相同）。[20]

如同之前的布鲁塞尔世界博览会一样，幻象型异托邦精准地在它的缩微模型中反映了更大的全球系统，展现了替代了全球帝国系统的企业系统中所有城市创建者的隔阂与分离。布鲁塞尔世博会中的其他现代建筑与比利时村庄形成对比，前者拥有广场、咖啡厅和巧克力店以及从比利时属刚果（Belgian Congo）引进的住着酋长的非洲村庄。人们将把欧洲"文明化"和现代化引进虚拟"野蛮"的帝国奉为神圣的使命（见第 4 章）。在华特·迪士尼世界的未来世界主题乐园中，正是那些帝国首都变成了如画的村庄——全球交流与运输网络中的小节点，并由美国企业提供的服务所连接。布鲁塞尔世博会仍幻想着欧洲作为全球系统中大都市控制中心的剩余力

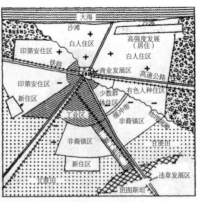

量，而迪士尼反映了美国全球联盟的碎片化和 1982 年全球企业的力量。

在 1970 年代到 1980 年代的一段时期，随着美国全球企业系统出现，帝国和美国系统共存，取代了之前西方集团的帝国系统。比如，历史上支持大英帝国的英荷贸易帝国联盟在 1945 年分裂。印度和巴基斯坦在 1947 年取得独立，荷兰属印度尼西亚紧随其后，加纳在 1957 年成为非洲第一个新诞生的独立国家。这些国家皆着手重建它们的领地，它们的疆界曾是帝国的神话，但现在已转向自我发展的新目标（就像刚果，很快引起了美国和苏联两个超级大国的注意）。

在南非，英荷帝国系统的残余力量荷裔南非人，坚持尝试没有前途且极其暴力的城市设计以继续帝国规则。民族主义政党（Nationalist Party）自 1948 年实施的种族隔离政策剥夺了非洲人选择住宅的权利，夺走了他们的财产，并在 1958 年剥夺了他们的公民权。数以百万计的非洲人被迫搬走，其他人回到他们被指定的"家乡"（政府在不毛之地和贫瘠的沙漠中设置的种族主义者独立用地），将殖民分类过程推向尖锐的极端。二战期间，纳粹政权下德国规划者将贫民区划作指定的自治独立用地。同样地，南非的班图斯坦（Bantustans）将被隔离的人民的土地和财产由国家征收，却号称为了国家的利益而卖给他人。在南非，国家在隔离地区设立了独户住宅单元（类似索韦托的曼德拉住宅）来安置被逐出的人们。其他人被迫搬至班图斯坦，结果是非法地回到了临近工业和家庭雇用中心的被隔离的贫民窟。[21]

在腐朽的英荷帝国殖民的其他地方，一种更柔和的隔离手段在帝国政权离开后仍旧存在。比如在印度尼西亚，苏加诺（Sukarno）总统与甘地和毛泽东一样，试图改革农业村庄，使其成为这个独立国家崭新的、自强自立的文化基础。这种手段一直存在，但却有希望得到改善，使得劳动者摆脱远离城市的土地，以及始终处在文盲和贫穷状态的旧殖民政权。在这一改善的过程中（涉及学校和新住宅），荷兰殖民

南非种族隔离规划图和照片，1950 年代

前页至本页，自左至右：标准化镇区住宅样式街道图，1953 年；城市规划种族隔离图；约翰内斯堡外一个规划镇区居民点的鸟瞰图（住宅样式图来自：DM Calderwood, "Native Housing in South Africa", unpublished PhD thesis, University of the Witwatersrand（Johannesburg）, 1953, p 31, fig 4; 隔离图来自：JJ McCarthy, "Problems of Planning for Urbanization and Development in South Africa: The Case of Natal's Coastal Margins", *Geoforum* 17, 1986, pp 276–288; 鸟瞰图照片源自 Hulton-Deutsch Collection/CORBIS）

地式的城市景观转化成城乡接合部或城市村庄组成的农业型分散城市系统，这种模式曾经形成了殖民地巴达维亚（Batavia）的部分遗产，即现在的雅加达。[22] 荷兰将巴达维亚组织在由许多小岛组成的一个河口范围内，这个群岛城市拥有一个城堡和仓库，他们在运河边周围种植了香料植物。[23] 这种线性的南北组织表明，城市和乡村之间从不遥远，非正式的村庄定居点或者部落，沿着这个丰收的稻田、鱼池以及后来的工厂间的脊柱形成，以提供劳动力。[24] 再后来开发了城市脊柱另一侧的内陆地区，使得农业地区与发展的高密度中心走廊相邻。

加拿大地理学家特伦斯·麦克吉（Terence G. McGee）在《第三世界城市化进程》（The Urbanization Process m the Third World，1971）一书中强调这种奇特的混合物，称之为典型的亚洲城乡过渡区（city-village），是城市化的新形式。[25] 新成立的独立国家的政府政策，导致了城市元素在农村的混合与分配。乡村农业和工业用地紧靠拥有纪念独立的林荫大道和办公塔楼的首都，形成一种新的杂交城市化。城乡过渡区城市化的其他变种还体现在印度、中国、"亚洲四小龙"以及日本沿东京 – 大阪大都市带走廊的地区。后来的研究者，比如爱丁堡大学的斯蒂芬·凯恩斯（Stephen Cairns），使用凯文·林奇的心理绘图技术、采访和注释系统方法去细致地发掘了这种奇特的微观谜图——支撑城乡过渡区城市领地中新的分解型城市化产生的混合物。[26]

这种新型城市创造将英荷帝国的城市发展模式转变为一种亚洲传统模式，它基于水渠灌溉系统的城市农业，这种模式在新千年重返印度和中国并蔓延开来。即使在荷兰的大都市，同样的奇特混合也存在于阿姆斯特丹周围，这里的温室和高强度的农业与兰斯塔德地区的城市（环形城市带，1940 年代以后）混杂在一起。随着英荷帝国的消亡，在阿姆斯特丹，曾经服务于印度尼西亚贸易的婆罗洲和爪哇人的码头和仓库变得无用而多余。英国首相玛格丽特·撒切尔率先将伦敦帝国的西印和东印

码头转变为金丝雀码头国际办公园区（1988—1991，见第 244 页），为后工业的发展提供了一种模式。

228   在阿姆斯特丹，荷兰 West 8 公司及其创始人阿德里安·高伊策（Adriaan Geuze）赢得 1993 年婆罗洲、斯波伦堡（Sporenburg）和爪哇岛码头地区复兴竞赛，将它们作为群岛城市中的一大块城市碎片进行设计（阿姆斯特丹像威尼斯一样，横跨多个岛屿）。[27] West 8 的规划由两个尺度上的三维立体空间中的大城市碎片组成。第一个尺度是一片低层高密度的联排别墅，这些别墅部分建在水渠边。在这里，West 8 创造了一种三维立体空间，可以巧妙地变换历史核心区的传统阿姆斯特丹联排别墅的形态，即正面的山墙、指向每层前方和后方房间的长跌水和将物品送至阁楼的吊篮。

West 8 的城市设计在矩阵中创造了高密度城市村庄，使得典型的纵深宅基地中的庭院替代了传统的后院。一层拥有车库、办公室和小花园；在这之上，起居空间和卧室围绕着内院，花园被移至屋顶。在这个仔细修订的矩阵中，阿姆斯特丹的许多建筑师根据客户的经济条件和市场部门设计了不同的变形，产生了各不相同的解决方式，形成高密度城市村庄。在这种低层肌理的策略性间隔中，West 8 放置了高层公寓建筑，像旧城中的教堂一般成为天际线的标识，并通过视线和公园带与旧城中心相联系。

在炮台公园城（1978）和华特·迪士尼世界（1982），城市历史核心的形象像一个鬼魂，出没、改变并融入新的城市碎片，形成城市村庄环境。即使在中国规划的

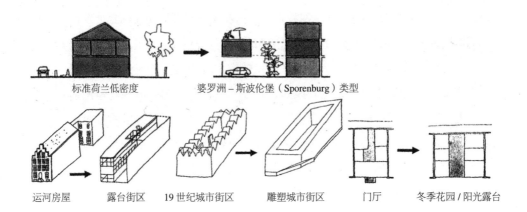

标准荷兰低密度　　　　婆罗洲－斯波伦堡（Sporenburg）类型

运河房屋　　露台街区　19 世纪城市街区　　雕塑城市街区　　　门厅　　冬季花园/阳光露台

自建住宅结构和棚
屋，约翰内斯堡镇区，
南非（摄于 2005 年）
（照片源自 Emmanuel Pratt
of Makeshift Media）

城市扩张区和"经济特区"中，城市村庄作为新镇中的元素保留了下来，正如印度
的昌迪加尔（1950 年代早期，见第 4 章）、巴西的巴西利亚（1957 年，见第 4 章）
和英国的米尔顿凯恩斯城（1967 年以后，见第 5 章）那样。当勒·柯布西耶无视村
庄的存在时，在巴西利亚他们开始为建筑工人提供住宅，在米尔顿凯恩斯新城，以
前存在的村庄也都作为不可触碰的历史遗产保留了下来。这个模式在深圳得到延续，
这是在 1979 年邓小平的改革开放政策下发展的第一个经济特区（SEZ）。

229

深圳的规划是中国规划师根据他们的英国合作者——卢埃林－戴维斯，维克斯
合伙人事务所在 12 年前规划的米尔顿凯恩斯新镇的基础上加以改进而形成的。[28] 在
米尔顿凯恩斯，现存的农业村庄被留在小型绿带上，但没有遵从历史保护的原则。
与米尔顿凯恩斯的中心购物商场不同，深圳的核心地带迅速发展成了一个巨大的中
央公园，新的市民中心和市政府在高处俯瞰着这片区域，远处对应的是一座小山，
山前则是邓小平指向城市中心轴线的雕塑。一个巨大的展览中心成为轴另一端的端
点，地下空间与林荫大道下的地铁相连，林荫大道将新城分割为众多巨型街区。在
这个正式核心区周围，高耸的写字楼和住宅塔楼展现着这个官方规划的城市，核心
区另一侧有着供跨国企业高管们活动的高尔夫球场。深圳成为一个极好的成功案例，
成为中国进入全球制造业系统的基础（全球所有的 iPod 在此生产）。[29]

深圳依靠香港的国际连接和来自广阔腹地的农业供给以及涌向沿海的大量劳动
力，成为全球主要制造业中心之一，在这个过程中城市村庄扮演了意想不到的角色。

West 8，婆罗洲－斯波伦堡和爪哇岛码头修复竞赛作品，阿姆斯特丹，荷兰，1993 年
West 8 的作品包括重构 21 世纪传统阿姆斯特丹联排别墅和街区的结构化图和照片
（图示和照片源自 West 8 urban design & landscape architecture）

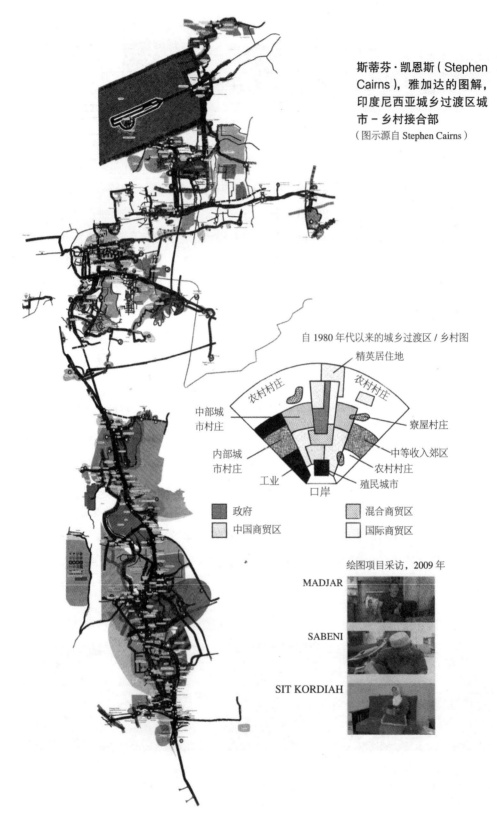

斯蒂芬·凯恩斯（Stephen
Cairns），雅加达的图解，
印度尼西亚城乡过渡区城
市－乡村接合部
（图示源自 Stephen Cairns）

自 1980 年代以来的城乡过渡区 / 乡村图

精英居住地

农村村庄　　　　　　农村村庄

中部城
市村庄　　　　　　　　　　　　　　寮屋村庄

内部城　　　　　　　　　　　　　　中等收入郊区
市村庄

工业　　　　　　　　　　　　农村村庄

口岸　　　殖民城市

■ 政府　　　　　▦ 混合商贸区
□ 中国商贸区　　□ 国际商贸区

绘图项目采访，2009 年

MADJAR

SABENI

SIT KORDIAH

230

深圳城市村庄从乡村独立用地发展为高密度的、立体的城市碎片，如早年的九龙寨城，容纳了高比例未注册的受工厂岗位吸引的工作者。[30] 根据 2005 年权威机构做的专题研究，在中心区的 11 个主要簇群中有超过 40 个村庄。[31] 政府因为考虑到这些地方恶劣的生活水平（狭窄的小巷、恶劣的卫生条件及供水、没有路灯和绿色空间），官方规划需要拆除大部分村庄，取代以高层开发。由于保留的村庄极少，而深圳的大多数居民生活却聚集在这片昂贵的土地上，一场激烈的公共辩论随之而来。调查显示，在大深圳地区有 320 个村庄，承载了 500 万人。

基于深圳的建筑团体都市实践（Urbanus）提议，这些村庄可以被修整而非拆除，如果政府允许在屋顶层上发展一层新的城市设施。[32] 除了许多投机性质的大尺度项目，都市实践因在 21 世纪初早期城市村庄中设计建造了许多小尺度填充物而显得与众不同，比如他们为天津老城做的鼓楼地区复兴设计（2000），以及深圳大芬城市村庄中的大芬美术馆（2005—2007）。都市实践在村庄中加入一个精心选址的博物馆，其中充满艺术家和他们的画廊。这个当代美术馆是米歇尔·福柯的幻象型异托邦之一（见第 2 章），为许多参与创作活动的中国年轻的艺术家提供了活动场所。

岗厦（Gang xia）城市村庄紧邻深圳市政府和市民中心公园，根据都市实践的填充经验，建议仅拆除这个村中的三个聚集点。三座新的塔楼将在这几个点建成，它们承载一个新的蛇形上层建筑，这其中包括社区设施、居住和混合夹层中的其他必需设施，向村庄的低层高密度建筑屋顶敞开。都市实践畅想在遵从绿色屋顶系统的基础上，公共空间、商业用途和温室可以共同创造一个新的三维立体空间，改善早已拆除的九龙寨城独立用地。这个升级计划提供了许多设施，与印度建筑师 B·V·多西于 1980 年代早期在印度亚兰（Aranya）所建造的相似，但更密集且昂贵，建成一个类似迷你巨型结构的新型超高密度的三维立体空间。

斯蒂芬·凯恩斯，俯拍印度尼西亚雅加达，体现城乡过渡区，2008 年
（照片源自 Stephen Cairns）

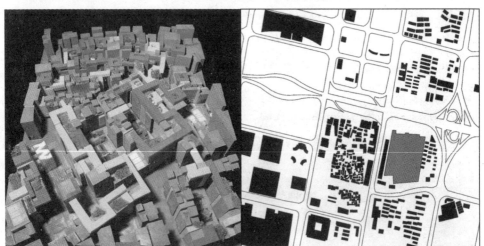

都市实践，岗厦城市村庄的村庄调研项目，深圳，中国，2005 年（下图见彩图 34）
（本页及对面页，平面图、绘图、照片源自 Urbanus）

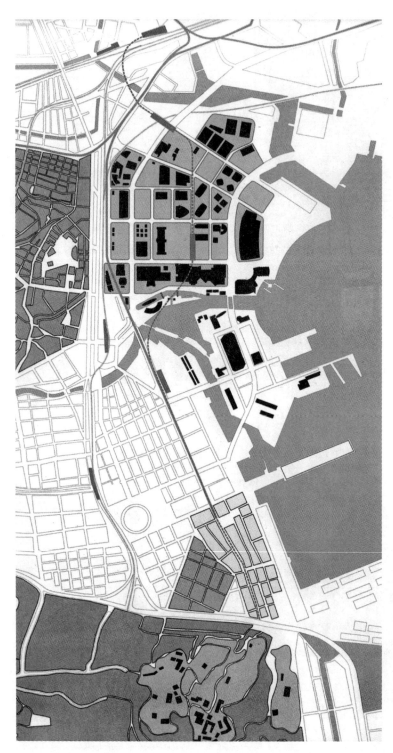

横滨总体规划，日本，1983 年（作者重绘，2010 年）（见彩图 35）

Minato Mirai 21 位于左上方浅灰色区域，早期外国人定居区位于右下方浅灰色区域
（重绘平面图源自 David Grahame Shane 和 Uri Wegman，2010）

碎片大都市中的异托邦

长久以来，中国和印度都是规模上排名靠前的全球经济体，直到 1820 年代欧洲国家以工业革命和殖民系统取代它们，而成为新的霸主。[33] 在亚洲，中国和日本在贸易上长期排外。在美国的战争威胁下，日本在 1859 年后允许外国人在横滨的小渔村进行贸易。如同当代的香港和深圳，横滨是那时的特别行政区，作为门户的港口城市。[34] 这种异托邦在一个独立用地中居住着来自不同国家的人们，这与 19 世纪日本的传统文化格格不入。

横滨在码头上加入了一种供外国商人居住和交易的小网格空间，在网格旁还有一个小中国城，其最终成为日本最大的中国城。法住区和美住区分开安置，英式别墅沿着山上曲折如画的小径展开，俯瞰这个城镇。许多外国发明首次在此出现，日本首班连接东京的地铁在此开通。即使现在，扩张的横滨港口区也是服务东京效率最高的集装箱码头之一，在尺度和现代化方面可与鹿特丹相比。临近老镇，工业巨头三菱在 1970 年代晚期关闭了庞大的 19 世纪的造船场，并将之改造为东京的炮台公园城般的规划社区，即 1983 年启用的 Minato Mirai 21（MM21）大城市碎片。[35]

三菱的城市设计师远在伦敦金丝雀码头之前就规划了这个巨大的城市碎片，用宽阔的街道和滨水漫步道网格替代了码头。美国建筑师休·斯塔宾斯（Hugh Stubbins）设计了日本最高的摩天楼——横滨地标塔（1990—1993）。[36] 这个混合功能的大楼包括一个酒店和其下的办公楼，以及上层复杂的抗震阻尼系统。在塔底部是巨大的皇后广场购物中心和横滨会议中心，与老三菱干涸的码头相连，这个码头现用作娱乐空间和庭院，周围是各种酒吧和餐厅。

在横滨的异托邦传统中，Minato Mirai 21（MM21）独立用地和特别区从临近东京的区位中受益，如同纽约的科尼岛，1989 年举行了横滨博览会（YES）并建设了大摩天轮（Cosmo Clock Ferris）和会场。其他景点，亦是幻象型异托邦，包括俯瞰码头的摩天楼、购物中心、会议中心、历史中心、海事博物馆、艺术馆和海岸公园。借鉴于科尼岛，日本铁路公司一直有这样的传统：将露天市场和摩天轮作为线路终点的开放空间，使其成为该地区吸引眼球的热点空间。因为其孤立性，横滨发展缓慢，尤其在规划的住宅区内，一条直通东京的新地铁已经动工。

横滨给全世界的城市设计者上了一课——就算三菱这样的国际公司也要将其城市碎片与周边的交通和通信网络连接（在 1990 年代早期，由于财政困境同样的教训发生在伦敦的金丝雀码头）。对早期外国人码头刻意的孤立无法持续。从帝国造船厂或码头到全球企业中心的转换需要不同的链接。即使增加当地幻象型异托邦的吸引力，比如摩天轮、历史街区或者露天市场，也不足以倾覆这一平衡。

如奥运会或者迪士尼主题公园等全球热点的加入，可以改变这一平衡，正如1992 年巴塞罗那奥运会中城市设计师精巧的设计所证明的那样。[37]新环路的修建将所有在城市背后山谷中发展的边缘郊区，与复兴的后工业滨海区相连。道路伸入新的大道公园绿地系统之下，联系港口，但又在连接波布雷诺（Poblenou）奥林匹克村的地方露出地面，并建有小型摩天楼和码头。精巧的阶地和景观将奥林匹克新设施分散开来，如同恩里克·米拉列斯（Enric Miralles）在 Vall d'Hebrons 山谷沿环路路径设计的箭术场地，以及 1929 年在蒙特胡依克山（Montjuic）山顶建设的国际博览会遗址，以及圣地亚哥·卡拉特拉瓦（Santiago Calatrava）设计的戏剧性的蒙特胡依克山交流大楼（1992）。

巴塞罗那奥运会作为国际媒介和体育赛事，拥有广大全球观众和众多广告赞助商，展现了奥运会的异托邦脉冲是如何对主办城市进行策略性介入的。不久之后，欧盟开始了它的年度文化城市竞赛（1993 年，如安特卫普，是第八个欧盟文化之都）。[38]巴塞罗那市委员会和建筑师联盟深刻地理解了 19 世纪塞尔达建立的都市生活，希望继续并诠释这种理性主义传统。作为奥运会申请工作的一部分，巴塞罗那在市中心更新了许多公共广场，并在之后将著名的中世纪的城乡核心哥特式街区（Gothic Quarter）完全步行化。随着理查德·罗杰斯和伦佐·皮亚诺在巴黎的蓬皮杜中心（1971—1977）前建立现代广场，巴塞罗那的设计师们如同他们在哥本哈根的丹麦同行一样，在 1990 年代发展了现代步行街景的新概念，包括新的街道设备、灯光、长椅和景观技术。西班牙再次提供了一个重要范例，即 1997 年弗兰克·盖里在毕尔巴鄂设计的古根海姆博物馆，它在幻象型异托邦中使用策略性投资，在老城中心推进了城市复兴。[39]

柏林在冷战结束时提供了另一个在破败的老城中心进行碎片化和策略性投资的欧洲范例。尽管有大量的战后规划——从夏隆规划（1947）到勒·柯布西耶和史密森获奖的柏林首都竞赛（1958），以及昂格尔斯和雷姆·库哈斯的暑期学校（1976-1977），这座城市和德国政府并未做好迎接 1989 年柏林墙推翻的准备。冷战隔离的消失将西柏林从一个边缘幻象型异托邦、在东部集团内部推动资本主义的城市，转变为国家首都。这种转变给城市设计师带来很多难题。新的国家政府、市长和城市委员会，为产生的一系列大型城市碎片举行了遵循城市群岛模型的国际城市设计竞赛并制定了相关概要。

1993 年的一个主要城市设计竞赛，旨在为重组的德国联邦政府设计一个大型城市碎片，选址紧邻国会大厦（1999 年诺曼·福斯特对其进行了重建）。阿克塞尔·舒特斯（Axel Schultes）、夏洛特·弗兰克（Charlotte Frank）、克里斯托弗·维

日本横滨：滨水区，包括摩天楼和游乐公园（摄于约 2000 年）
（照片源自 Steven Vidler/Eurasia Press/Corbis）

巴塞罗那奥运会总体规划，西班牙，1992 年（作者重绘，2010 年）（见彩图 36）
（重绘平面图源自 David Grahame Shane 和 Uri Wegman，2010）

巴塞罗那滨水公园，西班牙（摄于 2005 年）
（照片源自 David Grahame Shane）

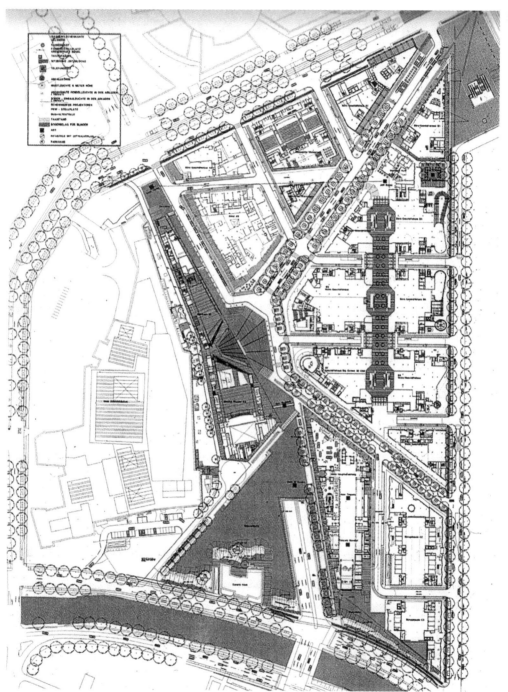

伦佐·皮亚诺建筑工作室，波茨坦广场项目总体规划，柏林，德国，1993 年
（照片源自 Michel Denancé）

特（Christoph Witt）凭借他们细长的东西向建筑赢得了这次竞赛，这是施普雷河边的"政府缎带"，位于 Tiergarten 公园中还有一个新总统府。[40] 同年，另一个竞赛建议在前东柏林主火车站旁的亚历山大广场地区（1993）周边建设新摩天楼群，而方案未实现。1995 年，柏林的中央车站（2005 年完工）组织再次设计竞赛，自德意志国会大厦（Reichstag）起横跨施普雷河，包括为未来高铁和向南连接波茨坦广场地区的当地火车网络所设计的一条地下高速路和四条铁路隧道。在 1991 年，联邦政府赞助了第一届国际竞赛——在柏林墙址地段，一个作为大型城市碎片的新商业中心的重建。之后的国际竞赛分四部分实施了中标者希尔默（Hilmer）和萨特勒（Sattler）的总体规划。

在波茨坦广场，伦佐·皮亚诺介入戴姆勒·克莱斯勒（Daimler Chrysler）公司，在总体规划的修改中成为主要领导者。在将他们折返回柏林墙基地的文化广场的路径上，皮亚诺并不畏惧将新剧院、电影院和赌场（皆为幻象型异托邦）与夏隆的杰作音乐厅和图书馆紧邻。不仅如此，皮亚诺巧妙地设计了一条扇形街道布局，通过分支的内部步行道导向这些新的异托邦设施，这些步道收束在一个大获成功的拱廊购物中心。在这个扇形设计和相关的城市设计导则中，其他建筑师，比如理查德·罗杰斯、矶崎新（Arata Isozaki）和汉斯·考霍夫（Hans Kollhoff）设计了不同的建筑作品。[41]

横穿这条街道，美国建筑师赫尔穆特·雅恩（Helmut Jahn）设计的波茨坦广场作为巨型城市碎片的另一部分，一个由许多片段组成的建筑单体。索尼中心（2000年完工）由一个内外翻转的传统柏林周边式街区组成，形成新公共中庭。办公室、公寓和一个酒店围绕着被延伸的马戏团帐篷状的张拉结构（其上有一个办公楼）。电影院、剧院和餐厅在帐篷状结构之下分布在各层，围绕着一个巨大的室内广场，拥有免费无线网和超大的巨型屏幕，这在东京新宿的公共空间也可以看到（见第 6 章）。这个私人拥有的集体公共空间承办了许多商业和推广活动，比如与世界杯足球比赛链接，可以进行实时的广播和网络转播。这里就像纽约时代广场那样，但内向且私密，成为电视播放公共场合和大型集会的新地点。[42]

索尼在世界各地建立了生活方式体验中心，比如旧金山和纽约，以支持它的全球品牌和高端电子产品销售。在这里索尼销售手持设备、手机、电视、音响系统、电脑和相机——所有数字视频所需的装备。这些小型化设备替代了剧院、电影院和福柯的传统幻象型异托邦，使人们可以在他们的卧室使用，或通过因特网在全球分享他们的生活。

奥运会和残奥会中的碎片大都市伦敦

　　如果 1990 年重组后的柏林代表了绿色海洋中大型城市碎片的城市群岛，伦敦则继续长期以来的城市拼贴传统，使用属于大业主的具有大型规划的城市碎片。这一传统可追溯至文艺复兴时期，那时在中世纪的伦敦，需要皇家许可去开发限制范围以外的大片土地。1632 年，贝德福德伯爵请求查尔斯一世准许开发他的考文特花园，专制的国王则要求这位古板的业主雇用接受意大利教育的建筑师伊尼戈·琼斯（Inigo Jones）。[43] 琼斯布置了一个宏伟的广场，以及荷兰式的边道和马厩。这个巨大的城市规划单元为西伦敦之后 200 年的发展建立了以中心广场为中心向外发散道路连接周边重要区域的模式，随着国王财富的增加，居住地因多重花园和广场变得更加富丽堂皇。

　　与深圳或昌迪加尔一样，伦敦向西扩张的新镇碎片常吞并早期的农业村庄，比如马里波恩大街（Marylebone High Street）、圣格里斯大街（St Giles High Street）或圣马丁巷（St Martin's Lane）。在《乔治亚时代的伦敦》（Georgian London，1946）一书中，约翰·萨默森爵士描绘了这些"宏伟庄园"的扩张和细部特征，庄园的主人甚至比皇家更富有，并通过土地租赁系统世世代代拥有庄园，直至今日土地才被削减。[44] 每位庄园主人拥有他们自己的管理办公室、一套控制守则以保持他们住宅发展的价值，并常常反对比如电力、电话、有轨电车和火车之类的发明创造。隐藏的马厩服务于这些秩序和礼仪的"岛屿"，它们的边界常常还是早期农村的边界，以现在已看不到的小溪和河流为标志，这些溪流与被吞没的村庄相连，在皇家花园内部出现，比如斯宾蒂尼（Serpentine）内的维斯特伯恩溪（Westbourne）。

　　在伦敦，作为皇家办公室延续的大都市工作委员会，即后来选举出来的伦敦市政议会（LLC，在 1888 年大量的码头罢工后成立）的前身，尝试去协调城市的碎片化，创造一个链接系统以绕开或穿过包围中心的独立用地。在伦敦市中心的考文特花园周边，形成了巨型街区，边缘弯曲的林荫道小心地绕过大地主的庄园，庄园开发了旧河床和他们的棚户区贫民窟。[45] 新牛津街（1840 年代）、维多利亚堤岸（1860 年代）、查灵十字街和沙夫茨伯里大街（Shaftesbury，皆属 1870 年代）以及之后的阿德维奇 - 金大街（Aldwych-Kingsway，1905）皆围绕着考文特花园，原来广场上的市场已成为大都市中的蔬果集散中心。[46] 环线铁路（1866）以及之后 1890 年代和 1910 年代的深层地铁线通过下穿的方式避免侵入大地主的领地，以将城市联系在一起。

　　一个相似的由大地主控制的大型城市碎片也塑造了东伦敦的发展，在这里服务王室的商贸码头被 12 米（40 英尺）的高墙守卫起来，以防止偷盗。同样在西伦敦，每个码头形成了独立用地，码头工人则居住在其边缘村庄的棚户区内，在贸易周期性影响下寻找每日的工作，直到蒸汽机的发明改变了这种情况。第二次世界大战期间，德国轰炸机集中摧毁了英国皇家的心脏——伦敦码头，在这个过程中炸毁了周围许多房屋。在 1943 年阿伯克龙比规划中，战后工党政府在此地规划了许多大型公共住宅地产（见第 3 章）。

战后面向码头的帝国贸易只得到了短暂恢复，很快便随着帝国制度的丧失和全球贸易公司的集装箱化而崩塌。除了被阿伯克龙比规划成为公园的利谷（Lea Valley），地方当局既无资本也无能力去规划这样一大片停滞荒废了一个时代的地块去再度发展。保守派的撒切尔政府在 1970 年代晚期更改了所有规划准则，参照炮台公园城模型，制定了特殊街区或经济区，引发了金丝雀码头的建设，其中包含英国最高的摩天楼（始建于 1988 年）。[47] 在这里柯林·罗的合作者，科特－金事务所的弗瑞德·科特与 SOM 合作，为纽约炮台公园城世界财政中心的新独立用地制定城市设计导则，其开发商同样来自加拿大。[48]

如同早期的横滨，伦敦码头独立用地的孤立导致 1990 年代晚期对周边城市流链接的关注。这时，欧盟为连接金丝雀码头的伦敦地铁银禧线（Jubilee Line）及其上部空间的扩张提供经费。英国规划专家花了许多时间平息撒切尔废除选举出的大伦敦市议会（GLC）和当地市政当局及各种新集团责任重分配引起的混乱。[49] 随着工党领导下的大伦敦政府（GLA）的建立，以及可以影响总体规划的伦敦市长的任命，这些责任被分权。理查德·罗杰斯和特里·法瑞尔作为关键城市设计者出现，给予中心政府和市长建议。在新泰晤士河口计划（始于 2003 年）中，他们都呼吁伦敦向东扩张至泰晤士河口，泰晤士河水闸（1982）可以保护该区域不受洪水侵害。[50]

除了水闸，河口计划展示了一个巨大的地区性乐园，它横跨许多小岛、沼泽地和泥滩，大型城市碎片分散开来，成为柏林城市群岛的大型变体。在这里河口规划改造了 700 公顷（1800 英亩）自 1930 年代开始服务伦敦的英荷壳牌赫文炼油厂（Anglo-Dutch Shell Haven）和油库，成为新集装箱码头和表演区，隶属于半岛东方蒸汽航运公司（Peninsular & Oriental Steam Navigation Company，P&O）。这家公司是曾服务非洲、印度和中国的老牌英帝国蒸汽船公司，已成为一个主要的集装箱线和码头的经营者（在 2006 年，由迪拜世界主权财富基金购得）。[51] 也是这家主权财富基金支持了在人工岛河口上的不利于生态环境的新伦敦机场规划（这个河口是一条欧洲鸟类飞行路线上的主要鸟类保护区）。

河口计划关注中心区新的大型高密度城市碎片，它与铁路和高速相连，类似东斯特拉特福［Stratford East，2005 年，建筑师弗莱彻·普里斯特（Fletcher Priest）在此制定了总体规划］，其中通过海底隧道连接的高速铁路首次进入北伦敦。[52] 在利谷的边缘，美国纽约炮台公园城购物中心的拥有者西田集团（Westfield）规划了一个巨

西区	千禧英里	伦敦市	奥运村	金丝雀	北格林尼	码头
公园	英皇十字区	分区	斯特拉福德	码头	治中心	
拥挤收费	圣潘克拉斯		铁路			
	高速铁路					

koetter and kim proposal

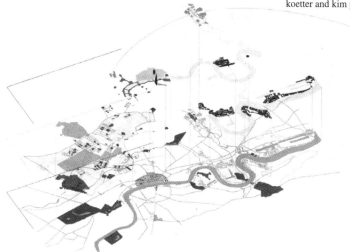

伦敦的分层图示，英国，伦敦 2012 年奥运会与残奥会的碎片
（见彩图 37）
（绘图源自 David Grahame Shane 和 Uri Wegman，2010）

科特－金事务所，伦敦金丝雀码头，英国，1988—2000 年
（照片源自 Fred Koetter）

作为碎片大都市的伦敦，英国（见彩图 38）

（方案源自 David Grahame Shane，1971）

伦敦广场和考文特花园独立用地及之后的链接，伦敦，英国（见彩图 39）

（方案源自 David Grahame Shane，1971）

弗莱彻·普里斯特事务所（Fletcher Priest Associates），东斯特拉特福总体规划的三维渲染图，伦敦，英国，2005 年

（渲染源自 Lend Lease）

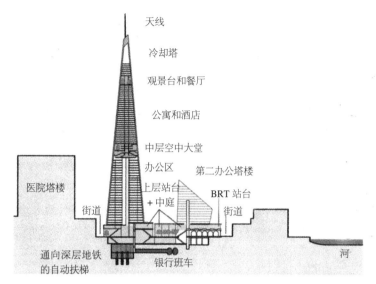

天线

冷却塔

观景台和餐厅

公寓和酒店

中层空中大堂

办公区

第二办公塔楼

上层站台 ＋中庭

BRT 站台

医院塔楼

街道

街道

河

通向深层地铁的自动扶梯

银行班车

伦佐·皮亚诺建筑工作室，碎片大厦（the Shard）剖面图，伦敦，英国，2009 年（2010 年作者重绘）
（重绘源自 David Grahme Shane 和 Uri Wegman, 2010）

塞勒房地产集团，碎片大厦、伦敦桥和伦敦市全景透视图，英国，2009 年
（照片源自 the Sellar Property Group）

246 伦敦奥运会期间，奥林匹克公园指示图（彩图 40）

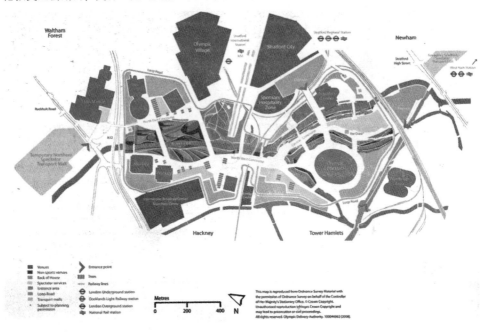

大伦敦市议会，泰晤士河坝，伦敦，英国，1982 年（摄于 1991 年）
这幅鸟瞰透视展现了周边的居住社区，远处则是金丝雀码头和伦敦市政塔
（照片源自 Skyscan/Corbis）

2012 年伦敦奥运会和残奥会规划及透视，英国

利谷公园，1943 年起阿伯克龙比规划的一部分，将成为伊丽莎白女王奥林匹克公园，并将作为 2012 年奥运会遗产保留，主场馆则将减小规模

[方案和绘制源自奥林匹克交付委员会（Olympic Delivery Authority）]

247

型购物中心发展计划，面积为140000平方米（150万平方英尺），可以灵活地连接地区和国际铁路中心。购物中心之上有两座很高的办公楼（分别是50层和30层），还有一个通向北部周边街道网格上的中层住宅区网络，类似纽约的炮台公园城或日本横滨。弗莱彻·普里斯特和像麦卡诺（Mecanoo）一样的年轻荷兰实践者，意识到没有人可以独立设计整个综合体，在设计初期开始就与其他公司合作，去设计主题中一部分的变体，将城市碎片打碎成可操控的片段。

同样的"拼贴城市"，即城市设计生态学的碎片化大都市系统进入伦敦2012年奥运会竞标，这次竞标整合了东斯特拉特福和利河谷，作为东伦敦关键的城市更新点。北住宅区成为规划的运动员村的一部分，利河谷公园中的新场馆和水上运动中心则在从购物中心和车站过来的路上增设了临时通道和安全缓冲区。波普鲁斯（Populous）设计的奥林匹克主场馆是可拆卸的，以便减少场馆容量，保证其适于后期使用，公园周边的许多其他运动场馆会保留，国际广播中心／主新闻中心（IBC/MPC）和公共服务建筑则将转化为新的工业或商业用途。除了东斯特拉特福，其他伦敦2012年奥运会场馆分布在全伦敦（如同1992年的巴塞罗那），甚至包括白金汉宫旁骑士卫队大道上的沙滩排球场地。[53]

与纽约一样，伦敦在1980年代、1990年代甚至2000年代早期没有中央政府权威认可的总体规划。相反，特殊发展地区可以享受特殊待遇，地方政府可以向中央政府申请，获得支持项目的多余资金。受保护的视野或者周边山上的特别视线通廊，是为数不多的总体控制要素之一，从1980年代大伦敦议会规划时代留存下来。这些视廊意味着伦敦追随了二战后早期LCC规划师喜爱的莫斯科"分散模式"（scatter pattern），这防止了摩天楼的聚集，仅在伦敦市证券交易所周围的东山有所建设。金丝雀码头，如同巴黎的拉德方斯，将许多新摩天楼从伦敦市中心吸引过来；提升优惠政策，伦敦市在小地块尤其是地铁站周围批准较高密度的建设。在这里，如同2000年伦佐·皮亚诺在伦敦桥车站设计的伦敦碎片大厦（the Shard）一样的新高层城市碎片成为可能。它以联系当地火车系统和地铁的摩天楼为基础，形成一个高密度三维立体空间。[54]

碎片大厦将一种新的混合用途式的摩天楼引进伦敦，这里之前的高层建筑曾经只是办公楼或者住宅，很少将二者结合。碎片大厦开发中的主要功能包括公寓、酒店和垂直布置的办公室，以及一个位于中间楼层的空中大堂和顶层的公共观景台。塔楼基座成为一个复合的、多层的三维立体空间。现存的伦敦大桥站的高架桥保留了下来，建设了一个新的屋顶和整合在导引至街道层的夹层之中的购物中心，以及引导向深处的地铁入口。除了成为与纽约帝国大厦一样高的伦敦最高的建筑物之外，此大厦以顶部的eco-fin系统为特色，可以帮助加热和冷却建筑。

小结

　　大都市及其关联的全球帝国系统的瓦解为冷战中美国和苏联两大全球超级力量的出现开辟了道路。1945 年以后，以石油能源为基础的大都市带开始生长，与美国石油公司和全球企业力量形成了超越国界的银行业、管理业和制造业平行系统。控制已覆盖多个城市和自治区的蔓延的大都市带是不可能的，这既是挑战，也是机遇。机动车和大量流动性的出现为本地利益和本地参与提供了宽广的视角，它们处在高速路形成的巨型街区网格系统中，使得城市村庄和"大地产"（great estates）空间得以存在（如同雷纳·班纳姆在洛杉矶所想象的那样）。与此同时，大量流动性和交流系统产生的碎片化还使得大集团所使用的独立用地和新城市碎片成为可能，后者很快演变为休斯敦商业街（Houston Galleria）及其产物那样的巨型节点（meganode）。

　　碎片大都市的新城市设计师为新城市创建者创造了量身打造的城市独立用地，其中的特别区拥有城市设计导则和严格的规划法规。大型城市碎片在周围的城市肌理或空地上凸显出来，如同昂格尔斯（Ungers）和库哈斯所形容的那样，在绿色景观的海洋中低层住宅集合，形成城市岛屿，组成城市群岛。这些城市斑点可能是高速路连接成的办公街区、购物中心或公寓塔楼，它们形成巨型街区。在这些高速路的交点——巨型节点形成社区公共空间，常常被购物中心周围的利益集团所拥有和操控。

　　虽然城市群岛承载了全球集团及其员工的需求，但并没有关注心理需求，以及从现代化海洋里分离出的新街区中居民的失落感（但也得到解放），这些街区是没有根源和记忆的。科特和柯林·罗的《拼贴城市》尝试强调这些，不是诉诸华特·迪士尼世界的庸俗和怀旧感，而是认识到人们超乎常理的非理性、现象学和心理学需求，并尝试从细节处改善这种情况。柯林·罗和科特意识到，在递增的碎片中建立城市看似合理，但无论这些个体设计师的初衷是如何友善，整体拼贴还是会呈现出对于它与周边环境的不适应性。库哈斯还认识到整体控制的不可能性，但试图在他的大型碎片中抓住城市的不理性冲动，将它们安置于一个框架内。城市的不合理生活在企业摩天楼及其传奇中（在《疯狂纽约》中得到展现）被升华，或者放逐于主题公园和幻象型异托邦之中，比如科尼岛或者洛克菲勒中心的无线电城音乐厅。

　　与燃煤大都市不同，碎片大都市依靠石油作为它的能源供给，进行加热和冷却，保证电力和流动性。城市设计生态学的实践者深深陷入大都市带和汽车文化所描绘的乌托邦中，即使在新城市主义运动中，他们也提倡将新的独栋住宅聚集得紧密一些。在 1970 年代和 1980 年代的石油危机后，1990 年代石油的价格大幅降低，使大都市带的扩张变得容易，刺激了空置的巨型节点，比如迪拜和拉斯韦加斯的发展。2008 年，石油价格大幅度飞涨，造成美国住房系统及相关银行系统的崩塌，巨型街区、巨型节点和独栋住宅系统发展停滞。

碎片大都市的设计师，如同美国大都市带自身和汽车工业一样（也在价格飞涨中遭到破坏），需要重新考虑在未来规划设计的可持续性。突然间，关注点转向了亚洲大城市的爆发式增长，以及他们的城市设计生态学要解决如何仅使用欧洲或北美30分之一的能源消耗完成这种增长。印度尼西亚城乡过渡区的分散式城市化对未来城市的发展有着崭新的意义。

注释

注意：参见本书结尾处"作者提醒：尾注和维基百科"。

1   Patrick Abercrombie and John Henry Forshaw, *County of London Plan*, Macmillan & Co (London), 1943.

2   For the price of oil, see: Paul Roberts, *The End of Oil*, Houghton Mifflin (Boston; New York), 2004, pp 100–101; also: Peter R Odell, *Oil and World Power: A Geographical Interpretation*, Penguin (Harmondsworth), 1970, p 163.

3   On Rossi's *Analogous City* (1976), see: Alberto Ferlenga (ed), *Aldo Rossi: The Life and Works of an Architect*, Konemann (Cologne), 2001, p 72.

4   Rem Koolhaas, *Delirious New York: A Retroactive Manifesto for Manhattan*, Oxford University Press (New York), 1978. On New York City near bankruptcy in 1975, see: Ralph Blumenthal, 'Recalling New York at the Brink of Bankruptcy', *The New York Times*, 5 December 2002, http://www.nytimes.com/2002/12/05/nyregion/recalling-new-york-at-the-brink-of-bankruptcy.html?pagewanted=1 (accessed 15 February 2010).

5   Colin Rowe and Fred Koetter's *Collage City*, MIT Press (Cambridge, MA), 1978.

6   See: Robert Venturi, Denise Scott Brown and Steven Izenour, *Learning from Las Vegas. The Forgotten Symbolism of Architectural Form*, MIT Press (Cambridge, MA), 1972.

7   For Aldo Rossi, see: Aldo Rossi, *Architettura della Città* (The Architecture of the City), Marsillo (Padova, Italy), 1966, introduction by Peter Eisenman, trans Diane Ghirardo and Joan Ockman, revised for the American edition by Aldo Rossi and Peter Eisenman, MIT Press (Cambridge, MA), c 1982. For Kahn's 'urban room' references, see: DG Shane, 'Louis Kahn', in Michael Kelly (ed), *The Encyclopaedia of Aesthetics*, Oxford University Press (Oxford), 1998, vol 3, pp 19–23.

8   For Rationalist architecture, see: Joseph Stübben, *Der Städtebau*, Vieweg (Braunschweig; Wiesbaden), 1980 (reprint from 1890).

9   For the Rationalist exhibition in 1978, see: *Rational Architecture: The Reconstruction of the European City / Architecture Rationnelle: La Reconstruction de la Ville Européenne*, Éditions des Archives d'architecture moderne (Brussels), 1978.

10   For Rob Krier, see: Rob Krier, *Stadtraum in Theorie und Praxis*, Krämer (Stuttgart), 1975, trans Christine Czechowski and George Black, as: Rob Krier, *Urban Space*, Academy Editions (London), 1979.

11   On Lewis and the Uniform Land Use Review Procedure (ULURP), see: David Gosling and Maria-Cristina Gosling, *The Evolution of American Urban Design: A Chronological Anthology*, Wiley-Academy (Chichester, UK; Hoboken, NJ), 2003, p 71.

12   On the UDA 'Assembly Kit', see: Ray Gindroz, Karen Levine, Urban Design Associates, *The Urban Design Handbook: Techniques and Working Methods*, WW Norton & Company (New York; London), 2002, pp 33–34.

13   For New Urbanism, see: Andres Duany, *Towns and Town-Making Principles*, Harvard University

Graduate School of Design (Cambridge, MA) and Rizzoli (New York), 1991. For Seaside, see: David Mohney, Keller Easterling, *Seaside: Making a Town in America*, Princeton Architectural Press (New York), 1991.

14   For urban villages, see: Peter Calthorpe and Doug Kelbaugh, *Pedestrian Pocket Book: A New Suburban Design Strategy*, Princeton Architectural Press (New York) in association with the University of Washington, 1989.

15   For the Berlin Summer School, see: Oswald Mathias Ungers, Rem Koolhaas, Peter Riemann, Hans Kollhof, Peter Ovaska, 'Cities within the City: proposal by the sommer akademie for Berlin', *Lotus International*, 1977, p 19. For Ungers projects, see: OM Ungers, *OM Ungers: The Dialectic City*, Skira (Milan), 1999.

16   For Stirling and *Roma Interrotta*, see: 'Roma Interrotta', in Michael Graves (ed), *Architectural Design*, vol 49, no 3–4, 1979.

17   For Disney see: Karal Ann Marling (ed), *Designing Disney's Theme Parks: The Architecture of Reassurance*, Canadian Centre for Architecture (Montreal) and Flammarion (Paris; New York), 1997.

18   For EPCOT, see: http://en.wikipedia.org/wiki/Epcot (accessed 17 March 2010).

19   For Disney World and EPCOT figures (2007), see: Themed Entertainment Association / Economics Research Associates, Attraction Attendance Report, 2008, http://www.connectingindustry.com/downloads/pwteaerasupp.pdf (accessed 12 July 2010).

20   For Venice tourism statistics, see: Elizabetta Povoledo, 'Venetian transport leaves tourists high and dry', *The New York Times*, 1 February 2008, http://www.nytimes.com/2008/01/21/world/europe/21iht-venice.4.9383559.html?_r=1 (accessed 12 July 2010).

21   On apartheid, see: AJ Christopher, *The Atlas of Apartheid*, Routledge (London), 1994 (available on Google Books). For standard house type, see: Mandela House website, http://www.mandelahouse.com/ (accessed 17 March 2010). On *Bantustans*, see: http://en.wikipedia.org/wiki/Bantustan (accessed 17 March 2010).

22   On the *desa-kota* hypothesis, see: Terry G McGee, *The Urbanization Process in the Third World: Explorations in Search of a Theory*, Bell (London), 1971; also: Terry McGee, 'The Emergence of Desakota Regions in Asia: expanding a hypothesis', in Norton Ginsburg, Bruce Koppel and TG McGee (eds), *The Extended Metropolis: Settlement Transition in Asia*, University of Hawaii Press, (Honolulu), 1991, pp 3–26.

23   On the history of the Dutch East India Company, see: Els M Jacobs, *In Pursuit of Pepper and Tea: The Story of the Dutch East India Company*, Netherlands Maritime Museum (Amsterdam), 1991; also: http://en.wikipedia.org/wiki/Dutch_East_India_Company (accessed 17 March 2010).

24   On Batavia *kampungs*, see: Christopher Silver, *Planning the Megacity: Jakarta in the Twentieth Century*, Routledge (Abingdon, UK), 2008.

25   TG McGee, *The Urbanization Process in the Third World*, G Bell (London), 1971.

26   For contemporary Jakarta, see: 'Reciprocity. Transactions for a City in Flux', workshop and exhibition curated by Stephen Cairns and Daliana Suryawinata, 4th International Architecture Biennale, Rotterdam, 2009, http://www.iabr.nl/EN/open_city/_news/workshop_jakarta.php (accessed 17 March 2010); also: Stephen Cairns, 'Cognitive Mapping the Dispersed City', in Christophe Lindner (ed), *Urban Space and Cityscapes: Perspectives from Modern and Contemporary Culture*, Routledge (London), 2006, pp 192–205; also: Stephen Cairns, 'Jakarta and the Limits of Urban Legibility', in Will Straw and Douglas Tallack (eds), *Global Cities/Local Sites*, Melbourne University Publishing (Melbourne), 2009, http://www.u21onlinebooks.com/index.php/component/option,com_u21/task,essay/book_id,1/id,29/ (accessed 29 June 2010).

27   On the Borneo-Sporenburg project, see: West 8 website, http://www.west8.nl/projects/all/borneo_sporenburg/ (accessed 17 March 2010).

28   For Llewelyn-Davies & Weeks and Shenzhen Institute of Urban Design and Research Plan, see: Charlie QL Xue, *Building a Revolution: Chinese Architecture since 1980*, Hong Kong University Press (Hong Kong), 2005, pp 75–76 (available on Google Books). On Shenzhen SEZ, see:

251

http://en.wikipedia.org/wiki/Special_Economic_Zones_of_the_People's_Republic_of_China (accessed 17 March 2010).

29   On China's urbanisation, see: John Friedmann, *China's Urban Transition*, University of Minnesota Press (Minneapolis, MN), *c* 2005.

252 30   On the mapping of urban villages in China, see: Zhengdong Huang, School of Urban Design, Wuhan University, 'Mapping of Urban Villages in China', undated presentation, Center for International Earth Science Information Network, Columbia University, New York, http://www.ciesin.columbia.edu/confluence/download/attachments/34308102/ Huang+China+UrbanVillageMapping.pdf?version=1 (accessed 17 March 2010). On peasant citizens, see: Jonathan Bach, 'Peasants into Citizens: urban villages in the Shenzhen Special Economic Zone', presentation, 28 April 2009, Watson Institute for International Studies, Brown University, Providence, Rhode Island, http://www.watsoninstitute.org/events_detail. cfm?id=1360 (accessed 1 April 2010). On housing and migrants, see: Ya Ping Wang and Yanglin Wang, 'Housing and Migrants in Cities', in Rachel Murphy (ed), *Labour Migration and Social Development in Contemporary China*, Taylor & Francis (London), 2008, pp 137–153. On urban villages, see: Ma Hang, 'Villages in Shenzhen: typical economic phenomena of rural urbanization in China', Villages in Shenzhen 44th ISOCARP Congress 2008, ISOCARP website, http://www.isocarp.net/Data/case_studies/1145.pdf (accessed 17 March 2010). For photographs of urban villages, see: Desmond Bliek, 'Urban Village, Shenzhen Style', 28 June 2007, Urbanphoto website, http://www.urbanphoto.net/blog/2007/06/28/urban-village-shenzhen-style/ (accessed 17 March 2010).

31   On Shenzhen urban villages, see: Him Chung, 'The Planning of "Villages-in-the-City" in Shenzhen, China: the significance of the new state-led approach', in *International Planning Studies*, vol 14, issue 3, August 2009, pp 253–273.

32   On Urbanus, see: *Urbanus Selected Projects 1999–2007*, China Architecture and Building Press (Shenzhen), 2007, pp 212–221, http://www.urbanus.com.cn/books.html (accessed 1 April 2010).

33   On China, India and world trade, see: Janet Abu-Lughod, *Before European Hegemony: The World System AD 1250–1350*, Oxford University Press (New York), 1989, p 464.

34   On the history of Yokohama, see: Plan for Yokohama, Yokohama City Planning Department, published by Match & Co, 1991, pp 19–33; also: http://en.wikipedia.org/wiki/Yokohama (accessed 17 March 2010).

35   On the Minato Mirai 21 development, see: Susan D Halsey and Robert B Abel, *Coastal Ocean Space Utilization*, Elsevier Science Publishing Co (New York), 1990, pp 191–206; also: http:// en.wikipedia.org/wiki/Minato_Mirai_21 (accessed 17 March 2010).

36   On the Landmark Tower, see: http://en.wikipedia.org/wiki/Yokohama_Landmark_Tower (accessed 17 March 2010).

37   On the Barcelona Olympics, see: Oriol Nel·lo, 'The Olympic Games as a Tool for Urban Renewal: the experience of Barcelona '92 Olympic Village', in Miquel de Moragas, Montserrat Llinés and Bruce Kidd (eds), *Olympic Villages: A Hundred Years of Urban Planning and Shared Experiences – International Symposium on Olympic Villages*, International Olympic Committee (Lausanne), 1996, pp 91–96.

38   On European Cities/Capitals of Culture, see: European Commission Culture website, http:// ec.europa.eu/culture/our-programmes-and-actions/doc413_en.htm (accessed 17 March 2010); also: http://en.wikipedia.org/wiki/European_Capital_of_Culture (accessed 17 March 2010).

39   For the Pompidou Centre and the Bilbao Guggenheim, see: David Grahame Shane, 'Heterotopias of Illusion From Beaubourg to Bilbao and Beyond', in Michiel Dehaene and Lieven De Cauter, (eds), *Heterotopia and the City: Public Space in a Postcivil Society*, Routledge (Abingdon), 2008, pp 259–274.

40   On the 1993 competition, see: Annegret Burg, 'The Spreebogen: site, history, and the competition's objectives', *Parliament District at the Spreebogen, Capital Berlin*, International Competition for Urban Design Ideas 1993, pp 21–44. For the winner, see: Axel Schultes and Charlotte Frank, ibid pp 47–49.

41   For Potsdamerplatz 1992–2000, see: Renzo Piano Building Workshop website, http://rpbw.r.ui-pro.com/ (accessed 17 March 2010); also: Wolfgang Sonne, 'Building a New City Center: Berlin, Potsdamer Platz, Renzo Piano and others, 1991–1998', Polis Urban Consulting website, http://www.polis-city.de/polis/media/downloads/pdf/10berlin.pdf (accessed 12 July 2010).

42   For global media companies and cities, see: Saskia Sassen and Frank Roost, 'The City: strategic   253
site for the global entertainment industry', in Dennis R Judd and Susan S Fainstein (eds), *The Tourist City*, Yale University Press (New Haven), 1999, pp 143–155 (available on Google Books); also: Frank Roost, 'Re-creating the City as Entertainment Center: the media industry's role in transforming Potsdamer Platz and Times Square', *Journal of Urban Technology*, vol 5, issue 3, December 1998, pp 1–21.

43   For the Covent Garden Estate, see: John Summerson, *Inigo Jones*, Penguin, (Harmondsworth, UK), 1966, pp 83–96; also: FWH Sheppard (ed), *Survey of London XXXVI: Parish of St Paul, Covent Garden*, Athlone Press (London), 1970.

44   For the 'Great Estates' of London, see: John Summerson, *Georgian London*, C Scribner's Sons (New York), 1946, pp 163–176.

45   For the streambeds in central London, see: Nicholas Barton, *The Lost Rivers of London: A Study of their Effects upon London and Londoners*, Phoenix House (London), 1962.

46   For London street improvements, see: PJ Edwards, *A History of London Street Improvements, 1855–97*, London County Council (London), 1898. For the Aldwych–Kingsway, see: George Laurence Gomme and London City Council, *Opening of Kingsway and Aldwych by His Majesty the King: Accompanied by Her Majesty the Queen, on Wednesday, 18th October, 1905*, printed for the Council by Southwood, Smith (London), 1905.

47   For Canary Wharf, see: Alan J Plattus (ed), *Koetter Kim & Associates: place/time*, Rizzoli (New York), 1997; also: Paul Goldberger, 'Architecture View: a Yankee upstart sprouts in Thatcher''s London', *The New York Times*, 26 November 1989, http://www.nytimes.com/1989/11/26/arts/architecture-view-a-yankee-upstart-sprouts-in-thatcher-s-london.html?pagewanted=all (accessed 17 March 2010).

48   On the history of London Docklands development, see: London Docklands Development Corporation (LDDC) website, http://www.lddc-history.org.uk/beforelddc/index.html (accessed 17 March 2010).

49   For the GLC, see: http://en.wikipedia.org/wiki/Greater_London_Council (accessed 17 March 2010).

50   On the Thames Gateway plan, see: UK Communities and Local Government website, http://www.communities.gov.uk/thamesgateway/ (accessed 17 March 2010).

51   For Shell Haven, see: http://en.wikipedia.org/wiki/Shell_Haven (accessed 17 March 2010).

52   For Stratford East, Arup Associates, Fletcher Priest Architects and West 8, see: Stratford City Design Strategy Booklet, Chelsfield Stanhope LCR (London), July 2003; also: Fletcher Priest website, http://www.fletcherpriest.com/ (accessed 17 March 2010).

53   For the 2012 London Olympics scatter plan, see: BBC Sports News website, http://news.bbc.co.uk/sport2/hi/olympic_games/4608029.stm (accessed 17 March 2010). For Lea Valley concentration, see: Environmental Systems Research Institute (ESRI) website, http://www.esri.com/mapmuseum/mapbook_gallery/volume21/planning9.html.

54   On the Shard, see: The Shard website, http://www.shardlondonbridge.com/ (accessed 17 March 2010).

第五部分

第9章

特大城市／超级城市

254 　　年轻的美国城市规划师帕尔曼（Janice Perlman）在其 1976 年发表的博士研究中创造了词语"特大城市"（megacity）来描述巴西里约热内卢自发形成的那些贫民窟，该研究强调了官方规划看不见的、官方统计中未计入的、以碎片建构的巨大城市的快速发展。这些新的城市扩张的物质形态迅速扩张——你可以亲历其中——但是，就如 1947 年印度和巴基斯坦独立时的贫民窟一样，它们在地图上是看不见的，看起来也不像传统的都市。它们分布广泛，在广阔的范围内有着各种设施，但真正现代化的基础设施或有或无。在过去的 60 年里，自建的城市在拉丁美洲、亚洲和非洲迅速增长。它们现在仍在增长，其网络结构通常能从夜晚的卫星图中能极好地辨识出来（见第 1 章，NASA-NOAA 图片，第 35 页）。

　　本章追溯了特大城市的出现过程，既将其作为地面上的实体存在，也作为一种"超级城市"（metacity），一种联合国都市化、全球化讨论中的数据构筑。1990 年代，特大城市的出现作为一种全球现象，标志着在全球城市人口的快速增长，城市的吸引核心已经离开欧洲向亚洲和非洲转移。特大城市最初有两种不同的形式，后来逐渐融合。一方面是拉丁美洲、亚洲和非洲的官方和非官方的新城镇的大规模增长。另一方面则是欧洲、北美的城市收缩，及其对减少石油能源依赖的尝试，当然后者只是次要问题。

　　特大城市中的城市设计者意识到，他们需要重新调整其职业定位以认识这些缺乏专业意见和全局规划、由居住者自行建立的巨大城市领域（territory）。设计者需要发展新的工具和技术来应对新局面。在这种局面下，他们可能不再是自上而下的权威人士。极小的改变也可能造成结果的巨大差异，就像在自然产生的系统中，新的模式开始时很微小，却像病毒一般蔓延。同时，城市设计者不得不认识到，他们最喜欢的那种可以控制每个细节的片段化城市模型具有忽视周边环境的局限性，因此产生了新的对周围环境的关注。

　　这种对周边环境的关注主要包括与周边环境的衔接，以及与其他大型城市片段的良好链接，尤其是以高速轨道交通代替公路和高速路的链接。设计者从景观建筑师那里学习这些链接的技术，关注于横跨城市的纵向断面。除了交通，这种以景观为导向的方式使城市设计者看到了以往未曾看见的城市的不同层面，如农业、食物和供水、排水、污水系统，这些对维持城市运转至关重要的方面，存在于发达国家城市的收缩和发展中国家城市的快速扩张进程中。

除了关注于大型城市片段之间的链接和空间之外，在郊野或非正式的聚居地，城市设计者们也会进行城市片段的内部组织。在这里设计者们使用类似的分层方式来重新链接此前被割裂为孤立功能区的城市功能和城市创建者。这种剖面式的发展源于现代主义法则，但解构主义建筑师通过尝试，在他们的建筑中创造了一种新的三维公共空间来挑战并质疑这些法则（一个迅速被购物中心开发者采用的措施）。这种介于功能区和片段之间的异托邦空间成为了结构主义的调色板，而通过大屏幕以及手机等个人手持通信工具来引入媒体，更极大地丰富了这种空间。

本章的第一部分将介绍扩张的特大城市作为一个城市领域所具有的多种形式，其城市系统以自下而上形成的看似随意的形式，广泛地分散于一个服务或良好或不佳的网络空间之中。特大城市种类多样，包括从最初拉丁美洲的贫穷面貌到亚洲包含农业的变体，以及逐渐兴起的富有的欧美版本。拉丁美洲的特大城市始于擅自占用土地者的聚居地，至今已经有 50 年历史了，并具有建造者在山坡或峡谷等困难的地形条件下创造出的独特形式。亚洲的特大城市也具有自己的特点，与水利系统、农业和残存于城市中的乡村手工艺传统相关，也常常位于洪涝地区。欧美的萎缩城市和生态城市的特征则受到后工业化尝试的影响，希望减少高能耗的、依赖化石能源的城市的碳足迹。随着人们之间的距离越来越近，特大城市的转变为减少人类引起的气候变化带来一线希望，但是人们也认识到石化能源带来的全球气候变化将会给沿海和沙漠地区的亚洲城市带来尤为重大的影响。

本章的第二部分追溯了"超级城市"一词的出现，该词最初由荷兰组合 MVRDV（Winy Maas, Jacob van Rijs and Nathalie de Vries）在其名为"超级城市"（Metacity/Datatown）的图书和展览（1999/2000）中使用。[1] 在这里提出的最关键的见解是，如果没有计算机和新式个人通信系统使隐形的交流方式革命成为可能，则特大城市不可能存在，而这种隐形的交流方式仅有的痕迹可能只是一个手机信号塔或轨道上看不见的卫星。城市领域或城市片段之间的空间不再是障碍，而只是一种链接的方式，使新的城市形式成为可能。MVRDV 的项目认识到控制系统的革命和现代计算机处理大量信息的能力，使特大城市的概念成为可能。在某些方面，这些城市只是数据和信息的外衣，包含着大量普查统计和政府出于自身目的而收集的数据集，对什么是城市和什么构成了城市做出了或准确或不准确的多样化解释。同时 MVRDV 的项目对大量的信息处理可能导致超级城市这种特殊形式的观点进行了批判。联合国接受了"特大城市"这一定义，并在 2008 年将其标准定为具有 2000 万人口以上的城市，将注意力从大量特大城市转移到对广泛分布的城市网络的研究上。涉及一系列 100 万至 200 万人口的城市，有研究预测未来它们将会拥有 92% 的世界城市人口，尤其是在亚洲和非洲，联合国预测未来 50 年内大部分的城市增长都将发生在那里。[2]

城市作为碎片之间的空间，以一种混合生态的使用方式包含着不同城市创建者之间的信息和能量流，这种变化使人们认识到很多亚洲和非洲城市没必要遵从欧美技术专家对城市构成的定义。尤其在与农业生产、供水和公共卫生系统的关系，以及能源标准等方面上，这些地区的发展情况都与为现代化发展设定的标准相异。尽管如此，这些城市能够以它们包含现代通信系统和媒体的扩张化网络来支撑大量人口，并发展高密度节点，巨大的城市领域既不是大都市（只有一个中心），也不是大都市带（在现代基础设施网络下的无序蔓延），尽管它包含大量巨大的城市碎片，却也不是碎片大都市，特大城市具有自己的城市形式特征。通信技术的广泛应用和多种交通基础设施联系使巨型节点、巨型街区和巨型购物中心这些城市形式成为可能，这些都将在本章的结尾探讨。这些高密度、全球化的节点和混合的特大型开发项目象征性地见证了大部分世界人口向城市的迁移过程，并在未来的亚洲和非洲还有着巨大的潜力。

特大城市

1976 年帕尔曼创造"特大城市"一词时，不仅指城市规模的激增，也表达了新城市形式在形态学上的变化。[3] 这一时期一些拉丁美洲特大城市 60% 的土地上是自建的贫民窟。[4] 这些城市聚居地并未被算作官方城市的一部分。新的自建的城市扩张区常常包含有农业元素、小片田野或远离高高在上的首都的鸡舍。这些小片的农业碎片让人联想起输出移民的乡村，它们之后很可能会被填充，但却以一种未被现代规划法律允许的、联系复杂的网络形式布置有小型工业作坊、非官方的办公室和事务机构（因此这些区域通常被官方认定为"贫民窟"）。这种城市扩张拥有多个中心并由多种参与者建造，而它们中的大多数都是自建住宅。1970 年代的拉丁美洲是国家或地区商业失败的结果，用以容纳在 1950 至 1960 年代石油繁荣时期被吸引至城市的大量人口。

帕尔曼继而建立了特大城市项目以研究 800 万人口的城市，而随着石油资源丰富的墨西哥城市成为该段时期内增长最快的城市[5]，他随后又开始研究 1000 万人口的特大城市。1986 年联合国采纳了"特大城市"一词，并用于形容至 2000 年能达到至少 800 万人口的城市，在 1992 年再次将标准提高至 1000 万人口的聚居地。至

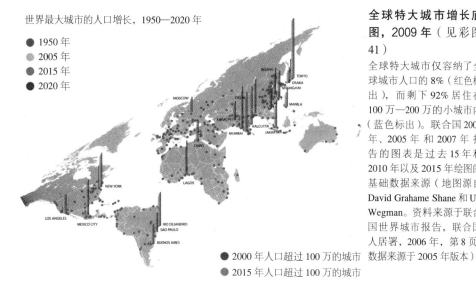

世界最大城市的人口增长，1950—2020 年

● 1950 年
● 2005 年
● 2015 年
● 2020 年

● 2000 年人口超过 100 万的城市
● 2015 年人口超过 100 万的城市

**全球特大城市增长底 257
图，2009 年**（见彩图
41）

全球特大城市仅容纳了全
球城市人口的 8%（红色标
出），而剩下 92% 居住在
100 万—200 万的小城市内
（蓝色标出）。联合国 2003
年、2005 年和 2007 年报
告的图表是过去 15 年和
2010 年以及 2015 年绘图的
基础数据来源（地图源自
David Grahame Shane 和 Uri
Wegman。资料来源于联合
国世界城市报告，联合国
人居署，2006 年，第 8 页，
数据来源于 2005 年版本）

2006 年，当时预期世界人口的 50% 将会居住在城市中，在温哥华召开的联合国人居署第三次会议将特大城市定义为 2000 万人口的城市。这一定义被视为潜在的城市灾难而成为报纸头条。联合国认识到了特大城市中的社会不公问题，在那里，多达三分之一的人口可能居住在极其恶劣的环境中。全球 30 亿城市人口中的三分之一，总计 10 亿人居住在贫民窟里，敲响了联合国人居署的警钟，但是显然并非这全部 10 亿人都居住在特大城市里。[6]

联合国追溯了特大城市的出现，意识到在非政府组织中新的城市创建者中间，以及在官方定义城市之外的空间里，一个自下而上的城市新模型正在显现。帕尔曼在她 1976 年的博士论文中描述了贫民窟住宅中复杂的生活方式。而后，在 2006 年联合国人居署第三次会议上，她动情地表示要在 25 年之后再次拜访其在研究中接触的贫民窟中的这些人（很多已经死了）。[7] 在 1976 年联合国人居署第一次会议上约翰·特纳类似地强调了城市设计者和规划者与贫民窟非官方建造者和居住者的合作。戴维·萨特思韦特，作为有影响力的英国经济学家芭芭拉·沃德（Barbara Ward）的助理，组织了经联合国认可的非政府组织会议。[8] 特纳的老师奥托·柯尼斯伯格（Otto Koenigsberger），是英国建筑联盟学院（AA School）和之后伦敦大学学院的规划学教授。他已经和印度的联合国组织尝试合作，将印度独立时（1947 年）的 700 万难民安置在临时棚屋和帐篷中。柯尼斯伯格支持多样的、自上而下的、自助的策略作为紧急措施，并为尼赫鲁（Nehru，印度总理，印度独立运动领袖，1889—1964 年——

258

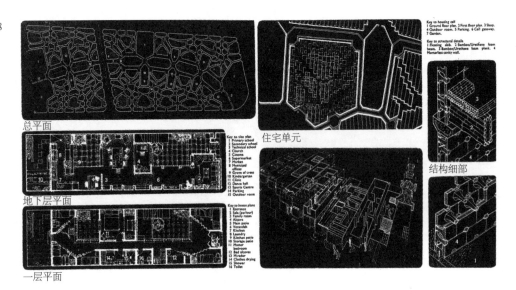

总平面

住宅单元

结构细部

地下层平面

一层平面

克里斯托弗·亚历山大和其团队，在秘鲁利马的自建项目，1981 年
亚历山大的团队尝试为利马的贫民窟聚居地改进自建方法，推荐一种长而薄的重复性的住宅类型，拥有能够通过
2 层楼板扩展的庭院。在巨型街区内，中央链接从社区商店延伸至公共设施（健身房、学校、操场和公交站）（设
计源自 Center for Environmental Structure）

译者注）规划了五个新城镇（钢铁工业新镇）。

　　特纳的《人本的住房》（Housing by People，1977），如同巴西人伯纳德·鲁道夫斯基（Bernard Rudofsky）的早期著作《没有建筑师的建筑》（Architecture Without Architects）一样，认识到棚屋聚居地可以来自外部并成为城市永久性的一部分。[9]正如鲁道夫斯基一样，英国作家，《村镇景观》（1961）的作者戈登·库伦对于欧洲城中村的微观准则和乡土设计有着类似的执着。[10]槇文彦写于1960年的文章创造了"特大结构"（megastructure）一词，也意识到了小规模、乡村景观的组团形式可以作为一种切实可行的选择（见第5章）。[11]法国建筑历史和理论学家弗朗索瓦·肖艾（Françoise Choay）将控制着当地村庄结构中邻里关系的微观准则描述为一个句法系统或"城市符号学"意义上的当地语言，将这些自下而上的地方准则与大的、自上而下的、不受时间影响的几何形规划对比。[12]克里斯托弗·亚历山大（Christopher Alexander）也将这些贫民窟视为小规模的、自组织的系统，拥有可由建筑师操控的地方准则。1981年在秘鲁利马的住房竞赛上，亚历山大和他的团队与其他竞争者一起尝试控制并利用当地贫民窟建造者的技术，并在过程中改进其建造技术，引入新的材料，使用技术简单的预制构件和标准化的平面。[13]在1980年代，世界银行采纳了特纳的想法，其成果就是非洲和拉丁美洲的"场地与服务"项目，如像对多西的亚兰庄园（Doshi's Aranya Estate，见第 6 章）一样，为这些地区提供基础设施建设援助和简单的建造准则建议。

在 1970 年代，帕尔曼和特纳在他们的特大城市研究领域并不孤独。1971 年，加拿大社会学家特伦斯·麦克吉（Terence G. Mc Gee）首先使用印度尼西亚语 "desa-kota"（城乡一体）来描述他在雅加达（Jakarta）（见第 8 章）观察到的混合的城市领域。[14] 麦克吉强调了现代城市与农业传统、养鱼场和水田亲近的功能混合性。他还注意到城市移民是如何扩散至周边村庄的，从而创造出混合使用的、分散的城市领域，边缘还有着运河和古老的排水沟、铁路和高速路。在欧洲殖民主义之前这种模式就已有相当长的历史了：古代亚洲印度教文明——柬埔寨的吴哥窟，依赖大量运河和灌溉系统来支撑其大规模人口的需求，其人口规模预计最高可达 100 万。[15] 中国在两大河流的基础上，在灌溉、水田、渔场和运河方面也有着悠久的历史传承。泰国有着在蜿蜒而多岛的湄南河肥沃的冲积三角洲上耕作的悠久传统，正如越南在湄公河三角洲耕作一般。尽管如此，泰国国王还是向雅加达的巴达维亚（Batavia）派遣远征队，来考察基于 1880 年代末的最新发展而兴建的现代化荷兰运河系统和种植园。

荷兰东印度公司在 16 世纪就将雅加达作为印度和中国之间的殖民贸易基地，从这里经过南非开普敦，他们可以从海上往返阿姆斯特丹。[16] 这个城市的核心有一条运河，一座城堡，城堡是统治者的宫殿，还有商业仓库和周围雇佣奴隶种植香料的种植园。19 世纪的殖民地最高行政长官，像曾经中国或印度的皇帝一样，将全国大部分人口作为农奴令其耕作土地。印度尼西亚的民族主义者将殖民城市和农奴村庄视作他们的失败。毛泽东、甘地或苏加诺的新兴独立民族主义政府都关注城市之间的空间，将现代化的农业村庄视为新国家身份的特征，弱化曾经殖民城市的重要性。[17]受到 1930 年代斯大林苏联政府集体农场（collective farm）的影响 [1960 年代非洲加纳和坦噶尼喀（即坦桑尼亚）也做了类似的尝试]，他们试图在乡村创造一种新的后殖民文化。[18] 后来全球化的农业综合经济，以及以石油能源为基础的，肥料和拖拉机带来的绿色革命，推翻了这些民族主义者的现代化进程，巩固了农田，并在 1970 年代至 1980 年代使农民离开土地前往城市。[19]

在石油资源丰富的雅加达，印度尼西亚独立后的领袖苏加诺创造了独特的印度尼西亚城市领域，混杂着他的农业和现代化政策，将城市设施扩散至广阔的范围。皇家都城与殖民城市共享运河文明，在三角洲城市中散布混合着农业的城市功能碎片。荷兰的阿姆斯特丹，作为荷兰殖民公司的欧洲总部，即使在今天，就在城市的河对岸，仍然有一半的城市土地用于农业。[20] 一个快速增长的亚洲特大城市的典型模型是上海，其保留城市面积的一半用于生产食物，而北京则有着其山区的巨大绿带。[21]

上海还计划在浦东建造亚洲第一个生态城市，一个混合了亚洲实践和欧洲收缩城市模型的卫星新城规划，并具有传统的亚洲运河和池塘，这一计划最初与2010年世博会相关（见第10章）。

1988年帕尔曼建立特大城市项目时有五个特大城市：两个在发达国家（东京和纽约），三个在发展中国家（包括墨西哥城）。1945年还只有伦敦和纽约两个城市，以大都市的形式分别容纳800万人口。今天，已经有20个2000万人口的城市，在全球化的网络下，包括不同角色和城市形式的丰富多样的城市，从首都北京、德里、雅加达、墨西哥城和首尔，到商业城市加尔各答、孟买和上海。东京至大阪和纽约至纽瓦克仍然作为特大城市存在，然而在欧洲，联合国已不能列出特大城市的名单（欧洲特大城市区"蓝香蕉"的北部，不列颠至荷兰一带，也许在某些定义下符合条件，但是跨越了国界）。至2015年，联合国预计将会有26个特大城市，只有四个不在欠发达地区。这些城市在其领域范围内由于其控制城市碎片之间的空间的准则不同而呈现出巨大的差异。下一节将研究这些多样的城市领域中的一部分，强调控制碎片之间空间并将城市连接成网络形式的准则。不同的准则控制着全球城市系统中的国际经济中心、国家首都、商业口岸和工业中心，而还有一些在碎片之间的空间里混合了这些功能，创造出富有或贫穷的特大城市样貌的城市领域。[22]

萎缩城市和生态城市

随着亚洲特大城市人口的扩张，从全球视角来看，欧美城市的人口处于稳定状态，而随着新生儿的减少、受教育程度越来越高，并向郊区或包含农业带、被抛弃的农舍、第二住宅、乡间住宅的城市扩张区域迁移，欧美的城市甚至常常会缩小。在亚洲，城市被置入郊野中，一种广泛分布城市功能的新城市形态随着1990年代的廉价石油而出现。理查德·雷吉斯特（Richard Register）在《生态城市伯克利》（Ecocity Berkeley，1987）一书中，将萎缩的美国城市视作引入新公园和城市农业、解放长久被掩埋的河床、露出自然特征轮廓和恢复失去的生态环境的机会［这些主题在《生态城市：结合自然重建城市平衡》（Ecocities: Rebuilding Cities in Balance with Nature，2001）一书中再次出现］。[23]1987年，约翰西摩（John Seymour）和赫伯特·吉拉德特（Herbert Girardet）的《绿色星球的蓝图》（Blueprint for a Green Planet）一书为恢复城市环境描画了美丽的"实践指南"，融入了很多加利福尼亚州的案例（如回收，有机农场，低能耗住宅，太阳能动力等）。[24]

雷吉斯特组织了生态城市建造者协会，提倡萎缩城市（urban shrinkage）和生态村庄建设。[25]该协会在前沿生态城市方面举行了漫长的一系列会议，于加州伯克利

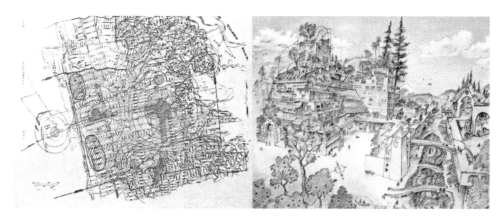

理查德·雷吉斯特，生态城市伯克利的村中心地图和效果图，加利福尼亚州，美国，1987 年（见彩图 42）

雷吉斯特构想了一个萎缩城市，溪流和山谷等自然特征将会作为休闲、娱乐和城市农业之地重现，并且城市的乡村中心使私人小汽车成为多余之物（图片源自 Richard Register）

（1990）开始，直至后来巴西的库里蒂巴（2000），那里有创新性的公交系统和充满活力的市长贾米·勒讷（Jaime Lerner），以公共交通和服务来改善拉丁美洲的贫民窟。[26]道格·科尔巴夫（Doug Kelbaugh）的《道路口袋书》（1989）一书总结了"小的是美好的"这个反主流文化典范的城市设计暗示，提倡在农业绿带中围绕轨道交通站点建立小的、高密度的、以步行为核心的新城镇。[27]1990 年代，太平洋西北部的美国小城市，如俄勒冈州的尤金或华盛顿州的西雅图以及邻近的加拿大的温哥华（联合国人居署第一次和第三次会议的举办者），都发展出独特的生态区划模式，包含绿带、公共交通系统和自行车道。在温哥华，威廉·里斯（William Rees）和同事于 1992 年首先发表了测量城市能耗以计算城市碳足迹的观念。[28]

欧洲和美国提供了很多城市农业和城市内部小规模生态化的案例，将传统工业城市转变为新的功能城市。在德国莱茵－鲁尔工业带，有些城市已制定了大规模工业区治理计划并在旧工厂中创造公园，如彼得·拉兹（Peter Latz）的北杜伊斯堡（Duisburg-Nord）景观公园（1991—2002 年，见第 10 章）。[29]在 2000 年代早期，威尔·艾伦（Will Allen）在密尔沃基西北部的活力增长（Growing Power）农场，将一幢废弃的工厂建筑改造为养鱼场和温室。[30]底特律市议会正考虑立法允许在市中心建立大规模的城市农业，利用区划法使部分居住和商业功能向农业转变。在美国的其他地区，如纽约北部的哈得孙山谷，新的、小规模的农业种植已经开始，农民开始种植有机谷物并运送至临近城市的"本地农家种植"市场，正如同一时期意大利

262

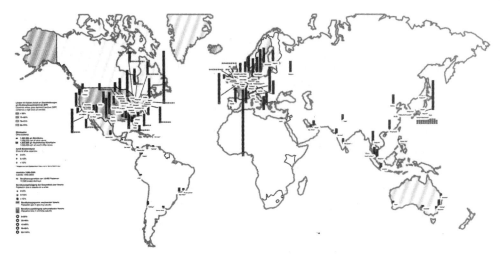

**菲利普·奥兹瓦特，处于荒漠化危险中的城市，源自《萎缩城市图集》，Hatje Cantz
出版社，奥斯特菲尔登（Ostfildern），德国，2006 年**（见彩图 43）

《萎缩城市图集》展示出，随着沙漠的扩张和淡水供应的枯竭，萎缩城市可能出现在南半球、北非和撒
哈拉沙漠带南部。印度、日本和澳大利亚的部分地区，以及中东地区和亚洲戈壁沙漠周围的很多国家
也将受到影响（图示源自 Philipp Oswalt）

的慢食物运动（Slow Food movement）一样。[31]

在 1990 年代，曾制定北杜伊斯堡景观公园设计策略的城市规划师汤姆斯·西弗茨（Thomas Sieverts），在其《没有城市的城市》（Cities Without Cities，1997）一书中介绍了德国的城市景观传统，认识到一种新的城市分布方式。在这种方式下，人是流动的，设施可以广泛地分布，并在一个更小城市的网络下共享（见第 1 章和第 6 章）。[32] 保拉·维佳诺（Paolà Viganò）在《La Città Elementare》（1999）一书中发展了类似的网络化城市景象，称为"颠倒城市"（reverse city），这是一个空的城市，空间和空间互不相邻地、广泛地分布在网络和郊野中，并引用意大利威尼斯后边的威尼托区运河环绕的农业城市作为典型案例（见下文）。[33] 今天模范的德国生态城市如弗莱堡（Freiburg）大学城，拥有严格的建筑节能标准、合作住宅组织、由本地绿色工业制造的太阳能板和绝缘材料、一套有效的有轨电车系统、有限的汽车拥有量和步行化的城市中心。在与弗莱堡竞争的德国生态城市沃邦（Vauban），只有 5% 的人口拥有汽车，多数市民使用有轨电车、出租车或共享汽车旅行，很多人骑车或步行去工作。[34]

菲利普·奥兹瓦特（Philipp Oswalt）和他的团队在《萎缩城市图集》（The Atlas of Shrinking Cities，2006）一书中描绘的北欧和美国萎缩城市的模型和分散的城市化正是 2003 年联合国强调的全球特大城市的形成模式。[35] 尽管奥兹瓦特的研究开始于德国的萎缩工业带，该团队很快意识到欧洲和美国其他的工业中心也在移民屏障下开始萎缩。除此之外，团队还意识到全球气候变化将会导致很多其他地区的城市萎缩，不仅仅是全球河流三角洲区域的特大城市的洪水（见下文），还有赤道地区最高气温的上升。这意味着非洲撒哈拉、西班牙南部、横贯中东和土耳其、亚洲中部和美国西南部的沙漠扩张使拉斯韦加斯、菲尼克斯和洛杉矶等城市不再宜居。

联合国和其他统计模型依据大量的极地冰川融化率（影响海平面和风暴强度），谨慎地预测了城市未来面临的危机，同时阿尔·戈尔（Al Gore）的电影《难以忽视的真相》（An Inconvenient Truth，2006）总结了期间的生态学争论。2005年，世界60亿人口的一半将会居住在城市，而居住在贫民窟的城市居民仍占城市人口的三分之一，这时便将会达到10亿。从联合国报告《贫民区的挑战》（The Challenge of the Slums，2003）的概括来看，城市的未来似乎不妙，虽然报告是从19世纪欧洲工业化进程中借用了"贫民窟"一词，但2000年的很多特大城市仍旧缺乏基本的工业基础。[36] 2007年联合国发布了一组图表，显示古巴是最具可持续性的国家，而贫穷的哈瓦那则是世界上最可持续的城市，拥有较高的生活质量指数，在城市农业带中种植自己的食物，私人小汽车的拥有量也极为有限。

在2003年联合国报告敲响警钟之后，马克思主义评论家麦克·戴维斯（Mike Davis）在《星球上的贫民区》（A Planet of Slums，2007）中详述了联合国的分析。[37] 戴维斯为贫民窟谴责全球资本主义和过去的殖民帝国，但他在被剥夺公民权利的民众中看到了革命的潜力。到2007年联合国人居署的报告的注意力已经转移到气候变化的危险上，但仍然保留着有关早期特大贫民窟的主题，如特大城市中的犯罪率，缺乏安全保障，只是在全球气候变暖的情况下强调了他们对洪水和荒漠化负有的责任。[38] 2007年，哥伦比亚大学的地球科学信息网络中心（CIESIN）实验室利用卫星图片发现海平面上升10米（30英尺），世界上大型三角洲地区的城市就将淹没于水中，使北京几乎成为沿海港口（上海和天津将会淹没水中）。[39] 恒河三角洲的洪水将会严重影响孟加拉和印度（加尔各答和达卡）。曼谷、布宜诺斯艾利斯和香港局部、伦敦和纽约以及好莱坞的大部分都将会被水淹没，更不用说尼罗河河口的埃及、亚历山大的消失和非洲西海岸拉各斯的洪灾。[40]

特大城市和超级城市：作为信息的城市

联合国人居署的报告《萎缩城市地图》（the Shrinking Cities maps），CIESIN灾难计划和电影《难以忽视的真相》都使用了计算机技术来管理海量数据，以预测未来全球城市领域形成的结构模式。根据这些预测，大量人口将会迁移，城市将会在全球范围内萎缩或扩张，通过自建扩张或规划新城镇来创造新的城市领域，部分特大城市将会产生新的城市形式。2006年联合国人居署修改了其对于特大城市2000万的人口上限，将扩张的城市领域重命名为"超级城市"（metacity）。这一重要的城市设计转变，源于意识到亚洲特大城市在形式上与拉丁美洲特大城市未来的变革和欧美萎缩城市的形态变化的不同。这一名词也认识到城市领域扩张中信息技术和通信系统的角色，认识到城市设计者不能为 2000 万人口做自上而下的设计，取而代之的是将特大城市分解为组成部分和系统，使它们更容易管理，对城市的需求有更积极的反应，并自下而上地生成设计。

264

　　2006 年在温哥华召开的联合国人居署第三次会议上，戴维·萨特思韦特认为世界城市人口中的大部分将会居住在超过 400 个 100 万至 200 万人口的城市中，而非特大城市。[41] 萨特思韦特还指出这些城市中大部分处于城市网络和其组成的城市群岛中，在这里，自助、自组织、市级政府介入以及微型经济机构和媒体网络都可能产生巨大影响。这些城市跨越了农业领域，包含了不断扩张的、自建的、混合使用的棚屋聚居地区域。萨特思韦特归纳了地方当局针对自建棚屋城镇的四种自上而下的应对措施：第一种是忽略它们，第二种是试图拆除它们，第三种是在新的城镇中重新安置这些人口，第四种则是改良。[42]

　　这些自上而下的应对措施都没有认识到当地居民的自我组织能力、知识基础和建造技术。萨特思韦特强调棚屋 / 贫民窟居民国际组织（SDI）作为示范组织，它作为非政府组织的自助联盟开始于印度，随后通过互联网向非洲和南美洲扩散。SDI 成为一个知识共享的国际网站，在全球和国家范围内拥有最好的邻里改善技术、组织、资金支持以及公共关系管理措施。信息技术在全球范围内的融合，以及手机等个人手持通信工具的广泛使用，标志着超级城市（的形成）。世界社会论坛（WSF）作为非政府组织的一员，于 2001 年在巴西城镇阿雷格里港（Porto Alegre）召开首次会议，描述了同样的自下而上的全球网络。2007 年肯尼亚内罗毕（Nairobi）的第七次世界社会论坛，有 66000 位参与者登记和 1400 个非政府组织参加。[43]

　　"超级城市"一词发源于 2000 年荷兰建筑团队 MVRDV 组织的一次展览，该小组对中国香港的贫民窟之城——九龙寨城的复杂剖面结构十分着迷。[44] 这一多层、超密度、自我封闭的围城（也被称为"黑暗之城"）成为萨特思韦特的贫民窟城市的一个极端案例——一个非法的城中之城。从英国殖民统治的弊端角度来看，贫民窟是一种耻辱和公共关系的灾难，揭露了富裕中的贫穷。由居住者在废旧的堡垒场地上自行建造的临时建筑综合体成为一个拥有不可思议的高密度的、经过时间累积自下而上设计成型的完美案例。这个巨大的自建综合体在没有自来水和适合的下水设备的恶劣条件下，曾一度容纳成千上万的中国大陆移民者。九龙寨城短暂而传奇的历史勾画出萨特思韦特总结的对自建住宅的四种官方反应中的前两种：首先是视而不见，其次是

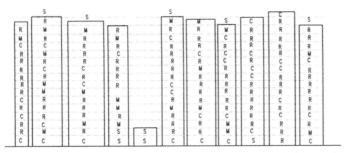

功能组合在垂直方向上的不连续性，甚至在不同楼层的水平和纵向间产生了社会交往的空间分散与群体分化

R. 居住功能
M. 混合功能
C. 商业功能
S. 社交功能

1990 年代的香港（中国）九龙寨城

这个自建的、垂直的摩天楼式的贫民窟自 1950 年代直至被拆除，容纳了成千上万人居住。其紧密的立方体结构，复杂的层次和内部自组织的社区为荷兰 MVRDV 建筑小组等研究密度的团体带来了启发（图片源自 Laurence Liauw & Suenn Ho）

拆除，正如在 1992 年 * 在将主权归还中国之前所做的那样。数年来这块错位的独立用地都未被展现在地图上，因为在法律上它是中国的一部分。在这个功能混合的围城中，商店、工厂、办公室、社交场所和服务设施散乱地分布于剖面中的不同楼层，没有明显的统一逻辑，全部包含在这一极高密度的巨型节点中，MVRDV 的《法尔马克思：命运的远足》（FARMAX: Excursions on Density，1998）一书对此进行了详细记录。[45]

在此之后，在 1999 年，MVRDV 又提出了一种三维建造方式，关于地球上的人类聚居的全部信息被塞进一个紧密的数据立方体内，成为一种虚拟化的寨城，被称为"超级城市 / 数据城市"（Metacity/Datatown）。[46] 九龙综合体被描述为一个巨大的数据立方体，作为威廉·吉布森（William Gibson）的反现代科技科幻小说《神经漫游者》（Neuromancer，1984）中的虚拟 – 现实世界的违法数据避难所，虽然随后不久便被拆除了。[47] 通过使用数据立方体这一隐喻，MVRDV 通过将分离的、全球化的城市功能作为立方体中的不同功能层来进行评估，创造了一个数据构成的三维城市，而这一立方体也成了他们的展览"超级城市 / 数据城市"以及与理查德·科伊克（Richard Koek）合写的同名书籍中的虚构建筑。MVRDV 的分层方法使用了更早的柯林·罗和弗瑞德·科特在《拼贴城市》（1978）一书以及 1980 年代解构主义建筑师们（如扎哈·哈迪德为香港山顶项目所做的设计，见第 7 章）所概括的技术。[48]

在 1990 年代，一场数字化革命改变了城市设计者的表现与设计空间的方式。这是引入强大的可以在桌面上模拟三维空间的个人电脑的结果。然而，无论是 1980 年代加州大学伯克利分校由彼得·鲍斯曼（Peter Bosselmann）领导的开创性的模拟实验室，或是之后在 1990 年代纽约大学由迈克尔·夸特勒（Michael Kwartler）领导的模拟实验室，都需要巨大的装有空调系统的实验房间，二者都要用架在巨大模型上的移动相机，按照计划的位置变化进行拍摄。到 1990 年代早期，一个拥有 form.Z 的笔记本电脑就可以在电脑屏幕上创造逼真的虚拟模型。[49] 不久之后，很多年轻的设计者将时间花在虚拟的城市空间、驾驶汽车和《侠盗猎车》（Grand Theft Auto，始于 1997 年）等电脑游戏中。这些视觉模拟工具扩展了传统的透视法，并使虚拟城市中的快速移动和飞行成为可能，彻底改变了此前城市图像的静止的、固定视角的概念。城市图像与其地理位置相分离，就像在拉斯韦加斯的赌场一样（见第 275-277 页），可以为广告和地方宣传等目的而利用。

面对数据爆炸和显著的信息自由，MVRDV 的超级城市 / 数据城市设想其全部数据限于巨大立方体内，创造了一种被紧密束缚而又包含多层的象征性的特大结构（与库哈斯"城市群岛"的特大结构相呼应，见第 8 章和第 274 页）。这是一种封闭的形

---

* 香港主权于1997年回归中国。——编者注

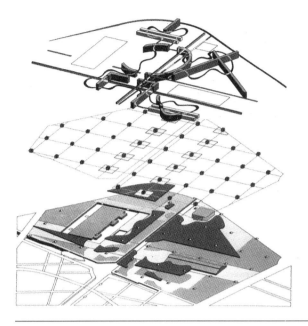

伯纳德·屈米,拉维莱特公园的分层图,巴黎,法国,1982 年

屈米的设计只有三个层次:一层是考古学的,一层是永恒的柏拉图几何形,一层是场景化和个人化的。网格交叉处的红色立方体凉亭将三层结合在一起,创造出一种新的、复杂的、三维的交互公共空间(分层图源自 Benard Tschumi Architects)

式,与瑞士解构主义建筑师伯纳德·屈米的巴黎拉维莱特公园不同,后者展示了对系统性分层网络的设计手法的应用,在一个巨大水平面上的新的三维公共空间中为不同的城市创建者做出设想,并借鉴舞蹈和景观符号系统以创造一个边界开放的矩阵(matrix)。[50] 他此前的《曼哈顿抄本》(Manhattan Transcripts,1994)一书讲述了在衰亡的纽约城中一个谋杀者在时代广场和第 42 号大街附近的三维立体空间中逃亡的故事,呈现出库哈斯《疯狂纽约》中一幅不同寻常的画面。[51]

在屈米的拉维莱特结构中,处于网格交叉处的红色立方体凉亭扮演了控制网络中的节点,网络还兼容了城市设计中的另外两个层次。在同一竞赛中入选的库哈斯则设计了一系列线性种植来为活动和构筑物提供框架,方案有五个不同的层面,而屈米的只有三个。屈米以他的红色立方体和网格创造了一个开放的系统和分散的网络模型。他将地段、地段周围及其之间的场地上的既有的建筑群作为最底层。中间层是点和红色凉亭构成的均匀的联系网格,控制整个设计并塑造公共空间。最上一层是弯曲的场景化路径,使用不合逻辑的蒙太奇叙事的手法,穿越幽灵般的记忆。还有一系列柏拉图式的空间:一个广场、一个圆圈和一个三角。法国总统密特朗允诺,政府将会在 40 年内将公园建成,一年建一个凉亭,使项目有长时间的建设期。

解构主义强调网络城市不同层面中不同的城市创建者之间的信息和信息流,这意味着建筑师和城市设计者有可能在超级城市中创造新的三维公共空间。自从苏格

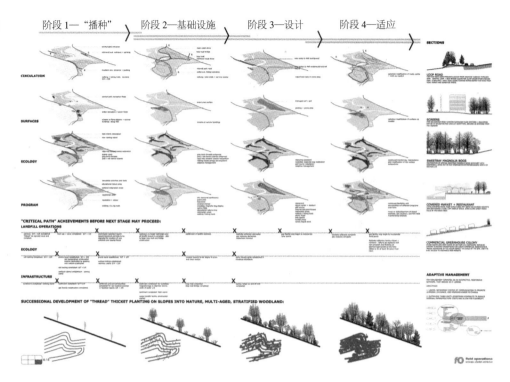

詹姆斯·科纳，斯坦·艾伦（Stan Allen）和田野公司（Field Operations），斯塔滕岛，弗莱士河公园竞赛的公园项目分层图解，纽约，2006 年（见彩图 44）
1950 年代罗伯特·摩西在斯塔滕岛建立了巨大的弗莱士河公园垃圾填埋场。科纳的设计有 10 个相互作用的层面，以及一个复杂的三维领域，环境修复项目和人类活动随时间在此相互作用（图片源自 James Corner Field Operations）

兰生物学家帕特里克·格迪斯的《进化中的城市》（Cities in Evolution，1915）一书问世以来，城市设计者就明白了为何大型城市经常坐落在大河河口处，而格迪斯的"山谷断面"则描述了其腹地形状，即三角洲和岛屿之间的分水岭区域。[52] 1960 年代，宾夕法尼亚大学景观建筑师詹姆斯·科纳（James Corner）的前任伊恩·麦克哈格教授将格迪斯的"山谷断面"法带入计算机时代。他的《设计结合自然》（1969）一书提出了城市生态学的分层方法，每个城市创建者的领域都被绘制于一张透明的纸上并包含有山谷和分水岭，然后通过层叠比较发现城市领域中不同城市功能的最佳位置。[53]

科纳扩展了麦克哈格的方法，让不同的城市创建者参与到一个复杂交织的过程中，随着时间的推移来创造城市。他懂得城市创建者如何在碎片之间的、层化的、三维的空间矩阵中作用，与数据流、GIS 系统和城市影像相联系，并开放山谷断面中的生态流。印度的练兵场（maidans）被提议作为当地的城市居民创造差异化的公共空间，从而使其与生态区域相似，随着时间而改变，形成一个复杂、交互的动态关系。[54] 科纳与航空摄影师埃里克斯·麦克里恩（Alex MacLean）一起飞越了整个印度，清楚地了解了大都市和大都市带对地球造成的生态破坏，并在《丈量美国景观》（Taking Measures Across the American Landscape，1996）一书中记录了露天采矿对山脉的侵蚀、农业综合企业的农事和杂乱蔓延的郊区。[55] 科纳参与编辑的《恢复景观：现代景观建筑论述》（Recovering Landscape：Essays in Contemporary Landscape Architecture，1999）一书提出了一种方法，1997 年在芝加哥、纽约和费城的一个名为"景观城市主义"（landscape urbanism）的重要的旅行展览中（1999 年在宾夕法尼亚大学的城市设计会议上也进行了展览），该方法被查尔斯·瓦尔德海姆（Charles Waldheim）命名。[56] 瓦尔德海姆自己参与编辑的《追踪底特律》（Stalking Detroit，2001）一书则对萎缩城市现象提出了解决方法，其使用的城市景观策略源自科纳的基于时间的、"表演性"的城市主义教义和实践，并在《景观城市主义读本》（Landscape Urbanism Reader，2006）一书中对此有进一步阐释。[57]

在与建筑师斯坦·艾伦合作规划的纽约斯塔滕岛的弗莱士河公园设计竞赛中（于 2006 年开始建设），可以明显看出科纳和田野公司对分层化三维立体空间中复杂的城市创建者在较长时间内的交互作用的关注。[58] 为了修复旧城中罗伯特·摩西设立的垃圾填埋场，该团队使用了 10 个交互的层，每个都有其自己的时间维度。最底下一层是已存在的沼气抽取网络，用以供给生产工厂。其上是一层不透水的屏障，以防止有毒物质从下部外泄，在其上科纳绘制了现有的表层水和道路，并绘出等高线、植被和土壤类型。最上面三层显示了田野公司的介入，首先是沿边界创造了新的生态栖息地和小块生态区，其次是沿等高线的新路径，最后，多样化的新项目被植入新的环境中，并通过简单的符号表达。田野公司通过分层的、信息学的方法使从垃圾填埋场到公园的异位转变显得简单容易，正如他们在 2009 年纽约的高线公园（High Line Park）项目中与思科费得＋伦夫洛（Scofidio ＋ Renfro）合作时，对此技术做的一次小型的示范（见第 2 章）。

贝尔纳多·塞基和保拉·维佳诺在他们的安特卫普结构计划（2003—2006 年）中，使用了一种类似的分层的三维方法，并在其著作《安特卫普：新现代主义领域》（Antwerp：Territory of a New Modernity，2009）对其进行了介绍。[59] 在 1960 年代，位于阿迪杰河谷上游（upper Adige Valley）的威尼斯大学的朱塞佩·萨莫纳（Giuseppe Samonà）发起了乡村城市化研究，塞基和维佳诺对其进行效仿，在其早期工作中对位于波河三角洲的威尼斯城市领域进行研究。他们研究了威尼托地区（塞奇在 1992 年将其命名为 "Città Diffusa"），他们关注于综合建筑群之间的空间，大量多样的功能常

贝尔纳多·塞基和保拉·维佳诺，安特卫普图底肌理（fabric porosity diagram）和剧院广场（Theaterplein）重建项目，安特卫普，比利时，约2008年（见彩图45）该图展示了安特卫普的邻里如何相互开放，以及原本孤立的城市核心如何与周围近郊相连（图片和照片源自 Studio 09_Bernardo Secchi, Paola Viganò）

常混合在一起，遍布城市化的郊野，并通过公路、运河和沟渠（有些修建于古罗马时代），以及铁路和小汽车到达。[60]塞基和维佳诺将这一区域及其50公里（30英里）的扩张区与洛杉矶和好莱坞对比，二者都以远高于威尼托地区的人口密度扩张其城市范围，并有着迥异的城市发展模式。他们在最近的威尼斯双年展作品《水和沥青》（2008）和《水的景观》（2009）中，更新了这一工作，内容包括水力系统随时间发生的改变和其对边界、植被的景观影响，并且建议在废弃的采石场建设新的公园和澄清池。[61]

随着欧洲帝权的消失，同时在欧洲西北都市圈（NWMA）——欧洲"蓝香蕉"从伦敦至米兰的重要部分中（见第6章），因佛兰德斯钻石而兴起的比利时周边城市网的人口逐渐衰减，安特卫普作为服务于刚果的比利时帝权的港口也因此而衰败。[62]1993年欧盟曾授予安特卫普"文化之都"的称号，希望与民间的非政府组织"Stad aan de Stroom"（城市与河流）一道，改变这一萎缩城市的面貌。十年之后，随着"欧洲之星"高速列车到达中央车站的地下购物中心（2009），塞基和维佳诺开始为一位新的市长工作，希望将不同层次的政府规划协同至同一文件中，以指导未来的城市收缩与更新。这一高速的交通联系促进了站前Kievitplein广场的再开发，MVRDV在此设计了颇具争议的摩天楼节点。与该项目同时设计的是塞基和维佳诺的结构计划，一个与城市旧码头平行的"硬脊椎"，越过旧城边界南北向延伸的电车轨道连接了南部霍博肯（Hoboken）的废弃石油化工厂和北部刚刚修缮的依兰德（Eilandje）码头。结构计划还主张一个"软脊椎"，沿中央区域的老码头以及湿地和废弃的工业区建设新的公园，以一系列绿色碎片环绕城市，改善排水和堤防系统，使整个三角洲城市更为宜居。[63]

塞基和维佳诺的安特卫普结构计划是一个策略性的计划，一份顾问文件而非总体规划，为现有计划和一些小的策略性干预之间的协调提供建议。计划包括来自不同规划机构的"微故事"，包括城市中回迁至修缮建筑中的人，以及一系列"剧本"，包含田园城市密集化和在不确定的、未来的现代街区。计划的目标是使城市拥有均等的、更高的密度。塞基和维佳诺在城市北部边缘设计了两个小公园，高速列车经过该地，废弃的船坞也开始出现。他们还赢得了多功能剧场旧建筑立面改造的国际竞赛，其建议是不对立面做出更改。取而代之的是，他们为整个剧院广场做了改造设计（Theaterplein，2004—2008），将其作为一个"公共场地"，一系列细圆柱之上覆盖着轻质的、高耸的屋顶，创造出一个不寻常的立方体虚空间，将城市地面作为临时活动的表演空间。例如，临近的Oude Vaartplaats街市场在周六就会扩张到屋顶之下，而剧院人流和节日庆典也可以在夜晚使用其照明。屋顶的雨水落至立方体一侧的凹形花园，形成澄清池的同时也保护了现存树木；广场的另一侧作为服务性道路，可达到地下车库和剧院的服务区，并包含屋顶下戏剧化的逃生楼梯。这一不寻常的、分层的新公共空间，以及其有限的资金决定了其立方体的形式，出色地展现了该城市规模适度的更新计划及其优雅的领域扩张策略。[64]

超级城市和巨型节点

塞基和维佳诺的安特卫普结构计划改变了 1947 年以来网络型城市规划策略的古老传统，该策略将小型三角洲城市，如阿姆斯特丹、代尔夫特、海牙和鹿特丹连成环状的城市网络，即兰斯塔德城市群，中央环绕着一个受保护的大型湿地公园。在超级城市，广泛分布的信息和通信网络使城市能够横贯郊野，同时促进新的高密度、分层节点的建设，在那里，流动的人群以史无前例的规模聚集（如同在安特卫普中央车站购物中心和 MVRDV 的摩天楼）。库哈斯在其与 O·M·昂格斯的合作（1976—1977）中，认识到柏林就如同一个"城市群岛"，是在一片绿色的海洋中漂浮着巨大的城市碎片（见第 8 章）。[65] 库哈斯将类似的分层网络和节点分析应用于美国佐治亚州亚特兰大市的郊区扩张，在《小、中、大、特大》（S，M，L，XL；1995）一书中，关注于购物中心和郊区办公塔楼等城市节点。[66]

库哈斯尝试将城市群岛的模型放大至特大城市级别，并在《突变》（Mutations，2001）一书中将混乱贫穷的拉各斯视作分布于潟湖与三角洲城市区域的城市岛屿与片段的系统，交通拥堵和未经处理的污水是其城市魅力的一部分。[67] 英国地理学家和社会批评家马修·甘迪（Matthew Gandy）在其文章《拉各斯的经验》（Learning from Lagos，2005）中认为，大规模的贫穷、基础设施的破败和城市混乱的情景是毫无道理的，而强盗政府的精英团体则从国家大量的石油资源中获益。[68] 在《大跃进》（The Great Leap Forward，2002）中，库哈斯再一次将他的分析扩大到包括香港的中国珠江三角洲城市的巨大尺度范围里。[69] 珠江三角洲成为特大尺度上的一个城市群岛，大量城市碎片占据着众多岛屿，像荷兰的兰斯塔德地区一样，只是岛屿、城市和巨型节点之间往来需花费数小时。

为 MVRDV 的"超级城市 / 数据城市"展览带来启发的香港九龙寨城多层、封闭的立方体，成为异托邦的、信息化的城市巨型节点——库哈斯城市群岛理论中的城中之城的极端案例。正如之前提到的那样，九龙寨城的命运展示了萨特思韦特的第一和第二种官方选择理论，首先是视而不见，然后是拆除。香港也提供了很多属于萨特思韦特的第三种官方选择的案例，将贫民窟替换为企业开发的房地产巨型街区或新的城镇。正如 MVRDV 在《FARMAX》（1998）中强调的，香港的这些地产和新城镇本身就是超密度、多层的巨型街区综合体，一种在欧美并不存在的事物（发源于 1950 年代的石硖尾住宅，见第 4 章）。[70]

青衣新城站底部平台和盈翠半岛（Tierra Verde）街区长安邨和青衣北桥，香港，中国，1997—1998 年（摄于 2009 年）

1980 年代，香港公共交通当局在旧城周围的网络中合作创造了一个复杂分层的三维新城核心。地铁向多层的购物中心开放，购物中心为巨型街区中的公众和上部塔楼中的私人住宅开发提供了公共平台基础（照片源自 David Grahame Shane）

　　苏联和中国的居住区和新城镇遵循了同样的工业发展模式，形成一种自上而下的、相同的对快速增长的应对手段，这种快速增长的初期其密度相对较低。在中国，巨型街区和与之相关的工厂及职工住房形成了亚洲很多特大城市（包括北京和上海，在城市的大型道路网格中替换了胡同和弄堂等城市乡村结构）中最为现代化的景观。这种对住房短缺的自上而下的应对方式，至今仍是亚洲其他国家的选择之一。韩国首尔南部快速建起了超密度的盆唐新镇新城（Bundang New Town），五年之内，有 100 万人住进了板楼或塔楼构成的街区（见第 6 章）。[71] 盆唐新镇和中国的例子中，通常有独立的商业建筑和购物中心，而香港的案例则多在塔楼的底部裙房（base podium）加入购物中心和地铁，创造出分层的三维立体空间（如斯德哥尔摩的 Hötorgscity——见第 4 章）。建筑底部平台通过地铁和道路系统与其他新城的网络相联系。在地铁和购物中心之上，屋顶花园形成了住宅塔楼的基础，而底部平台则能通过过街天桥联系一个个购物中心，形成一个大规模的、三维的、室内的、有空调的新城市结构。

　　1990 年代拉斯韦加斯大道的改变展示了特大城市中的底部裙楼和塔楼巨型街区构成的另一种景象，作为一种信息化的城市图景替代了 1972 年文丘里、斯科特·布朗和斯蒂文·依泽诺小组所推崇的路边招牌和霓虹灯组成的城市景象（见第 6 章）。[72] 在这里，沙漠气候炎热，链接可以呈现出步行导向的新形式，创造出一种三维城市空间和图景的新类型。而这一场景在夜晚可以完美地被呈现，那时街道链接变得凉爽，

WATG 建筑设计公司（Wimberly Allison
Tong & Goo，WATG），威尼斯人赌场
平面和剖面，拉斯韦加斯，内华达州，
美国，1999 年（作者重绘，2010 年）
1990 年代，赌场主将拉斯韦加斯大道沿线的停
车场变成了三维的城市仿制品。在复杂的剖面
中，威尼斯大运河购物中心充满了威尼斯的特
征，其下是一个充满投币机的城镇广场，别墅
山城坐落于塔楼的屋顶花园（重绘图源自 Uri
Wegman 和 David Grahame Shane）

WATG 建筑设计公司，美国内华达州拉
斯韦加斯，威尼斯人赌场前广场，1999
年（摄于 2009 年）
圣马可广场的钟楼、里亚尔托桥（Rialto
Bridge）、威尼斯大运河与总督府一起构成了三
维城市拼贴。街对面，珍宝岛赌场（Treasure
Island Casino）的标志前则是又一处壮观的水景
（照片源自 David Grahame Shane）

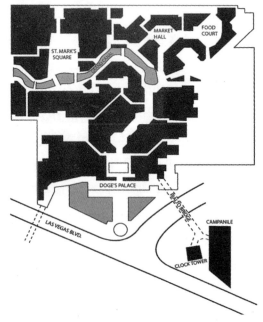

274

美丽湖酒店（Bellagio）赌场前部停车场的夜间喷泉照明，将意大利科莫湖的记忆变为随音乐舞动的色彩缤纷的水的彩虹（音乐由藏在古董街灯里的喇叭播放）。穿过街道链接的前广场，威尼斯人则呈现出一幅圣马可广场的图景。大运河上还有唱着歌的威尼斯船夫，在室内第三层，"城市广场"上充满了老虎机和赌桌，周围是咖啡厅。巴黎赌场则是蒙马特（巴黎北区）城市景象的精美复制品，室内充满了树木和小巷；而纽约赌场则是满是老虎机的"中央公园"。[73]

将拉斯韦加斯作为一个例外而将其忽视是很容易的，但这些赌场展现了超级城市和信息对于城市的力量。法国哲学家米歇尔·福柯认为赌场是幻觉和快速变化的异托邦。当然两侧布满赌场的拉斯韦加斯大道早期创造了一种以汽车为导向的链接形式，之后很快就在美国每个城市中出现了这样的"奇迹一英里"。有了这段历史，停车前广场迅速在其他城市普及，并有着新的分层的三维公共空间（虽然其业主是国际性的博彩公司），这些都显示出中央大街和独立用地相结合作为一种新城市形式的流行。如同在上海的新迪士尼乐园计划一样，赌场拥有者忙着在亚洲扩大其品牌的国际影响力。例如毗邻香港的澳门，这个前葡萄牙殖民地，就容纳了一个更大的威尼斯式的拉斯韦加斯（澳门威尼斯人赌场）。[74]这种规划不像以往任何城市：它以前所未有的方式分层，借用城市历史图景，并以拼贴的方式来体现它的新奇。在未来20年内，这种新的城市复制品很有可能将每个美国城市甚至世界范围内的大都市带的停车场变成步行导向的、以城市历史图景为主题的城市新地标。人们可能就生活和工作在这些图景所在的楼上，就像他们现在度假时，会选择入住拉斯韦加斯大道的赌场之上的酒店塔楼那样（2008年全球金融危机时拉斯韦加斯接待3700万游客）。[75]

这种巨型街区塔楼和底部平台的分层的、信息化的城市设计方法展示了一种新的三维城市空间，它以前所未有的方式混合使用功能，改变了独立用地和链接。首尔市长的一个线性公园计划出色地使用了这种分层方法，它从市中心移除架高的高速路并挖开街道以恢复旧河床，从而在低于城市地平的位置创造出线性的清溪川公园链接（2005）。这一设计与同一时代的纽约高线公园设计方式相反，后者再利用了铁路高架桥。作为联合国认可的、仅次于东京的亚洲第二特大城市，首尔的这一举措极其重要而具有标志性，创造了一个新的、多层的公共空间同时恢复了旧河流，虽然流过河床的水通过加氯消毒以防止污染。[76]

在1980年代，美国建筑师史蒂芬·霍尔对这种分层的城市设计方法进行了长期的研究，包括大都市带中废弃的三维链接。霍尔最初在纽约的理论性项目中，有一个项目涉及对高架线路的欣赏，他将其看作架高的城市链接，可以改造新的城市元素，例如桥上住房（Bridge of Houses，1981）的新方式。[77]高架桥的连续性形成了城市中

清溪川公园，首尔，韩国，2005 年（摄于 2007 年）
2003 年首尔市长决定拆除高架高速路并将被掩埋的河流重新开放。形成的三维公园链接与纽约高线
高架公园不同，前者在低于城市地面的空间内部挖掘出了公园空间（照片源自 David Grahame Shane）

的基础数据线路或通道，其他元素可能由此涌现，通常以一种精确的、类型学的立方体形式出现。霍尔的项目具有简单的形式语言和对原有结构的尊重，启发社区团体最终开发并拥护高线公园的设计。

霍尔的当代 MOMA 项目（2003—2009 年）秉承了这一思想，在超级城市中使用分层的公共空间。在这一案例中，高架线变成了北京巨型街区中几个高层公寓塔楼的高层之间的空中连廊。[78] 霍尔设计了勒·柯布西耶其至史密森在 1958 年柏林首都竞赛项目中也未曾想到的空中街道（见第 3 章）。霍尔创造了一个由塔楼组团构成的迷你城市群岛，坐落于一个由空中连廊联系的私有花园中，连廊中包含了居民共享的公共设施，一个游泳池和一个艺术画廊，以及空中咖啡厅和健身房——沿着场地内一个连续的环。这一高层的空中步行系统坐落于环形的酒店塔楼屋顶，步道在屋顶上环绕穿行。在这块独立用地的首层平面的下面是停车场，其屋顶是一个水景庭园（令人联想到传统的水稻田），有着不大的入口建筑连接和一个处于入口视野中的稍大的电影院综合体。在场地的边缘，霍尔在绿屋顶和景观小径的下面局部设计了不同的社区功能，包括一个学校，一个商业综合体，其上是开阔的草坪。项目还在地下设计了世界上最大的地热系统。霍尔并没有采用拉斯韦加斯那样模仿分层的城市图景，而是以新的三维公共空间的结构化分层的方式，创造性地改造了巨型的苏联式工厂街区。

史蒂芬·霍尔，北京当代 MOMA 项目，2003—2009 年（摄于 2009 年）

1980 年代，霍尔很早就开始欣赏利用废弃纽约铁路高架桥的高线公园。在这一当代 MOMA 项目中，霍尔继续了这一研究，创造了一个高层的、半公共的塔楼连廊。其结果是在巨型街区开发中形成了一个复杂的、三维的城市公共空间（照片源自 David Grahame Shane）

小结

这一章介绍了拉丁美洲、亚洲、非洲、北美和欧洲不同形式的特大城市。随着大部分世界人口向这些城市迁移，世界城市人口的重心转移到了有着特大城市和超级城市的亚洲。随着这些城市的扩张，城市设计变得越来越重要，而城市的形式也发生了改变。城市设计者工作在分布广泛的、不同人群组织的网络中，进行着自上而下或自下而上的工作，不同的贸易、信息和能量流在其中流动，使灵活的、异托邦的、剖面式的解决方法更加普遍。

下一章将会介绍城市领域和网络非正式的一面，以及讨论通过网络分布的分散的城市中的形式要素，包括巨型街区和巨型节点。这些城市发展中心混合了很多功能，创造了一种新的城市混合体，部分是购物中心，部分是火车站，部分是住宅、办公或娱乐空间。它们一同见证了世界人口集中的城市中心正在转向亚洲的超级城市，这些亚洲超级城市分布于广阔的空间范围中，是一种包含了农业空间的新的城市形式。

曼谷、北京、首尔或东京等亚洲超级城市能够支撑空前规整、超密度的分层的巨型街区和巨型购物中心的发展，它们拥有难以置信的、足以蔑视拉斯韦加斯赌场的复杂剖面，后者对于罗伯特·文丘里、丹尼斯·斯科特·布朗和斯蒂文·依泽诺小

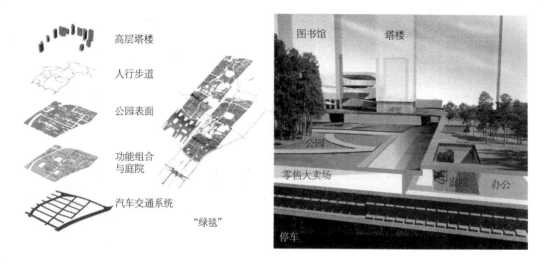

高层塔楼

人行步道

公园表面

功能组合
与庭院

汽车交通系统

"绿毯"

图书馆　塔楼

公园

零售大卖场

庭院　办公

停车

雷兹尔 + 尤姆托（Reiser+Umemoto），佛山山水（Foshan Sansui）住区规划轴测图和剖面图，北京，中国，2004 年（见彩图 46）

在北京这一巨型街区规划中，零售和办公建筑的巨大箱体形成一个底部平台，其上承载着住宅和其他塔楼元素，平台起伏的屋顶上，一个复杂的分层三维街道断面被分割成公园（图片源自 Reiser+Umemoto，RUR Architecture，PC）

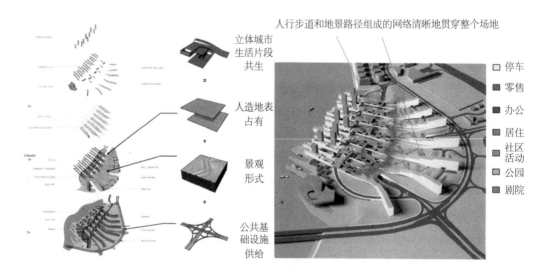

立体城市
生活片段
共生

人造地表
占有

景观
形式

公共基
础设施
供给

人行步道和地景路径组成的网络清晰地贯穿整个场地

停车
零售
办公
居住
社区
活动
公园
剧院

雷兹尔 + 尤姆托，商业湾（Business Bay）三期工程，迪拜，阿联酋，2007 年（见彩图 47）

项目发展了佛山山水的剖面，将容纳巨大停车场的起伏屋面服务于其上的住宅和办公板楼。在水边，三维立体空间敞开以形成小峡谷，其上是商店、办公和公寓（图片源自 Reiser+Umemoto，RUR Architecture，PC）

组而言，代表了 1960 年代的汽车流行文化和城市群。拉斯韦加斯的新主人建立了密集的、步行友善的城市复制品，带来了来自纽约、巴黎、威尼斯或马拉喀什的城市体验，其复杂的剖面启发了亚洲的设计者，比如香港的朗豪坊（2005）。这些巨型节点能够相互联系以形成密集的城市网络，譬如由购物中心为主的庞大综合体构成的曼谷市中心，在下一章结尾将会作为亚洲特大城市的典型进行介绍。

在这些亚洲巨型节点中，正如在拉斯韦加斯或阿布扎比的沙漠异托邦一样，新的、怪异的、分层的三维城市混合体正在浮现。例如杰西·雷兹尔（Jesse Reiser）和奈奈子·尤姆托（Nanako Umemoto）在其位于迪拜的商业湾项目（2007），他们在太阳炙烤下创造了巨大的屋顶花园草坪，从一个巨大的停车场上方一直延伸，连接办公楼和公寓板式住宅的上层空间，并为下边的零售立方体带来了天光照明。正如他们更早期的北京佛山山水巨型街区项目（2004）那样，街道被切割成一种景观空间，有时藏匿于地下，有时出现在起伏变化的景观平面上。在水的边缘，不同的楼层暴露出来，形成一个当代的露天剧场或是小型市场，村庄规模的住宅之下是小型的商店，之上是办公设施，在那里可以越过港湾俯瞰迪拜的天际线。

注释

注意：参见本书结尾处"作者提醒：尾注和维基百科"。

1　See: MVRDV, *Metacity/Datatown*, 010 Publishers (Rotterdam), 1999.

2　On the World Urban Forum (WUF-III) megacity critique of cities of 1–2 million population, see: David Satterthwaite, 'Human Settlements at the World Urban Forum, Vancouver 2006', International Institute for Environment and Development website, http://www.iied.org/pubs/display.php?o=G00527 (accessed 2 April 2010).

3　See: Janice E Perlman, *The Myth of Marginality: Urban Poverty and Politics in Rio de Janeiro*, University of California Press (Berkeley, CA), 1976.

4　On *favelas*, see: ibid pp 135–161.

5　On the Mega-Cities Project, see: Mega-Cities Project website, http://www.megacitiesproject.org/default.asp (accessed 12 March 2010).

6　On global urban population, see: *The State of the World's Cities 2006/7*, UN-HABITAT, United Nations Human Settlements Programme, Earthscan (London), 2006, pp 4–12. For megacities and urban agglomerations, see: United Nations Department of Economic and Social Affairs, Population Division, http://www.un.org/esa/population/publications/wup2007/2007urban_agglo.htm (accessed 13 March 2010).

7　See: Janice Perlman, 'The Chronic Poor in Rio de Janeiro: what has changed in 30 years?', in Marco Keiner, Martina Koll-Schretzenmayr and Willy A Schmid (eds), *Managing Urban Futures: Sustainability and Urban Growth in Developing Countries*, Ashgate Publishing (Aldershot, England; Burlington, VT), c 2005, pp 165–185.

8　For UN-HABITAT history, see: UN-HABITAT website, http://www.unhabitat.org/content.asp?typeid=19&catid=10&cid=927 (accessed 2 April 2010); also: Delegation to the United Nations Conference on Human Settlements, *HABITAT, the United Nations Conference on Human Settlements: Report of the Canadian Delegation*, Ministry of State, Urban Affairs Canada (Ottawa), 1977. On the 1976 United Nations Conference on Human Settlements, see: Barbara

Ward, *The Home of Man,* WW Norton & Company, 1976. On Barbara Ward, see: http://en.wikipedia.org/wiki/Barbara_Ward (accessed 13 March 2010). On Otto Koenigsberger, see:

http://en.wikipedia.org/wiki/Otto_Königsberger (accessed 13 March 2010).

9   John FC Turner, *Housing by People: Towards Autonomy in Building Environments,* Marion Boyars (London), 1976; see also: John FC Turner, *Freedom to Build: Dweller Control of the Housing Process,* Macmillan (New York), 1972. Bernard Rudofsky, *Architecture Without Architects: A Short Introduction to Non-Pedigreed Architecture,* Museum of Modern Art (New York), 1964.

10   Gordon Cullen, *Townscape,* Architectural Press (London), 1961.

11   See: Fumihiko Maki, 'Some Thoughts on Collective Form', in Gyorgy Kepes (ed), *Structure in Art and Science,* George Braziller (New York), 1965, pp 116–127.

12   On Françoise Choay and 'urban semiology', see: Charles Jencks and George Baird, *Meaning in Architecture,* Studio Vista (London), 1969, pp 26–49.

13   On the Lima, Peru housing competition, see: Fernando Garcia-Huidobro, Diego Torres Torriti and Nicolas Trugas, *El Tiempo Construye: El Proyecto Experimental de Vivienda (Previ) De Lima – Genesis y Desenlace,* Gustavo Gili (Barcelona), 2008; also: Christopher Alexander, 'A Pattern Language: Towns, Buildings', *Construction,* vol 2, Oxford University Press (Berkeley, CA), 1977, p 1130.

14   Terry G McGee, *The Urbanization Process in the Third World: Explorations in Search of a Theory,* Bell (London), 1971. On the *desa-kota* hypothesis, see also: Terry McGee, 'The Emergence of Desakota Regions in Asia: expanding a hypothesis', in Norton Ginsburg, Bruce Koppel and TG McGee (eds), *The Extended Metropolis: Settlement Transition in Asia,* University of Hawaii Press (Honolulu), 1991, pp 3–26.

15   For Angkor Wat, see: 'Map Reveals Ancient Urban Sprawl', 14 August 2007, BBC News website, http://news.bbc.co.uk/2/hi/science/nature/6945574.stm (accessed 2 April 2010).

16   On the history of the Dutch East India Company, see: Els M Jacobs, *In Pursuit of Pepper and Tea: The Story of the Dutch East India Company,* Netherlands Maritime Museum (Amsterdam), 1991.

17   On Mao, Gandhi and Sukarno, see: Clive J Christie, *Ideology and Revolution in Southeast Asia, 1900–1980: Political Ideas of the Anti-Colonial Era,* Routledge (London; New York), 2001, pp 157–174.

18   On urban agriculture in Africa and South America, see: Mark Redwood, 'Agriculture in Urban Planning, Generating Livelihoods and Food Security', Earthscan and the International Development Research Centre (IDRC), 2009, http://www.idrc.ca/openebooks/427-7/ (accessed 13 March 2010).

19   On the 'Green Revolution', see: http://en.wikipedia.org/wiki/Green_Revolution (accessed 13 March 2010).

20   On Dutch delta cities, see: Manfred Kuhn, 'Greenbelt and Green Heart: separating and integrating landscapes in European city regions', *Landscape and Urban Planning,* vol 64, issues 1–2, 15 June 2003, pp 19–27.

21   On Shanghai agricultural land use, see: Christopher Howe, *Shanghai: Revolution and Development in an Asian Metropolis,* Cambridge University Press (New York), 1981, pp 291–295 (available on Google Books).

22   On megacities since 1950, see: 'Fact Sheet 7: Mega-cities', *World Urbanization Prospects: The 2005 Revision,* UN website, http://www.un.org/esa/population/publications/WUP2005/2005WUP_FS7.pdf (accessed 13 March 2010). For megacities and urban agglomerations, see: Department of Economic and Social Affairs, Population Division, Urban Agglomerations, 2007, http://www.un.org/esa/population/publications/wup2007/2007urban_agglo.htm (accessed 13 March 2010).

23   Richard Register, *Ecocity Berkeley: Building Cities for a Healthy Future,* North Atlantic Books (Berkeley, CA), c 1987; Richard Register, *Ecocities: Rebuilding Cities in Balance with Nature,* Berkeley Hills (Berkeley, CA) and Hi Marketing (London), 2001. For early ecology, see: Rachel Carson, *Silent Spring,* Riverside Press, Cambridge, MA, 1962.

24   John Seymour and Herbert Girardet, *Blueprint for a Green Planet: Your Practical Guide to*

Restoring the World's Environment, Dorling Kindersley (London), 1987.

25   See: Ecocity Builders website, http://www.ecocitybuilders.org/ (accessed 2 April 2010).

26   For Curitiba, see: http://en.wikipedia.org/wiki/Jaime_Lerner (accessed 13 March 2010).

27   Doug Kelbaugh and Peter Calthorpe, *Pedestrian Pocket Book*, Princeton Architectural Press (New York) in association with the University of Washington, 1989.

28   For ecological footprints, see: Mathis Wackernagel and William E Rees, *Our Ecological Footprint: Reducing Human Impact on the Earth*, New Society Publishers (Gabriola Island, BC), 1996; also: William Rees, 'Revisiting Carrying Capacity: area-based indicators of sustainability', University of British Columbia, http://dieoff.org/page110.htm (accessed 13 March 2010).

29   On Peter Latz's Duisburg-Nord Landschaftpark, see: *Groundswell: Constructing the Contemporary Landscape*, Museum of Modern Art (New York), 2005 (available on Google Books); also: http://en.wikipedia.org/wiki/Landschaftspark_Duisburg-Nord (accessed 14 March 2010).

30   For Milwaukee urban agriculture see: http://www.growingpower.org/ (accessed 14 March 2010)

31   On Slow Food, see: Carlo Petrini and Benjamin Watson, *Slow Food: Collected Thoughts on Taste, Tradition, and the Honest Pleasures of Food*, Chelsea Green Publishing (White River Junction, VT), 2001.

32   See the revised edition: Thomas Sieverts, *Cities Without Cities: An Interpretation of the Zwischenstadt*, Spon Press (London; New York), 2003.

33   Paola Viganò, *La Città Elementare*, Skira (Milan; Geneva), 1999.

34   On Vauban district, Freiburg, Germany, see: Vauban website, http://www.vauban.de/info/abstract.html (accessed 14 March 2010)

35   Philipp Oswalt and Tim Reiniets, *The Atlas of Shrinking Cities*, Hatje Cantz (Ostfildern), 2006; see also: Shrinking Cities website, http://shrinkingcities.com/index.php?id=2&L=1 (accessed 2 April 2010).

36   United Nations Human Settlements Programme, *The Challenge of Slums: Global Report on Human Settlements*, 2003, Earthscan (London), 2003.

37   Mike Davis, *Planet of Slums*, Verso (London), 2006.

38   On vulnerable cities, see: 'On Climate Change and the Urban Poor: risk and resilience in 15 of the world's most vulnerable cities', International Institute for Environment and Development (IIED), 2009, http://www.iied.org/pubs/display.php?o=G02597 (accessed 2 April 2010); also: Gordon McGranahan, Deborah Balk and Bridget Anderson, 'The Rising Tide: assessing the risks of climate change and human settlements in low elevation coastal zones', *Environment & Urbanization*, International Institute for Environment and Development (IIED), vol 19 (1), 2007, pp 17–37.

39   On low-elevation coastal zone (LECZ) urban–rural estimates, see: http://sedac.ciesin.columbia.edu/gpw/lecz.jsp (accessed 14 March 2010); also: CIESIN map, United Nations Population Fund website, http://www.unfpa.org/swp/2007/english/chapter_5/figure8.html (accessed 12 July 2010).

40   On the Nile, see: Madeleine Bunting, 'Confronting the Perils of Global Warming in a Vanishing Landscape', 14 November 2000, *The Guardian* website, http://www.guardian.co.uk/environment/2000/nov/14/globalwarming.climatechange1 (accessed 24 March 2010).

41   David Satterthwaite, *The Transition to a Predominantly Urban World and its Underpinnings*, International Institute for Environment and Development (IIED) (London), 2007, http://www.iied.org/pubs/pdfs/10550IIED.pdf (accessed July 12 2010).

42   On slum upgrading, see: 'What Is Urban Upgrading?' (prepared for the World Bank), MIT website, http://web.mit.edu/urbanupgrading/upgrading/whatis/index.html (accessed 12 July 2010).

43   For SDI and the WSF, see: David Satterthwaite, *The Scale of Urban Change Worldwide 1950-2000 and its Underpinnings*, International Institute for Environment and Development (IIED) Human Settlements Program Discussion Paper, Urban Change 1. London, 2005. On the WSF, See: http://en.wikipedia.org/wiki/World_Social_Forum (accessed 14 March 2010).

44 On Kowloon Walled City, see: Ian Lambot, *City of Darkness: Life in Kowloon Walled City*, Watermark Pub (Haslemere, Surrey), c 1993.

282 45 Winy Maas, Jacob van Rijs and Richard Koek (eds), *FARMAX: Excursions on Density*, 010 Publishers (Rotterdam), 1998.

46 MVRDV, *Metacity/Datatown*, 1999.

47 William Gibson, *Neuromancer*, originally published by Ace-Berkeley (New York), 1984, now part of Penguin Publishing Group, 2000.

48 Colin Rowe and Fred Koetter, *Collage City*, MIT Press (Cambridge, MA), 1978.

49 On the University of California Berkeley Sim Lab, see: Peter Bosselmann, *Representation of Places: Reality and Realism in City Design*, University of California Press (Berkeley, CA), 1998. On Michael Kwartler's New York Sim Lab, see: David W Dunlap, 'Impact of Zoning is Pretested on Computers', *The New York Times*, 14 June 1992, p 101. See also: Environmental Simulation Center website, http://www.simcenter.org/ (accessed 14 March 2010). On the Sim Lab at University College, London (UCL), see: UCL Centre for Advanced Spatial Analysis (CASA) website, http://www.casa.ucl.ac.uk/about/ (accessed 14 March 2010).

50 On Parc de la Villette, see: Bernard Tschumi, 'La Villette', Pratt Journal of Architecture, vol 2, Spring 1988, pp 127–133; also: Jacques Derrida, 'Point de Folie – maintenant l'architecture', *Architecture Association Files*, no 12, Summer 1986, pp 65–75; also: Bernard Tschumi and Yukio Futagawa, *Bernard Tschumi*, ADA Edita (Tokyo), 1997, pp 32–48.

51 Bernard Tschumi, *The Manhattan Transcripts*, Academy Editions (London) and St Martin's Press (New York), 1994.

52 Sir Patrick Geddes, *Cities in Evolution: An Introduction to the Town Planning Movement and to the Study of Cities*, Williams & Norgate (London), 1915.

53 Ian McHarg, *Design with Nature*, published for the American Museum of Natural History (Garden City, NY), 1969.

54 On maidans, see: James Corner (ed), *Recovering Landscape: Essays in Contemporary Landscape Architecture*, New York, Princeton Architectural Press, 1999, pp 205–220.

55 James Corner and Alex S MacLean, *Taking Measures Across the American Landscape*, Yale University Press (Newhaven, CT; London), 1996.

56 James Corner and Alan Balfour, *Recovering Landscape: Essays in Contemporary Landscape Theory*, Princeton Architectural Press (New York), 1999. For Charles Waldheim's 'Landscape Urbanism' exhibition, see: Paul Bennett, 'The Urban Landscape Gets its Due', *Landscape Architecture Magazine*, vol 88, no 3, March 1998, pp 26, 28.

57 Georgia Daskalakis, Charles Waldheim and Jason Young (eds), *Stalking Detroit*, ACTAR (Barcelona), 2001. Charles Waldheim, *The Landscape Urbanism Reader*, Princeton Architectural Press (New York), 2006.

58 On Freshkills Park competition, see: New York City Department of City Planning website, http://www.nyc.gov/html/dcp/html/fkl/fkl2.shtml (accessed 14 March 2010); also: Robert Sullivan, 'Can Landscape Architect James Corner Turn Fresh Kills Landfill Into a City-Changing Park?', *New York* magazine, 23 November 2008, http://nymag.com/news/features/52452/#ixzz0iFyPD8xQ (accessed 14 March 2010).

59 Bernardo Secchi and Paola Viganò, *Antwerp: Territory of a New Modernity*, Idea Books (Amsterdam), 2009.

60 For the dispersed city, see: Bernard Secchi and Paola Viganò, 'Water and Asphalt: the projection of isotropy in the metropolitan region of Venice', in Rafi Segal and Els Verbakel (eds), *Cities of Dispersal, Architectural Design*, vol 78, issue 1, January/February 2008, pp 34–39. On distributed urbanism, see: Paola Viganò, 'Urban Design and the City Territory', in Greig Crysler, Stephen Cairns and Hilde Heynen (eds), *The SAGE Handbook of Architectural Theory*, SAGE Publications (London), 2011, Part 8.

61 Secchi and Viganò, 'Water and Asphalt', 2008, pp 34–39; P Viganò, *Landscapes of Water*, Edizioni RISMA (Milan), 2009.

62   For European North West Metropolitan Area (NWMA), see: Peter Newman, 'Changing Patterns
      of Regional Governance in the EU', *Urban Studies*, vol 37, May 2000, pp 895–908.

63   On soft and hard spines, see: Bernardo Secchi and Paola Viganò, *Antwerp*, 2009.

64   For Antwerp, see: Bernardo Secchi, 'Wasted and Reclaimed Landscapes: rethinking and   283
      redesigning the urban landscape', *Places*, vol 19, no 1, College of Environmental Design,
      University of California (Berkeley, CA), 2007, available at http://escholarship.org/uc/
      item/15q4w442 (accessed 12 July 2010).

65   For the 'city archipelago' 1976–1977, see: Oswald Mathias Ungers, Rem Koolhaas, Peter
      Riemann, Hans Kollhoff, Peter Ovaska, 'Cities Within the City: proposal by the sommer
      akademie for Berlin', *Lotus International*, 1977, p 19.

66   Rem Koolhaas and Bruce Mao, *S,M,L,XL: Office for Metropolitan Architecture*, Monacelli Press
      (New York), 1995.

67   Rem Koolhaas et al, *Mutations*, ACTAR (Barcelona), 2001.

68   Matthew Gandy, 'Learning from Lagos', *New Left Review*, no 33, May–June 2005, pp 37–52.

69   Rem Koolhaas, *The Great Leap Forward*, Harvard Design School Project on the City 2, Taschen
      (New York), 2002.

70   For Hong Kong New Town mall podium with housing, see: http://en.wikipedia.org/wiki/New_
      Town_Plaza_Phase_3 en (accessed 15 March 2010). For Korea Land Corporation (KLC) and
      Korea National Housing Corporation, see: Korea Land & Housing Corporation website, http://
      world.lh.or.kr/englh_html/englh_about/about_1.asp (accessed 11 March 2010).

71   For Bundang, see: http://en.wikipedia.org/wiki/Bundang (accessed 11 March 2010).

72   Robert Venturi, Denise Scott Brown, Steven Izenour, *Learning from Las Vegas: The Forgotten
      Symbolism of Architectural Form*, MIT Press (Cambridge, MA), 1972.

73   On the new Las Vegas, see: Robert Venturi and Denise Scott Brown, 'Las Vegas After its Classic
      Age', in Robert Venturi (ed), *Iconography and Electronics upon a Generic Architecture*, MIT
      Press (Cambridge, MA), 1996, pp 123–128; also: Nicolai Ouroussoff, 'The Lessons of Las
      Vegas Still Hold Surprises', *The New York Times*, 22 December 2009, p C1.

74   On the Venetian Macao, see: Venetian Macao website, http://www.venetianmacao.com/en/
      (accessed 11 March 2010).

75   On the Las Vegas tourist count, see: Andrew Clark, 'Recession Brings "Las Vegas dream" to an
      End', *The Guardian*, 26 June 2009, http://www.guardian.co.uk/business/2009/jun/26/las-vegas-
      citycenter-recession (accessed 2 April 2010)

76   On Seoul's Cheonggyecheon street, see: http://en.wikipedia.org/wiki/Cheonggyecheon; also:
      Seoul Metropolitan Facilities Management Corporation website, http://english.sisul.or.kr/
      grobal/cheonggye/eng/WebContent/index.html (accessed 15 March 2010).

77   Steven Holl, 'Bridge of Houses', in Steven Holl and William Stout (eds), *Pamphlet Architecture*,
      no 7, Princeton Architectural Press (New York), 1981.

78   On the Linked Hybrid project, see: Steven Holl, *Urbanisms: Working with Doubt*, Princeton
      Architectural Press (New York), 2009, pp 137–147.

第 10 章

图解特大城市／超级城市

284
特大城市／超级城市的定义不仅关乎城市设计的尺度变化，也显示了城市设计的关注焦点从城市碎片转移到碎片之间的空间，它们在更大的网络中与立体交叉上的重要节点联系。城市设计者试图连接这些早期的碎片并使它们向新的网络和能量信息流开放，他们以新的目标改造超级街区和巨型街区，使它们形成 20 世纪大都市带上新城镇的基础，在融入农业的过程中塑造城市新形式。设计者使用分层的技术和新的电脑软件，通过微观准则和景观技术，试图将其控制范围扩展至整个城市领域，目的是平衡城市的碳足迹并将都市农业融入其中。

同时，设计者试图使城市工作摆脱绘制规定总平面的局限，因为总平面只能有自上而下的一种结果。在特大城市／超级城市中，设计者为城市网络的进化和城市创建者的交互设想了不同的剧本，在不同的节点有着不同的结果。个人通信工具和庞大的通信系统加速了去中心化的过程并扩大了城市领域范围，同时促进了用于个体聚会、团体交互和大众市场商业的新的超密度节点的产生。在拉斯韦加斯或阿布扎比这些超密度的全球性节点和特殊的异托邦中，城市设计者可以自由地尝试新的剖面组合和富有想象力的三维公共空间，包括与其地理位置完全分离的新的媒体系统和城市图景。在发达国家的萎缩城市中，废弃的工厂、城市滨水区和工业园区为实验提供了另一种机会。

本章将特大城市的不同形式视作扩张的城市领域，包括从北美和欧洲的萎缩城市到拉丁美洲相对稳定的低收入特大城市，再到非洲和亚洲快速扩张的特大城市。早期的特大城市并没有维持被城市设计者和规划者视为合理的、严格的种族隔离，而地方官员则总是忽视贫民窟中自建的住宅，正如发达国家的官员忽视萎缩城市周围扩张的乡村地区一样。在这两种案例中，城市的形式都在变化，且需要新的工具和城市设计绘图技术来处理郊野中广泛分布的城市。在这两种案例中，无论在发达国家萎缩的工业城市之间，还是在发展中国家作为古老宇宙论和传统制度的残留痕迹，网络城市的巨型街区都作为新的包含农业空间的城市形式而浮现。

285
亚洲的特大城市和北半球其他特大城市一样，通常位于河流三角洲和河口地区。它们是真正位于河流中的城市群岛。特大城市／超级城市中巨型街区网络和节点规

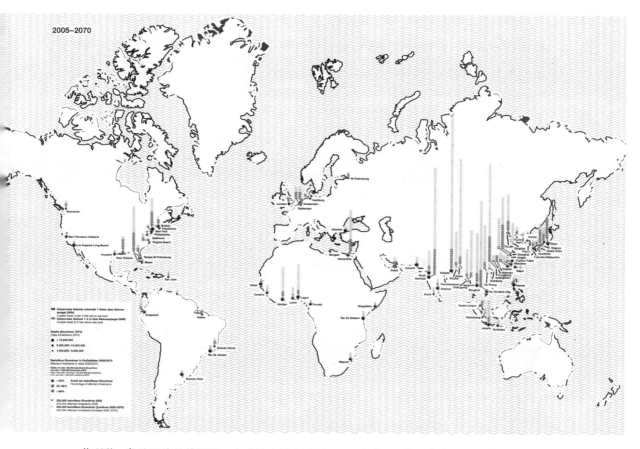

菲利普·奥兹瓦特及其团队，全球特大城市受到 1—2 米（3-6 英尺）海面上升的洪水影响地图，《萎缩城市图集》，Hatje Cantz 出版社，奥斯特菲尔登（Ostfildern），德国，2006 年（见彩图 48）

奥兹瓦特及其团队清楚地展示了沿海及河流三角洲的亚洲特大城市易受伤害的特点。欧美也有类似的情况，而非洲亚历山大和拉各斯尤其容易受到伤害（地图源自 Philipp Oswalt）

285

划的弹性和灵活性有责任接受极端气候的检验，无论是面对荒漠化还是洪水。结果是，萎缩的特大城市也会出现在南半球，引发大规模的城市迁移。这些城市的缺点显而易见，但它们的改变潜力也是巨大的，如本章结尾图解的亚洲特大城市模范——曼谷。

萎缩城市：分散网络和密集城市节点

286

欧洲和北美城市的萎缩通常伴随着跨越城市行政边界的城市群规模扩张，如密歇根州的底特律市或波士顿至华盛顿的东海岸一带。城市创建者在原有大都市核心周围以及沿着重要的发展走廊，从铁路到高速路，创造了城市群以填充新的郊区。1980 年代和 1990 年代的特大城市的创建者有着不同的限制条件：由于廉价的石油和广泛分布的基础设施，他们可以在郊外更均匀地发展，使用现代通信技术网络来克服距离障碍。结果是北美和欧洲的城市基础设施可以在小城镇和村庄通过网络更广泛地分布，使得城市也同样广泛地分布。

　　这种小规模的分散模式长久以来未受到关注，直至 1990 年代作为"郊区化"现象成为关注焦点，甚至超越约耳·加罗（Joel Garreau）在《边缘城市：新边界的生活》（Edge City：Life on the New Frontier，1992）一书中所描述内容。[1] 正如约翰·A·达顿（John A Dutton）在《新美国城市主义》（The New American Urbanism，2000）或安德烈·杜安妮、伊丽莎白·普拉特 – 兹伊贝克和杰夫·斯佩克（Jeff Speck）在《郊区国家：螺旋上升和美国梦的陨落》（Suburban Nation：The Rise of Sprawl and Decline of the American Dream，2000）中所述，这一时期，北美新城市主义运动持续对郊区不动产项目进行策划。[2] 这些项目有着巨大的、车位众多的车库，在小片土地上建起的高楼有着面积极大的家庭户型，标志着社区的市场化。这同时隐藏了这一事实：这些社区是网络城市的一部分，而正是通信技术革命促成了这样的城市网络。《阶梯》（Ladders，1997）的作者阿尔伯特·波普（Albert Pope）以及《未知城市：建筑与美国城市》（X-Urban：Architecture and the American City，1999）的作者马里奥·甘德桑斯（Mario Gandelsonas）是少数对在 1990 年代惊人的房地产泡沫下发展起来的网络城市的结构和形状产生质疑的美国建筑师和城市设计师。[3]

　　欧洲城市设计师同样经历了 1990 年代的郊区革命和郊区城市化，那是一个拥有廉价石油、廉价信用和欧洲"蓝香蕉"区域走廊发展政策的时代。帝国的衰落、远东石油供给困难、保护铁路带来的石油税费，以及欧洲很多国家为保护农业用地所做的政府规定，使得这里的城市发展模式不同于美国的肆意蔓延。德国设计者，如明斯特（Münster）的朱莉娅·鲍尔斯、彼得·威尔逊（Julia Bolles、Peter Wilson）组成的鲍尔斯 + 威尔逊（Bolles + Wilson）组合，在 1990 年代中期提出了一种新的郊区形式，在郊外间隔的地区分布城市，将德国城市景观传统变为一种"欧洲景观"的分散模式。[4] 德国的菲利普·奥兹瓦特和《萎缩城市图集》（2006）团队尤其意识到 1991 年苏联解体之后由于东西德合并造成的城市萎缩的问题。[5] 在原东德，很多城市求助于都市农业，如景观城市主义设计公司 Station C23 的德绍方案（Dessau，2009）所显示的那样。[6]

　　克萨韦尔·德·盖特尔（Xaveer De Geyter）在《螺旋之上：现代城市研究》（After-Sprawl：Research for the Contemporary City，2002）一书的写作过程中，与

来自欧洲"蓝香蕉"特大城市综合体中六个地区的小组合作，画出了郊区网络发展可能采用的不同形式。[7]每个国家和城市的地方准则和农业景观塑造了这些萎缩城市不同的蔓延方式。德·盖特尔研究了英国伦敦、荷兰的兰斯塔德城市群（环形城市）、比利时布鲁塞尔－安特卫普－根特城市群、德国鲁尔区、瑞士苏黎世－巴塞尔城市群，以及意大利威尼托地区的案例。在这些广泛分布的网络城市中，解构主义城市设计者构想了新的三维分层的公共空间，拥有在东京新宿区的交通枢纽才见得到的巨大的媒体显示屏（见第8章）。奥地利解构主义建筑师蓝天组（Coop Himmel b（l）au）以一个分层的、三维的、不切实际的、没有建成的特大结构矩阵赢得了法国默伦－塞纳尔新城中心（Melun-Sénart French New Town Centre）竞赛（1986—1987）。[8]美国渐近线建筑工作室（Asymptote Architecture studio）赢得了洛杉矶关口竞赛（1989），使用了类似的新的三维分层的公共空间概念，对媒体和流行事物持开放态度，摒弃了老旧的帝王权力的炫耀和自上而下的秩序。[9]渐近线建筑工作室证实了以分层的解构手法设计密集城市节点的可塑潜力。在这里，处于地面之下的高速路的司机和地平面上的步行者可以瞥见上方的电影屏幕，在博物馆下方创造了新的三维公共空间。

287

渐近线建筑工作室，铁云（steel cloud），西海岸关口移民博物馆竞赛（West Coast Gateway Immigration Museum Competition），洛杉矶，美国，1989 年
渐近线建筑工作室证实了以分层的解构手法设计密集城市节点的可塑潜力。在这里，处于地面之下的高速路的司机和地平面上的步行者可以瞥见上方的电影屏幕，在博物馆下方创造了新的三维公共空间［照片源自 Asymptote（Hani Rashid + Lise Anne Couture］

鲍尔斯＋威尔逊，欧洲景观草图，德国，1994 年
1990 年代，鲍尔斯＋威尔逊意识到严格控制的德国城市景观传统向松散的、更加广泛分布的城市网络转变。这些绘画展示了和他们的家乡明斯特周围郊野中分布的丰富的建筑类型和功能（图片源自 Bolles+Wilson）

彼得·拉兹及合伙人事务所，德国，北杜伊斯堡景观公园，1991—2002 年

1991 年，东西德统一，鲁尔区国际建筑展（International Building Exhibition）举办了一次竞赛，以将杜伊斯堡巨大的、废弃并污染严重的蒂森-迈德里希（Thyssen-Meiderich）钢铁厂变为 埃姆舍尔生态公园（Emscher Park）。彼得·拉兹及合伙人事务所赢得了竞赛，他们将废弃的工业园遗迹作为分层设计中的纪念性元素，使用原有的工厂结构作为步行道和观景平台。[10] 这些巨大的雕塑般的元素——坚固、厚实的墙壁和生锈的钢铁支撑起了往昔岁月的象征和工业衰败过程的回忆。在这里，拉兹规划了一个生态修复的过程，使用植物来治理被污染的土壤（严重污染的土壤被埋进旧沙坑）；鼓励来访者积极参与到巨大的植物墙所承载的活动中来，攀爬墙体、沿斜道滑下或是探索多层的金属通道、容器和起重架。水池和运河提供了静思的场所。

北杜伊斯堡设计中三维分层的设计方法学习自伯纳德·屈米早期的位于巴黎的拉维莱特公园（1982），但是以自然的植被代替了抽象集合体。[11] 拉兹的树木种植的集合网格代替了拉维莱特公园的红色凉亭控制的网格，而铁路和穿破高炉墙壁的钢塔上的路径，代替了屈米的场景化路径。两个公园都鼓励人们积极参与到场地的活动中来，也都包含与反射和水相关的静思空间。拉兹从理查德·哈格（Richard Haag）在美国西雅图的煤气厂公园（Gas Works Park，1975）得到启发。在该公园中，老旧的工业容器形成了景观中的纪念性雕塑。[12] 继纽约高线公园（2009，见第 2 章）之后，北杜伊斯堡案例证实了城市中分层结构手法的力量，处理土壤污染层的能力，以及产生精彩的三维公共空间的能力。

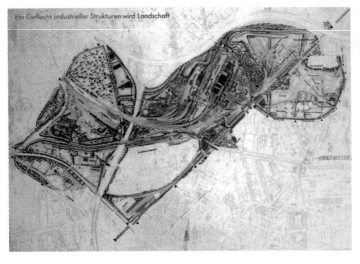

彼得·拉兹及合伙人事务所，北杜伊斯堡景观公园，德国，1991 年（于 2002 年完工）（见彩图 49）

拉兹将废弃的钢铁厂视为三维立体空间，可以在很多层上提供新的公共空间，同时也是一个具有休闲娱乐活动的生态公园。场地的每部分都被视作生态地块进行研究，种植有不同的野生植物，并需要不同的治理策略，之后通过不同层中的旧工业结构的路径联结为整体（平面图源自 Latz+Partner）

彼得·拉兹及合伙人事务所，北杜伊斯堡景观公园，德国，1991年（于2002年完工） 289
拉兹利用废弃工业结构的三维潜力为孩子和成人设计了一系列"游戏场"。一个高处的中央广场占据了旧高炉废墟；
成人的攀岩墙壁和孩子们的滑道占据了旧矿仓的墙壁；滑板爱好者也在这里发现了他们热爱的巨大斜坡面（照片
源自 Harf Zimmermann 为《纽约时报》拍摄）

架空列车线路，麦德林，哥伦比亚，2004 年

在 2000 年代，哥伦比亚麦德林的城市设计者使用了类似的三维方式来处理孤立的贫民窟的问题。尽管在 1950 年代初，美国建筑师保罗·维纳（Paul Wiener）和建筑师 J·L·泽特（José Luis Sert）为麦德林绘制了城市扩展的总平面，它仍旧在 1950 年代至 1960 年代发展成为一个巨大的、自建的、分散的拉丁美洲城市。[13] 泽特与勒·柯布西耶合作规划了波哥大。[14] 和石油时代的很多拉丁美洲城市一样，麦德林沿着谷底蔓延，更加贫穷的贫民窟处在偏僻的山腰，就像在委内瑞拉的加拉加斯发生的一样（见第 6 章）。麦德林在 1950 年代至 1960 年代依靠生产咖啡和纺织业分别建立了经济和工业基础，而在 1970 年代至 1980 年代，城市则依靠贩毒获得财富。在 1993 年大毒枭巴勃罗·埃斯科瓦尔（Pablo Escobar）被枪毙前，地区的暴力达到顶峰。2002 年，阿尔瓦罗·乌里韦（Alvaro Uribe）当选哥伦比亚总统，随后塞尔西奥·法哈多（Sergio Fajardo）当选为麦德林市长，犯罪率随之下降，市财政收入有所增长，也让法哈多有机会试着将城市重新织补在一起。

麦德林位于安第斯山脉陡峭的峡谷边，海拔高达 1500 米（5000 英尺），使得三维方式对解决很多自建贫民窟的孤立问题至关重要。谷底已存在一套铁路系统，而 2002 年法哈多的政治和军事政策迅速为贫穷的贫民窟带来了社会项目、特赦枪支项目、小额贷款银行系统和新的交通系统。[15] 法哈多以三维的方式效仿巴西的库里蒂巴市，建造了基于滑雪缆车的架空列车通向贫民区，最早是 2004 年从阿塞韦多（Acevedo）站到圣多明各站（Santo Domingo Savio）的地铁 K 线。在高海拔的终点站，法哈多建造了带有图书馆和学校的公共台地，随后开始在贫民窟发展了不同的社会项目，2000 年哥伦比亚波哥大还引入了快速公交系统（见第 1 章）。[16]

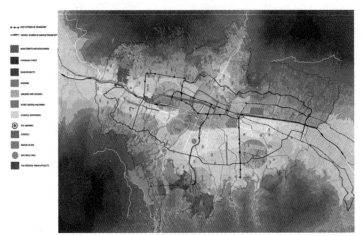

地铁 和 metrocable 缆车线路图，麦德林，哥伦比亚，约 2009 年（见彩图 50）
阿塞韦多是南北铁路线路上的一个山谷车站，架空列车在此沿山坡向上往东边疾驰（此图左上方）。架空列车线路末端的红圈显示了圣多明各站的位置，图中绿色的范围是山谷中的新公园，紫色则是新的公共台地和广场，黄色是公共图书馆和学校（地图源自 EDU Empresa de Desarrollo Urbano）

架空列车和 metrocable 缆车 K 线路下的公共广场，麦德林，哥伦比亚，圣多明各站，2004 年

metrocable 缆车的终点是一个精心设计的公共广场，由不同高程的公共台地组成，周围是小商店和老城区。在这里，metrocable 缆车跨越一所新学校操场的台地，然后向下前往阿赛韦站（图片源自 EDU Empresa de Desarrollo Urbano）

架空列车和 metrocable 缆车 K 线路下的公园，麦德林，哥伦比亚，圣多明各站，2004 年

政府为因 metrocable 缆车建设而搬迁的居民修建了新住宅和广场。在这些住宅中间是峡谷和纵横奔腾的水道，为地区居民创造了新的公园（图片源自 EDU Empresa de Desarrollo Urbano）

越南荣市（Vinh），1994—2004 年

亚洲有着混合城市和乡村的悠久传统，形成的城市分布于广阔的区域，并包括给水系统、灌溉系统和食物生产空间。这种城乡一体系统自下而上地支撑着古老的亚洲帝国，在欧美近两个世纪的崛起之前，曾经统治着世界经济。在 1990 年代，联合国人居署发起一示范性的 10 年期的城市设计研究和规划研究，由河内大学、当地政府和比利时鲁汶大学合作的人类定居项目（Human Settlements Program，ASRO）研究了这一古老制度。

联合国团队选择研究荣市，该小镇在过去 60 年内的印度支那独立战争中曾数次被毁，先是被越南人自己摧毁，然后是美国的轰炸。[17]河流三角洲的农耕区拥有高度密集的鱼塘和水田，是一个自然景色优美的生态系统。19 世纪初，越南人为了抵御外来者对河口的侵略，在荣市建造了欧式堡垒。1860 年代末的法国殖民政府在堡垒周围发展了现代化的格网城镇，一个岸边社区，一个用于农业出口和工业部门生产原材料的带有一条铁路的种植园。在 1940 年代末，越南人对法国殖民政府的反抗使该城成为一个空壳，直至 1954 年日内瓦协议将其归入北越的南边境。1960 年代，由于该城是南越军队的物资输送通道，美军轰炸了这座重建的城市。在这一时期，荣市与另一个饱受战争蹂躏的城市——东柏林联系在一起，东德和苏联规划者依据社会主义、现实主义路线，以标准化的小型邻里单位和沿重建高速路边的赫鲁晓夫时代混凝土板式住宅重建了这一城市。

联合国的 10 年研究项目包括三个阶段：研究准备、实地项目设计以及在随后为当局提供建议。由于三角洲地区的高水位和众多湖泊，公共卫生和下水处理成为贯穿所有阶段的主题。团队投入了巨大精力来重建沿 1 号国家高速路至城西的巨大的苏联住宅区，并将东德中央市场与市中心的河岸重新联系起来。整个规划希望利用三角洲的水资源来设置更多的养鱼场和水稻种植以振兴经济，并以水路运输系统将网络重新连接在一起。重建的道路将连接苏联规划中广泛分布的城市节点：苏联马克洛安（micraion）和中央市场周围网络中的机场、海滨度假地、火车站、大学和工业区。在位于荣市中央的林村河（Lam river）滨水区的三维公共空间设计中可以清楚地看到这一广泛分布的、分层的水陆网络。在这里，住宅和办公街区底层架空，空间延伸至河面，形成沿河市场和港口上方露台的入口水湾，这些市场和港口有的是随季风期季节性洪水变化而搭建的临时建筑。

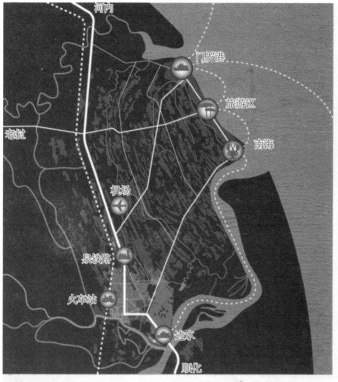

联合国人居署，河内大学和比利时鲁汶大学 ASRO 小组，荣市河城远景规划建议，越南，2000 年

荣市在两次印度支那独立战争中被摧毁并以苏联的微型邻里单位、大型工厂区和中央食物市场组成的模型为蓝本重建。城市坐落于富饶的池塘和湖泊众多的河流三角洲，为更加广泛分布的"绿色"荣市河城市规划带来启发（图片源自 KU Leuven, Dept ASRO）

联合国人居署，河内大学和比利时鲁汶大学 ASRO 小组，荣市林村河滨河地区项目设计，越南，2000 年

计划的台地滨水开发允许雨季洪水发生时，仍能与市场和船只的转移相适应。滨水区开发通过架空底层免于洪水侵害，同时创造了一种三维的城市空间（图片源自 KU Leuven, Dept ASRO）

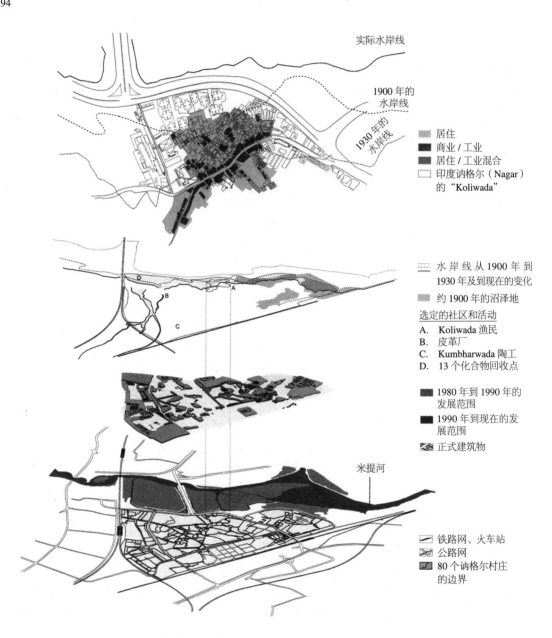

实际水岸线

1900 年的
水岸线

1930 年的水岸线

居住
商业 / 工业
居住 / 工业混合
印度讷格尔（Nagar）
的 "Koliwada"

水 岸 线 从 1900 年 到
1930 年及到现在的变化

约 1900 年的沼泽地

选定的社区和活动
A. Koliwada 渔民
B. 皮革厂
C. Kumbharwada 陶工
D. 13 个化合物回收点

1980 年到 1990 年的
发展范围
1990 年到现在的发
展范围
正式建筑物

米提河

铁路网、火车站
公路网
80 个讷格尔村庄
的边界

Wahid Seraj，达拉维分层图，孟买，印度，2009 年（见彩图 51）
达拉维位于孟买边缘，最初只是泥滩中的几个村子，包括 Koliwada 渔村，经常受到变化的潮汐影响（最上两层图）。
在 1980 年代至 1990 年代，其他一些村子中散布着制革厂、制陶作坊和废品回收场（在第二层图中展示），最
后达拉维扩张成了现在这样的由 80 个 "nagars" 单位的 "微型邻里" 组成的网络（最底层图）（图片源自 David
Grahame Shane 和 Wahid Seraj；www. Dharavi.org）

印度孟买达拉维特大贫民窟，2009 年

在 2000 年代早期，达拉维成为亚洲特大城市黑暗面的代表，如同现已拆除的 1990 年代的中国香港九龙寨城。和致密的三维独立用地一样，达拉维人口稠密、水资源安全问题严重、卫生缺乏，有着和九龙寨城一样的自组织网络和贫穷居民弹性，这些都为其观察者带来思考。联合国将达拉维描述为世界上最大的贫民窟，在 2003 年已有超过 100 万人口，而麦克·戴维斯则在其《星球上的贫民区》（Planet of Slums，2006）一书中称其为恐怖的"特大贫民窟"。[18] 两年后，丹尼·波尔（Danny Boyle）鼓舞人心的大片《贫民窟的百万富翁》（2008）使达拉维一举成名，影片在传递希望的同时也成功地展示了贫穷恶劣的卫生环境、跨信仰矛盾和糟糕的住宅条件。受到电视智力抢答节目中年轻人成功案例的启发，电影突出了超级城市中大众传媒作为公共幻想和摆脱贫民窟的途径。

达拉维有很多非政府组织和社区组织，如达拉维组织（Dharavi.org），对该地区进行宣传，组织微型银行系统和自助教育。[19] 戴维·萨特思韦特在 2006 年联合国人居署第三次会议上强调的贫民窟居民国际组织（SDI，Shack/Slum Dwellers International）起源于孟买也就不足为奇了（见第 9 章）。市政当局和印度国家政府已建设了小型单一功能的、隔离的居住区（chawls）和主要村庄中心旁的高层公寓街区，作为贫民窟改善计划的一部分。开发者之一的穆克什·梅塔（Mukesh Mehta）希望在其达拉维再发展项目（2008）中"改善"整个区域，这一项目，即布兰达·科拉

达拉维的街道，孟买，印度（摄于 2009 年）

达拉维的乡村独立用地上具有极其多样的活动，从铁路旁的蔬菜农场（右上）到克里瓦达（Koliwada）渔民的市场（左下），以及制陶作坊中陶器在阳光下晾晒（左上及上中）。繁忙的废品回收场（右下和下中）作为被污染的"特大贫民窟"而成为达拉维的最大隐患（上面三张及左下照片源自 courtesy of www. Dharavi.org；右下及下中照片源自 Brian McGrath）

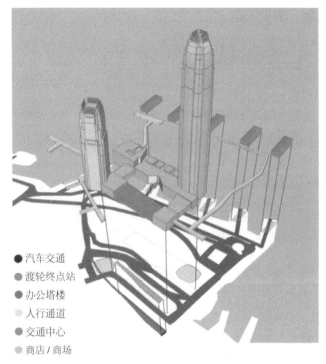

- ● 汽车交通
- ● 渡轮终点站
- ● 办公塔楼
- ● 人行通道
- ● 交通中心
- ● 商店 / 商场

尤里·惠格曼（Uri Wegman），佩里－克拉克－佩里事务所的国际金融中心二期的分析轴测图，香港，中国，2003 年（见彩图 52）

国际金融中心二期塔楼与一包含购物中心、天桥和地下交通枢纽的特大节点相连，并接驳地铁和机场高速快轨。国际金融中心还与海滨的新渡口、四季酒店和半山（见第 11 章）相联系（图片源自 Uri Wegman）

香港特别行政区政府规划部，中环新海滨城市设计研究设计提议，2008 年

这张合成照片展示了新香港政府中心周围港湾地区公园可能的城市设计方案之一。2008 年至 2009 年，这些合成照片出现在城市的布告板、临时围墙、出版物和媒体上，作为公众参与活动第二阶段的一部分，希望激发公众热烈的讨论（设计源自香港特别行政区政府规划部）

（Bandra-Kurla）综合体（1977 年开始建设），现在就位于孟买最新的公司企业中心的旁边。达拉维的非政府组织在全球特大城市媒体中体现出精彩的案例展示能力，英国 BBC 广播电台和美国《国家地理》杂志都对其做出了回应，介绍这一特大贫民窟，将其视为产业和个人野心的蜂房。[20]

巨型节点：佩里 - 克拉克 - 佩里事务所，国际金融中心二期，香港，中国，2003 年，以及跨海湾转运中心大厦，旧金山，美国，2007 年

从 1990 年代至 21 世纪初的巨型节点发展出了有组织交通枢纽的形态，如自 1952 年的斯德哥尔摩 Hötorgscity（见第 4 章），将地下轨道交通站、支路、停车场、公交车站、购物楼层和其上的办公塔楼，在三维空间中立体叠加。Hötorgscity 还通过轨道与斯德哥尔摩另外两个新城和周围的郊区相连，形成网络中的重要节点。1980 年代早期，香港政府在瑞典新城模型的基础上进一步发展，创造出公共交通网络相连的节点，拥有更高的密度，住宅区则成塔状。新城中心的住宅塔楼的底部是购物中心，由天桥连接至复杂的三维立体空间中。购物中心中结合了公交车站和地铁站的功能，创造出一种新的混合体，能够服务于香港核心区的中心。[21]

西萨·佩里在其 1985 年的世界金融中心设计中，以更高的密度进一步发展了这一模型，所设计的商业中心位于纽约炮台公园城核心，毗邻世界贸易中心。炮台公园城和世界贸易中心与城市和公共交通网络相隔绝，就像伦敦的金丝雀码头。在金丝雀码头的开发者破产之后，设计者意识到巨大的城市碎片不能与母城市的基础设施网络相分离。例如特里·法瑞尔事务所设计的九龙车站综合体（1992—1998），将一个环状的办公楼和其上的居住塔楼置放在购物中心（2008）的上面（见第 11 章和第 233 页）。[22]

佩里后来又设计了几个巨型节点，他们连入城市交通网络，将购物中心和地铁融入新的混合体中，遵循了香港新城最早发展的模式。在香港，佩里设计了国际金融中心二期（IFC2，2003），建筑中包含了一个复杂的交通转换节点和购物中心，连接至地铁和机场高速快轨。[23] 伦佐·皮亚诺与佩里在旧金山跨海湾转运中心大厦（Transbay Transit Center and Tower，2007）竞赛中竞争，而佩里使用了国际金融中心二期中的一些元素，包括将塔楼置于交通枢纽一侧（见下页），最终赢得了比赛。[24] 在 2000 年伦敦桥火车站上的碎片大厦设计中，皮亚诺设计了同样的三维立体空间的塔楼、购物中心和交通枢纽三者叠加的巨型节点（见第 8 章）。[25]

佩里－克拉克－佩里事务所，跨海湾转运中心大厦，旧金山，美国，2007 年

与香港的国际金融中心二期（IFC2）塔楼一样，旧金山的这一方案将会与当地BART（港湾地区快速运输）地铁系统和区域通勤线路的交通枢纽相连，其上是一个当地公交车站。出于对地震的顾虑，塔楼位于枢纽站的一侧，这一玻璃外墙大楼的大部分高于地面，屋顶上的公园与毗邻的山腰上的街道标高相同，并连接在一起[图片源自跨海湾转运中心管理处 [Transbay Joint Powers Authority）]

佩里－克拉克－佩里事务所，跨海湾转运中心大厦，旧金山，美国，2007 年

分层的剖面展示了地下夹层通向郊区线路的地铁站点，以及为接驳计划中的洛杉矶快轨所做的准备。在街道层购物中心之上，一个两层的公交枢纽为当地和远距离线路提供服务（图片源自跨海湾转运中心管理处）

佩里－克拉克－佩里事务所，跨海湾转运中心大厦，旧金山，美国，2007 年

从使命广场（ Mission Square ）所见景观（图片源自跨海湾转运中心管理处）

特大城市与生态城市：2005 年奥雅纳事务所的中国东滩项目以及垂直农场

相比欧美城市，亚洲特大城市中的人均能耗相对较小。广泛分布的系统混合了城市功能与食物生产的功能空间，如越南的荣市；拥有明确的高密度节点和立体交叉网络，如中国香港和珠江三角洲。巨型街区系统能够与城乡一体系统或巨型节点相适应，有时二者会同时出现，如曼谷那样（见第 304 页）。

面对这种广泛分布的、低能耗的、带有高密度节点的半乡村巨型街区，北半球国家的城市设计者努力地从古老帝国系统中吸取元素。在 2010 年上海世博会的原规划方案中，奥雅纳事务所（Arup）2005 年的设计方案——上海市外的东滩生态新城，试图将亚洲城市的农业模式与北欧生态城市理想相融合，如德国发展的那样。[26] 结果是将湖泊、池塘与街道相结合，城镇分布其中，形成的巨型街区包含三个邻里单位或城市乡村，以及一个城镇中心。这些乡村由北欧偏爱的三至四层公寓建筑组成，这可以使密度高于米尔顿凯恩斯的低层巨型街区，却又比深圳最稠密的城市村庄密度低很多。

新城周围环绕着鸟类们迁徙的湿地，也用于养鱼和水稻种植。一座巨型桥梁用于连接上海边缘与长江三角洲上遥远的岛屿。而如果在最坏的情况下，极地冰川融化，海平面上升 3 米（10 英尺），那么所有这一切都将被洪水淹没。东滩本想为中国其他地区的新城提供发展的示范模型，然而其较低的密度、较弱的可达性和特殊的岛屿环境使其无法成为很多中国市政当局在快速发展需求下的典范。[27] 速成的高层巨型街区和购物中心远比前者更有吸引力，而且通过保持城市的紧凑性，可能在实际上也更加生态环保。[28]

城市农业存在于亚洲城市中有很长的历史，其成功延续至今可以为北半球国家萎缩城市中的高技设计者们带来启发。北半球国家萎缩城市中采取了很多低技术的解决办法，如废弃地块中的"绿色拇指花园"（"green thumb" gardens，纽约，1970 年代）或"街道农场"（street farming 伦敦，1970 年代）。[29] 1970 年代的"绿色革命"改变了亚洲的农业，引入了以石油为原料的化肥，单位土地农作物产量不断增长，而小型拖拉机和燃气动力的便携式机器，如旋转式耕耘机和除草机，提高了生产效率。[30] 庞大的全球农业综合企业群也在 1980 年代至 1990 年代增长，并充分利用廉价的全球运输网络和国家劳动力成本的不同获取利益。都市农业开始呈现出一些高科技特征，如在旧仓库室内种植番茄，在水培系统中使用人工照明。城市中的大麻种植者尤其喜爱这样不需阳光的隐蔽式种植系统。迪克森·戴波米耶（Dickson Despommier）的"垂直农场"设计（2007）将这一体系推向了一种自动化的、高技

联合国人居署，河内大学和比利时鲁汶大学 ASRO 小组，拼贴照片由凯利·香农（Kelly Shannon）制作，荣市，越南，2000 年

与很多亚洲城市一样，荣市位于河流三角洲，包含了古老而高产的、基于水利的农业系统，以及现代化的基于汽车、卡车和石油的陆地交通系统。这种混合的亚洲城乡一体系统的单位产出能耗相比欧美系统少之又少（ASRO 设计见本书第 295 页）（照片源自 KU Leuven，Dept ASRO）

迪克森·戴波米耶（Dickson Despommier），垂直农场，2007 年

这一三维分层的高密度节点希望利用已知的水培技术和其他室内种植技术在城市中种植食物。高技的信息化系统将会监控每一株植物以将能源消耗降至最低，然而批评者认为 24 小时的光照和加热系统会对生态造成消极影响（图片源自 Christopher Jacobs）

奥雅纳事务所，南运河效果图，上海东滩，中国，2005 年

奥雅纳事务所最初的新镇方案严格控制了机动车的使用并在镇中心周围的绿带内布置了三组邻里"乡村"，全部由运河相连。这一最近被推迟的项目坐落于长江河口中的一个孤立岛屿上，是成千上万只候鸟每年迁徙途经的一片生态敏感区域（图片源自 Arup）

术的极端，构想了一个在城市内种植食物的生态摩天楼，作为面对曼谷香蕉种植园、印尼水稻田和上海养鱼场的一种科学探索。[31] 这一纽约的生态摩天楼计划面临来自新泽西州和北至哈德逊山谷的众多小型有机农场的激烈竞争，后者一直以来在纽约街道上的农民市场商店中贩卖自己种植的农产品。[32]

泰国特大城市曼谷中央区

曼谷在 2000 年代初作为特大城市出现，但却有着漫长的、基于运河和灌溉的农业和城市传统。[33] 曼谷于 1780 年代建立，在原大城府王国（Ayutthaya Kingdom）衰落之后，湄南河三角洲北部已开始农业种植，西岸主要是果园，东岸则是水稻田和养鱼场。早期的王国向湄南河转移，挖掘运河并建造如柬埔寨吴哥窟和北京紫禁城般的，部分佛教、部分印度教的，以宇宙哲学为设计考量的城市。曼谷大都市不同寻常的特征是中央庙宇和宫殿位于河流旁的岛屿上，而非像柬埔寨吴哥窟或北京紫禁城那样处于远离的一侧。泰国的水利工程师习惯于控制河流和建造架高的房屋，使其建筑上层可以免受雨季洪水威胁。

泰国皇室家族和庙宇占据了城市中央的岛屿，而商人和市场则在东部运河周围。皇室家族也参与贸易，尤其是与中国的贸易；他们与伊斯兰商人合作，开辟了通向远东的商路。1880 年代，法属印度殖民地日益扩张，经过一次英属印度殖民地的复杂多变的结盟，皇室家族作为法属印度殖民地边界上的缓冲国家巧妙地保持了独立（见"越南荣市"，第 294 页）。尽管拥有运河与灌溉的悠久历史，皇室家族还是于 19 世纪初向荷兰东印度公司在雅加达的东方基地派遣了一支团队，来考察其现代化的运河系统。[34] 与东印度公司在欧洲的总部所在——阿姆斯特丹一样，曼谷西半部在 20 世纪后半叶仍保持着农业生产，由于交通不便和水网发达形成了都市农业。在这里，早期文明的痕迹与水面上架高的房屋一起存留下来，乘船可以经过邮局和商店，城市中的河流和运河干净得可以种植食物。

城市中央的庙宇和宫殿独立用地已经成为这个特大城市中全球游客的游览胜地，标志着其象征性的核心。居住在江边大型酒店中的游客可以通过湄南河到达中央庙宇和宫殿。古老运河的部分仍然存留着，在中央城市周围形成一个环，并有几条水道穿过城市中心区，作为排水系统和交通系统，如鲍勃依（Bobae）市场十字路口一样。在市中心和东部，运河系统已经几乎见不到了（被泵和管道替代）。1920 年代至1930 年代，法国城市设计和巴黎林荫大道影响了城市中皇室向西北的扩张，而美国的网格规划则在 1960 年代传至此地。早期形式的建筑少量残存于曼谷规划的巨型街区中和东部边缘，那里曾经是养鱼场和水稻田。在巨型街区内，街巷沿着原有的灌

规划建筑师，彩虹大楼（Baiyoke Tower）一期，曼谷，泰国，1987 年（摄于 2008 年）

1997 年，随着如今的曼谷第一高楼——彩虹大楼二期在旁边建成，这一高楼成为一座酒店。这座现代混凝土高楼的周围尽是小巷的网格，挤满了之前水门市场上的临时商人的货摊（照片源自 David Grahame Shane）

曼谷卧佛寺（Reclining Buddha，Wat Pho），"Chedi Rai"佛塔，泰国，1780 年代；于 1840 年代至 1860 年代及 1982 年修复（摄于 2008 年）

卧佛寺与玉佛寺（Wat Phra Kaew）及临近的大皇宫（Grand Palace）一起占据了历史上的曼谷中心大城府（Phra Nakhon）地区中央的一座岛屿，运河仍然环绕在周围并流过这一地区，汇入湄南河（照片源自 David Grahame Shane）

Khlong Mahanak 和 Saen Saep 运河，Khlong Phadung Krung Kasam 交叉点的鲍勃依市场，曼谷中心，泰国，（摄于 2008 年）

水流湍急的运河港口位于运河交叉口市场的清真寺旁。这一古老的市场遍布在历史核心区的四个岛屿上，并通过桥联成一体，运河边的树木提供了荫凉和休息的空间（照片源自 David Grahame Shane）

303

溉沟渠和土地划分，形成街区内的尽端路。摩天楼位于小巷中，创造出一种极端的空间并置，例如在彩虹大楼一期，小尺度的水上市场与曼谷曾经的第一高楼形成了刺目的对比。[35]

304　泰国曼谷拉玛一路购物中心

位于曼谷市中心旧核心区东部的莲花森林寺庙（Khet Pathum Wan）购物区以一座寺庙和皇家宫殿命名，Saen Saep 运河旁是种着百合花的鱼塘。这一区域也有些水稻田。皇室家族拥有这片土地并规划了网格状的排水沟和林荫道，包括拉玛一路（Rama 1 Road），并为朱拉隆功（Chulalongkorn）大学、军警学院和皇家运动俱乐部提供了土地。1960 年代，大学和国王决定将城市沿拉玛一路发展，在 1965 年将暹罗广场（Siam Square）开辟为了一个开敞的、可驾车穿行的、并带有几个电影院的购物中心（服务于来自越南战场休假调整的美国士兵）。购物中心后来被步行化，并因为其位置靠近大学，以及针对年轻人的商业定位，容纳了很多语言学校和大学预科学校。暹罗广场是一个全封闭的、有空调的、美式环形的购物中心，于 1973 年在拉玛一路开业。购物中心的中庭设置了曼谷首批电动扶梯，并且仍然是基于汽车交通的考量建造的，以美国军人和旅客为目标人群。购物中心周围建设了多个酒店并多次扩张。然而在 1985 年，相邻的芭桐湾（Pathumwan）街十字路口上建起了 300 米（1000 英尺）长的 MBK 购物中心（MBK Center dumbbell mall），立即令暹罗广场在尺度上黯然失色。[36] 这一 89000 平方米（100 万平方英尺）的购物中心是当时东南亚最大的巨型购物中心，直至 1990 年，在更东边的拉差帕颂(Ratchaprasong）林荫道十字路口建起了世界中心巨型购物中心、酒店和办公楼综合体，其地位才被取代。[37]

因为 1999 年架空列车系统的完工，1997 年暹罗中心旁的暹罗探索中心得到了很大提升，随后拉差帕颂林荫道十字路口的暹罗国际酒店被拆除，架空列车在此与新的暹罗·帕拉贡（Siam Paragon）购物中心（2005 年）相接。[38] 暹罗·帕拉贡的设计为向街道和架空列车站点开放，成为拉玛一路上的新购物中心。拉玛一路的台阶通向暹罗国际酒店旁的抬高的购物中心，形成一个新的巨型购物中心综合体。世界贸易中心连接架空列车站点，于 2003—2006 年重塑了其购物中心，将其重命名为中央世界购物中心（Central World Plaza），加建一座新的酒店塔楼，将其规模扩大了两倍。[39] 拉差帕颂林荫道上开敞的中央世界购物中心成了当地的纽约时代广场，向北直至 Saen Saep 运河渡口，每到新年都会举行庆祝活动（该购物中心由于 2010 年曼谷红衫军骚乱而被焚毁，剩下的部分可能也面临拆除）。

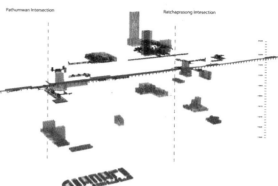

布莱恩·麦格拉斯（Brian McGrath）和马克·伊萨郎昆（Mark Isarangkun），拉玛一路时间轴测图和街道断面，曼谷，泰国，2007 年（见彩图 53）

在越战期间，第一个可驾车进入的购物中心——暹罗广场，于 1965 年开张营业；封闭的、有空调的暹罗中心于 1973 年开张；随之而来的是 1985 年的 MBK 中心。暹罗探索中心（1997）和暹罗·帕拉贡购物中心（2005）一起创造了可与世界金融中心、中央世界特大购物中心相比肩的巨型购物中心（1990，2004）（图片源自 Brian McGrath）

奥尔顿＋波特建筑师事务所（Altoon+Porter Architects），中央世界购物中心室内，曼谷，泰国，2006 年（摄于 2008 年）

这一购物中心复杂的三维室内空间内有一个纵向的菱形垂直中庭，向上通向商场饮食区和高层电影院。从高层的餐厅阳台可以在室外向下俯瞰时代广场，其上的高楼包含办公和酒店功能（照片源自 David Grahame Shane）

奥尔顿＋波特建筑师事务所，中央世界购物中心西班牙台阶，曼谷，泰国，2006 年（摄于 2008 年）

1999 年设立人行天桥之后，很多原来室内的、有空调的中庭的购物中心开始转向室外。原来的世界贸易中心购物中心将内部敞开，变成了中央世界购物中心，利用台阶创造出高层的广场，以及地面上的巨大公共空间，作为曼谷的纽约时代广场而存在（照片源自 David Grahame Shane）

拉玛一路及其上面的多座购物中心体现出的城市演变是一个令人着迷的案例，展示了碎片大都市系统转变为网络化的城市生态系统，将碎片连接在一起的过程。这一过程部分是因为朱拉隆功大学和皇室家族对大量土地的占有，另外也得益于购物中心开发者的相互合作，以及架空列车的出现，使购物中心将内部敞开以迎接新的顾客。该区域在过去的 40 年内替代了旧市中心成为曼谷的商业和购物中心，城市也在同一时期快速扩张而成为拥有 1100 万人口的亚洲特大城市。

306 作为网络城市的泰国曼谷：巨型节点和巨型街区

曼谷从基于最初的建设不断发展。宇宙秩序的图式和实际需求创造了一个被小运河包围的宫殿 - 寺庙城市，将岛屿上的街区用于贸易。河流西岸在很长时间内仍然维持着大面积的农业空间，而宫殿 - 寺庙岛屿后面的东岸则侵蚀了水稻田和鱼塘，以排水沟和地块边界为界限。皇室家族作为最大的地主控制了早期的扩张，直至 1960 年代，新的商业中心开始沿旧市中心东侧的拉玛一路出现。[40] 现代化的水泵和管道代替了旧运河与排水沟的排水功能，使土地能够用作商业和教育用地开发。旧宫殿和修道院仍然散落在这些购物中心、特大购物中心、学院和大学之间。

这些巨型购物中心共同形成了一个可与日本东京新宿（见第 6 章）比肩的巨型节点，部分是由于全球旅游网络的形成，但也因为当地特大城市快速增长的需求。在拉玛一号巨型节点的东边更远处，曼谷继续向新素万那普（Suvarnabhumi）国际机场扩张，该机场将以架空列车与 Khet Pathum Wan 新商业区和购物中心相连。[41] 这里早期的水稻田和养鱼场散布在 Saen Saep 运河沿岸，伴随着新的郊区开发和农业用地上的自建住宅，以及小工厂和办公园区的建设。曼谷拥有最成功的扩张项目，促进了自建住区改善其服务和公共设施的发展。[42]

曼谷也是大城市气候领导集团（Large Cities Climate Leadership Group，也被称为 C40）的一员，2006 年签署了与克林顿基金会（Clinton Foundation）的协议加入克林顿气候倡议（Clinton Climate Initiative），参与减少温室气体排放和碳足迹的计划。[43] 现在，出租车和部分摩托车已经使用低污染的压缩燃气或电力，也有计划改善污染严重且老旧的公交车队。出租车、小型机动车、嘟嘟车和摩托出租车、填补了架空列车、公交车和地铁不能满足的交通需求，使人们可以沿着小巷深入巨型街区的深处。结果是巨型街区边缘城乡一体的混合使用。即便是在稠密的拉玛一号巨型购物中心区，寺庙和皇家宫殿所在的区域内还包含着古老的百合田和鱼塘。

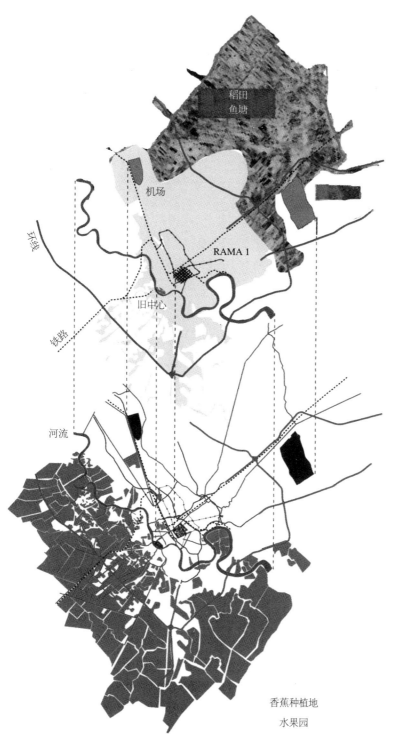

稻田
鱼塘

机场

环线

RAMA 1

铁路

旧中心

河流

香蕉种植地
水果园

**Asis Ammarapala，
尤里·惠格曼和戴
维·格雷厄姆·谢恩，
曼谷分层图，泰国，
2009 年**（见彩图 54）
湄南河西岸仍于相对未
开发的状态，在新的环路
下保留着其运河系统，用
于农业、交通和排水。而
原中央岛屿的东岸和周围
运河的商业区，已被新的
商业和办公区替代，其中
央是 Khet Pathum Wan 区
购物中心，该区域通过天
桥、地铁和高速路与之
后城市向机场方向的外围
扩张区相连（图片源自
David Grahame Shane 和
Asis Ammarapala）

小结：特大城市／超级城市，网络和节点

超级城市／特大城市依托广泛分布的城市网络、个人化的大众通信和媒体覆盖网络，为巨型节点和巨型街区的出现提供了必要的技术准备，这些巨型节点和街区无论对于当地，还是在全球范围都具有新的吸引力。这些节点不同于此前的城市碎片，它们具有复杂的城市断面，具有新的、分层的公共空间，并对周围的城市网络和能量流开放。在大都市带和碎片大都市，在曼谷或是任何特大城市，城市设计者试图将购物中心与大都市带和碎片大都市分离，然而购物中心自己却将内部开放给新的公共开敞空间。这些空间（虽然经常是私人拥有的）与公共交通网络和媒体系统相连接，这在此前还从未有过。

因为特大城市／超级城市是信息结构的一部分，而个人移动终端具有导航功能，这使特大城市可以将任何系统的公共空间结合成新的三维混合体，像曼谷巨型节点综合体和拉斯韦加斯或澳门的特大赌场那样（见第9章）。虽然巨型购物中心的建设通常与居住区开发相分离，然而在香港、拉斯韦加斯或澳门，以底座或底部裙楼中混合使用的三维立体空间为基础，它们在未来也可能成为混合使用的居住模型。赌场城市通过重现其他城市的历史图景呈现出新奇的空间感受，而史蒂芬·霍尔在北京的连廊综合体则证明了，这样的三维城市图景可以更加巧妙，同时间接地暗示着该场地曾经的使用功能（见第9章）。

这些备受瞩目的巨型购物中心和巨型街区所依赖的广泛分布的城市网络背景几乎是隐形的。这一网络由服务系统和可以覆盖广阔城市领域范围的结构组成，随着空间的拓展而流动，提供可达性与支持。手机发射塔、夜空中的卫星，或是普通的电线杆并不引人注意，电缆、运河、排水沟、变电站或树木种植也同样如此，它们仅仅被视为城市物质空间的一部分。在达拉维等自建的城市扩张区，这些隐形网络的缺失对于城市设计者和当地非政府组织来说仍然是最困难的问题。这样的隐形网络无论存在与否都很难察觉，然而却对公众健康造成巨大影响，并且这种缺失与本地的特大购物中心、特大街区、综合塔楼和构成标志性天际线的壮丽的建筑物形成刺目的对比。

在复杂的城市条件中，面对自下而上与自上而下的城市创建者们，特大城市中的城市设计者努力寻找着一种可以适用于从宏观至微观准则的操作模式。设计者们关注于以分层技术绘制变化的城市，该技术最先发展于景观建筑和生态领域（见第9章）。在《拼贴城市》（1978）一书问世之后，解构主义建筑师内化了这些分层技术，将建筑与城市设计剖面开放给新的能量流与信息网络。[44] 这一发展使新的三维公共空间成为可能，无论是在萎缩城市中如纽约的高线公园、北杜伊斯堡的景观公园，还是越南的林村河滨水区计划以及麦德林地铁计划。特大城市分层系统的灵活性使设

计者能够在多种尺度上和迥异的地段工作，如同海绵能够与之前的自身结构形成互 309
动，吸收或覆盖。一方面，这种灵活性源自系统的开放性，能够适应不同层面中多
样的城市创建者；另一方面，它是超级城市信息发展的结果，这样的城市可以与众多
不同系统的城市创建者相连，并能自下而上地使不同网络中的人们相互协同。此外，
还使超级城市设计者能够应对大都市的聚集形式、大都市带的分散形式，或是破碎
大都市中的大型城市独立用地等多种形式。

注释

注意：参见本书结尾处"作者提醒：尾注和维基百科"。

1　Joel Garreau, *Edge City: Life on the New Frontier*, Anchor Books (New York), 1992, pp i–xix.

2　John A Dutton, *The New American Urbanism: Re-Forming the Suburban Metropolis*, Skira (Milan), 2000; Andrés Duany, Elizabeth Plater-Zyberk and Jeff Speck, *Suburban Nation; The Rise of Sprawl and Decline of the American Dream*, North Point Press (New York), 2001.

3　Albert Pope, *Ladders*, Princeton Architectural Press (New York), 1997; Mario Gandelsonas, *X-Urbanism: Architecture and the American City*, Princeton Architectural Press (New York), 1999.

4　On *Eurolandschaft*, see: Fernando Marquez Cecilia and Richard C Levene, *Architektürbüro Bolles-Wilson, 1995–2001: The Scale of the Eurolandschaft = la scala del europaisaje*, El Croquis (Madrid), vol 105, c 2001.

5　Philipp Oswalt and Tim Reiniets, *The Atlas of Shrinking Cities*, Hatje Cantz (Ostfildern), 2006.

6　For Dessau, see: Station C23 website, http://www.stationc23.de/PROJEKT/teilprojekt-076-iba-stadtumbau-dessau.html (accessed 2 April 2010); also: Sigrun Langner, '2010: The Dessau Landschaftszug – a landscape belt on demolished wasteland by process-oriented design', in N Meijsmans (ed), *2010: Designing for a Region*, SUN architecture (Amsterdam), pp 144–151.

7　Xaveer De Geyter, *After-Sprawl: Research for the Contemporary City*, NAi (Rotterdam) and Kunstcentrum deSingel (Antwerp), 2002 (available on Google Books).

8　On Coop Himmelb(l)au's Melun-Sénart competition design, see: Coop Himmelb(l)au website, http://www.coop-himmelblau.at/ (accessed 22 March 2010).

9　On Asymptote Architecture's gateway competition, see: Asymptote website, http://www.asymptote.net/buildings/steel-cloud-los-angeles-west-coast-gateway/ (accessed 22 March 2010).

10　On Peter Latz, see: Latz + Partner website, http://www.latzundpartner.de/ (accessed 22 March 2010).

11　On Parc de la Villette, see: Bernard Tschumi Architects website, http://tschumi.com/projects/3/ (accessed 14 March 2010).

12　On Gas Works Park, Seattle, WA, see: http://en.wikipedia.org/wiki/Gas_Works_Park (accessed 2 April 2010).

13　On José Luis Sert's plan for Medellín see: Jaume Freixa, *Jose Luis Sert*, Gustavo Gili (Barcelona), 1979, pp 64, 239.

14　On Sert in Latin America, see: Eric Paul Mumford, 'From the Heart of the City to Holyoke Center: CIAM Ideas in Sert's Definition of Urban Design', in *Josep Luís Sert: The Architect of Urban Design, 1953–1969*, Yale University Press (New Haven), 2008.

15　On Sergio Fajardo, see: Daniel Kurtz-Phelan, 'The Mathematician of Medellín', *Newsweek*, 11 November 2007, http://www.newsweek.com/id/69623 (accessed 22 March 2010).

16　For the regeneration of Medellín, see: Jimena Martignoni, 'How Medellín Got Its Groove Back', *Architectural Record*, March 2009, http://archrecord.construction.com/features/

critique/0903medellin/medellin-1.asp (accessed 22 March 2010). On Medellín Metrocable, see: Malcolm Beith, 'Good Times In Medellín: a city tainted by violence is experiencing a renaissance', *Newsweek*, 5 July 2004, http://www.newsweek.com/id/54298 (accessed 22 March 2010). On Bogotá's Transmilenio bus system, see: Transmilenio website, http://www.transmilenio.gov.co/WebSite/Default.aspx (accessed 22 March 2010).

17   For Vinh, see: Kelly Shannon and André Loeckx, 'Vinh – Rising from the Ashes', *Urban Trialogues: Visions, Projects, Co-Productions*, UN-HABITAT (Nairobi, Kenya), *c* 2004, pp 123–151, http://ww2.unhabitat.org/programmes/agenda21/urban_trialogues.asp (accessed 22 March 2010).

18   Mike Davis, *Planet of Slums*, Verso (London), 2006.

19   See: http://www.dharavi.org/ (accessed 2 April 2010).

20   For the diversity of Dharavi, see: 'Life in a Slum', BBC News website, http://news.bbc.co.uk/2/shared/spl/hi/world/06/dharavi_slum/html/dharavi_slum_intro.stm (accessed 2 April 2010); also: Mark Jacobson, 'Mumbai's Shadow City', *National Geographic*, May 2007, http://ngm.nationalgeographic.com/2007/05/dharavi-mumbai-slum/jacobson-text?fs=seabed.nationalgeographic.com (accessed 19 March 2010).

21   For Hong Kong New Town mall podium with housing, see: http://en.wikipedia.org/wiki/New_Town_Plaza_Phase_3 (accessed 15 March 2010). On Hong Kong urbanisation, see: DW Drakakis-Smith, *Pacific Asia*, Routledge (London; New York), pp 163–180.

22   On Terry Farrell & Partners' Kowloon Station project, see: Farrells website, http://www.terryfarrell.co.uk/#/project/0097/ (accessed 19 March 2010). On Elements Mall, see: Elements website, http://www.elementshk.com/eng/index_popup.php (accessed 2 April 2010).

23   On Pelli's IFC2, see: Emporis website, http://www.emporis.com/application/?nav=building&lng=3&id=100614 (accessed 19 March 2010). For Hong Kong waterfront plans and consultation process, see: 'Urban Design Study for the New Central Harbourfront', website of Leisure and Cultural Services Department, Government of the Hong Kong Special Administrative Region of the People's Republic of China, http://www.lcsd.gov.hk/CE/Museum/Monument//form/AAB_134_59attachment2-english.pdf; also: Harbour Business Forum website, http://www.harbourbusinessforum.com/page/file/35/show; also: Swire Properties website, http://www.swireproperties.com/CentralReclamation/english/waterfront/index.html (all accessed 15 July 2010). For Hong Kong NGO, see: http://en.wikipedia.org/wiki/Society_for_Protection_of_the_Harbour; http://en.wikipedia.org/wiki/Victoria_Harbour (accessed 19 March 2010).

24   On Pelli's Transbay Transit Center and Tower, San Francisco, see: http://transbaycenter.org/; also: Pelli Clarke Pelli Architects website, http://www.pcparch.com/ (accessed 19 March 2010).

25   For The Shard, London, see: The Shard website, http://www.shardlondonbridge.com/ (accessed 17 March 2010).

26   For Dongtan, see: Sara Hart, 'Zero-Carbon Cities', *Architectural Record*, March 2007, http://archrecord.construction.com/tech/techFeatures/0703feature-1.asp; also: Roger Wood/Arup, Dongtan Eco-City, Shanghai', presentation at PIA National Congress, Perth, Washington, 4 May 2007, http://www.arup.com/_assets/_download/8CFDEE1A-CC3E-EA1A-25FD80B2315B50FD.pdf (accessed 19 March 2010); also: 'Dongtan: the world's first large-scale eco-city?'. Sustainable Cities website, http://sustainablecities.dk/en/city-projects/cases/dongtan-the-world-s-first-large-scale-eco-city; also: http://en.wikipedia.org/wiki/Dongtan (accessed 19 March 2010).

27   On sea level rise, see: Sea Level Rise Explorer, Global Warming Art website, http://www.globalwarmingart.com/wiki/Special:SeaLevel (accessed 15 July 2010); also: United States Department of Commerce, National Oceanic and Atmospheric Administration (NOAA), Earth System Research Laboratory 'Science on a Sphere' website, http://sos.noaa.gov/datasets/Ocean/sea_level.html (accessed 19 March 2010). For China coast, see: CIESIN (Center for International Earth Science Information Network) map, http://www.unfpa.org/swp/2007/english/chapter_5/figure8.html (accessed 15 July 2010).

28   For critique of Dongtan, see: Martin Spring, "Masdar: Nice spot for a zero-carbon city..."
      Building Sustainable Design, issue 22, 2007, http://www.building.co.uk/masdar-nice-spot-for-a-
      zero-carbon-city/3088039.article (accessed 1 July 2010).

29   On green thumb gardens in New York City, see: Sarah Ferguson, 'A Brief History of Grassroots   311
      Greening in NYC', *New Village*, issue 1, September 1999, http://www.newvillage.net/Journal/
      Issue1/1briefgreening.html (accessed 19 March 2010). For street farming, see: *Street Farmer*
      magazine, Architectural Association School (London), 1971–2; also: *Mother Earth News*, no 20,
      March 1973 p 62; also: Stefan Szczelkun blog, http://www.stefan-szczelkun.org.uk/phd103.
      htm#_ftn2 (accessed 13 March 2010).

30   For the 'Green Revolution', see: http://en.wikipedia.org/wiki/Green_Revolution (accessed 13
      March 2010).

31   For the Vertical Farm Project, see: Vertical Farm website, http://www.verticalfarm.com/
      (accessed 13 March 2010).

32   On Slow Food in the Hudson Valley, see: Slow Food Hudson Valley website, http://www.
      slowfoodhv.org/ (accessed 19 March 2010).

33   For Bangkok, see: Brian McGrath, 'Bangkok: The Architecture of Three Ecologies', in Kanu
      Agrawal et al (eds), *Re_Urbanism: Transforming Capitals, Perspecta 39: The Yale Architectural
      Journal*, MIT Press (Cambridge, MA), 2007, pp 13–26; Brian McGrath, Danai Thaitakoo, 'Tasting
      the Periphery: Bangkok's agri and aqua-cultural fringe', in Karen A Franck (ed), *Food + The
      City, Architectural Design*, vol 75, issue 3, Wiley-Academy (London), 2005, pp 43–51.

34   On the Dutch East India Company, see: Els M Jacobs, *In Pursuit of Pepper and Tea: The Story
      of the Dutch East India Company*, Netherlands Maritime Museum (Amsterdam), 1991. On Thai
      agri-urbanism, see: McGrath, Thaitakoo, 'Tasting the Periphery' in *Architectural Design*, vol
      75, issue 3, 2005, pp 43–51. On Dutch delta cities, see: Manfred Kuhn, 'Greenbelt and Green
      Heart: separating and integrating landscapes in European city regions', *Landscape and Urban
      Planning*, vol 64, issues 1–2, 15 June 2003, pp 19–27.

35   For *soi* lanes, see: Marc Askew, *Bangkok: Place, Practice and Representation*, Routledge
      (London; New York), 2002, p 12. For Bangkok *soi* as a red-light district, see: http://en.wikipedia.
      org/wiki/Soi_Cowboy; also: Erik Cohen, *Contemporary Tourism: Diversity and Change*, Elsevier
      Science (Amsterdam; Boston, MA), 2004 (available on Google Books).

36   On MBK Center, see: http://www.mbk-center.co.th/en/ (accessed 23 March 2010).

37   For a chronology of Bangkok malls, see: Brian McGrath, *Digital Modelling for Urban
      Design,* John Wiley & Sons (London), 2008, pp 226–245. For the shopping district, see: http://
      en.wikipedia.org/wiki/Pathum_Wan (accessed 23 March 2010).

38   On the BTS Skytrain, see: http://en.wikipedia.org/wiki/BTS_Skytrain (accessed 23 March 2010).
      On Siam Center, see: Siam Piwat Co website, http://www.siampiwat.com/php/index.php
      (accessed 23 March 2010).

39   On Central World Plaza, see: Central World website, http://www.centralworld.co.th/default-th.
      aspx (accessed 23 March 2010).

40   For the history of Bangkok and royal landownership, see: Askew, *Bangkok,* pp 17–47, and note
      11, p 307 (available on Google Books).

41   For the new Suvarnabhumi International Airport, see: Murphy/Jahn website, http://www.
      murphyjahn.com/base.html (accessed 15 July 2010).

42   For Bangkok slum upgrading, see: Somsook Boonyabancha, 'Baan Mankong: going to scale
      with slum and squatter upgrading in Thailand', *Environment & Urbanization*, vol 17, no 1, April
      2005, http://www.environmentandurbanization.org/eandu_recent.html#april2005 (accessed 2
      April 2010).

43   On C40 cities, see: C40 website, http://www.c40cities.org/ (accessed 23 March 2010). For
      Bangkok ecology, see: UNEP, Bangkok Assessment Report on Climate Change, 2009, http://
      www.roap.unep.org/pub/BKK_assessment_report_CC_2009.pdf

44   Colin Rowe and Fred Koetter, *Collage City*, MIT Press (Cambridge, MA), 1978.

第 11 章

结论 城市生态和城市设计——未来情景

　　在过去的 60 年中，世界城市人口从由煤炭资源主导的大量紧凑型欧洲大都市的城市中心，逐渐向以石油资源主导的、分散的、包含农业与特大节点的亚洲特大城市转移。这种转移涉及大规模应用石油和应用技术创造出的大都市带，并对原有的欧洲帝国制度产生了巨大影响，同时也为冷战的两大权力集团（美国和苏联，1945—1991）开辟了道路。石油主导的大都市带的发展产生了相应的城市问题，包括传统大都市的衰落，对石油资源丰富的供应国家的依赖，以及化石燃料使用导致的全球气候变化。由于全球城市人口占世界人口总数刚刚过半，城市设计提供了解决这些紧迫问题的潜在可能。未来的城市设计者将不得不面对碳经济的问题，不是通过生态干预来减少碳足迹，而是需要通过改变城市形态来保障人类的生存。碳排放可以立刻停止的设想是不切实际的：两百年来工业产生的温室气体已经存在于生态循环系统中，并将带来剧烈的海平面上升和土地沙化等问题。同时，要求任何一个个体或准则来控制如此庞大和复杂的排放系统也是不实际的。没有人能掌控这样一个全球化的系统。在占大多数世界人口的亚洲和非洲城市中，现代化的过程伴随着人口从农村向城市的转移，并将产生更多的碳排放。这最后一章是讨论未来的城市设计者将如何调整现有城市设计的生态策略，以应对这一新的局面。

　　城市创建者建立了包含以独立用地、链接和异托邦为组织方式和标志性结构的四种城市设计生态系统，这四种系统反映着城市主导者的愿望。长远看来，这种基于石油和煤炭资源的碳经济正在对城市造成越来越显著的危害。温室气体对地球环境来说意味着冰盖的融化、高山冰川的消失、降水量的减少、江河流速的降低、沙化蔓延以及海平面的上升等问题。[1] 唯一的疑问只是这些问题的严重程度而已：随后的一百年内，海平面是会上升 0.5 米、1 米，还是 1.5 米？而这将会造成百万计的人口迁徙和城市重新选址。先前的许多城市文明就是由于水的问题而灭亡，如古代柬埔寨的吴哥窟。[2] 而在世界范围内，大部分坐落于河谷、山地上游、平原流域、河流入海口和三角洲地区的现代城市文明，都会受到影响。即使没有在极端气候下海平面上升 3 米的影响，供给粮食的灌溉水和饮用水也会发生短缺现象。城市沿海地区将面临频繁的洪水泛滥，或是由于沙漠化而不再宜居。城市人口将需要应对季节性洪水，或是寻找新的居住地，正如威尼斯现在遇到的情况一样。

　　2008 年居于主导地位的大城市系统发生的经济危机为变化带来了机遇。银行解除管制规定，鼓励风险投资从而危害了整个经济系统，整个经济构架不得不放弃巨额利润，随着石油价格的剧跌而瓦解，而这一切似乎是注定的。[3] 随后，美国汽车制造业宣告破产，银行业、抵押代理商和房屋建筑业也随之瓦解，次贷危机使得美国城郊成千上万的房屋处于空置状态，商户倒闭关门，失业率上升。迪拜世界投资公司的倒闭也遵循了相似的模式。2008 年之后，也许一些基本准则会发生变更，以防止未来更大规模的经济崩溃，而全球金融模式也将不再基于世界大都市的无限蔓延。问题之一在于，城市系统不仅引入大量人口、能源、粮食和水，它们也是重要的法律与组织的集合体，其包括土地所有制形式、准则和管理制度等在内的上层建筑，将其他区域获得的利润输入进来，并将资本临时性地投入迅速涌现的、易按揭的由新摩天大楼、公寓楼和房屋等构成的碳结构上。

　　一直以来，城市在广泛的公民社会中扮演着重新分配收益的角色，而不止是在房地产所有权和投机中发挥作用。城市为帮助摆脱贫困提供了制度的阶梯，如通过学校、教育机构和其他以知识为基础的职业和领域，而这也是其对人口产生吸引力的原因之一。这种再分配能力将处于极大的需求之中，并且人们普遍希望通过强调社会公正来减少由于社会系统失灵而造成的流离失所。此外，随着大规模亚非裔移民迁入，新的需求即将产生，城市的适应性和心理层面建设都将变得更为重要。这一章将回顾城市管理者将如何改变过去 60 年里诞生的四种城市设计生态系统，由此来应对近期和远期可能面临的挑战。城市的管理者和设计者需要重新认真审视碳经济，以及每种城市设计生态系统结构中的可能性，通过理解独立用地、链接和异托邦的方式来探究未来。

绿色大都市

　　《纽约客》杂志的特约作家戴维·欧文（David Owen）在 2009 年的《绿色大都市》一书中声称，纽约和香港都是根本意义上的"绿色生态城市"，因为它们都拥有众多密集的人口、便捷的公共交通，在步行范围内人们的日常生活需求便可得到满足。[4]欧文介绍了二十年前，他和全家搬到美国郊区时，不得不牺牲在乡下闲坐和散步的时间，而代替以三辆汽车和若干小时的车程才能到达便利店或是去看一场电影。

　　《绿色大都市》提出应该像新加坡、斯德哥尔摩和伦敦一样，将使用石油能源带来的真正的生态成本，通过汽油税和拥堵费转移到美国人和其他消费者的身上。欧文认为应该使在城市内开车成为一种不方便的活动，如通过有限的停车空间和限行道路来增加交通堵塞和行驶时间。他认为，应当为步行者保证街道链接的安全保障，

314

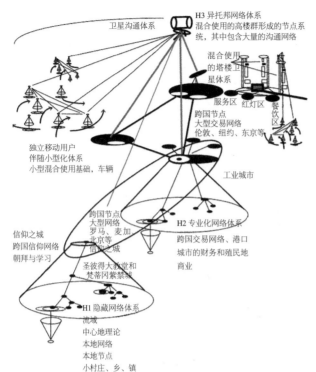

H3 异托邦网络体系
混合使用的高楼群形成的节点系
统，其中包含大量的沟通网络

卫星沟通体系

混合使用
的塔楼卫
星体系

服务区　红灯区　餐饮区

跨国节点
大型交易网络
伦敦、纽约、东京等

独立移动用户
伴随小型化体系
小型混合使用基础，车辆

工业城市

跨国节点
大型网络
罗马、麦加
北京等
信仰之城

H2 专业化网络体系

信仰之城
跨国信仰网络
朝拜与学习

跨国交易网络、港口
城市的财务和殖民地
商业

圣彼得大教堂和
梵蒂冈紫禁城

H1 隐藏网络体系
流域
中心地理论
本地网络
本地节点
小村庄、乡、镇
城市遗址

多层城市图表

这里的煮蛋（archi-città）、煎蛋（cine-città）和炒蛋（tele-città）互相层叠以形成一个复杂的城市系统，在这其中城市创建者可对于其生存方式进行多种选择。tele-città 表明参与者是可变的，并可以在此形成相互之间的交流，同时创造一个允许自下而上反馈的潜在开放系统，不论人们居于哪种行为模式（图片源自 David Grahame Shane，2010）

同时拓宽人行道路、种植树木、提供自行车道和促进公共交通系统，如哥本哈根和阿姆斯特丹等欧洲城市做的那样。提升城市的生活质量及打击犯罪将会使城市再次具有吸引力。如果学校也得到改善，人们将不用搬家到郊区以保证孩子的安全和教育。而且城市中老年人的寿命普遍较长。欧文主张城市高密度发展，例如曼哈顿上东区和西区，因为许多服务设施和地铁等将始终处在步行范围内。

抛开摩天大厦和较高的密度，许多这类生态理念在 1980 年代和 1990 年代的欧洲小城市和德国州府慕尼黑得到了实践。慕尼黑以河流穿过单一中心的小型都市起步。它在盐类贸易的经济基础上发展起来，呈同心圆式向外蔓延发展，直到欧洲启蒙运动和拿破仑时期，城邦的君主才在城市边缘增加了巨大的道路链接和网格式街区（柯林·罗和弗瑞德·科特在《拼贴城市》一书中赞扬了这种渐进式增长，1978）。[5]铁路在中心城市周边出现，并在城市西部铁路交会的枢纽引发了产业聚集，新的工业中心再次诞生。这一地区之后被干线道路围绕，途径小镇达豪（Dachau，一个工厂旧址所在地，后来成为第一个纳粹集中营）并连接了随后发展起来的郊区住宅，这里有着注定要失败的 1972 年奥运会的场地；镇外被摩天大楼占据的银行中心，以

慕尼黑的时空分层图（见彩图 55）

一项针对慕尼黑历史的图像研究展现了在多种城市创建者的影响下，历史核心区的连续性增长。中世纪的盐商建立了最初的城镇，启蒙运动的扩张则是由 Leo von Klenze 规划的（黑色部分）；后来迁移到西部的铁路公司创造了新的工业中心（灰色部分），并被限定在一个魏玛共和国式的快速环路中，以此形成了战后扩张的基础（红色部分）（图片源自 David Grahame Shane 和 Angie Hunsaker，2008）

及大型电子企业，如西门子和宝马等工厂（由蓝天组重新设计）。[6]

　　慕尼黑城市议会在重新修订中心城市区划法则时采取了不同寻常的方法，鼓励低层高密度的发展方式，从而营造一个小型的绿色城市。同时恢复了著名的电车轨道，将整个城市中心步行化，建立新的地铁线路，将被战争摧毁的历史街区改造成为拥有古老立面和崭新内部装潢，以及玻璃顶拱廊和中庭的商业购物中心。慕尼黑在 2000年左右成为欧洲生态城市的典范，而这也得益于格林·帕蒂（Green Party）提出的能源准则，包括太阳能板和超绝缘材料的使用，以及对于乡村地区和森林的保护系统（保持了德国城市景观传统，见第 6 章）。这一"慕尼黑远景规划"在能源利用、城市规划、都市紧缩、高密度地区灰地政策（dense infill policies）以及限制发展等方面得到普遍赞誉。[7]即使是北部小镇明斯特也重建了战后的城镇中心，并在限制预留地中新建了一个图书馆。该图书馆占据了一个街区，面向公交车站和一个汽车展厅。在这里，鲍尔斯＋威尔逊建筑事务所曾对欧洲土地利用生态法则进行了研究（见第 10 章）。[8]

　　绿色都市也是法国总统萨科奇的 2009 年规划议会"京都协议后的大城市"上演讲的主题。会议旨在打破原有城市环路加放射状的奥斯曼城市模式，开始形成一个多中心的大巴黎地区。

　　"大巴黎城市密集区"——简称为"大巴黎"，萨科奇邀请了 10 个团队，包括英国的理查德·罗杰斯，法国的鲍赞巴克（Atelier Portzamparc）和格伦姆巴赫（Agence Grumbach）以及荷兰的 MVRDV。[9]Secci-Vigan ò 事务所 09 工作坊在安特卫普的工

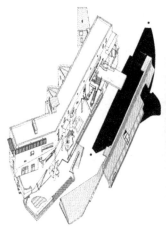

鲍尔斯＋威尔逊，明斯特图书馆，明斯特，德国，1993 年

这张轴测图反映了街道步行链接切割街区的方式，上方的图书馆的连廊，与屋顶的结构层一起构成内部街道的立面（绘图源自 Bolles+Wilson）

鲍尔斯＋威尔逊，图书馆大街，明斯特，德国，1997 年（摄于1997 年）

图书馆地块与附近的圣拉姆伯蒂（St Lamberti）教堂一起，在小镇主要的市场周边通过街道人行系统创造景观视廊。铜制屋顶下垂，强调了透视效果并形成封闭的街道立面（照片源自 David Grahame Shane）

作基础上进行了扩展（见第 9 章），着眼于巴黎的空间疏密程度，及其机制结构、街道规划和能源利用。[10] 他们关注大巴黎地区的织补性，及其山谷、河流密布、运河交织、沼泽湿地、洪水泛滥区、公园和荒地等地貌，以及城市郊区的绿色"废地景观"——低密度地区、私人住宅和公寓楼。奥斯曼当初对巴黎进行规划的范围，只是今天团队在这片城市地区所做规划设计的一小部分，新的规划采用了多中心结构组织大都市地区，类似地区包括比利时 – 荷兰的安特卫普 – 鹿特丹周边西北部城市地区（NWMA），以及中国香港的九龙和深圳。

在 09 工作坊的孔隙研究中，他们将被城市割裂出去的绿色的城市地区赋予定义，而这些地区通常是公共交通系统欠发达的贫民区。他们在方案中引入一组连通郊区与内城的轻轨和连接郊区贫民窟和城市周边碎片的有轨电车，如此一来人们就不再需要经过市中心来达到相邻的城郊地区。09 工作坊对城市西边和东边的破碎化地区选取了研究对象样本。他们的方案也包含了对这些不同地区的更新和改造，包括太阳能的利用、新建筑表皮设计和地热设备的增添，以及如果单亲家庭改善其能源利用情况，将为其提供奖励性的楼面面积，通过这些方式使该地区的能源利用更为有效。[11] 衰败的厂区也可以被改造为混合使用的地区，包括住房及绿色屋面上的太阳能利用装置。设计者还提出，对高楼之间的大片开放空间采取填补的方式（同时也使外立面更新并十分节能），加建装有太阳能板的低层建筑。这些策略提升了现有的城市肌理的密度，能源利用效率更高，灵活性和可达性大大增加，并打破了都市边

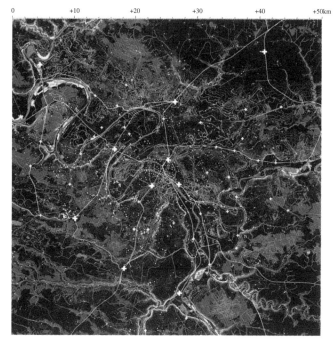

贝尔纳多·塞基（Bernado Secchi）和保拉·维佳诺（Paola Viganò），09 工作坊，"大巴黎"项目，巴黎，法国，2009 年（见彩图 56）

09 工作坊忽略了巴黎历史中心放射状的形态，而将其看作一个分散的城市系统。插入式的规划和分区将城中心东部塞纳河沿岸走向衰败的工业地区作为研究对象，并提出复兴这一单一功能的城市独立用地，将其改造成为混合使用、能源节约的新型社区，其中包含了居住、商业和办公等功能，以及遗留的产业工厂等（图片源自 Studio 09_Bernardo Secchi，Paola Viganò）

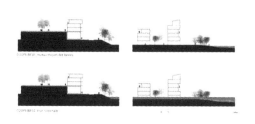

缘贫民区的孤立，将公共交通系统引入步行范围之内。

其他团队的方案与塞基和维佳诺采取了相同的目标，但使用了不同的城市要素来达到其规划设计的目的。例如，罗杰斯事务所重新设计了巴黎环状铁路网络，作为大尺度下"绿色手指"状的公园系统，在原本相互分离的公园之间用新的高密度节点创造其间的连接。鲍赞巴克（Portzamparc）事务所着重关注了巴黎中心的北部地区，提出规划一片新的商务中心，在河谷两侧设立教育设施和公园，从而创造一个新的面向伦敦、法兰克福、布鲁塞尔和荷兰的兰斯塔德（环形城市）的入口。为了打破环形放射状的结构，新建的单轨铁道环绕巴黎郊区，并连接新的中心。格伦姆巴赫（Grumbach）事务所提出将巴黎改造成为一个沿塞纳河谷新建高速轨道引导下的线性城市，一直延伸到勒阿弗尔，使巴黎变成一个通向大西洋的绿色大都市。格伦姆巴赫在河流蜿蜒的形态中寻找到了设计的韵律，它们在两条高速公路交会处分割了不同的城市地区，形成了公园、森林、居住区、农田和工业地区。[12]

绿色大都市带

"大都市带"的概念首次由法国社会学家简·戈特曼在 1961 年提出，以描述美国东海岸燃煤蒸汽机主导的铁路交通网络中枢。[13] 美国州际公路系统当时还不存在。1971 年雷纳·班纳姆在《洛杉矶：四个生态法则的建筑》（见第 6 章）中赞颂了汽车交通主导下的城市，当时高速公路系统和航空已经取代了铁路。[14] 同时，戈特曼的视线也转向东京和以莱茵 – 鲁尔工业带（现在为"蓝香蕉"的一部分，见第 6 章）为对象的"城市景观"规划体系。这些亚洲和欧洲的大都市带保存了铁路交通系统，以保护农业用地和休闲娱乐景观的国家规划布局，以及为减少机动车交通设立的燃油税。德国、斯堪的纳维亚和欧盟引领了老建筑适应新能源标准的改革，慕尼黑和哥本哈根这样的城市则以在老城中心插建的形式赋予大城市网络新的活力。相较之下，东京的高密度策略得到充分落实，以轨道交通网络为支撑，铁道系统所属的巨大商业综合体和休闲娱乐设施节点分布于交通网络中枢上。

每个西欧国家在大都市发展模式、高速公路骨架及大片独立用地的处理方式上都各具特色，这在荷兰建筑师 Xaveer De Geyter 的《城市蔓延之后》（2002）一书中有所提及。[15] 威尼斯和波河三角洲与莱茵河三角洲地区的荷兰和比利时拥有不同的模式，同时也区别于伦敦的环线加放射状网络的结构，或是分布于塞纳河谷周边的巴黎发展带（见第 6 章）。瑞士建筑师弗兰兹·奥斯瓦尔德和生态学家彼得·巴奇尼（Peter Baccini）在《城市网络》（2003）一书中，通过毗邻阿尔卑斯山脉的瑞士为例详细阐释了另一种欧洲网状模式，它是一种线性的多层链接、依据时间演变的发展模式。[16]

弗兰兹·奥斯瓦尔德和彼得·巴奇尼，网络城市分层山谷图，2003年（见彩图57）

奥斯瓦尔德和巴奇尼将森林景观、农田地区、基础设施（道路、铁路等）、溪流和水网系统以及城市和乡村分离到不同的层次。这样做的目的在于为村镇分水岭提供安全的饮用水，区分已开发地区和现阶段仍为闲置待开发的地块（图中的粉色地区）（图示源自 Franz Oswald/Peter Baccini 和 Birkhauser Publishers 在巴塞尔、柏林、波士顿的分公司）

实验建筑设计事务所，联合广场全景，墨尔本，澳大利亚（摄于 2010 年）
约翰·范·斯海克（Johan van Schaik）设计的全景图，从弗林德斯街中央车站入口的方向展示了人行广场上带有
坡度的自然地貌。这个公共广场包含了一个东京式的巨型公共电子屏幕，以及中央休闲区域中散热片组成的复杂
冷却系统，它利用了铁道上方地面以下的空间作为自然冷却的空间（图片源自 Johan N.van Schaik）

作者仔细检验了在脆弱的阿尔卑斯山谷地区脆弱的自然生态条件下，高速公路系统
和郊区化对脆弱的瑞士城市生态发展和周边农田、森林环境的影响。这张瑞士小镇
风景明信片中的景象由河流、植被和动物等生活要素构成，共同描绘了这个山谷的
生活，形成了一个封闭的生态系统。许多城市设计师意图开放封闭的河流或是将老
旧工业区改造为公园，但很少有人仔细考虑城市的生态、道路、交通、铁路、聚居
地以及城市活动的参与者如何与周围的环境相互作用的问题。

　　亚洲和欧洲的绿色大都市与美国最初的城市相比较更为紧凑，其较小的能源足
迹表现了这一点。美国的城市设计师最大的挑战在于如何减少城市对化石燃料的依
赖以及与之相关的未来经济的可持续发展问题（每加仑汽油 4 美元摧毁了这生态系
统）。拉斯韦加斯大道从两侧充斥着停车场和标志牌的孤立建筑群变成了仿造的大都
市城市碎片集合体（巴黎、纽约和威尼斯，见第 9 章），这一转变显示了大都市未来
的一种可能性，这里充满了城市幻象和高层住宅塔楼以及停车场，满足了大型城市
及其信息系统的需求，从而形成幻象型异托邦。大道上建成不久的"城市中心"综
合体（2010）由丹尼尔·李伯斯金（Daniel Libeskind）设计，作为分离的城市碎片建
立于私人林荫大道的尽端路上，包含了多栋塔式建筑及一个购物中心。[17]

　　绝大部分美国大城市的司机每天行驶不超过 65 公里（40 英里）的路程。[18] 许
多美国西南部退休的居民社区和佛罗里达州已经开始允许电动高尔夫球车上路行驶，
并对更好的保温、太阳能和热水装置的实施鼓励政策。[19] 也许有一天这些司机们会开
着太阳能驱动的汽车到这些新的郊区节点，或是快速铁路、公交车站点周边的公共
服务设施，如图书馆、学校等；抑或是到达坐落在"绿色手指公园"中的都市农业地
区，如波哥大贫民区那样。与弗林德斯街中央车站相反，澳大利亚墨尔本实验建筑
设计事务所（Lab Architecture）设计的联合广场（Federation Square，2002）提供了

实验建筑设计事务所，联合广场总平面图，墨尔本，澳大利亚，2002 年（见彩图 58）

在雅拉（Yarra）河边的一片空地上，实验建筑设计事务所在一片跨越铁道的平台上成功创造了一种围合感。平面图没有表现出广场地面的坡度，而这一地块实际上受到了由人行通道划定的楔形用地的限制（总平面图源自 LAB Architecture Studio）

一种生态与文化相结合的综合商业中心的未来视角，其精密的供热和供冷系统位于电车轨道及河道旁边，埋藏在人行空间下方和铁道上方。[20]

大都市带的城市生态系统也许依旧主导着石油丰富且价格低廉国家中的城市，比如阿布扎比和迪拜，沙特阿拉伯和伊拉克，委内瑞拉和巴西，婆罗洲和印度尼西亚，以及尼日利亚和安哥拉等国家。[21] 尽管最近发生了经济危机，在其他地方不可能实现的项目工程仍然可能在这里实现并成为"可持续"的方案。但正如在拉各斯（尼日利亚首都）*、加拉加斯（委内瑞拉首都）和雅加达（印度尼西亚首都），中东地区的石油经济在当地制造了难民群体，具体体现在加沙（巴勒斯坦 – 以色列）或是黎巴嫩的贫民窟，以及迪拜的劳改所等。尽管存在破败的城市，石油富裕国仍想象着太阳能主导的未来，在新的城市设计生态系统下作出大胆的投资，比如福斯特在迪拜的马斯达方案（Masdar，2007年动工）。这个项目将新城的交通系统埋入地下，在不适宜居住的沙漠地区采用一个太阳能主导的示范项目，而这一地区显然在下个世纪末将变得更不适合人类居住。这些展示区域，以及幻象型异托邦，将一直在构想未来图景中起到重要作用，正如世界博览会和奥运会所扮演的角色一样。许多石油富裕国正在对基础设施、房屋住宅和新城的建设进行投资。例如，加纳已经和韩国政府机构签订了 100 亿美元的合同，旨在为盆唐新镇（见第 6 章）建设 200000 所房屋及配套基础设施，解决大约 100 万人的住房需求（将由新发现的滨海石油储藏平衡其支出）。[22] 韩国财团也在为其他能源富裕国家城市建设新城，包括阿尔及利亚、吉尔吉斯斯坦、利比亚、蒙古和尼日利亚，以及坦桑尼亚和也门等。

大都市带以及与之相联系的网络系统，油井、炼油厂、石油管线、储油库、配电

---

* 地名后括号中的内容均为译者注。——编者注

维斯 / 曼弗雷迪（Weiss/Manfredi），西雅图雕塑公园俯瞰，西雅图，华盛顿州，美国，2007 年
西雅图坐落在一片可以俯视码头和海港的断崖上。铁路和道路占据了历史上的滨水地区，这个局部地区的发展一直都非常复杂。西雅图雕塑公园提出一个新的模式，呈现出一个从断崖上一直延伸到海边的不同层次和阶梯地貌的构造方式，围绕传统的滨海屏障将坡道与人行通道交织在一起（照片源自 Benjamin Benschneider）

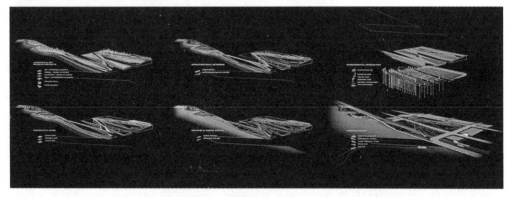

维斯 / 曼弗雷迪，西雅图雕塑公园的设计分层图，西雅图，华盛顿州，美国，2007 年（见彩图 59）
维斯 / 曼弗雷迪的西雅图雕塑公园代表了一个小尺度上综合利用的典型，用一个三维的城市综合体来修复一片受到污染的滨水区域，并为艺术品和博物馆提供了一片平台，以及一条越过高速路和铁路联系海滨沙滩的通道（绘图源自 Weiss/Manfredi）

中心以及加油站、高速公路、郊区和商场停车场等，共同形成了巨大的化工污染源。在未来的拉丁美洲城市，举个例子来说，在没有主要工业资源支持的情况下，将不得不对这些城市地区进行紧缩城市型的更新，重新建设这些自建和非正规建设的区域。在诸如波哥大、加拉加斯、利马、麦德林、基多、里约热内卢和圣保罗等城市中，自建的贫民窟构成的大城市带急需改变，需要重新重视都市农业，使之得以在燃油和燃气短缺的时候为城市居民提供食品来源。这些建立在石油能源基础上的贫民窟地区终将衰败。人们也许会再度回到得到更新的乡村地区，而这些地区也将会融入全球网络当中来。这些乡村可能拥有更好的教育和信息系统，更加开放民主的政府，以及和过去相比大大减弱的封建统治。同样的场景还适用于那些石油充裕的国家如尼日利亚、安哥拉、印度尼西亚或是婆罗洲。泰迪·科鲁兹（Teddy Cruz）在美国 – 墨西哥的圣地亚哥 – 蒂华纳边境地区的更新方案中，关注发展中国家大都市带贫民窟与发达国家的工业化地区的冲突，二者均依赖于石油能源。[23]科鲁兹提出将两种文化混合起来，使单亲家庭获得更多的自由以实现他们的美国梦，同时也使得破碎的家庭获得更多的设施资源，并对贫民窟的设施、公共空间和私人空间都具有提升作用。科鲁兹也意识到了延伸链接的宏流，正如他在研究中将边境地区比喻为富裕的发达国家和贫穷的发展中国家之间的"政治赤道"。

323

在发达国家，新的混合模式也在"衰退的城市"中逐渐形成。例如，在德国，城市设计师和景观设计师们已经开始重新提出关于工厂企业、工业污染废地的处理方案，在这些地区建立博物馆和文化设施等幻象型异托邦，正如他们在北杜伊斯堡景观公园（1991—2002，见第 10 章）中所尝试的一样。在亚洲，首尔拆除了一条高架快速路，露出河床并建造了清溪川公园（2005 年，见第 9 章）。美国的城市如纽约则通过拆除高架和滨水快速路，或是设立滨水公园和博物馆来提升城市品质，如维斯 / 曼弗雷迪设计的西雅图奥林匹克雕塑公园（2007）。[24]

绿色城市斑块

和大都市带相比，由于具有多样化紧凑的中心，大都市斑块对碳投入的需求应该较少，这一点上它和绿色大都市类似，但同时也产生了一个问题，那就是它是建立在以汽车交通为基础的交通体系之上的。理论上来说，拥有多样化紧凑的中心以及一个良好的交通网络体系可以减少城市的碳足迹，正如在温哥华的生态城市模型中体现的一样。温哥华的城市规划委员会采用了一种复杂的咨询程序以限制城市的增长边界，从而保护其脆弱的生态系统，在多个郊区次中心和街区中提高建设密度，并通过绿色廊道和公交线路将这些次中心和市中心鼓励的高密度的、混合利用的街区联系起来。温哥华市中心和西区百分之四十的通勤者现在都选择了步行或是自行车通勤。[25]通常情

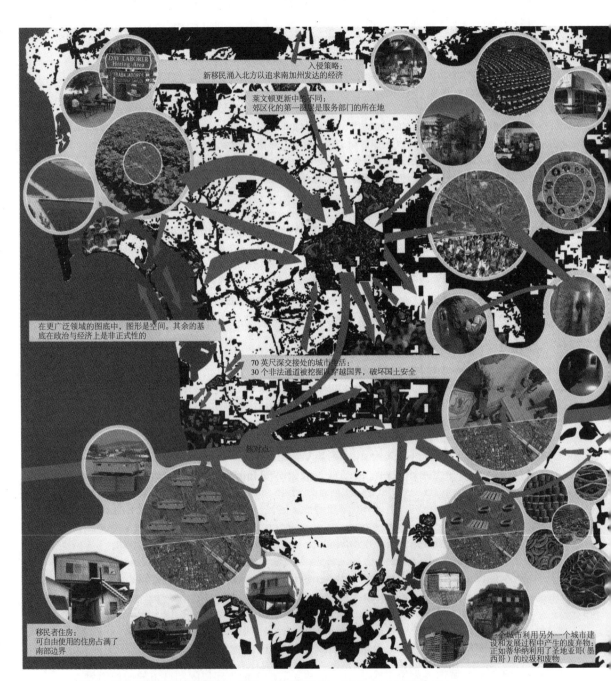

入侵策略：
新移民涌入北方以追求南加州发达的经济

与莱文顿更新中略不同：
郊区化的第一圈层是服务部门的所在地

在更广泛领域的图底中，图形是空间。其余的基底在政治与经济上是非正式性的

70 英尺深交接处的城市生活：
30 个非法通道被挖掘以穿越国界，破坏国土安全

核对点

移民者住房：
可自由使用的住房占满了南部边界

一个城市利用另外一个城市建设和发展过程中产生的废弃物：正如蒂华纳利用了圣地亚哥（墨西哥）的垃圾和废物

324　**泰迪·科鲁兹，区域边界草图，美国－墨西哥边境，2008 年**（见彩图 60）
这幅图片反映了美国 - 墨西哥边境关卡的南北两边城市聚居地的模式的差异，并验证了在美国郊区和墨西哥自建城市模式下混合利用模式的可能性（绘图源自 Estudio Teddy Cruz）

HOTBOX: ... With the right conditions, my seeds will grow over the site ...

FITNESS CENTER: ...One day I'll have a real architectural makeover...

PIONEER LANDSCAPE: ... How sublime! The historic Hudson Valley returns!

杰克·威尔托
杰克·威尔托在商场停车场后边拥有一个9洞高尔夫球场。
他喜欢回收中心，说："可恶！人们对待停车场就像对待垃圾那样"他需要知道：每天在人们走后他那要花费一个小时来打扫。同时他认为休闲小径会让更多原本喜好待在室内的人们，也意识到高尔夫球场的存在，而走出家门了。

开发者
哈德逊资产有限责任公司 $$
的满登日安先生在1994年以120万的价格获得购商场。
短期内，可以认为这是地铁中心更加实际。
满登日安先生是在储备土地，但令人激动的是在土地储备阶段产生更多现金流的前景。

菲什基尔图片社
菲什基尔图片社雇用了"医药世界"商店的三名前雇员。
职员威廉为了给他们孤寂的生活带来些许乐趣悬设立："给我们的生活增添些活力吧！"他认为艺术家工作室可以让周边环境有趣起来。

达奇斯县经济开发公司
达奇斯县经济开发公司对对地铁中心计划表示失望，并且不能忍受在达奇斯最突出的道路交叉口看到巨大的、废弃的构筑物。
他们热望于能为县里带来新经济生活的一切事物。

苏西·黄，费舍尔洗衣店
苏西创建了费舍尔洗衣店，是达奇斯商场的三个租户之一。洗衣店已经被默认为公交车的等候地点。
可以看到与体育象征性联系的潜力，表明"人们可以在这里洗涤在体育场换下的衣物"。因为油漆涂殆破坏了的洗衣店，她对艺术工作室没有什么热情。

邮局的雇员
美国邮政部门雇用了超过700名员工为其远程处理部门工作。
很大程度上与交通有关，一名雇员这样认为。"这里周围确实很空旷"，但是我住的地方到这里需要花费10多分钟时间"。对健身房、托儿所和啤酒花园的支持者到了共识。很多人为热点盒，希望这能促进形成"更具活力的办公环境"。

索尔小溪沙土和碎石
索尔小溪公司已经计划马上开采商场西边的大型山丘。"他们在这里需要多少登山小径？这座山仿佛是一座金山，富藏着可供开采的矿石"，有关其他开发，人们这让甚少，但尽量使其他的开发越少越好。"更多人意未来要更多的抱怨——这是一项产业标准。"

史蒂夫，史蒂夫的热狗
史蒂夫拥有一个在停车场前边的热狗摊。
通常这将带来更多的交通流量带到了停车场，但是他坚持热狗摊不能设在体育场里。而且艺术家往往经济拮据并且热爱热狗。

跳蚤市场商贩
商贩们从数百英里以外来到达奇斯县跳蚤市场来兜售他们的商品，这里是全州最大的跳蚤市场。
商贩对于夏季阶段特别兴奋，他们认为这时可以吸引大量的人群来到市场。商贩之一自言道，"一整天站在外面是那么无聊，我希望有机会听到一些现场音乐。"

风景优美的哈德逊河谷
本地保护团体致力于维护"历史上的哈德逊河谷"。
"他们需要在这里开采多少矿藏？这座山太美丽而不能开采"，而且这里是最后的丛林阻镇候栖息地之一。但是矿业工作者们也同意，开发越少越好。"住房和小型商业属于市区，而非在大道上。"

本地人
他们认为南达奇斯的人口已经过度密集了，不希望有任何鼓励移民的事发生。那么菲什基尔的艺术家工作室们会如何呢？他们已经和当地人做上了邻居。

车辆管理局
在停车场中的那些机动车是否通过了这个部门的考试。
不要做一件事！这是车辆管理局官员们的担心。其中一人提示"这些孩子最后要做的事就是开汽车然后在附近驾驶"已经有很多关于商场古怪的、非线性交通方式的抱怨，"这造成了司机们的困扰。"

周末旅行者
南达奇斯汇聚了纽约城的周末旅行者，他们越来越多地在比肯这样的城镇购置房屋，逆遭艺术中心将在2002年春季在这里开设博物馆。"在老购物中心的工作室？我认为在仓库里是可以的。但是它们已经这样做，你不这样认为吗？"

登山小径通道
健身中心
高尔夫球场入口
夜店
先锋景观
雕塑花园
热盒1
回收中心
托儿所
洗车场
公交车站
热盒2
舞台
啤酒花园
革命战争纪念地
一手汽车销售
树

WAR MONUMENT: ... I see a great civic square ... boulevards radiating; and me, the center of it all!

DAYCARE CENTER: ... From now on, developers will build daycare centers into everything.

跨区事务所（Interboro Partners），达切斯县购物中心方案，菲什基尔（Fishkill），纽约州，美国，2003年（见彩图61） 325

这个参赛方案在"洛杉矶建筑与城市设计论坛"中关于"废弃商场"的竞赛中获奖，它提出通过一系列基于居住功能的微观模式对购物中心进行改善，而这些临时寄居的功能已经存在于商场中以及它周边巨大的停车场中。选择性的破坏、重新分配以及创造性的植入建设将会共同创造一个全新的、有效的空间，它基于城市化的时间进程之上，虽然仍以小汽车交通为基础，但已经转变成为一个更为开放的公共场所 [图片源自 Interboro（Tobias Armborst，Daniel D'Oca and Georgeen Theodore）]

况下大都市地区的城市斑块都是单一功能的独立用地，如企业园区、产业园区、购物中心或是主题公园等。很少会像拉斯韦加斯异托邦式的赌场一样采取混合使用的形式。大量以单亲家庭为主体的居住街区由快速路连接起来，以独立用地的形式填补了这些空间。城市衰退的同时，城市斑块开始发展，在这一背景下，改变这些单一功能的城市斑块将会是一个艰巨的任务。在美国，deadmalls.com 上已经出现了一大批废弃的购物商场的名单。近期城市设计竞赛已经开始以废弃机场为对象，如香港启德机场或是首尔市中心的原龙山美国驻军机场。[26] 美国的肯·史密斯（Ken Smith）团队的橘子郡大公园方案（2007）中设计了一个规模为 545 公顷（1347 英亩）的公园以及四片住宅区，用以代替原来 800 公顷（2000 英亩）的艾尔·特罗（El Toro）海军航空基地。[27]

326　　现在只有少量的项目致力于改善购物中心或是单一功能的碎片化用地，比如探讨如何将工厂区转变为更高密度的混合使用地块，并像塞基和维佳诺在大巴黎规划中提出的那样辅以屋面太阳能设施。跨区事务所赢得 2002 年洛杉矶建筑与城市设计论坛"废弃商场"竞赛的设计试图在基地内部和周围，通过利用微观模式复兴一个老购物商场。[28] 这个提案并没有排除对汽车的使用，而是引入了一片汽车销售的场地和洗车区、一个体育馆、一个与高尔夫球场相连的小公园、一个供购物中心内部使用的干洗店、一个出售植物的花园中心，这些都建立在基地内使用率不高的停车场上。由于购物中心在方案中被要求局部拆除，剩余的部分利用以前商场的遮蔽构件，被改造成为一个戏院和舞厅的小型综合体。内部的小型办公室和一个很受欢迎的餐厅被保留了下来，这家餐厅拥有对外单独的入口。到了微观模式改造的后期，这个购物中心由于新建的道路、景观、照明和告示牌等设施，已经看不出原来的面貌。

　　购物商场为当地居民和整个地区提供了购物场所和商业服务，以一系列相互竞争的商业中心代替了传统的市中心形象。大型购物中心的所有者赞助支持了休斯敦商业街（1967 年动工，见第 6 章）的建造以代替市中心原有的商业形式。休斯敦商业街采用了现代化的巨型结构，营造了一个类似传统街道的空间。这些由高密度的塔式建筑构成的城市斑块拥有市中心地区的所有特征——办公、邮局、咖啡店、百货商场和精品店，以及福柯提出的异托邦景象中的元素如休闲设施、电影院、运动俱乐部和宾馆等，甚至包含了夜店酒吧——但是不包含居住功能。[29] 城市设计师在《拼贴城市》（柯林·罗和科特，1978）或是《城市群岛》（昂格尔斯和库哈斯，1977）等著作中对这种破碎化的城市系统进行了归纳。[30] 炮台公园城（1978）创造了一种城市斑块新的范式，它包括了一个低矮的中心商业体和插建在其上的塔楼，共同组成了这块独立用地的街道系统（见第 1 章和第 7 章）。亚历山大·库珀是炮台公园城的设计者之一，他在之后又设计了佛罗里达州奥兰多旁边的迪士尼的嘉年华地区的城市村庄斑块（1990 年代）。[31]

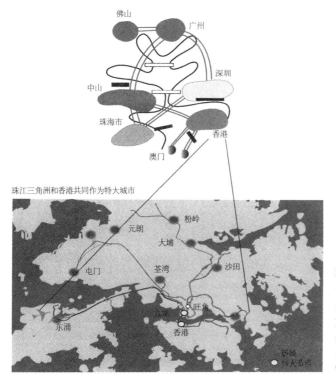

珠江三角洲和香港共同作为特大城市

珠三角地区的特大城市图解，包含香港新城的部分细节（见彩图 62）

联合国将这个地区认定为"特大区域城市群"，在 2009 年这一地区的人口达到了 1.2 亿（图示源自 David Grahame Shane，2010）

虽然他在这里以及迪士尼乐园中都设计了步行环境，但每年 3000 万来自全球各地的游客的碳足迹使得这里很难能被称为一片绿色的城市斑块。除了需要创造出混合使用的功能以及更高密度的片区，美国城市设计师们还需要通过新的交通共享系统将它们联系起来（甚至在未来当人们通过短途交通电车从当地到达此处时也是一样）。

欧洲和亚洲的设计师们构建了一种全新的更加绿色的城市链接，以期在交通拥堵和污染严重的时代建立一个能够高效的连接城市斑块的公共交通网络。以 OMA 事务所的欧洲里尔购物中心（1991—1994）设计为例，它与让·努韦尔（Jean Novel）设计的购物中心一起，与高速路、"欧洲之星"高速铁路、停车场和区域轨道网络连接起来，在商场之上建设酒店和写字楼。[32] 炮台公园城城市管理部门也在 2000 年左右重新修订了其针对特区的法规，包括 LEED[绿色建筑认证体系（Leadership in Environmental Energy & Design）] 的环境认证书制度，试图通过更好的建筑材料、窗户和地热加热冷却系统建造一个绿色城市斑块。[33]1990 年代，曼谷和香港都建立了城市斑块网络，使其与公共交通系统和快速路相连。幻象型异托邦在这个城市群中也扮演了重要的角色，购物中心和百货商场及其周边地区形成了许多城市设计方案的

劳伦斯·利奥（Laurence Liauw），中环电动扶梯体系剖面图，香港，中国，2009 年
香港路政署一直梦想能够在中环建设一条通向山顶的道路，但 1990 年代早期以一套电动扶梯系统代替了这一想法。这个电梯系统由若干部分组成，每个部分都基于不同的环境条件给予巧妙处理，使得扶梯系统对各条街道层面的特征都有所反映（绘图源自 Laurence Liauw）

扶梯的街道视图，中环，香港，中国，2009 年
工程师们意外地创造了一个改善这片地区环境的旅游景点，引入银色发展（silver development）大厦、酒吧、画廊和咖啡店。在电梯与街道相交的区域，类似店铺尤为密集，沿等高线分布于街道两侧（照片源自 David Grahame Shane）

基础。香港成为一个城市设计的试验场，这里的城市片段建立在以商场和公共交通为主体的三维立体分层空间上；在曼谷，轻轨站点使得商场的内庭外部化以面向街道空间（见第 10 章），香港的案例也在向着这一巨型商场的方向发展。

香港的规划者和城市设计师在 1990 年代设计了许多绿色城市斑块，以及高密度城市化的斑块地区。香港的城市设计生态系统是由一系列高密度、超高层的塔式建筑插建在购物中心组成的底商楼层上组成的，并通过公共交通和地铁线路连接。购物中心随着新建的地铁线路而变化，使得原线路上的许多商场就此废弃。新建的上层人行链接将中环和新城交通枢纽周边的购物中心连接起来。中环后面被称为"半山区"的一个陡峭坡地区域，从这里可以一直通向太平山顶，可以俯瞰全城景色（1981年扎哈·哈迪德在山顶地区未建成项目原址，见第 7 章）。[34] 规划师们一直梦想着打通一条支线公路通向山顶，但是在 1990 年代早期，香港路政署引入了一套电动扶梯系统，从中环山脚下一直延伸向山顶。这个绝妙的绿色电梯系统高效地满足了通勤者每天上下山的需求。而且，电梯也意外地成为旅游和休闲的好去处，引导了周边酒吧、餐馆、旅馆和小型独立产权房屋的发展。

扶梯也吸引了内部链接，使得香港的购物商场形成了极为垂直化的分布，形成由综合地块组成的新型幻象型异托邦。九龙旺角地区的朗豪坊（Langham Place，2005）是由捷得事务所（Jerdo）和本地设计师共同设计建造的（剖面图见第 2 章），它将街道层面和预留的街道市场联系起来，以取代以前港铁地铁站周边的红灯区。[35] 购物中心周围的空间序列穿过两层地铁所在的地下空间盘旋上升至地面层的商场。在这里又一个商场空间穿过一个传统的香港购物中心盘旋上升至中间层，商场嵌插在两座酒店和写字楼中间，有一个由玻璃天花封顶的公共广场可以俯视街道空间，在那里还可以看到像日本街头那样的巨大屏幕。广场周围环绕着许多家咖啡店，两个巨大的扶梯穿过另一个小型商场，一直通向商场顶层 12 楼的酒吧和电影院。在那里，一个类似纽约古根海姆博物馆的小型坡道盘旋而下，环绕其周围的是小型精品店和高档商店。

特里·法瑞尔设计建造的九龙中央车站（1992—1998 年规划）在公共交通枢纽上方建造了一个更加巨大的商业节点，并使之成为绿色城市斑块的一部分。[36] 它也像朗豪坊一样贯通多层空间。该车站通过其网络延伸与城市外广阔的腹地相连，与珠三角地区的农田和工业地区生态体系联结成一体。它将成为唯一一个将北京 – 上海 – 深圳的高铁线路和香港联系起来的站点。这附近的摩天大楼可以与中环香港湾的国际金融中心二期相比肩（见第 10 章）。多层购物中心里包含了滑冰场、美食广场和影院综合体（2007 年开放），在车站上空形成异托邦中的典型景象。屋顶上是一个公园，露台上还有更多餐馆和酒吧，从写字楼和住宅塔楼的环形外围可以俯视到这一景象。

特里·法瑞尔事务所，九龙中央车站剖面，香港，中国，设计于 1996—1998 年，于 2009 年完工　331
在这个巨型节点中，圆方购物中心（Elements Mall）联系起多层交通网络体系，一直连通到屋顶的圆形花园，周围环绕着住宅塔楼和写字楼。连接拥有 1.2 亿人口的珠三角巨型城市带的快速铁路线在这里终止（图片源自 Farrells）

捷得事务所，朗豪坊，旺角，九龙，香港，中国，2005 年（摄于 2009 年）
如对面页所示，朗豪坊的游客通过扶梯穿越层层商场和一个公共中庭，通过商场屋顶层可以俯瞰到附近的街道市场。巨型扶梯载着游客来到商场顶层的酒吧和电影院，这里视野良好，可以看到下方商场屋顶上广场中央的超巨型电子屏幕（剖面图见第 2 章；照片源自 David Grahame Shane）

机动车和出租车可以开到屋顶上以便于接送客人。一些建筑师设计了各式的高层建筑，另外一些设计屋顶花园独立用地，还有一些设计了购物中心和其他一些地铁站点链接。这些建筑往往只承载商业功能而且没有太多特点，而法瑞尔的全局式城市设计视角综合考虑了公共空间的剖面序列，为城市创造了一个良好的空间，尽管这些空间常常是为私人拥有和管辖的。

绿色特大城市：幻象型异托邦，巨型街区和巨型链接

在过去一段时间里，幻象型异托邦为城市设计试验提供了很多推动力量，并在万国博览会和奥运会中表达了未来城市生态建设的发展方向。通用汽车公司在1938年的万国博览会上通过诺曼·贝尔·盖迪斯（Norman Bel Geddes）设计的未来馆建立了一种模式，预测大规模的汽车私有和高速公路将成为现实。[37]1958年的布鲁塞尔博览会上，展出了欧洲没落帝国中的大都市带和高速公路的场景。丹下健三为1970年大阪世界博览会设计的巨型结构和机器人，都体现了巨型城市斑块以及个人电子通信系统的发展趋势。1991年巴塞罗那奥运会的设计方案质疑了这种大都市斑块的设计手法，增加了快速路和铁路站点，以建立一个更加复合型的城市设计生态系统，正如2008年北京和2012年伦敦所做的一样。上海2010年世博会的场地包含了一条长长的巨型结构链接世博会的轴线，一直延伸到黄浦江岸边，以及分布于两侧的绿色主题展馆，它们共同组成一大片城市独立用地。[38]每个展馆都表现了一个主题，如城市足迹馆、城市地球馆、城市人馆、城市生命馆和城市未来馆。这些城市和生态的主题反映了大多数中国市民仍然居住在乡村地区的事实，并且中国仍然希望在未来能够建设生态友好型的城市，而不是像美国一样严重依赖石油燃料。

上海世博会在老工业区用地上构建了一个大型街区，其规模可与迪士尼的未来世界主题公园相媲美，希望能够达到吸引两倍于迪士尼2010年游客量的效果。亚洲城市化的挑战之一就在其尺度规模。在英国19世纪的工业革命时期到1945年为止，4500万农业人口变成了城市中的工人。英国的工业化模式创造了一种奇特的城市生态，形成了大规模、处在社会底层的工人阶层，并造就了超过700万人口的伦敦成为全球性的大都市。[39]到了20世纪，美国大陆作为工业巨人迅速崛起，到1945年已经拥有1.5亿人口（数量是英国的三倍），1961年的时候，其中3200万居住在东海岸的大都市带地区，形成大规模的中产阶层。[40]中国和印度人口的数量都超过美国四倍以上。[41]美国企业公司大力发展通信系统和管理技术来创造一个相对人口较少的大陆体系。这些公司扩大了规模和尺度来适应全球市场。现在中国和印度政府不得不使用这些美国机构的技术来适应自身未来的发展，这其中不光包括亚洲的特大城市，

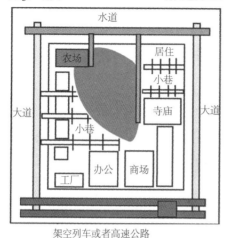

Mega = 特大　　　　　　特大地块 1km × 1km

亚洲大型街区模式（基于拉玛一路，曼谷）（示意图见彩图 63）

一个典型的曼谷 Soi 街区景象（底图）。其周边有许多大型建筑；中等尺度的建筑接近外围；小型居住建筑和农业混合用地分布于特大街区的中心附近（示意图和照片源自 David Grahame Shane，2010）

334　新型链接图解

照片和示意图表现了自行车、汽车、公交车和轻轨相互分离的交通系统，以及园林、树木栽种、水处理和人行空间，并适当减少了车行道和停车场的数量（图示和照片源自 David Grahame Shane，2010）

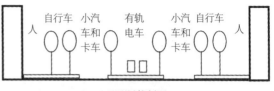

巨型链接剖面

还包括人口密度更高的国家和大陆。上海作为人口 2200 万的亚洲地区特大城市，成为这种困境的典型代表，即使在下一个世纪仅发生小幅的海平面上涨，也将使上海面临潜在的洪涝问题。2010 年在里约召开的联合国世界城市论坛第四次会议中，议题转向"特大城市 – 区域"，其中引用了拥有 1.2 亿人口的珠三角地区的案例。[42]

特大城市区域意味着更为分散的城市区域，往往从城市的一端到达另一端需要 3 个小时或更久。这种特大城市的快速扩张是通过个人移动终端实现的，它们更便捷地联系起城市，同时卫星设备提供了遥感数据，这项技术为亚洲特大城市和世界各地的三角洲地区迁徙到内陆高地提供了技术支持上的可能性。在这个情景中，特大城市贫民窟地区的卫星传输和个人移动终端，以及新城和新房地产地区的网络接入，都为人们有效地安排日常生活提供了便捷的工具（森林大火疏散警报已经在加利福尼亚移动终端和网络终端设备上得以实现）。人们要迁居到何处在技术上已经没有了障碍，这也将成为城市设计师未来思考的问题或潜在的设计场景，但人类群居的本能和人际联系并不总是遵循这样理性的模式。当富裕的工业化国家及其强大的政府部门建设产业新城的时候，城市村庄往往充斥着非正规的工人并被用作非法用途，这样一来便形成了一个与之平行的系统。从媒体的角度上可以看到城市地理变迁潜在的时间点，如在贾樟柯的电影《三峡好人》（2006）中表现的那样，在三峡大坝（2008）建设期间的重庆，人们在河面升高、城市消失的时候仍然可以依靠彼此，共同协作。[43]

绿色特大城市需要更加灵活地应对水位上涨、土地沙漠化和新移民或人口流失的问题。特大城市 / 超级城市对于媒体和通信维度的构想，让人们在现代城市潜在的生存危机下看到了希望。同时，这些新的通信系统与新型交通系统结合，大大增加了传统城市独立用地和链接的规模，创造了含有多种混合功能的巨型链接和巨型街区，其中有老的村落、农田，以及居住、工业和办公地块等。亚洲的绿色巨型街区尤其适应于这种由老运河、灌溉和排水设施构成的系统。[44] 大型链接非常巨大难以穿越，但包含了多条相互分离的人行道、自行车道、汽车道和有轨电车，道路之间以绿化隔开，并辅以人行道绿植。[45] 这些链接也包含了地铁系统，它们造成大型街区的分隔，但同时也使得在独立用地之间便捷地通行成为可能，并通过航运和通信系统与其他特大城市建立协作和联系。

在构建绿色特大城市的过程中，城市设计者需要借鉴亚洲特大城市中城乡过渡区的模式，如曼谷及其运河（见第 8 章和第 10 章）。这其中已经包含了农业体系、洪水控制和需要进一步优化的灌溉系统，例如，穿过首尔市中心、两岸分布着稻谷作物及储水池塘的汉江（Han River）。这种更加灵活的控制洪水的方法激发了宾夕法

336

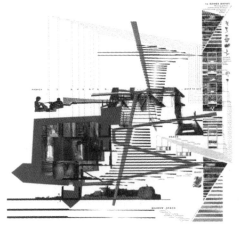

阿努拉达·马瑟以及德里普·达·坤哈，SOAK 草图：孟买河口地区，孟买，印度，2009 年（见彩图 64）

在 SOAK 展览中，马瑟和达·坤哈构想恢复米提河流上游的部分湿地，重新开放多条河道连接孟买湾，使城市可达性更强，并减少洪水侵袭的危害。左上图表现了河道驳船；下图是米提谷的景色；右图是米提河谷从山里到海湾的一系列十字交叉口。红色部分是水库（绘图源自 Anuradha Mathur 和 Dilip da Cunha）

尼亚大学景观学教授阿努拉达·马瑟（Anuradha Mathur）以及德里普·达·坤哈（Dilip da Cunha）对卡特里娜飓风前密西西比河水灾（2001）的研究。[46] 他们在《穿越德干》（Deccan Traverses，2006 年）一书中研究了通向印度田园城市班加罗尔（印度 IT 行业中心）的供水系统，以及在 SOAK 展览（2009）中提到的以孟买为终点的米提（Mithi）河流域。[47] 在 SOAK 展览中，马瑟和达·坤哈设想了一种时间和空间上的策略，通过控制调节季节性水体来恢复孟买河口地区的发展弹性。他们提出了一种对于城墙、广场、基础设施走廊和缝隙空间巧妙的利用方式，以恢复由溪流和湿地形成的过滤和储水系统，通过这样的方式使城市的透水性更强，同时对洪水的抵御也更加有效。他们也提出将冲厕系统和生物科技相结合的技术，用来解决那些固定式厕所不足或不适宜地区的问题，比如海滨地区或是达拉维河口的边缘地区，通过这类技术的引用减轻下水污染的问题。

除了诸如浮浴房（floating bath houses）以及冲厕系统等科技发明之外，绿色的亚洲巨型城市也可以参与到建立城市迁徙能力的过程中来，在能够预见到的极端气候所造成的水位上涨来临之前，建立包含人口迁移和渐进式易地的新模型。[48] 这些变化已经发生在恒河河口开始沉没的孙德尔本斯群岛（Sundarban islands）附近，2009 年这一区域遭到艾拉飓风袭击之后，这里的 400 万居民正逐渐向孟加拉国达卡的自建棚户区迁徙。[49] 这种大规模人口迁移也许不会在短时间内完成，但将逐渐随着一个一个家庭的迁移而产生目的地城市周边新用地斑块的出现。在理想的城市设计场景中，明智的市长和拥有权力的城市创建者将发起城市转型，将亚洲的巨型城市从一种高能耗的生活方式转型，跳过美国或欧洲的模式，从而形成富有吸引力的现代都市，同时通过大规模采用太阳能来达到城市设计生态上低能耗的目的。除了为中产阶级建造新城，这个场景还为贫困的移民提供了自力更生的机会，使其免受洪水威胁的同时，也创造出绿色生态的新就业机会。

设想中亚洲的新型现代化目标应该是以一种更加吸引人的方式，逐渐向绿色巨型城市转变，形成一种和美国及其他石油富裕国相比更加新颖、更加精明的城市生态模式。在《伦敦城市构型》（Shaping London，2009）一书中，特里·法瑞尔提出一种针对绿色巨型城市的城市设计生态，其对象主要为泰晤士河及其支流；东部和西部的公园绿地及河滩；城市中心的皇家公园；几个世纪以来的土地所有权制度和城市发展模式，以及在城市纪念性公共空间中所体现出的城市管理模式等。[50] 这项研究阐述了购物模式和街道的关系，城市商业中心、乡村模式以及交通体系，包含了步行、自行车、运河体系、公交线路、地铁和高速公路等。在这项研究中，帝国都市向西北方向拓展成为欧洲的巨型城市，而在这一过程中，城市记忆和城市的历史也一直

337

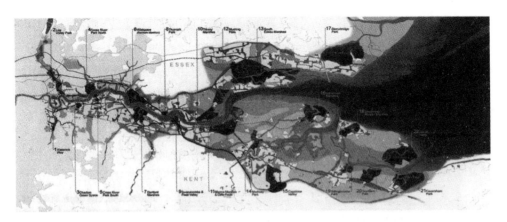

特里·法瑞尔事务所，公园绿地系统总平面及空间结构，东伦敦，英国，2008 年（见彩图 65）
总平面展现了在东伦敦地区泰晤士入海口地区，在所有方案中都被提及的全新的国家公园系统，其中包括在河口形成新的沙洲和岛屿。农业和休闲产业镶嵌在城市板块中，欧洲之星等高速路和铁路交通系统联系起这些板块，终止于斯特拉特福东部（Stratford East）和埃布斯弗利特（Ebbsfleet），如图所示（平面图源自法瑞尔事务所）

在延续，这其中包含了法国北部、比利时和荷兰。法瑞尔的方案当中许多内容来源于 1990 年代至 21 世纪初市长肯·利文斯通（Ken Livingstone）的构想（由理查德·罗杰斯提出），包括泰晤士河口工程。[51] 但是法瑞尔强调了对现有公园系统的拓展，并将河流看作城市的网络纽带来处理，从汉普顿法院一路到格林尼治，并和皇家公园联系起来，一同在河滩周边地区构成了优质的开放空间，并为打开地下河流提供了可能。法瑞尔建议将河口地区改造为荒野公园，使之成为一个伦敦市民生态休闲的去处。这个宏大的构想包含了一系列新形成的岛屿所构成的群岛，这些群岛可以缓解洪水侵袭，并且在某种预期下，将涵盖伦敦第五个机场以及一个由阿布扎比运营的新集装箱码头。

　　法瑞尔提出的伦敦未来蓝图中保留了对城市过去的记忆，同时也开启了泰晤士河沿岸地区新的生机，引入新型交通系统，如东西向的铁路线以及通往法国的高速公路。正如人们迁徙和移民一样，城市记忆在人们心理上对地理位置的认知方面扮演了重要的角色。在大都市中，少数民族聚集地区的人们不得不保持他们对于地区的记忆和认知，以增强其安全感和归属感，正如芝加哥贫民区的敌对帮派一样：美国黑人贫民区，中国城，意大利城，德国、波兰或是俄罗斯犹太人区，以及小东京等。这些移民居住在大都市的贫民窟中，他们也一直保留着从前家园中农业小镇和村庄的记忆，不论他们来自拉丁美洲、非洲或是亚洲。在美洲巨型城市发展的初期，郊区的家庭每七年就要搬家一次，宗教组织和电视上传道的节目由于为这些空间上不

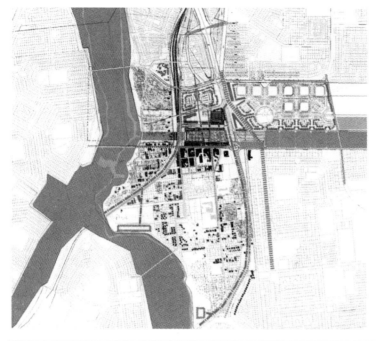

MAS 工作坊，自由宪章纪念广场总平面，柯利普城，约翰内斯堡，南非，2008 年（见彩图 66）
柯利普城是约翰内斯堡城区外一个多民族聚集的城市，1955 年非洲国民议会曾在这里举行会议并通过了自由宪章。当前对于整个广场的规划平面包含了对周边湿地的保护策略以及对现有市场的更新，并在其中加入了新的纪念性空间结构（平面图源自 studioMAS）

固定的家庭提供了社区归属感而大受欢迎。和 1950 年代美国的迪士尼乐园类似，在亚洲的新城中，幻象型异托邦在帮助人们适应新的环境、保留原有记忆或是缓解失落感等方面承担了重要的角色。区别在于，1950 年代的美国电视节目需要向大众播出，而现代科技则允许人们通过个人移动终端或是网络世界如 Facebook 来还原记忆，这是一种双向互动的过程，并且在今天可以随时随地实现。即使有应急系统，如在利物浦街车站中 T-mobile 广告中应用的"快闪"，车站实体仍然是必要的，作为一座城市的象征或进入城市的大门。[52] 移民们的这种需求有时会演化为寺庙、教堂或是清真寺，它们作为一个社区的象征，被米歇尔·福柯称为最为有代表性的幻象型异托邦之一。[53] 但同时，对于地方性和政治性纪念物的需求也仍然存在，以表现历史的延续，如 MAS 工作坊在约翰内斯堡的柯利普城设计的纪念广场方案（2008 年）。[54] 在这里，一条长廊对其中一侧的公众聚集场所进行了界定，这个广场包含了一座博物馆以及一座空心的被切削的圆锥体砖雕，极具象征意义，同时这里有时也被用作交易市场。长廊另一侧属于镇区范围，包含了一系列市场广场，每天都熙熙攘攘十分热闹。锥体雕塑所在的纪念广场不在城市正中心，而是位于标志着反种族隔离历史性事件的场所中心，即由 5000 人和 2884 名代表参加并通过了 1955 年的"自由宪章"，由此标志了南非民主的开始。[55]

小结：城市设计生态与城市的未来

　　一直以来，城市创建者将他们的希望、梦想和诉求寄托于城市之中，并借此建造纪念性空间。城市也一直都延伸着其巨大的结构，社会组织的变化重构了能源和信息结构，从而为市民实现更好的生活创造了阶梯和交流网络。城市设计者们必须意识到，对于各种各样的城市问题没有唯一的最优解。有些城市会衰落，有些则会繁荣，一些城市会消失，另一些则会迁移。不同的城市创建者在各自的语境中将创造出不同的城市设计生态策略，而这些措施将涵盖人们对于过去这些充满愉悦和意义的场所的记忆和诉求。梅尔文·查尼（Melvin Charney）是一名加拿大的建筑师兼艺术家，他在蒙特利尔建造了一个纪念物来表现城市的衰落，以此来传达传统意义上的欧洲大都市已经死了，所有城市都只是像游魂一般存在而已，从加拿大建筑中心（CCA）的平台上（1987—1988）看起来苟延残喘。[56] 这个城市墓地涵括了一系列标志性或是寓意深刻的墓碑，以体现不同的城市设计生态体系，从东延伸到西最后向半空中起飞。这个设计用象征性的媒介和雕塑手法表达了城市创建者角色的转变，并体现出在历史层叠的城市环境中其对于城市兴衰荣辱的巨大作用。从一条高速公路（即将重新修整）向下俯瞰平台，可以看到另一侧是19世纪拉新运河旁边的一片厂区，这条运河后来被20世纪圣劳伦斯航道代替。这片衰败地区为艺术家、农民市场、新住宅建设以及运河边供游人使用的自行车道提供了空间，一直延伸至城市东边原

MAS 工作坊，自由宪章纪念广场，柯利普城，约翰内斯堡，南非，2008 年
长长的市场和博物馆建筑围合出纪念广场，广场上的锥体纪念性雕塑中陈展了包括 ANC 宪章在内的十篇文稿。广场东侧的十个体块也象征着这些历史文献（照片源自 studioMAS，航空照片由 Visual Air 拍摄）

梅尔文·查尼，加拿大中心的建筑园林，蒙特利尔，加拿大，1990 年 340

这张图片摄于滨海大道的长廊边，展现了第 6、7、8、10 和 11 号富有象征意义的雕塑柱景观（照片源自 Courtesy Collection Centre Canadien d' Architecture/Canadian Centre for Architecture，Montréal，© Robert Burley）

有的大都市港区中心。大都市带一直蔓延到城市西边环路外较为现代的单亲家庭住宅区，从这里可以继续向西通向机场。

在这个平台上，查尼像萨满法师一样建立了一系列图腾或是象征性的体块和雕塑，表现了不同的城市创建者以及他们所处的城市生态。第一个图腾体现了捕猎者的生态系统，他们用一个小房子或是遮蔽物作为家和避难所。在另一个图腾中，一个巨大的谷仓跨越在工人联排住宅上。作者成功地表达了这些河流平原周边的农业生态，即生产出口粮食以及仍然以仓储为主导的城市滨水地区。这些仓库、升降机和运输带体现了现代主义建筑大师如 1910 年代的沃尔特·格罗皮乌斯或是 1920 年代的勒·柯布西耶眼中的多维度／多层次城市的未来。紧邻的一个图腾则通过希腊复兴式的神庙结构来体现银行抑或是教堂的来临，采用纪念性建筑的结构以达到一种理想化的稳定和均衡。一个象征未来的图腾以锯齿状的工厂屋顶和高高的烟囱赞颂了蒙特利尔的工业时期，正如平台上的那些遗迹一样。这个图腾是在地表上的，而在新的联排式住宅后面，一个后现代的图腾则描述了后现代时期以公司企业的塔式建筑为主导的城市天际线，意大利建筑师马思默·斯科拉里（Massimo Scolari）在其 1970 年代的草图中就曾经描绘了这种城市生态情景。这些塔楼像是展开的翅膀，像天使一样准备随时从城市上空起飞。

最西边的雕塑展现了多层次的、新构成主义或是解构主义的城市设计生态。表现银行的庙宇式建筑的正立面被斜向的支架支撑起来，如同悬浮在空中。其前端斜向探出，就像伸手迎接群众的列宁雕塑，也很像施工挖掘现场一台装卸机上的铲头，这不免让人回想起构成主义大师维拉迪米尔·塔特林（Vladimir Tatlin）在 1917 年莫斯科的"塔特林之塔"作品。在这里城市似乎被抬高到一个无法触及的高度，手臂高高地伸向云端和西边的机场方向。平台上的每一个图腾、墓碑或是符号化的象征都代表着一种独特的城市设计生态。查尼创造了每一个具有符号象征意义的结构体，将其分别单独地竖立在平台上，在这些表征意义之下，城市创建者们将这些层次联结和重组并衍生出他们自己城市设计中的特征。

平台上的作品表现了充满城市要素的记忆以及对于这些要素的重组。这个设计同时也展示了一个通向未来的窗口，昭示了远方风云变幻的未来。原有的城市生态和过去的场景成为现实，而未来的城市创建者也许在最终的作品中将重组这些变化的要素，这些要素如同天使的翅膀和飘浮的物体一样变幻不定；而另一方面城市区域将迎接更大的挑战，城市区域的复杂性则将拥有其代表和象征意义，正如"塔特林之塔"中非理性斜向构件一般。从曾经坐落在平台上的老房子的废墟断垣上看到，这些图腾和飘浮的物体将城市设计者置于一个将永远充满变化的现实之中。

平台上的作品体现了一种对于城市生态的复杂视角，或是一种更为多样的城市生态。它包含了对于若干城市生态的符号化的象征，这些城市生态的未来需要城市设计者的关注并思考可能的场景。这些塔楼代表着早期城市创建者的成就，他们打开了一扇通向未来的未知的窗户。这些设计很少拥有自我认知来引发潜在的城市生态体系，但每一个都能最终寻求到属于自己的表现方式。没有一个图腾在空间上相互接触，但游客常常不自主地将这些富有表现力的物体联系起来，并创造出一些全新的方式与过去的回忆相联结。城市设计拥有开放的未来，并且有希望共同发展出新的城市设计生态体系，从而为亚洲巨型城市和类似的萎缩城市的发展提供一个可持续发展的未来图景。

注释

注意：参见本书结尾处"作者提醒：尾注和维基百科"。

1   For Arctic ice melt, see: Mark Kinver, 'Ice Sheet Melt Threat Reassessed', 14 May 2009, BBC News website, http://news.bbc.co.uk/2/hi/science/nature/8050094.stm (accessed 7 April 2010).

2   For Angkor Wat, see: 'Map Reveals Ancient Urban Sprawl', 14 August 2007, BBC News website, http://news.bbc.co.uk/2/hi/science/nature/6945574.stm (accessed 2 April 2010). On Angkor Wat water, see: Emma Young, 'Vast Ancient Settlement Found at Angkor Wat', *New Scientist*, 13 August 2007, http://www.newscientist.com/article/dn12474-vast-ancient-settlement-found-at-angkor-wat.html (accessed 5 April 2010).

3   For the 2008 financial meltdown, see: Joseph E Stiglitz, *Freefall: America, Free Markets, and the Sinking of the World Economy*, WW Norton & Co (New York), 2010; also: Paul Krugman, 'Lest We Forget', *The New York Times*, 27 November 2008, http://www.nytimes.com/2008/11/28/opinion/28krugman.html?_r=1 (accessed 24 March 2010).

4   David Owen, *Green Metropolis: Why Living Smaller, Living Closer, and Driving Less Are the Keys to Sustainability*, Riverhead Books (New York), 2009. See also: David Owen, 'The Risk And Reward Of Manhattan's Density', *The New Yorker*, 11 September 2009, http://www.newyorker.com/online/blogs/newsdesk/2009/09/david-owen-green-metropolis.html (accessed 24 March 2010).

5   Colin Rowe and Fred Koetter, *Collage City*, MIT Press (Cambridge, MA), 1978.

6   For Munich history, see: Franz Schiermeier Verlag, 'stadt – bau – plan: 850 jahre Stadtentwicklung München', http://www.stadtatlas-muenchen.de/stadt-bau-plan.html; also English summary, 'city – building – plan: 850 Years of Urban Development in Munich', Munich official website, http://www.muenchen.de/Rathaus/plan/munich_as_planned/160825/index.html; also: http://en.wikipedia.org/wiki/Munich (all accessed 24 March 2010). For railways, see: Florian Schultz, München U-bahn Album, http://www.robert-schwandl.de/muenchen/ (accessed 24 March 2010). For the BMW museum, see: http://en.wikipedia.org/wiki/BMW_Welt (accessed 24 March 2010).

7   On The 'Munich Perspective', see: 'The Munich Perspective: our city's future', Munich official website, http://www.muenchen.de/Rathaus/plan/stadtentwicklung/perspektive/pm_en_m/41525/index.html (accessed 24 March 2010); also: 'Leicester and Munich prepare cities for a desirable year 2050', Energie-Cités website, http://www.energie-cities.eu/Leicester-and-Munich-prepare (accessed 5 April 2010).

8   For Munster Library, see: Francisco Sanin, *Munster City Library: Architekturburo Bolles-Wilson + Partner*, Phaidon Press (London), October 1994.

9   For 'Le Grand Paris', see: 'Le Grand Paris' website, http://www.legrandparis.culture.gouv.fr/ (accessed 24 March 2010).

10   For Secchi and Viganò's 'Le Grand Paris' project, see: http://www.legrandparis.culture.gouv.fr/actualitedetail/87 (accessed 24 March 2010). On Studio 09's vision of Paris in the future, see:

Dan Stewart, 'Sarkozy to Unveil 10 Visions of Future Paris', *Building*, 29 April 2009, http://www.building.co.uk/story.asp?storycode=3139382 (accessed 24 March 2010).

11   For Secchi and Viganò's Paris detail Living retrofit study, see: Studio 09 / Bernardo Secchi and Paola Viganò, 'Le diagnostic prospectif de l'agglomération parisienne', pp 75–80, http://www.legrandparis.culture.gouv.fr/documents/STUDIO_09_Livret_chantier_2.pdf.

12   For Rogers, Portzamparc and Grumbach, see: 'Le Grand Paris' website, http://www.legrandparis.culture.gouv.fr/; also: 'Ten Scenarios for "Grand Paris" Metropolis Now Up for Public Debate,' 19 March 2009, *bustler*, http://www.bustler.net/index.php/article/ten_scenarios_for_grand_paris_metropolis_now_up_for_public_debate/ (accessed 24 March 2010).

13   Jean Gottmann, *Megalopolis: The Urbanized Northeastern Seaboard of the United States*, Twentieth Century Fund (New York), 1961.

14   Reyner Banham, *Los Angeles: The Architecture of Four Ecologies*, Harper & Row (New York), 1971.

15   Xaveer de Geyter (ed), *After-Sprawl: Research for the Contemporary City*, NAi (Rotterdam) and Kunstcentrum deSingel (Antwerp), 2002.

16   Franz Oswald, Peter Baccini, Mark Michaeli, *Netzstadt: Designing the Urban*, Birkhäuser (Basel; Boston, MA; Berlin), 2003.

17   For Daniel Libeskind and Las Vegas City Center, see: Studio Daniel Libeskind website, http://www.daniel-libeskind.com/projects/show-all/mgm-mirage-citycenter/ (accessed 24 March 2010).

18   On US driver mileage, see: Bureau of Transportation Statistics website, http://www.bts.gov/publications/omnistats/volume_03_issue_04/html/figure_02.html (accessed 24 March 2010).

19   On golf carts, see: Damon Hack, 'A Custom Ride, Legal for the Street or the 18th Tee', *The New York Times*, 9 April 2007 http://www.nytimes.com/2007/04/09/sports/golf/09carts.html?pagewanted=print (accessed 24 March 2010).

20   On Federation Square, Melbourne, Australia, see: Lab Architecture website, http://www.labarchitecture.com/ (accessed 4 April 2010).

21   On 'Dutch Disease' and the impact of oil on a host country's economy, see: http://en.wikipedia.org/wiki/Dutch_disease; also: 'Time for Transparency', report in http://www.globalwitness.org/media_library_detail.php/115/en/time_for_transparency (accessed March 24, 2010). On cleptocracy and the impact of oil on Lagos, Nigeria, see: Mathew Gandy, 'Learning from Lagos', *New Left Review*, no 33, May–June 2005.

22   See: 'South Korea in $10bn Ghana Homes Deal', BBC News website, 9 December 2009 http://news.bbc.co.uk/2/hi/africa/8403774.stm (accessed 24 March 2010).

23   On Teddy Cruz, see: Estudio Teddy Cruz website, http://estudioteddycruz.com/ (accessed 24 March 2010); also: Nicolai Ouroussoff, 'Border-Town Muse: an architect finds a model in Tijuana', *The New York Times*, 12 March 2006, http://www.nytimes.com/2006/03/12/travel/12iht-shanty.html (accessed 24 March 2010).

24   On Seattle Olympic Sculpture Park, see: Weiss/Manfredi website, http://www.weissmanfredi.com/projects/ (accessed 24 March 2010).

25   For the Vancouver model, commuting patterns and eco-city planning, see: Vancouver City Planning Commission website, http://www.planningcommission.ca/; also: Vancouver EcoDensity Planning Initiative website, http://www.vancouver-ecodensity.ca/ecodensity_actions.pdf (both accessed 16 July 2010). For cycling/walking, see: cycling statistics, City of Vancouver website, http://vancouver.ca/engsvcs/transport/cycling/stats.htm (accessed 16 July 2010).

26   On Kai Tak airport, see: http://en.wikipedia.org/wiki/Kai_Tak_Airport (accessed 26 March 2010). On Yongsan Garrison base in Seoul, see: GlobalSecurity.org website, http://www.globalsecurity.org/military/facility/yongsan.htm (accessed 26 March 2010).

27   On Orange County Great Park, see: Orange County Great Park website, http://www.ocgp.org/learn/design/ (accessed 26 March 2010).

28   On dead malls, see: http://www.deadmalls.com/ (accessed 26 March 2010). On the 'Dead Malls' competition, see: David Sokol, 'Visions of the Future?', 1 May 2003, *Retail Traffic*, http://

343

retailtrafficmag.com/development/renovation/retail_visions_future/ (accessed 26 March 2010).

29   On mall evolution, see: 'The Architect and the Mall', in *You Are Here: The Jerde Partnership International*, Phaidon Press (New York), 1999. For art galleries, see: David Grahame Shane, 'Heterotopias of Illusion From Beaubourg to Bilbao and beyond', in Michiel Dehaene and Lieven De Cauter, (eds), *Heterotopia and the City: Public Space in a Postcivil Society*, Routledge (Abingdon), 2008, pp 259–274.

30   Colin Rowe and Fred Koetter, *Collage City*, MIT Press (Cambridge, MA), 1978. For 'city archipelago', see: Oswald Mathias Ungers, Rem Koolhaas, Peter Riemann, Hans Kollhof, Peter Ovaska, 'Cities within the City: proposal by the sommer akademie for Berlin', *Lotus International*, 1977, p 19.

31   On Celebration, see: Cooper, Robertson & Partners website, http://www.cooperrobertson.com/ (accessed 26 March 2010).

32   For Euralille, see: Martin K Meade, 'Euralille: the instant city', *The Architectural Review*, December 1994, http://findarticles.com/p/articles/mi_m3575/is_n1174_v196/ai_16561934/ (accessed 26 March 2010).

33   On LEED Local Policy of Battery Park City, see: USGBC (US Green Building Council), 'LEED Initiatives by State', http://www.usgbc.org/ShowFile.aspx?DocumentID=5030 (accessed 26 March 2010).

34   On the Mid-Levels, Hong Kong, see: http://en.wikipedia.org/wiki/Mid-levels (accessed 26 March 2010). For The Peak, see: Hong Kong Extras website, http://www.hongkongextras.com/the-peak.html (accessed 26 March 2010).

35   On Langham Place, see: The Jerde Partnership website, http://www.jerde.com/projects/project.php?id=31 (accessed 26 March 2010).

36   On Terry Farrell Partners Kowloon Station project, see: Farrells website, http://www.terryfarrell.co.uk/#/project/0097/ (accessed 19 March 2010). For the Elements Mall within Kowloon Station, see: http://en.wikipedia.org/wiki/Elements,_Hong_Kong (accessed 19 March 2010).

37   On Bel Geddes' Futurama, see: Richard Wurts and Stanley Applebaum, *The New York World's Fair, 1939/1940 in 155 photographs*, Courier Dover Publications (New York), 1977; also: http://en.wikipedia.org/wiki/Norman_Bel_Geddes (accessed 26 March 2010).

38   On Shanghai Expo, see: http://en.wikipedia.org/wiki/Expo_2010; also: World Expo 2010 Shanghai website, http://en.expo2010.cn/sr/video/shipin2.htm (accessed 5 April 2010).

39   For British population and London population, see: Julie Jefferies, 'The UK Population: Past, Present and Future', 2005, UK Natoinal Statistics website, http://www.statistics.gov.uk/downloads/theme_compendia/fom2005/01_fopm_population.pdf (accessed 16 July 2010).

40   For US statistics, see: Historical National Population Estimates, July 1, 1900 to July 1, 1999, US Census Bureau website, http://www.census.gov/popest/archives/1990s/popclockest.txt (accessed 16 July 2010). For East Coast Corridor, see: Jean Gottmann, *Megalopolis: The Urbanized Northeastern Seaboard of the United States*, Twentieth Century Fund (New York), 1961.

41   For India and China statistics, see: United Nations Department of Economic and Social Affairs, Population Division, Population Estimates and Projections Section, http://esa.un.org/unpd/wup/index.htm.

42   For UN megacity-regions, see: John Vidal, 'UN report: world's biggest cities merging into "mega-regions"', *The Guardian*, 22 March 2010, http://www.guardian.co.uk/world/2010/mar/22/un-cities-mega-regions; also: UN-HABITAT website, http://www.unhabitat.org/pmss/listItemDetails.aspx?publicationID=2562 (accessed 1 April 2010).

43   For megacity mapping and navigation, see: Brian McGrath and DG Shane (eds), *Sensing the 21st-Century City: Close-up and Remote, Architectural Design*, vol 75, issue 6, November/December 2005.

44   For Beijing megablock explorations, see: Columbia University's China Lab research, http://china-lab.org/megablock-urbanisms-symposium-video-online; also: Shenzhen & Hong Kong Bi-City Biennale website, http://www.szhkbiennale.org/en/index.php/conferences/2009/12/1565 (both accessed 16 July 2010). For mapping urban villages in megablocks, see: Zhengdong Huang, School of Urban Design, Wuhan University, 'Mapping of Urban Villages in China',

344

undated presentation, Center for International Earth Science Information Network, Columbia University, New York, http://www.ciesin.columbia.edu/confluence/download/attachments/34308102/Huang+China+UrbanVillageMapping.pdf?version=1 (accessed 17 March 2010).

45   For mega-armatures and multilane boulevards, see: Alan B Jackson and Elizabeth MacDonald, *The Boulevard Book*, MIT Press (Cambridge, MA), 2003 (available on Google Books).

46   Anuradha Mathur and Dilip da Cunha, *Mississippi Floods*, Yale University Press (New Haven, CT), 2001.

47   Anuradha Mathur and Dilip da Cunha, *Deccan Traverses: The Making of Bangalore's Terrain*, Rupa (New Delhi), 2006. Anuradha Mathur and Dilip da Cunha, *SOAK: Mumbai in an Estuary*, Rupa & Co (Mumbai), 2009; see also: 'SOAK' exhibition website, http://www.soak.in/ (accessed 26 March 2010).

48   On the global urban mapping programme, see: Brian McGrath and Graham Shane, 'Introduction', *Sensing the 21st-Century City: Close-up and Remote, Architectural Design*, vol 75, issue 6, November/December 2005, p 14. On global flooding, see: Map Large, Inc, Global Flood Map website, http://globalfloodmap.org/ (accessed 26 March 2010).

49   On sea level rising in the Sundarbans, see: 'Sinking Sundarbans: an exhibition of photographs by Peter Caton', 14 January 2010, http://www.guardian.co.uk/environment/gallery/2010/jan/14/sinking-sundarbans-peter-caton; also: 'Sinking Sundarbans – Climate Voices', Greenpeace website, http://www.greenpeace.org/international/photosvideos/greenpeace-photo-essays/sinking-sundarbans-climate-v (accessed 28 March 2010).

50   Terry Farrell, *Shaping London: The Patterns and Forms That Make the Metropolis*, John Wiley & Sons (Chichester), 2010; see also: Farrells website, http://www.terryfarrell.co.uk/#/thames-gateway/ (accessed 29 March 2009).

51   On the Richard Rogers report see: Urban Task Force, 'Towards a Strong Urban Renaissance', November 2005, http://www.urbantaskforce.org/UTF_final_report.pdf (accessed 29 March 2010); see also: 'This is why the environment needs to be on the political agenda ... what a mess', *Climate Change News*, 24 April 2006, http://climatechangenews.blogspot.com/2006/04/this-is-why-environment-needs-to-be-on.html (accessed 29 March 2010). On Thames Estuary London Gateway container port, see: http://en.wikipedia.org/wiki/Shell_Haven. On the proposed Thames Estuary airport, see: 'Thames Estuary Airport Feasibility Review', *NCE*, December 2, 2009, http://www.testrad.co.uk/pdf/TEAFRreport.pdf (accessed 29 March 2010); also: http://en.wikipedia.org/wiki/Thames_Gateway (accessed 1 April 2010).

52   On flash mobs, see: Jose Luis Echeverria Manau, Jordi Mansilla Ortoneda and Jorge Perea Solano, (eds), 'Squatting Geometries – Guerilla Barcelona: Technological appropriations of the over-planned city', *Sensing the 21st-Century City: Close-up and Remote, Architectural Design*, vol 75, issue 6, November/December 2005, pp 58–64; also: 'Saatchi & Saatchi Create Dance Mania at Liverpool St Station – Reminding Commuters: Life's for Sharing', 26 January 2009, Saatchi & Saatchi website, http://www.saatchi.co.uk/news/archive/dance_mania_at_liverpool_st_station_reminds_commuters_lifes_for_sharing and http://en.wikipedia.org/wiki/Flash_mobs (accessed 14 February 2010).

53   See: Michel Foucault, 'Of Other Spaces', in Catherine David and Jean-François Chevrier (eds), *Documenta X: The Book*, Hatje Cantz (Kassel), 1997, p 262, also available at http://foucault.info/documents/heteroTopia/foucault.heteroTopia.en.html (accessed 29 September 2009).

54   On Kliptown Memorial in Johannesburg, see: studioMAS website, http://www.studiomas.co.za/wssd.php (accessed 29 March 2010).

55   On the Freedom Charter, see: http://en.wikipedia.org/wiki/Freedom_Charter (accessed 4 April 2010).

56   On Melvin Charney's Canadian Centre for Architecture terrace, see: Melvin Charney, *Parcours de la Réinvention/About Reinvention*, Frac Basse-Normandie (Caen), 1998, pp 119–149; see also: Canadian Centre for Architecture (CCA) website, http://www.cca.qc.ca/en/collection/300-cca-garden (accessed 29 March 2010).

术语表

这个术语表对作者在这本书中采用的术语（terminology）提供了一份简要的指南，它解释了与正文相关的主要名词。要获得更加整体、诙谐而又非常见识广博的城市设计名词的术语表，读者们可以参照罗伯特·考恩（Robert Cowan）的《城市主义字典》（The Dictionary of Urbanism，Streetwise Press（Tisbury，Wiltshire），2005）和考恩提供的相随网页 http://www.urbanwords.info/。

city model 城市模型

城市模型表述了一些人认为城市应该是什么样的理想。凯文·林奇在《好的城市形态的理论》[A Thoery of Good City Form（MIT Press，Cambridge，MA，1981）]中辨别和否定了三种城市模型：宗教城市、城市作为机器、生态城市。在这本书中，这些模型同样被叫作煮蛋（archi-città）、煎蛋（cine-città）和炒蛋（tele-città），说明了参与者、城市要素和环境之间的三套不同关系。林奇提出"城市设计"（city design）作为一种塑造城市模型的技术，包含了很多运作尺度，并认识到小汽车作为大众交通带来的新的景观尺度。

heterotopia 异托邦

米歇尔·福柯将异托邦定义为一个便于改变和研究的真实场所，反映出了城市创建者所在的更大城镇系统（就像小城镇存在于城市中）的缩影。福柯认为所有的系统只能通过排除掉不一致的条目，才能够变得逻辑一致。他提出通过考虑被排除在外的条目，来研究系统的逻辑。在福柯的理论中，被排除的要素存在于一个真实的异类空间中，形成了由异类要素和人组成的奇怪组合，这种组合看不出明显的整体逻辑。这些真实空间和乌托邦形成了对比——抽象、纯粹、逻辑、一致的城市模型在福柯看来是不真实的、想象的、压抑的、普通的非空间。参与者用真实的空间——异托邦——嵌入他们的系统中来加速或者减慢变化。福柯给出了异托邦的例子，如19世纪国家运营的监狱、医院、大学和学校，对它们的设计促进了现代城市和社会的形成。在20世纪晚期，很多新的异托邦出现，例如世界博览会、购物中心、主题公园和奥运会事件，促进了后现代社会的形成。一个更加全面的对异托邦的解释能够在作者的《重组都市生活：建筑、城市设计和城市理论的概念模型》（Recombinant Urbanism：Conceptual Modeling in Architecture，Urban Design and City

Theory）（Wiley-Academy，Chichester，2005）第 4 章中找到。

fragmented metropolis or city archipelago "碎片大都市" 或者 "城市群岛"

受大都市带（megalopolis）的影响，碎片大都市是一个因大都市瓦解而产生的、杂糅的城市形态。大都市中的都市位于领地的中心，有单一的重要中心和清晰的分层级的附属中心；而蔓延的大都市带则包括许多个中心，没有清晰的等级。设计者很快认识到他们不能控制巨大的大都市带，哪怕使用林奇提出的城市设计方法。作为替代的对象，城市设计者和开发商转而选择去控制大型的都市碎片，在这些独立用地上城市设计导则和控制能够对开发加以塑造。1970 年代，很多作者认识到了这个都市的破碎过程，从罗西的 "类型城市" 绘画（1976）到柯林·罗和科特的《拼贴城市》[Collage City（MIT Press，Cambridger，MA，1978]，以及昂格尔斯和雷姆·库哈斯在柏林开展的 "城市群岛" 夏季学期（1977）。碎片大都市意味着都市中有大量的城市碎片，被强势的管理自己生活和设计的城市创建者所控制，因此都市变成了碎片的拼贴。"城市群岛" 的说法同样认识到了大型的都市碎片，但是它强调在碎片之间的空隙空间中创造一系列联系着的城市岛屿——群岛。

347 metropolis 大都市

来自希腊语的 "大都市" 意味着 "母体城市"，殖民者将这种城市遗留下来形成殖民地。希腊商人穿梭于爱琴海群岛之间，在亚洲和欧洲之间架起贸易的桥梁，并在这个过程中对地中海东部进行殖民，雅典成长为这个网络的控制中心。贸易帝国古罗马、古代中国和印度拓展了这种苗头，创造出更加巨大的首都城市，例如在古典时代拥有 100 万人口的罗马和北京。这些城市通常都是林奇研究过的古代 "宗教城市"（city of faith），它们是宇宙世界观的中心，拥有广阔腹地上的信徒。大都市保持为帝国的中心长达千年。当工业化取代人力成为发展的源动力，欧洲的各个帝国迅速扩张，影响遍布全球，1900 年的纽约和伦敦产生了 700 万人口的大都市中心。自此以后，大都市和全球化帝国联系到了一起。随着欧洲帝国的衰落，1945 年以后，紧凑大都市的理想遭遇创伤。最后，1950 年代和 1960 年代 "大都市带"（megalopolis）的发明看起来宣判了大都市在城市区域（city-region）或者网络城市中的末日。

megalopolis 大都市带

来自希腊语的 "大都市带" 意味着 "大城市"。按照现代标准，古代城市是小而紧凑的,根据斯皮罗·科斯塔夫(Spiro Kostof)在《城市塑造》[The City Shaped(Bulfinch Press,Boston,MA,1991)]一书中的论述,鲜有古代城市拥有超过10万人口的居民。法国社会学家简·戈特曼在1961年重新发明了这个术语,用它把美国东海岸从波士顿到华盛顿的城市化与"大都市"区别开来——那些位于帝国中心的紧凑的欧洲大城市,有着破败的贫民住房、严格的阶级结构、犹太社区和贫民窟。戈特曼指出从来没有这么多人以这么高的生活标准居住在一起,他颂扬了东海岸走廊及其针对3200万居民发展出的城市设计生态学。1970年代,城市社会学家研究了新的郊区形式,当时城市设计者,例如罗伯特·文丘里、丹尼斯·斯科特·布朗和斯蒂文·依泽诺团队,详细研究了对住宅业、商业带、购物商场、办公园区、工业园区和主题公园进行的大量新型企业开发所引发的新的城市街道景观。1970年代末期的石油危机,证实了这种新的基于石油资源的城市设计生态学的弱点,导致新的城市中心和城市碎片的开发,驳斥了过去认为的不可避免的城市疏散的观点。由于大都市隐藏着的生态成本变得更加清楚,城市设计者力求保持个人的选择自由,在一些时候建议缩减城市或者通过不同的生态修正和密集开发来抵消城市的蔓延形态。

megacity/metacity 特大城市 / 超级城市

1970年代早期,美国的社会学家帕尔曼创造了"特大城市"(megacity)这个术语来描述巴西里约热内卢的自建贫民窟的城市扩张,在那里,建立在大量石油储量探测基础上的工业化和财富,刺激出了当政者没有规划过的巨大的非正式城市生长。帕尔曼继续设立了"特大城市项目"(Mega-Cities Project),为贫民窟居民辩护,导致联合国接受了"特大城市"这个术语。它指800万人口的城市,随后又更新为1000万、1200万以及2000万。当联合国宣布到2007年世界上一半的人口居住在城市中时,它还发布了一个有关特大城市的报告,聚焦于特大城市的不平等和问题——尽管,如评论指出的那样,世界上城市人口的92%将生活在人口规模100万到200万的城市中。一些特大城市存在于拉丁美洲,少数在非洲,未来预期很多将出现在亚洲。在亚洲,特大城市包括了很多基于desa-kota系统的新的城市形式,农业被包括在城市内部。在这些由基础设施架构形成的混合使用的特大街区(megablock)的巨大网络中,新的特大节点在过去未曾见过的大规模尺度上服务于个体聚集。来自里约(2010)世界城市论坛(World Urban Forum)的最新联合国报告将特大城市区域这个怪物提升到了1.2亿人,以珠三角和香港为例。除非从人造卫星或者数据影像上,这种尺度的城市几乎不能被解析,就像荷兰建筑设计集团MVRDV在他们的展览"超级城市 / 数据城镇"(2000)中表述的那样,它们变成了数字超级城市或者信息化的数据城。

symbolic intermediary 象征中介

象征中介可能是城市创建者和其他参与者协商时采用的任何人、机构、信息或者事物。由于城市创建者之间关系的变化，象征中介的意义经过一段时间可能改变和重新被协商。这个术语来自由尼格尔·斯里福特（Nigel Thrift）等英国社会学家，基于法国社会学家布鲁诺·拉特尔（Bruno Latour）在 1980 年代对科学实验室的社会学研究的工作之上发展而来的 ANT 理论（Actor-Network Theory）。前面提到的特大城市定义的转变，证明了象征中介能够经过一段时间而改变。纽约的世贸遗址纪念馆（The memorial at Ground Zero）提供了另一个象征中介的例子，象征中介陷入很多利益参与者之间的争论中，参与者们最终就设计达成了一致。这个例子中采用了很多策略，包括来自上面的政治压力、来自下面的街道游行、媒体主导的顾问、乌托邦设计建议、设计的公共展览、公众咨询、幕后协商，以及由警察和治安顾问在最后一刻做出的基本设计决策。融合较好的现代式的塔楼和花园空间成为象征中介的代表，代表了在这个混乱、不和谐、多声音的设计讨论中，不同城市创建者之间的力量平衡。

urban actor 城市创建者

城市创建者可以是个体，或小或大的团体——他们活动积极，被组织起来以处理城市空间。城市创建者可以形成联盟来取得共同的目标，这些组织可以成为城市机构来管理城市内外的局部地区。创建者代表着他们的需求和期望而相互联系，通过使用城市联络系统来对城市空间和场所进行协商。创建者在城市里可以扮演很多角色。城市创建者包括从有兴趣的个体、非政府机构、经常被叫作"利益相关者"的社区团体，到大的政府机构和财团企业。

urban armature 城市链接

城市链接是线性的组织工具，能够在两点或者吸引点之间进行延展。购物中心的城市设计师发现 180 米（600 英尺）组成了标准的步行链接，就像传统的城市街道。链接可能通过叠加放置（如在购物中心里）而被压缩，或者通过使用交通工具被延伸，特别是小汽车，就像拉斯韦加斯带（Las Vegas Strip）。

urban code 城市法规

"法规"这个术语来自拉丁文"codex"，意思是书面的、系统和逻辑一致的管制着一个地方、行为或场所的法律和法令。几个世纪以来，很多城市创建者定义了不同的城市法规来管理城市模型的不同方面，从煮蛋（archi-città），到煎蛋（cine-città）和炒蛋（tele-città）。例如，1945 年美国法律条款规定了谁可以居住在美国的哪些城市里，限制了城市少数派的权利——宗教少数派、种族少数派和文化少数派，例如艺术家或者同性恋。另外的法律条块对特别的独立用地规定了区划限制，抑或在纽约要求摩天大楼后退给街道提供阳光。现代主义的城市设计法规探索强化区划地块的单独用途。单一功能的区划将居住与工作分离；工厂和办公分离；文化用途和商业分离。现代主义的区划也鼓励城市设计中孤立于街道的高塔或者长形大厦，在商业中心设置广场，或者在居住区设置公园。随着现代主义和大都市的瓦解，城市设计师又开始寻求基于街道走廊和更小的供开发商处理的产权地块之上的城市设计导则，这里的整体开发能够在大型的城市片段上得到控制。在这里，城市设计师又为混合用途创造了新的合成方式，虽然每种用途在城市中仍然保持有自己的法规，独立用地和自治经常出现在复杂的异托邦的城市部门中。在特大城市中，特大街区容许这种垂直系统来横向拓展，且仍保留了亚洲的城市农业传统。

urban connector 城市连接器

城市连接器包括看得见或者看不见的链接、街道、林荫道、高速公路、电话线或者手机发射塔系统，它将城市斑块中的通行或静态的城市创建者联系到一起形成城市群岛、拼贴城市、网络城市或者特大城市 / 超级城市系统。

urban cybernetics and urban design ecology 城市控制论和城市设计生态学

城市创建者建设那些能够最好地服务于他们需求的城市组织，通常是自上而下的，但有时候也会自下而上或者采用一种混合途径。主导参与者在这个信息反馈系统里通常有特别优先权，但是更多的基于当代大规模个体联系的更加开放的系统有潜力改变这些安排。在本书中，大都市、大都市带、碎片大都市和特大城市中的四种信息控制结构被加以研究。它们中的每一种皆组成了拥有自己的信息组织形式的城市设计生态学。

• 组织一——大都市：嵌套系统将一块独立用地置于另一块之内，并评价系统中心的接近度。

• 组织二——大都市带：线性顺序，数字的、字母的顺序，类似街道、林荫道或者通向编号登机口的步行道的分类工具。

• 组织三——拼贴城市：多中心系统，多样化的嵌套碎片、有竞争力的中心。

• 组织四 ——特大城市：网络城市；复杂的信息系统，多样的组织能力，城乡混合连续体。

urban enclave 城市独立用地

独立用地是围绕着一个单中心的组织工具。靠近中心意味着参与者或者媒介的重要性。独立用地有周围边界和入口，守门人控制着出入。土地所有者体系在城市中创造了基本的独立用地系统。独立用地的例子有城市广场、街区、购物中心、超级街区和特大街区。

urban fabric 城市肌理

城市肌理建立在不同的建筑类型学之上，在平面上形成了具有特点的城市纹理或者模式——可能是每块土地或者街区上的合院模式、联排住宅模式，或者孤立凉亭模式的布局。

350　urban grain 城市纹理

城市纹理是城市肌理的属性，处理肌理的孔隙，以及明确空间在肌理类型内部是如何组织的，以什么样的密度或尺度组织。城市孔隙代表着流（flow）和使用的需求与对私密性、独立用地与静态的需求之间的平衡。

urban morphology 城市类型学

"形态"（morphos）在希腊语中意味着形状或者模式，类型学（morphology）是对城市平面中城市形状或者模式的逻辑化研究。城市设计者区别了不同尺度的独立用地、链接和异托邦的平面的有序或者无序。城市创建者使用城市要素创造和建设不同的城市类型，创立不同的城市设计生态学。

城市形态演化 （urban morphogenesis）

城市形态演化是对城市创建者如何自组织内容的观察。观察他们如何通过突发性的、逐步的或非线性的转变，重塑空间组织或城市类型。这些变化通常包含了城市基础元素向早期类型的转变和重新结合。

urban networks 城市网络

城市创建者经常在城市内部形成城市网络，为了他们的需求和使用共享象征媒介来创造和维护空间。这些网络可能是开放、灵活或者封闭、严格和分层的，这取决于行动者的组织结构。行动者的关系可能被导入到联络和交通网络中，使现代基础设施网络成为必要。

urban patches or fragments 城市斑块或者碎片

斑块是一个碎片，或者是共享独特城市纹理的一个地区，或是被特殊城市创建者或指导开发的参与者所控制的一个地区。它的尺度可以变化，从单个街区，到城市村庄，到超级街区或者塔楼，到诸如纽约莱文敦镇（Levittown）的郊区斑块，再到特大城市中的特大街区。

urban village 城市村庄

建立在大都市之上的经典欧洲城市系统中，有着自上而下的等级体系，依次为母城、城、镇、村庄、底层村庄（没有教堂的村庄）。在中世纪和教会对林奇的宗教城市的定义里，村庄是底层村庄和镇之间联系的桥梁，与底层村庄不同的是它们可能由几个邻里区域组成，并拥有不止一座教堂。农奴被捆绑在土地上不能流动，村是他们的城市单元，村里有着小的市场和教堂或者庙宇，与农业生产周期和关联的奴役封臣的宇宙观相联系。随着工业化进程，不去论它的自由和富足保证，由于共享的村庄生活的公共方面在异化的宗教批判和现代工业社会的混乱中变得理想化了，封建村庄的奴隶问题规避到了后台。20世纪早期的田园城市运动反映出对"城市村庄"的这种信仰，英国的新城规划师经常不惜一切代价来认识和保护位于新城内部的村庄。在亚洲的特大城市中，城市村庄和它们的农业区形成了新的混合城市形态的基本特征——加拿大社会学家特伦斯·麦克吉在《第三世界的城市化进程：探索一种理论》[Urbanization Process in the Third World: Explorations in Search of a Theory（Bell, London，1971）]中所明确的特征。

作者提醒：尾注和维基百科

351 　　很多年来，尾注的来源和标准彻底地改变着。1960 年代和 1970 年代，图书馆的索引卡片、文档系统和信息的静电复印是王道。随着 1980 年代图书馆的电子数据库的引入，以及随后 1990 年代在线数据信息资源的引入，2000 年代早期的全球网络的进一步开发，学者们可以得到的资源改变了，获取信息的途径也发生了变化。

　　在本书中，包含不同类型的参考文献，既标识出了文中涉及信息的来源，也能引导读者找到更多、更广泛的拥有进一步信息的资料。广阔的信息和知识的来源包括了互联网，有网上付费的学术文章资源（如 JSTOR）和免费的易于获取的百科全书（例如维基百科）。

　　作者个人在出版时查阅了所有的网上资源，但也认识到一些资源可能是在网上短期存在的或者不稳定的。任何可能的情况下，作者给出了复合的来源，包括图书、文章和数字资源。机构的数字资源，因为它们的稳定性受到推崇。

　　作者决定采用在线百科全书——维基百科，是因为这个自组织的集合体现在有了编辑评论来审查文章和检查它们的内容，清楚地标注了不确定的地方。在维基百科的结构中，为了信息的清晰性和创新的全球调查的关联性，作者仔细选择了地址。

　　然而，所有的读者都需要意识到：

- 在准备本书的期间，尾注中提到的所有来源都在作者具有的主题扩展知识的基础上，就它们的准确性和精确度进行了仔细的评价。

- 业余的网络资源需要谨慎对待——特别是维基百科和相关资源，它们可以被任何人无视专家意见地加以编辑。

- 当涉及的材料对一个主题提供了最好的信息来源，而这还没有在英语出版物中涉及时，维基百科和类似的资源才会被包含在参考书目中。但是这种来源，由于它们本身的特性，可能在任何时间面临修改。

20 本著作和观点的集群

- **European history**: Tony Judt, *Postwar: A History of Europe Since 1945*, Penguin (New York), 2006, provides an exhaustive general history of Europe's division in the Cold War, reconstruction and then reunification in the last 60 years.

- **Global history**: Eric Hobsbawm, *The Age of Extremes: The History of the World, 1914–1991*, Vintage Books (New York), 1996, offers a general global history of the Cold War years ending with the fall of the Berlin Wall.

- **The metropolis**: Philip Kasinitz (ed), *The Metropolis: Centre and Symbol of Our Times*, NYU Press (New York), 1994, contains key texts related to the Western European metropolis and American variant.

- **The European modernist view**: Sigfried Giedion, *Space, Time and Architecture*, Harvard University Press (Cambridge, MA), 1941, provides a European modernist interpretation of urban history and the future of urban design based on Le Corbusier and CIAM principles.

- **Postwar reconstruction**: Frederick Gibberd, *Town Design*, Architectural Press (London), 1953, provides a snapshot of urban design theories in the European welfare state reconstruction project of the 1950s.

- **The modernist schism**: Eric Paul Mumford, 'From the Heart of the City to Holyoke Center: CIAM Ideas in Sert's Definition of Urban Design', in *Josep Lluís Sert: The Architect of Urban Design, 1953–1969*, Yale University Press (New Haven, CT), 2008, provides an overview of the end of CIAM and emergence of the Team X group at the end of the 1950s, highlighting Sert's role at Harvard and in Latin America.

- **The metropolis–megalopolis shift**: Kevin Lynch, *A Theory of Good City Form*, MIT Press (Cambridge, MA), 1981, is an essential text on urban modelling, providing a new language for the study of the city at multiple scales, incorporating both the scale of the pedestrian and the automobile over time. See also: Kevin Lynch, *The Image of the City*, MIT Press (Cambridge, MA), 1961; and Donald Appleyard, Kevin Lynch and John R Myer (eds), *The View from the Road*, MIT Press (Cambridge, MA), 1964.

- **The megalopolis**: Jean Gottmann, *Megalopolis: The Urbanized Northeastern Seaboard of the United States*, Twentieth Century Fund (New York), 1961, is a key text. As early as 1961, it identified the USA's East Coast as a new form of linear city network with 32 million inhabitants. Gottmann identified Tokyo as a megalopolis later; see: Jean Gottmann, *Megalopolis Revisited: 25 Years Later*, University of Maryland, Institute for Urban Studies (College Park, MD), 1987.

- **The mall and the automobile**: Victor Gruen, *The Heart of our Cities: The Urban Crisis – Diagnosis and Cure*, Simon & Schuster (New York), 1964, provides the mall pioneer's thoughts on the automobile, urban design and the city.

- **Urban champions**: Jane Jacobs, *The Death and Life of Great American Cities*, Vintage Books (New York), 1961. Jacobs, as defender of the traditional, compact metropolis and urban visionary, had many allies. These included the English architect and urban designer Gordon Cullen, guardian of the picturesque village in London and author of *Townscape* (Architectural Press (London), 1961), and Italian architect Aldo Rossi, author of *The Architecture of the City* (first published in Italian in 1966, MIT Press translation by Diane Ghirardo and Joan Ockman, 1984), whose rationalist approach highlighted the systematic methods employed to make European cities in various periods.

- **Sprawl to megastructures**: Reyner Banham, *Los Angeles: The Architecture of Four Ecologies*, Harper & Row (New York), 1971, Banham's pioneering celebration of the automobile city, is coupled with the demise of the metropolis and the megastructure in his *Megastructure: Urban Futures of the Recent Past*, Thames & Hudson (London), 1976.

- **The urban strip**: Robert Venturi, Denise Scott Brown and Steven Izenour, *Learning from Las Vegas: The Forgotten Symbolism of Architectural Form*, MIT Press (Cambridge, MA), 1972, is the key text on the impact of the automobile on urban form in American cities, creating the new Strip linear city armature.

- **The fragmented metropolis**: Jonathan Barnett, *An Introduction to Urban Design*, Harper & Rowe (New York), 1982. A pioneer of special district zoning and urban design guidelines in New York in the 1960s and 1970s, Barnett is also author of *The Fractured Metropolis: Improving The New City, Restoring The Old City, Reshaping The Region*, HarperCollins (New York), 1996.

- **The collage city**: Colin Rowe and Fred Koetter, *Collage City*, MIT Press (Cambridge, MA), 1978, is a key text, recognising the fragmentation of the modern metropolis under the impact of global changes, the automobile, and the collapse of the modern movement and the metropolis. It enabled designers to consider the centre and edge of the city using the same design techniques. See: John A Dutton, *The New American Urbanism: Re-forming the Suburban Metropolis*, Skira (Milan), 2000.

- **Urban fragments and archipelago city**: Rem Koolhaas, *Delirious New York: A Retroactive Manifesto for Manhattan*, Oxford University Press (New York), 1978, recast Manhattan as a super-dense, commercial urban fragment and model for the global city of the future. The city as a system of large urban fragments also appeared as an archipelago pattern in Atlanta, USA in Koolhaas and Bruce Mau's *S,M,L,XL*, Monacelli Press (New York), 1995, and was extended to Lagos, Africa in his *Mutations*, Arc en Rêve Centre d'Architecture (Bordeaux), 2001 and to the Pearl River Delta, China in his *The Great Leap Forward*, Harvard Design School Project on the City 2, New York (Taschen), 2002.

- **Globalisation**: The rise of the global corporate city is described in Saskia Sassen, *The Global City; New York, London, Tokyo*, Princeton University Press (Princeton, NJ), 1991, while its impact on the American suburbs is described by Joel Garreau in *Edge City: Life on the New Frontier*, Anchor Books (New York), 1992. The resultant mall culture was described in *You Are Here: The Jerde Partnership International*, Phaidon Press (New York), 1999. Global Disney theme parks are in Karal Ann Marling (ed), *Designing Disney's Theme Parks: The Architecture of Reassurance*, Flammarion (Paris; New York), 1997. David Harvey, *The Condition of Post-Modernity: An Enquiry into the Origins of Cultural Change*, Blackwell (Oxford, England; Cambridge, MA), 1989, gave the global financial background and mapped the impact on downtown Baltimore and the harbour.

- **The megacity**: Terry McGee in *The Urbanization Process in the Third World: Explorations in Search of a Theory*, Bell (London), 1971, first recognised the *desa-kota* (city-village formation) as a typical Asian urban form that included mixed uses and agriculture within short distances of each other inside the city. Janice Perlman is credited with having coined the term 'megacity' during her PhD studies, published as *The Myth of Marginality: Urban Poverty and Politics in Rio de Janeiro*, University of California Press (Berkeley, CA), 1976, and later founded the Mega-Cities Project. John FC Turner, *Housing by the People: Towards Autonomy in Building Environments*, Pantheon Books (New York), 1977, opened architects' eyes to the self-built housing revolution and urban extensions taking place in Latin America. United Nations Human Settlements Programme, *The Challenge of Slums: Global Report on Human Settlements, 2003*, Earthscan Publications (London), 2003, took up the megacity theme, expanding it in scale; and it was amplified still further in Mike Davis, *Planet of Slums*, Verso (London), 2007. The current UN Report highlights megacity regions of 120 million inhabitants. Philipp Oswalt (ed), *Atlas of Shrinking Cities*, Hatje Cantz (Ostfildern), 2006, maps exactly where the probable impacts will be from flooding, desertification and climate change.

- **Eco-urbanism and green enclaves**: William Rees and and Mathis Wackernagel, *Our Ecological Footprint: Reducing Human Impact on the Earth*, New Society Publishers (Gabriola Island, BC), 1996, and Al Gore, *An Inconvenient Truth: The Planetary Emergency Of Global Warming And What We Can Do About It*, Rodale Press (Emmaus, PA), 2006, provide the basic information for an assessment of the planet's urban and ecological future. Richard Register, *Ecocities: Rebuilding Cities in Balance with Nature*, New Society Publishers (Gabriola Island, BC), 2006, provides an idealistic vision of a reformatted American eco-urbanism at still relatively low densities. An argument for far higher densities is provided by David Owen, *Green Metropolis: Why Living Smaller, Living Closer, And Driving Less Are Keys To Sustainability*, Riverhead Books (New York), 2009. For green armatures, see Allan B Jacobs and Elizabeth Macdonald, *The Boulevard Book*, MIT Press (Cambridge, MA), 2003. Terry Farrell analyses London as a network of green enclaves in *Shaping London: The Patterns and Forms That Make the Metropolis*, John Wiley & Sons (Chichester), 2010.

- **Agri-urbanism**: For the distributed city that spreads across the landscape while incorporating agriculture and mixed uses, see: the *città diffusa* in Paola Viganò, *La Città Elementare*, Skira (Milan; Geneva), 1999; Thomas Sieverts, *Cities Without Cities: An Interpretation of the Zwischenstadt*, Spon Press (London; New York), 2003; Xaveer de Geyter (ed), *After-Sprawl: Research for the Contemporary City*, NAi (Rotterdam) and Kunstcentrum deSingel (Antwerp), 2002; or Charles Waldheim, *The Landscape Urbanism Reader*, Princeton Architectural Press (New York), 2006.

- **The metacity**: On the role of information and codes in setting up cities, see: Michael Batty and Paul Longley, *Fractal Cities: A Geometry of Form and Function*, Academic Press (San Diego, CA), 1996; and for their political dimension, see: Rafi Segal and Eyal Weizman (eds), *A Civilian Occupation: The Politics of Israeli Architecture*, Verso (London; New York) and Babel (Tel Aviv), 2003. For the city as information, see: MVRDV, *Metacity/Datatown*, 010 Publishers (Rotterdam), 1999. On media, see: Brian McGrath and DG Shane (eds), *Sensing the 21st-Century City – Close-up and Remote*, AD, vol 75, issue 6, November/December 2005, and Brian McGrath, *Digital Modelling for Urban Design*, John Wiley & Sons (London), 2008.

索 引 [*]

---

* 本索引页码为英文版书页码，排在正文旁边。——编者注

译后记

城市设计的历史由来已久，早在 20 世纪 80 年代，清华大学吴良镛先生就在北京“国际城市建筑设计学术讲座”上做了《城市设计是提高城市规划与建筑设计质量的重要途径》的报告，首次对国内的城市设计问题、城市设计古而有之、近代城市设计领域的扩展、积极推动我国城市设计的实践与研究等内容做了系统性的论述。

改革开放三十余年来，我国城市设计工作的发展与实践取得了长足的进步，但仍存在很大的进步空间。近些年，随着新型城镇化、城市与地方特色强化等规划理念的引入，从国家到社会对于城市设计的关注不断增强，城市设计与城乡规划、建筑设计、景观设计等学科之间的联系越发紧密。2015 年中央城市工作会议提出：“要加强城市设计，提高城市设计水平。各地、各部门要高度重视城市设计的重要性和紧迫性，全面展开、切实做好城市设计工作。”至此，城市设计工作开始上升为正式的国家倡导行动，城市设计管理办法、城市设计技术导则等配套政策和工具逐步开始编制和等待出台。

在这个背景下，我们很荣幸接到了戴维·格雷厄姆·沙恩（David Grahame Shane）撰写的《1945 年以来的世界城市设计》（URBAN DESIGN SINCE 1945–A Global Perspective）一书的翻译工作。本书内容翔实、观点新颖，囊括了 1945 年以来的 60 余年间世界各地具有代表性的城市设计工作实例与理论进展。作者不仅聚焦于发达国家的城市建设，同时广泛关注发展中国家的城市设计演进，在他看来，城市是一段时间内社会、经济、环境、居民心理等要素在物质空间的投射，并基于此详尽阐释了不同时期城市设计理论与实践的成因与利弊。

翻译本书的过程，对于全体译者来说是很好的一次学习机会。边兰春、唐燕、柯珂、李晨星、申晨、王霁霄、夏梦晨、杨君然、祝贺九位译者共同承担了本书的翻译工作。全书共十二章：杨君然负责导论和结论部分的翻译；夏梦晨翻译了第一部分的第 1、2 章；柯珂翻译了第二部分的第 3、4 章；申晨翻译了第三部分的第 5、6 章；李晨星翻译了第四部分的第 7、8 章；王霁霄翻译了第五部分的第 9、10 章；唐燕、祝贺翻译了致谢、术语表、索引等所有辅助内容。初稿完成之后，边兰春、唐燕、祝贺进行了全书的最终统稿和校核，逐字逐句地对初译成果进行了全面的修改、锤炼和雕琢。

然而，由于时间及译者能力所限，本书译稿难免存在各种不足之处，请读者批评指正。

值译著付梓之际，衷心感谢为本书付出辛勤劳动的所有译者们，感谢中国建筑工业出版社的董苏华编审对译稿的仔细审定。期盼本书能为我国当下如火如荼的城市设计工作提供更多的启示，为奋斗在一线的城乡建设事业的工作者们给出经验借鉴。

边兰春、唐燕

2017 年 4 月于清华园

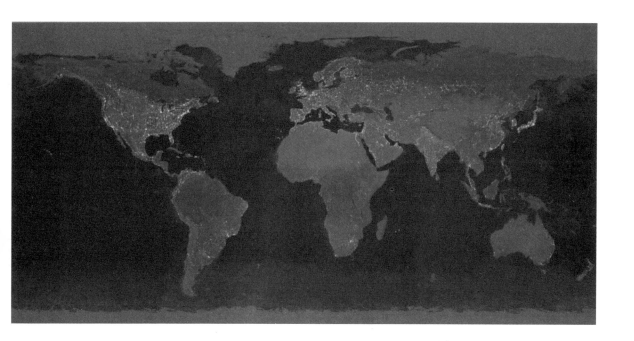

彩图1
（P35）

彩图2
（P47）

独立用地和碎片

小型
微观
院落 / 联排住宅

城市街区

独立用地中的
独立用地

中型
城市村庄
城市街区

带有学校的邻里单元
独立用地中的独立用地

大型
超级
现代超级街区

带有学校的邻里单元

独立用地中的独立用地

大碎片
超级街区

郊区居住
独立用地

办公工业
独立用地

商业独立
用地

特大 = 非常大　　　特大街区 1km×1km

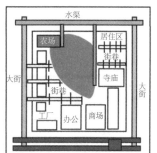

城乡过渡区
多功能碎片

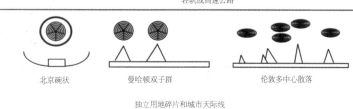

北京碗状　　　曼哈顿双子群　　　伦敦多中心散落

独立用地碎片和城市天际线

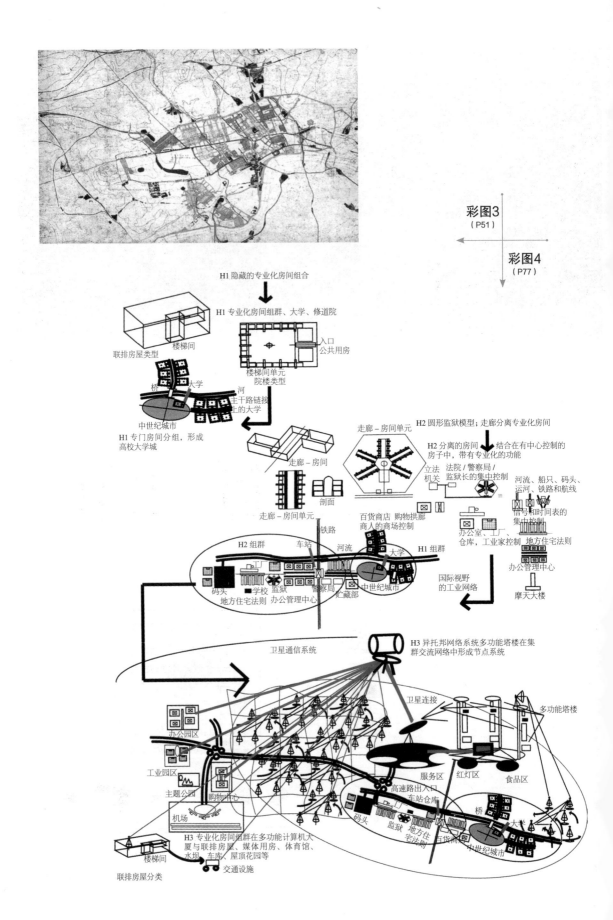

彩图3
（P51）

彩图4
（P77）

H1 隐藏的专业化房间组合

H1 专业化房间组群、大学、修道院

入口
公共用房

联排房屋类型

楼梯间

楼梯间单元
院楼类型

桥
大学
河
主干路链接
上的大学

中世纪城市

H1 专门房间分组，形成
高校大学城

走廊－房间单元

H2 圆形监狱模型；走廊分离专业化房间

走廊－房间

剖面

走廊－房间单元

立法
机关

法院 / 警察局 /
监狱长的集中控制

H2 分离的房间，
结合在有中心控制的
房子中，带有专业化
的功能

河流、船只、码头、
运河、铁路和航线

铁路

车站
河流

大学

信号和时间表的
集中控制

H2 组群

码头
学校 监狱
地方住宅法则 办公管理中心

百货商店 购物拱廊
商人的商场控制

警察局
贮藏部

中世纪城市

H1 组群

办公室、厂、
仓库，工业家控制

地方住宅法则

办公管理中心

摩天大楼

国际视野
的工业网络

卫星通信系统

H3 异托邦网络系统多功能塔楼在集
群交流网络中形成节点系统

卫星连接

多功能塔楼

办公园区

工业园区

主题公园
购物中心

机场

高速路出入口
车站仓库

服务区

红灯区

食品区

码头 监狱
地方住
宅法则

桥

大学

百货商

中世纪城市

楼梯间

联排房屋分类

H3 专业化房间组群在多功能计算机大
厦与联排房屋、媒体用房、体育馆、
车库、屋顶花园等

水坝
车库

交通设施

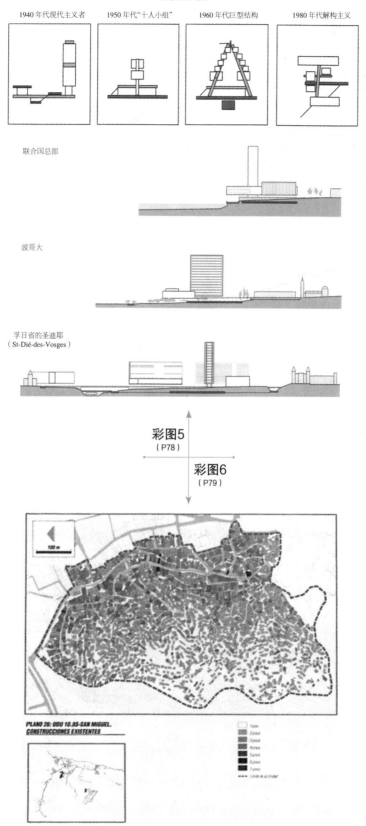

异托邦城市剖面

1940 年代现代主义者   1950 年代"十人小组"   1960 年代巨型结构   1980 年代解构主义

联合国总部

波哥大

孚日省的圣迪耶
（St-Dié-des-Vosges）

彩图5
（P78）

彩图6
（P79）

PLANO 26: UDU 10.85-SAN MIGUEL.
CONSTRUCCIONES EXISTENTES

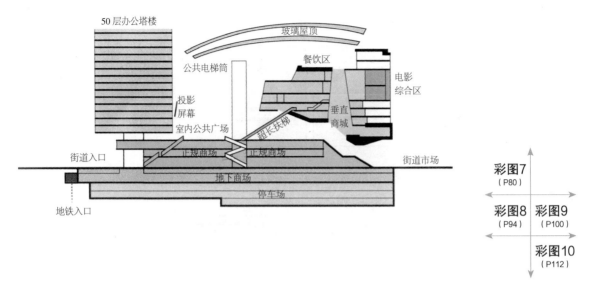

50 层办公塔楼

玻璃屋顶

公共电梯筒

餐饮区

电影综合区

投影屏幕

室内公共广场

超长扶梯

垂直商城

街道入口

正规商场   正规商场

街道市场

地下商场

停车场

地铁入口

彩图7
（P80）

彩图8   彩图9
（P94）（P100）

彩图10
（P112）

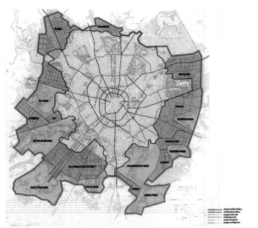

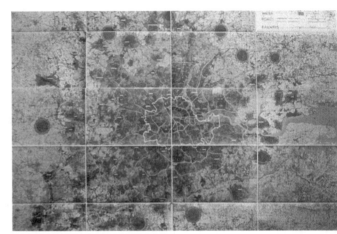

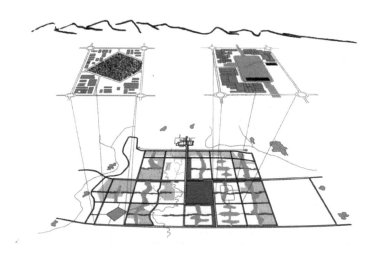

彩图11
（P113）

彩图12
（P113）

彩图13
（P121）

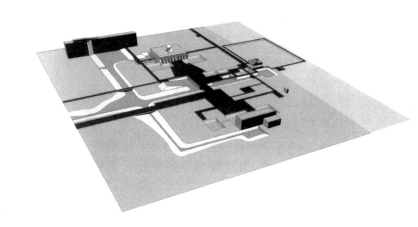

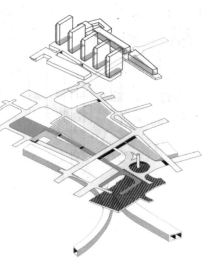

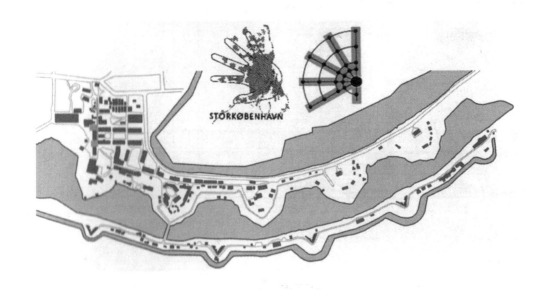

彩图14
（P123）

彩图15
（P127）

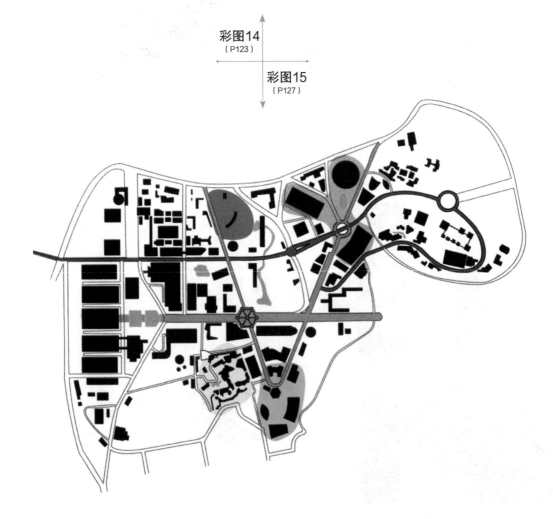

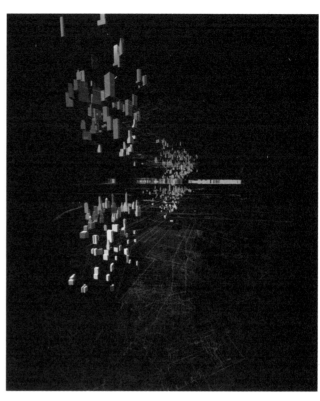

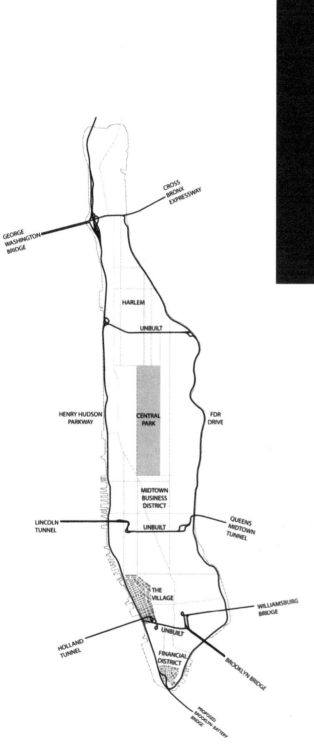

彩图17
（P134）

彩图16
（P129）

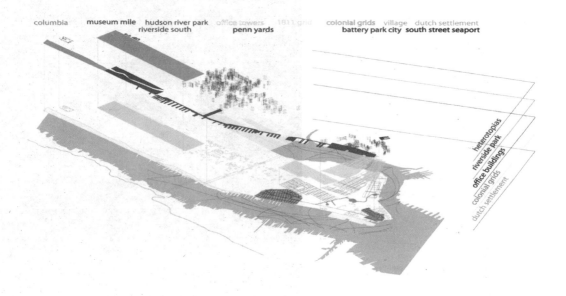

columbia　museum mile　hudson river park　office towers　1811 grid　colonial grids　village　dutch settlement
riverside south　penn yards　battery park city　south street seaport

heterotopias
riverside park
office buildings
colonial grids
dutch settlement

彩图18
（P135）

彩图19
（P143）

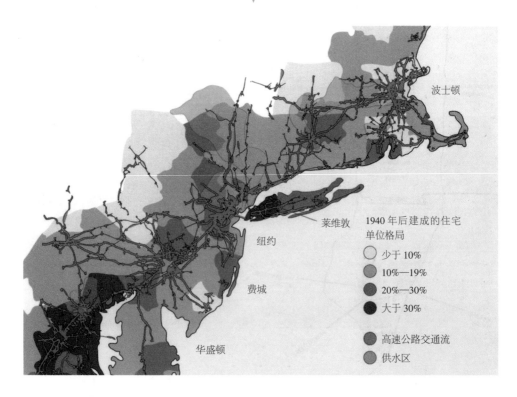

波士顿

莱维敦

纽约

费城

华盛顿

1940年后建成的住宅
单位格局

○ 少于10%
● 10%—19%
● 20%—30%
● 大于30%

● 高速公路交通流
● 供水区

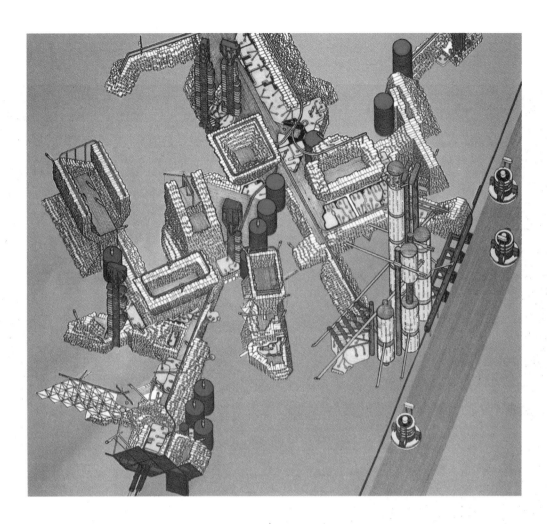

彩图21
（P154）

彩图20　彩图22
（P153）（P168）

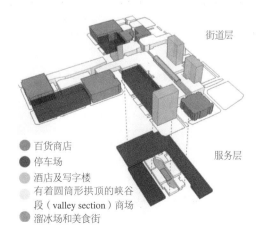

街道层

服务层

- 🔴 百货商店
- 🔴 停车场
- 🔘 酒店及写字楼
- ⚪ 有着圆筒形拱顶的峡谷段（valley section）商场
- 🔴 溜冰场和美食街

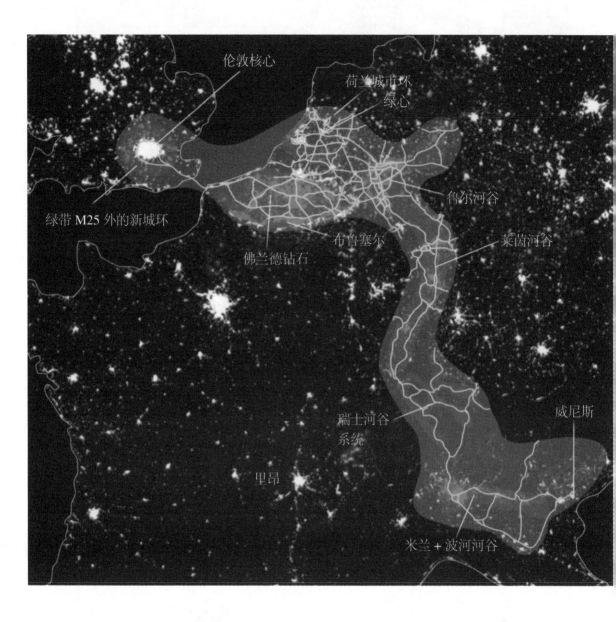

彩图23
（P171）

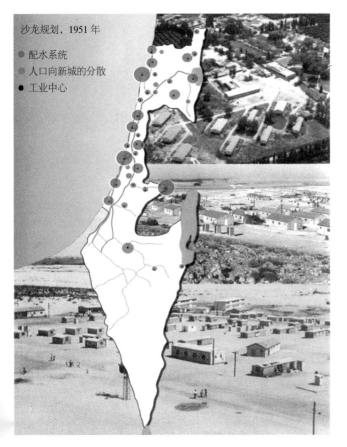

沙龙规划，1951 年

● 配水系统
● 人口向新城的分散
● 工业中心

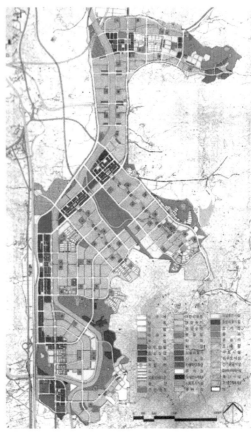

彩图24 彩图25
（P172）（P175）

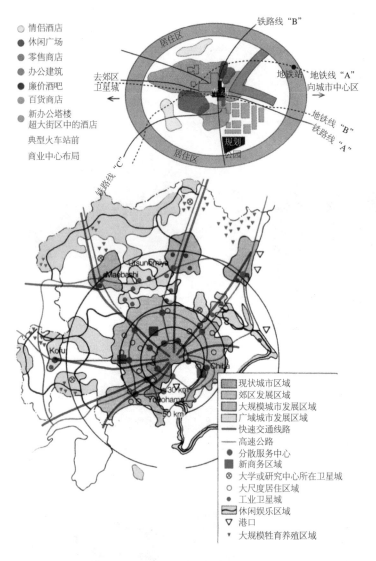

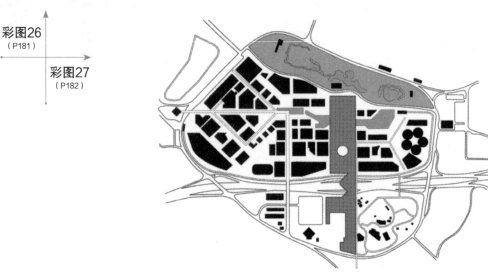

○ 情侣酒店
● 休闲广场
● 零售商店
● 办公建筑
● 廉价酒吧
● 百货商店
● 新办公塔楼
超大街区中的酒店
典型火车站前
商业中心布局

铁路线 "B"
去郊区
卫星城
地铁站 地铁线 "A"
向城市中心区
地铁线 "B"
铁路线 "A"
居住区
居住区
规划
公园

铁路线 "C"

Utsunomiya
Maebashi
Kofu
Chiba
Yokohama
30 km
50 km

■ 现状城市区域
■ 郊区发展区域
■ 大规模城市发展区域
■ 广域城市发展区域
— 快速交通线路
— 高速公路
● 分散服务中心
■ 新商务区域
⊗ 大学或研究中心所在卫星城
○ 大尺度居住区域
● 工业卫星城
▨ 休闲娱乐区域
▽ 港口
▼ 大规模牲畜养殖区域

彩图26
（P181）

彩图27
（P182）

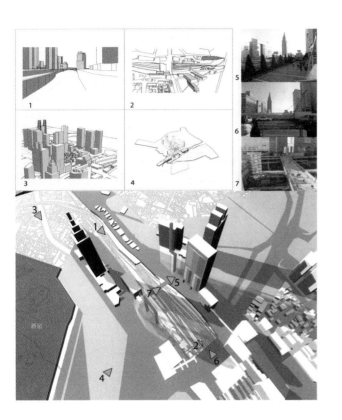

彩图28
（P185）

彩图29
（P189）

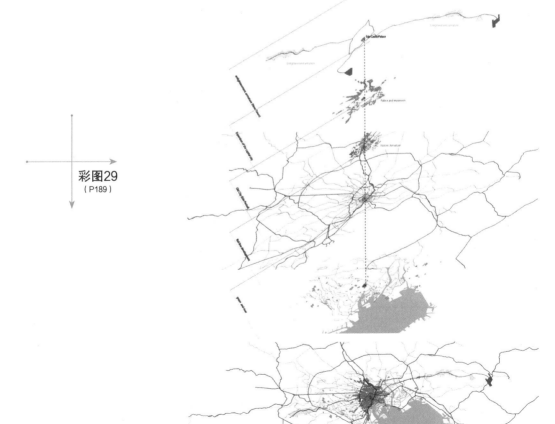

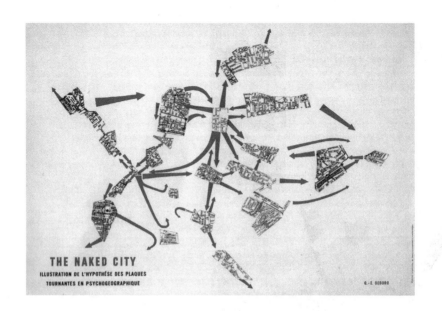

THE NAKED CITY

ILLUSTRATION DE L'HYPOTHÉSE DES PLAQUES
TOURNANTES EN PSYCHOGEOGRAPHIQUE

G.-E. DEBORD

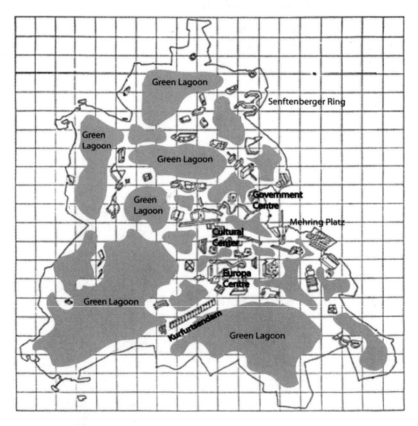

彩图30
（P207）

彩图31
（P224）

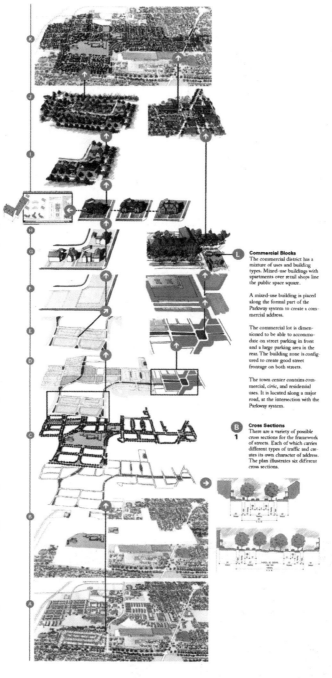

K Park DuValle Aerial After
When all the parts from the assembly kit are put in place, the completed neighborhood has the complexity and diversity of traditional neighborhoods.

J
The block and its various lot types, are filled with a variety of building types, in a variety of architectural styles. Basic rules, such as setbacks and the location of porches enable the houses to create the appropriate character for public spaces.

I
The five lots on the corner accommodate four building types in three architectural styles.

H Architectural Styles and Pattern Book
Three architectural styles are codified in a Pattern Book, which provides patterns for massing, windows and doors, porches and other special elements, materials and color.

G Building Types
Each lot type can accommodate one of several building types. The corner lot could have a large single-family house, a duplex, or the apartment building illustrated. The buildings are placed within the building zone of each lot.

F Lot Types
Lot types include a corner lot mid-block types of varying widths. The setback zones are indicated in dark green and establish the building zone, within which buildings will be placed.

E Residential Blocks
Some of the first phase residential blocks are examined in more detail.

D Block Patterns
The urban assembly kit provides a choice of development block types. Some are alley loaded, others front loaded. Deeper blocks can accommodate commercial and multi-family development, while standard 100'-0" deep blocks accommodate houses. The plan illustrates six block types.

C Public Open Space and Civic Buildings
The blocks are served by a framework of streets and public open space. Different designs for streets and landscape create a variety of addresses, each with its own character. The plan illustrates eight street and pubic space types. These include parks, institutional campuses, parkways, and neighborhood streets.

B Framework of Streets
The framework is established by the pattern of streets. These frameworks fit into a site and connect into the adjacent patterns of streets, public open space and blocks.

A Park DuValle Existing Aerial
The area to be rebuilt is surrounded by other uses and neighborhoods whose future is linked with the site to be developed.

L Commercial Blocks
The commercial district has a mixture of uses and building types. Mixed-use buildings with apartments over retail shops line the public space square.

A mixed-use building is placed along the formal part of the Parkway system to create a commercial address.

The commercial lot is dimensioned to be able to accommodate on street parking in front and a large parking area in the rear. The building zone is configured to create good street frontage on both streets.

The town center contains commercial, civic, and residential uses. It is located along a major road, at the intersection with the Parkway system.

B Cross Sections
1
There are a variety of possible cross sections for the framework of streets. Each of which carries different types of traffic and creates its own character of address. The plan illustrates six different cross sections.

URBAN DESIGN ASSOCIATES

THE URBAN ASSEMBLY KIT

彩图32
（P225）

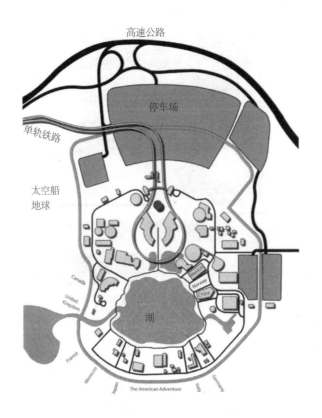

高速公路

停车场

单轨铁路

太空船
地球

Canada

United
Kingdom

Mexico

Norway

China

湖

France

Morocco

Japan

The American Adventure

Italy

Germany

彩图33
（P227）

彩图34
（P234）

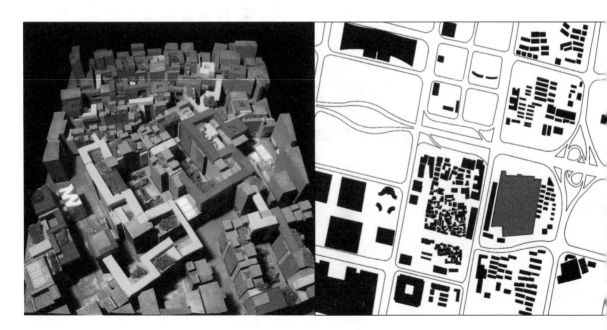

彩图35
（P236）

彩图36
（P240）

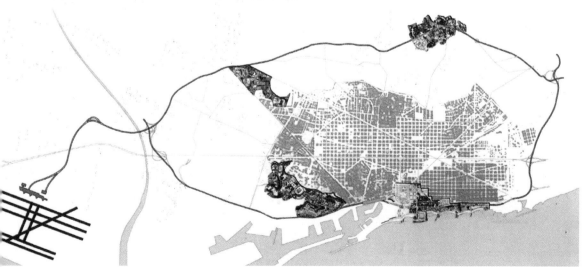

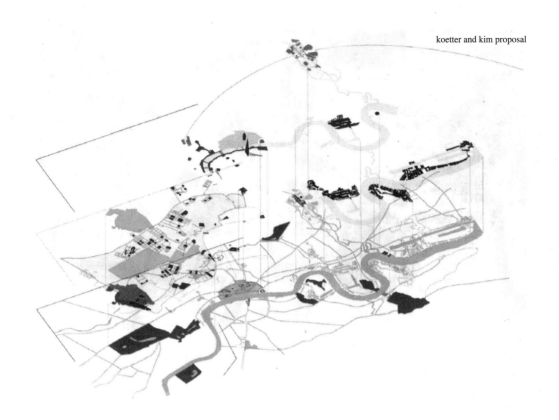
koetter and kim proposal

彩图37
（P245）

彩图38 ｜ 彩图39
（P246）　（P246）

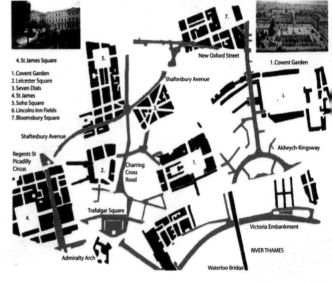

4. St James Square

1. Covent Garden
2. Leicester Square
3. Seven Dials
4. St James
5. Soho Square
6. Lincolns Inn Fields
7. Bloomsbury Square

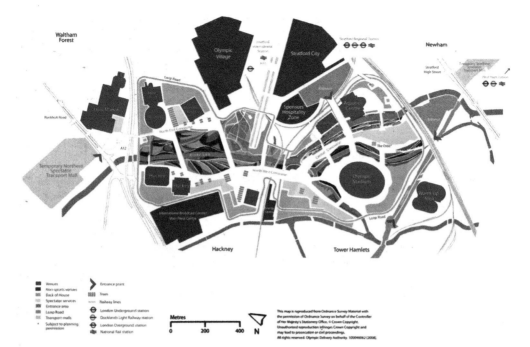

伦敦奥运会期间，奥林匹克公园指示图

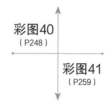

彩图40
（P248）

彩图41
（P259）

世界最大城市的人口增长，1950—2020 年

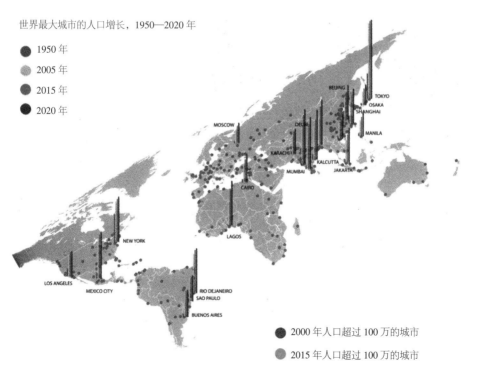

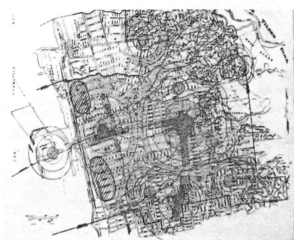

彩图42
（P263）

彩图43
（P264）

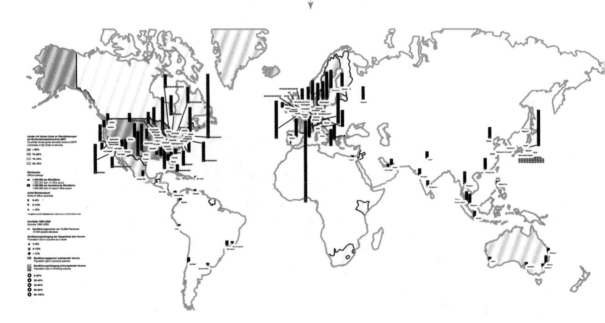

阶段 1—"播种"　　　阶段 2—基础设施　　　阶段 3—设计　　　阶段 4—适应

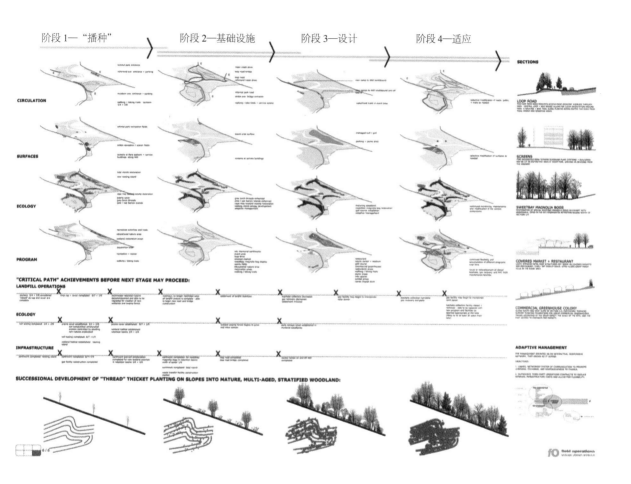

彩图44

（P270）

彩图45
（P272）

彩图46
（P280）

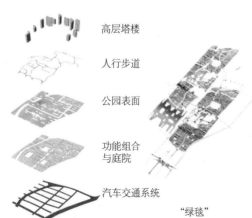

高层塔楼

人行步道

公园表面

功能组合
与庭院

汽车交通系统

"绿毯"

图书馆　　塔楼

公园

零售大卖场

庭院　办公

停车

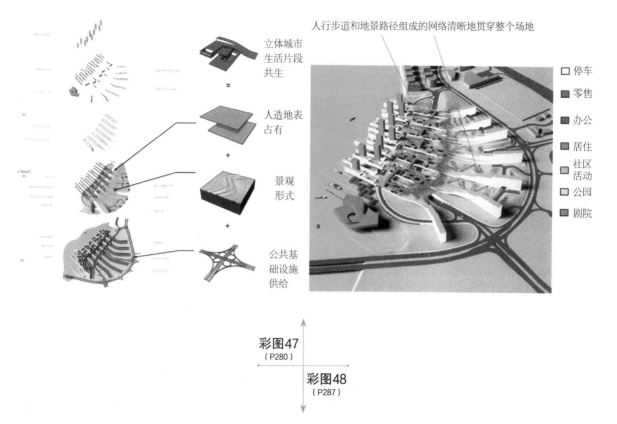

人行步道和地景路径组成的网络清晰地贯穿整个场地

立体城市
生活片段
共生

=

人造地表
占有

+

景观
形式

+

公共基
础设施
供给

□ 停车
■ 零售
■ 办公
■ 居住
■ 社区
活动
□ 公园
■ 剧院

彩图47
（P280）

彩图48
（P287）

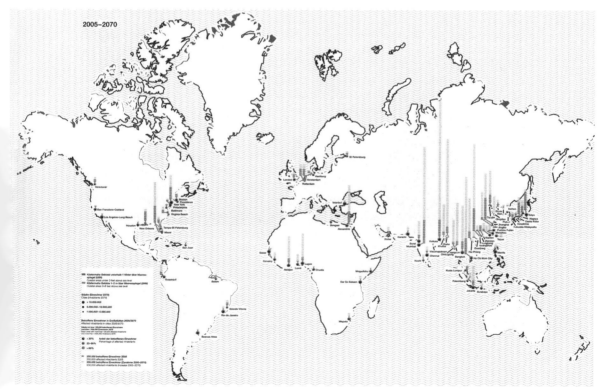

2005~2070

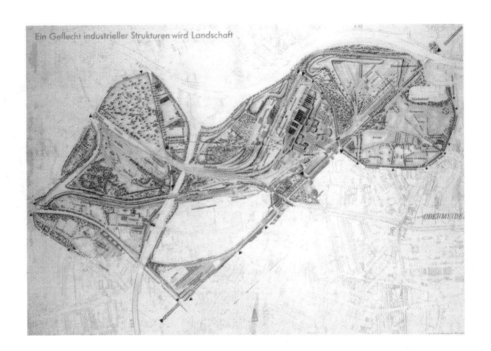

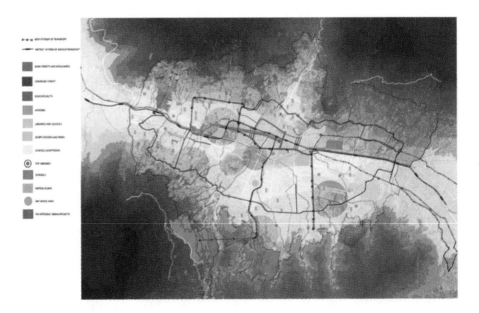

彩图49
（P290）

彩图50
（P292）

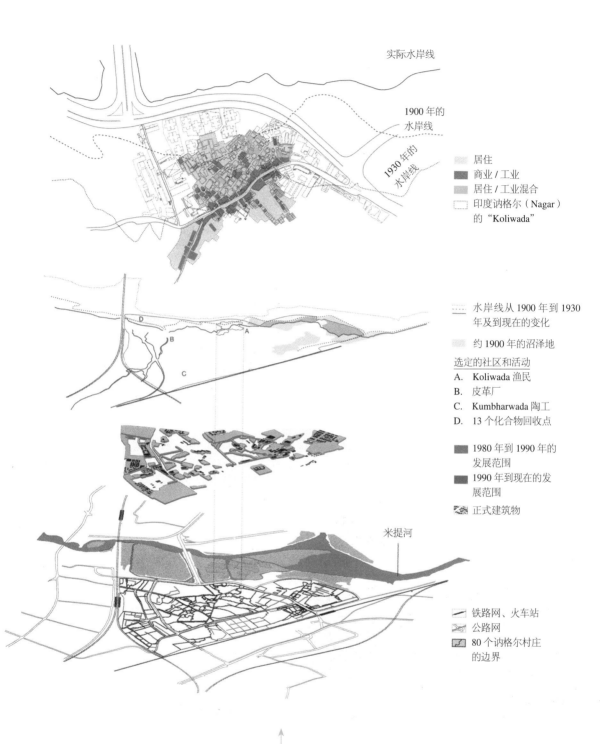

实际水岸线

1900 年的
水岸线

1930 年的
水岸线

居住
商业 / 工业
居住 / 工业混合
印度讷格尔（Nagar）
的 "Koliwada"

水岸线从 1900 年到 1930
年及到现在的变化

约 1900 年的沼泽地

选定的社区和活动
A. Koliwada 渔民
B. 皮革厂
C. Kumbharwada 陶工
D. 13 个化合物回收点

1980 年到 1990 年的
发展范围
1990 年到现在的发
展范围
正式建筑物

米提河

铁路网、火车站
公路网
80 个讷格尔村庄
的边界

彩图51
（P296）

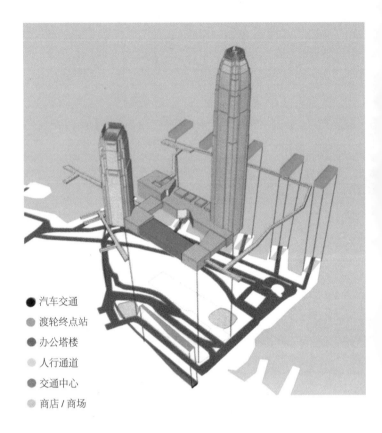

● 汽车交通
● 渡轮终点站
● 办公塔楼
● 人行通道
● 交通中心
● 商店 / 商场

彩图52
（P298）

彩图53
（P307）

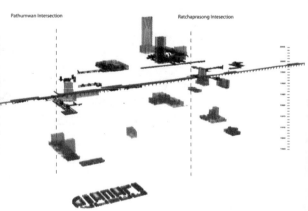

Pathumwan Intersection   Ratchaprasong Intesection

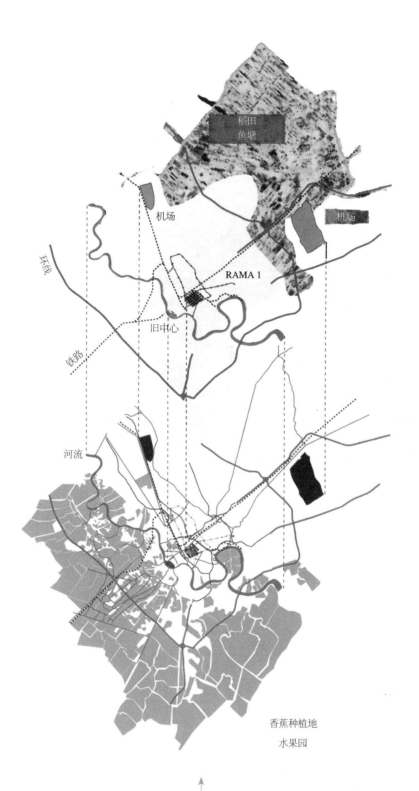

稻田
鱼塘

机场

机场

RAMA 1

环线

铁路

铁路

旧中心

河流

香蕉种植地
水果园

彩图54
（P309）

nurnberg

dachau

oberschliessheim

landshut

garching bai munchen

ismaning

stuttgart

olching

unterfohring

dorfer

germering

Mittlerer

2km Ring

lindau

autobahn

garmisch

salzburg

彩图55
（P317）

彩图56
（P319）

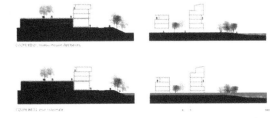

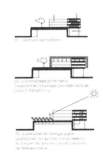

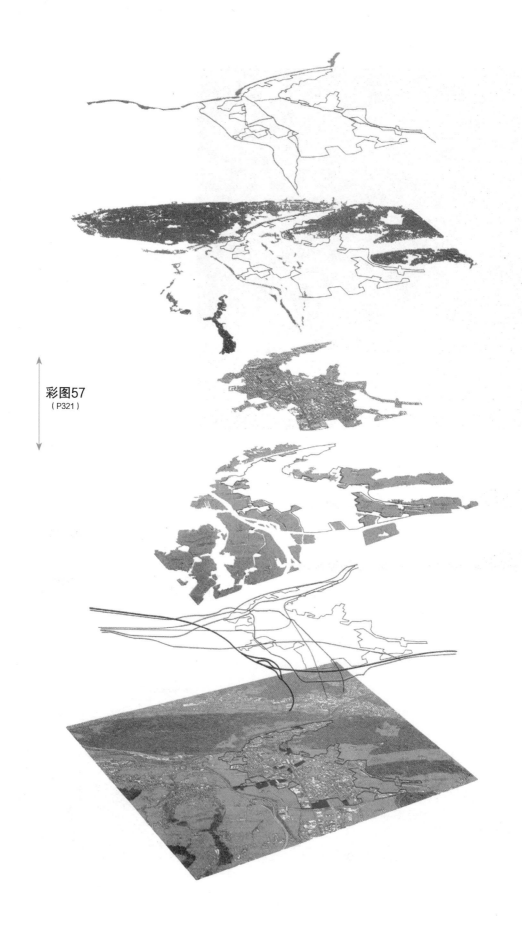

彩图57
（P321）

彩图58
（ P323 ）

彩图59
（ P324 ）

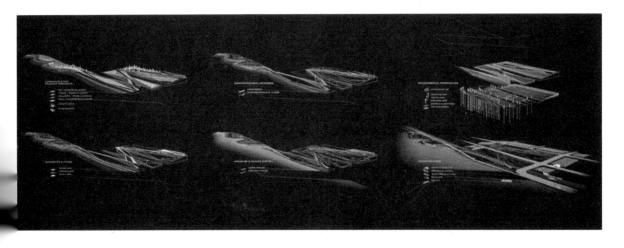

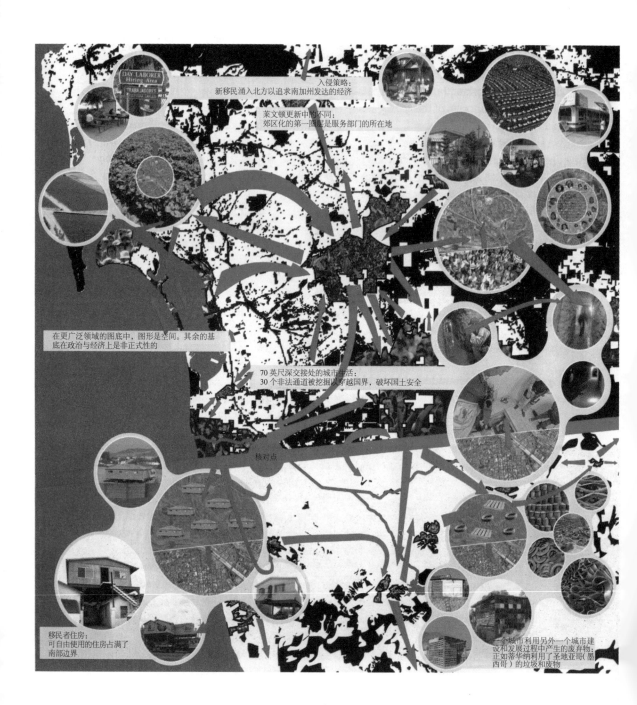

入侵策略：
新移民涌入北方以追求南加州发达的经济

莱文顿更新中的不同：
郊区化的第一圈层是服务部门的所在地

在更广泛领域的图底中，图形是空间。其余的基底在政治与经济上是非正式性的

70 英尺深交接处的城市生活：
30 个非法通道被挖掘以穿越国界，破坏国土安全

核对点

移民者住房：
可自由使用的住房占满了南部边界

一个城市利用另外一个城市建设和发展过程中产生的废弃物：正如蒂华纳利用了圣地亚哥（墨西哥）的垃圾和废物

彩图60
（P326）

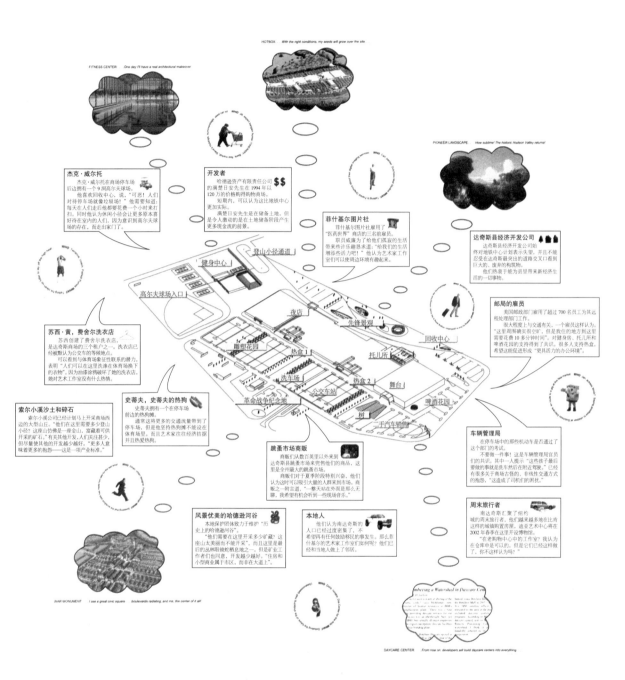

FITNESS CENTER   One day I'll have a real architectural makeover

HOTBOX   With the right conditions, my seeds will grow over the site

PIONEER LANDSCAPE   How sublime! The historic Hudson Valley returns!

杰克·威尔托
杰克·威尔托在商场停车场后边有一个9洞高尔夫球场。
他喜欢回收中心,说:"可恶!人们对待停车场就像垃圾场!"他需要知道:每天在人们走后他都要花费一个小时来打扫。同时他认为休闲小径会让更多原本喜好待在室内的人们,因为意识到高尔夫球场的存在,而走出家门了。

开发者
哈德逊资产有限责任公司的满楚日安先生在1994年以120万的价格购得购物商场。$$
短期内,可以认为这比地铁中心更加实际。
满楚日安先生是在储备土地,但是令人激动的是在土地储备阶段产生更多现金流的前景。

菲什基尔图片社
菲什基尔图片社雇用了"医药世界"商店的三名前雇员。
职员威廉为了给他们孤寂的生活带来些许乐趣慷慨道:"给我们的生活增添些活力吧!"他认为艺术家工作室们可以使周边环境有趣起来。

达奇斯县经济开发公司
达奇斯县经济开发公司始终对地铁中心计划表示失望,并且不能忍受在达奇斯最突出的道路交叉口看到巨大的、废弃的构筑物。
他们热衷于能为县里带来新经济生活的一切事物。

苏西·黄,费舍尔洗衣店
苏西创建了费舍尔洗衣店,是达奇斯商场的三个用户之一。洗衣店已经被默认为公交车的等候地点。
可以看到具有与体育象征性联系的潜力,表明"人们可以在这里洗涤在体育场换下的衣物"。因为油漆涂鸦破坏了她的洗衣店,她对艺术工作室没有什么热情。

邮局的雇员
美国邮政部门雇用了超过700名员工为其远程处理部门工作。
很大程度上与交通有关,一个雇员这样认为:"这里周围确实很空旷,但是我住的地方到这里需要花费10多分钟时间。"对健身房、托儿所和啤酒花园的支持得到了共识。很多人支持热盒,希望这能促进形成"更具活力的办公环境"。

索尔小溪沙土和碎石
索尔小溪公司已经计划马上开采商场西边的大型山丘。"他们在这里需要多少矿石?这座山仿佛是一座金山,富藏着可供开采的矿石。"有关其他方面,人们关注甚少,但尽量使其的开发越少越好。"更多人意味着更多的抱怨——这是一项产业标准。"

史蒂夫,史蒂夫的热狗
史蒂夫拥有一个在停车场前边的热狗摊。
通常认为更多的交通流量带来了停车场,但是他坚持热狗摊不能设在体育场里。艺术家往往经常拮据并且热爱热狗。

车辆管理局
在停车场中的那些机动车是否通过了这个部门的考试。
不要做一件事!这是车辆管理局官员们的共识。其中一人提示:"这些孩子最后要做的事就是洗车然后在附近驾驶。"已经有很多关于商场古怪的、非线性交通方式的抱怨,"这造成了司机驾驶的困扰。"

跳蚤市场商贩
商贩们从数百英里以外来到达奇斯县跳蚤市场来兜售他们的商品,这里是全州最大的跳蚤市场。
商贩们对于夏季阶段特别兴奋,他们认为这时可以吸引大量的人群来到市场。商贩之一附言道:"一整天站在外面是那么无聊,我希望有机会听到一些现场音乐。"

风景优美的哈德逊河谷
本地保护团体致力于维护"历史上的哈德逊河谷"。
"他们需要在这里开采多少矿藏?这座山太美丽而不能开采",而且这里是最后的丛林眼镜蛇栖息地之一。但是矿业工作者们也同意,开发越少越好。"住房和小型商业属于市区,而非在大道上"。

本地人
他们认为南达奇斯的人口已经过度密集了,不希望再有任何鼓励移民的事发生。那么非什基尔的艺术家工作室们可如何呢?他们已经和当地人做上了邻居。

周末旅行者
南达奇斯汇聚了纽约城的周末旅行者,他们越来越多地在比肯这样的城镇购置房屋,迪亚艺术中心将在2002年春季在这里开设博物馆。
"在老购物中心中的工作室?我认为在合理年龄可以的,但这是它们已经这样做了,你不这样认为吗?"

BAR MONUMENT   I see a great civic square... boulevards radiating, and me, the center of it all

Remembering a Watershed in Daycare Cent

DAYCARE CENTER   From now on, developers will build daycare centers into everything.

彩图61
(P327)

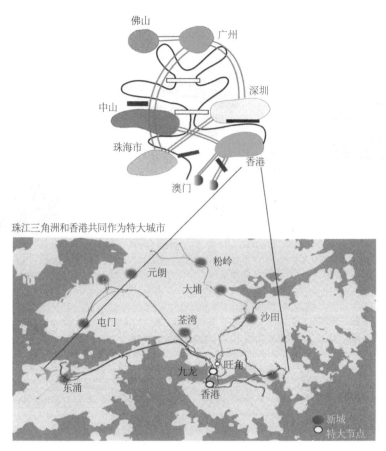

佛山

广州

深圳

中山

珠海市

澳门

香港

珠江三角洲和香港共同作为特大城市

粉岭

元朗

大埔

屯门

荃湾

沙田

九龙

旺角

东涌

香港

● 新城

○ 特大节点

彩图62
（P329）

彩图63
（P335）

Mega = 特大

特大地块 1km×1km

水道

农场

居住

小巷

寺庙

大道

小巷

大道

城乡融合区
功能混合使
用地块

工厂

办公

商场

架空列车或者高速公路

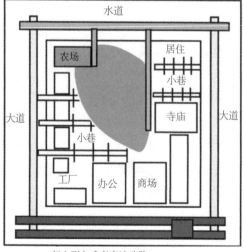

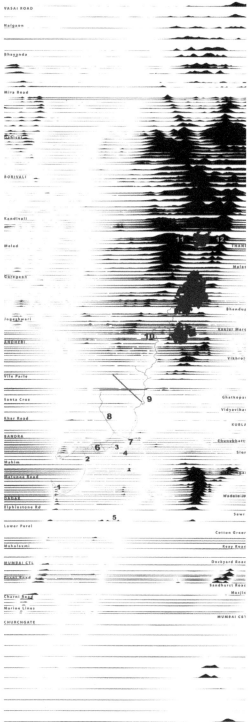

彩图64
(P338)

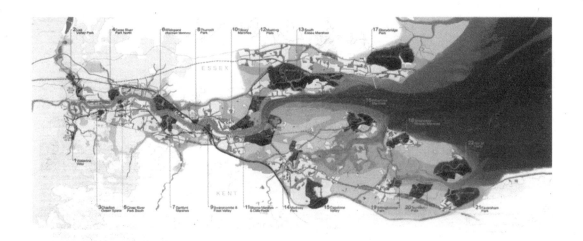

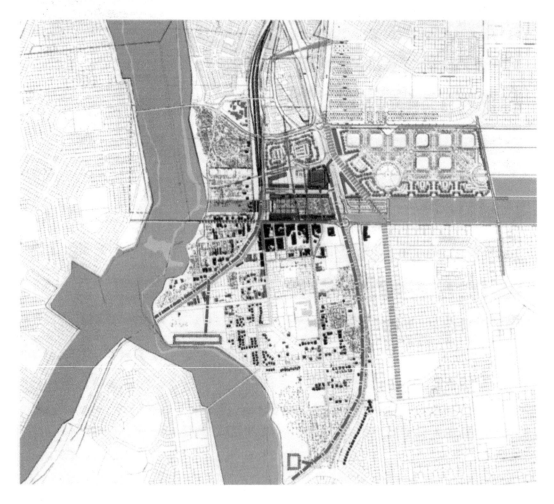

彩图65
（P340）

彩图66
（P341）